机械精度设计与检测技术

（第3版）

主　编　刘笃喜　刘　平
副主编　张云鹏　杜坤鹏
参　编　万志国　宋绍忠　鞠录岩
　　　　郭龙龙　金伟清

国防工业出版社

·北京·

内 容 简 介

本书紧扣机械精度设计和检测两大主题,全部采用最新国家标准,系统、全面地介绍了机械精度设计与检测技术的基础知识,注重理论联系实际,面向工程应用,加强实用。全书由精度设计基础、典型结合连接及传动精度设计、精度设计综合应用以及机械精度检测四大知识板块构成,共分 13 章,主要包括:机械精度设计与检测的基本概念,尺寸精度设计与检测,几何精度设计与检测,表面结构设计与检测,滚动轴承配合的精度设计,螺纹连接及螺旋传动精度设计与检测,键联结与花键联结精度设计与检测,圆锥配合精度设计与检测,齿轮精度设计与检测,尺寸链精度设计,机械精度设计综合应用实例,精度检测技术基础,现代机械精度检测技术简介等。

本书适合作为高等工科院校机械类及智能制造大类相关专业的课程教学用书,也可供相关领域广大工程技术人员参考。

图书在版编目(CIP)数据

机械精度设计与检测技术/刘笃喜,刘平主编.
3 版.—北京:国防工业出版社,2024.8.—ISBN 978-7-118-13359-2

Ⅰ.TH122;TG801

中国国家版本馆 CIP 数据核字第 2024KZ3631 号

※

国防工业出版社出版发行
(北京市海淀区紫竹院南路 23 号 邮政编码 100048)
河北环京美印刷有限公司印刷
新华书店经售

*

开本 787×1092 1/16 印张 24½ 字数 542 千字
2024 年 8 月第 3 版第 1 次印刷 印数 1—1500 册 定价 68.00 元

(本书如有印装错误,我社负责调换)

国防书店:(010)88540777   书店传真:(010)88540776
发行业务:(010)88540717   发行传真:(010)88540762

第3版 前 言

随着科学技术,尤其是智能制造技术的快速发展,"机械精度设计与检测技术"(即"公差与技术测量""互换性与技术测量")课程教学和人才培养面临新的挑战,提出了更高的要求,教材的更新势在必行。

在总结前2版编写使用经验、参考同类优秀教材的基础上,本书第3版对课程的体系结构及内容进行了精选、剪裁、调整和全面修订,力求体现和突出以下特色。

(1)为了更好地面向智能制造,更加贴近制造企业对课程知识更新的需求,特邀中航西安飞机工业集团股份有限公司(中航西飞)具有高深技术造诣和丰富工程经验的企业专家共同制定编写修订大纲,共同设计了教材体系结构,共同设计、精选了精度设计应用实例。

(2)采用当前最新的产品几何技术规范(GPS)国家标准和有关技术标准,遵循国家标准的有关术语、定义,全部按照最新现行国家标准编写,如采用了最新的齿轮精度国家标准。将最新标准融入课程内容,有助于学生学习精度设计新技术。

(3)优化知识结构体系,以精度设计与检测为主线贯穿始终,将课程内容划分为四大有机联系的知识板块:机械精度设计基础;典型机械连接、结合和传动精度设计;机械精度设计综合应用;机械精度检测技术。

(4)对第2版大部分内容,尤其是对精度设计应用实例进行了充实、重写和更新,更加突出强基础知识、重工程应用的特色。

(5)为了适应不同学时的教学需要,将常用典型零部件的精度设计单独成章;将螺旋传动精度设计与螺纹结合精度设计合并为螺纹连接与螺旋传动精度设计。

(6)调整、删改、补充了第11章机械精度设计应用综合实例的内容,注重理论联系实际,培养学生的机电产品及其零部件精度设计分析能力,强化学生综合应用所学理论知识分析解决工程实际问题的能力。

(7)加强了精度检测技术知识的系统性、先进性和实用性,补充了当前常用典型的先进机械精度检测技术。

本书第3版由刘笃喜、刘平担任主编,张云鹏、杜坤鹏担任副主编,全书由刘笃喜负责统稿。编写分工:西北工业大学刘笃喜(第1、9、11、13章),西北工业大学刘平(第3、4章),西北工业大学张云鹏(第2、10章),西安石油大学万志国(第5章),西北工业大学宋绍忠(第6、8章),西安石油大学鞠录岩、郭龙龙(第7章),西安明德理工学院(原西北工业大学明德学院)金伟清(第12章)。中航西飞杜坤鹏在全书结构设计及精度设计综合应用及其案例遴选等方面提出了许多建设性建议。

本书在编写过程中,得到了西北工业大学、西安石油大学、中航西飞等单位的大力支持,参考、引用了大量的国家标准、同类教材、参考文献和网络资源,恕未能在参考文献中一一列出,谨一并表示衷心感谢。

由于编者水平有限,书中难免存在不妥、疏漏之处,敬请专家、同行和广大读者在使用中批评指正。

编者

2023 年 12 月

第 2 版 前 言

本书第 1 版自 2005 年 8 月出版以来,发行量已逾万册。近年来,机械精度设计与检测技术方面有了不少新的发展,特别是新一代产品几何技术规范(GPS)正在迅速发展和更新,标志着公差配合标准跨入了一个新的发展时代。为了反映当前的最新科技成果,博采同类教材之长,结合编者多年来在本课程教学和科研实践中的经验体会,并采纳使用本书的众多读者的反馈意见和建议,进行此次修订。本次主要进行了以下几个方面的修订。

(1)对本书的体系结构和章节进行了较大的修改和整合,对教材结构及内容做了精心组织和新编排,体现了机械精度设计及检测技术的科学性、先进性及工程实用性,更加突出了本书面向工程应用、工程实用性强的特色,以更好地适应新时代的课程教学需要。

(2)适应新一代产品几何技术规范(GPS),及时反映并采用最新的机械精度设计检测技术、标准和规范,注意与现行技术标准和方法的衔接。

(3)取消了第 1 版第 10 章"机械精度检测",第 3~8 章均改为由精度设计和精度检测两大板块有机构成,使精度设计和精度检测的联系更加紧密,更有利于保证教学效果。

(4)增加了第 10 章"几何量精度检测新技术简介",以反映目前先进新颖且面向工程实用的最新机械精度检测技术,加强了精度检测技术方面的知识内容。

(5)鉴于滚珠丝杠的应用日益广泛,正在替代梯形丝杠螺母,故在传动精度设计中,补充了滚珠丝杠精度设计的内容。

(6)为了控制总篇幅,删去了第 1 版第 11 章"现代制造中的精度设计、检测与质量保证",将有关内容压缩、合并到有关章节。

本书第 2 版由西北工业大学刘笃喜、王玉担任主编,西安建筑科技大学蔡安江、西北工业大学张云鹏担任副主编。本书编写分工如下:刘笃喜(第 1、7、10 章),王玉(第 4 章),蔡安江(第 2、5 章),张云鹏(第 3 章),西北工业大学朱建生(第 9 章),西北工业大学宋绍忠(第 6 章),西安建筑科技大学惠旭升(第 8 章)。全书由刘笃喜、王玉负责统稿。

在本书第 2 版编写过程中,得到了西北工业大学、西安建筑科技大学等单位有关部门领导、同事的热心支持、指导和帮助,参考了国内外大量有关教材、参考文献、网络资源和最新技术标准,在此谨一并表示诚挚的感谢。

机械精度设计技术及其标准规范以及机械精度检测技术仍在不断发展中,特别是新一代产品几何技术规范尚处于陆续制定、颁布过程中,限于编者水平,时间仓促,本书在体系结构构建、内容取舍等诸多方面可能会存在疏漏和不当之处,恳请读者不吝批评指正。

编者

2012 年 1 月

第1版 前言

"互换性与测量技术基础"是高等工科院校机械类、近机械类和仪器仪表类各专业机械基础课程体系中一门重要的技术基础课。为适应 21 世纪对高等工程学科技术人才的需求，根据机械基础课程体系改革精神，我们在总结多年来教学改革与实践经验的基础上，编写了本教材。

本书在编写过程中，参考了现已出版的同类教材，融入了编者多年的教学经验，具有如下特点。

(1) 在教学内容上注重加强基础，力求反映国内外最新成就。书中全部采用最新的国家标准，对传统的"互换性与测量技术基础"内容进行了精选，并增加了新知识内容，如现代制造精度设计与精度保证基本知识，以体现教材的系统性和先进性。

(2) 取材新颖，理论联系实际，结构紧凑，文字精炼，强调了机械精度设计这一主题，重点突出。

(3) 内容安排遵循"由浅入深，循序渐进"的认知规律，系统、准确、逻辑性强。

(4) 本书适用面广，既可作为本科生、专科生教材，也可供广大工程技术人员在从事机械设计、制造、标准化和计量测试工作时参考。

本教材可按 40~48 学时进行讲授，也可结合不同专业的具体情况进行调整，部分章节供学生自学。

本书由西北工业大学王玉副教授担任主编，西北工业大学刘笃喜副教授、西安建筑科技大学蔡安江副教授任副主编。参加本书编写的有：王玉（第 2、3 章），刘笃喜（第 1、6、11 章），蔡安江（第 4、9、10 章），西北工业大学朱建生副教授（第 5、8 章），西安建筑科技大学惠旭生讲师（第 7 章）。

本书承蒙西安交通大学崔东印教授主审，对本书的编写给予了精心的指导和审阅。在本书的编写过程中，西北工业大学史义凯教授、王俊彪教授、孙根正教授、高满囤教授、齐乐华教授、李辉副研究员提供了许多宝贵的意见。在此，一并表示衷心的感谢。

由于编者水平有限，书中难免有错误和不当之处，敬请读者批评指正。

编者

2005 年 6 月

目 录

第1章 绪论 ··· 1

1.1 互换性 ·· 1
1.1.1 互换性的含义 ·· 1
1.1.2 互换性的种类 ·· 1
1.1.3 互换性的作用 ·· 3
1.1.4 实现互换性的技术措施 ·· 4
1.2 标准化与标准 ·· 4
1.2.1 标准化 ·· 4
1.2.2 标准 ··· 5
1.2.3 产品几何技术规范 ·· 7
1.3 优先数系与优先数 ··· 9
1.4 几何量检测技术及其发展 ·· 12
1.4.1 几何量检测及其重要作用 ··································· 12
1.4.2 几何量检测技术的发展 ······································ 12
1.5 机械精度设计概述 ··· 13
1.5.1 机械精度的基本概念 ··· 13
1.5.2 机械精度设计及其任务 ······································ 14
1.5.3 机械精度设计原则 ·· 15
1.5.4 机械精度设计的主要方法 ··································· 16
1.5.5 机械精度设计的步骤 ··· 17
习题与思考题 ·· 18

第2章 线性尺寸精度设计与检测 ··· 19

2.1 概述 ··· 19
2.2 极限与配合的基本术语和定义 ·· 19
2.2.1 有关孔、轴的定义 ·· 19
2.2.2 有关尺寸的术语和定义 ······································ 20
2.2.3 有关尺寸偏差和公差的术语和定义 ······················· 21
2.2.4 有关配合的术语和定义 ······································ 23
2.3 线性尺寸极限与配合国家标准 ·· 28
2.3.1 ISO配合制 ·· 28

2.3.2　标准公差系列 ·· 29
　　2.3.3　基本偏差系列 ·· 32
　　2.3.4　极限与配合的标准化 ·· 39
　　2.3.5　孔、轴极限与配合在图纸上的标注 ································ 41
　　2.3.6　未注公差的线性和角度尺寸的公差 ································ 42
2.4　尺寸精度设计 ·· 43
　　2.4.1　ISO 配合制的选择 ·· 44
　　2.4.2　标准公差等级的选择 ·· 45
　　2.4.3　配合的选择 ·· 49
2.5　光滑工件尺寸检测 ·· 55
　　2.5.1　用通用计量器具测量 ·· 55
　　2.5.2　用光滑极限量规检验 ·· 60
习题与思考题 ··· 68

第3章　几何精度设计与检测 ·· 70

3.1　概述 ··· 70
　　3.1.1　几何误差的产生及其对使用性能的影响 ······························ 71
　　3.1.2　几何公差的研究对象——几何要素 ································· 71
　　3.1.3　几何公差的特征项目及符号 ······································· 74
3.2　几何公差的标注方法 ·· 75
　　3.2.1　几何公差框格 ·· 75
　　3.2.2　辅助平面与要素框格的标注 ······································· 77
　　3.2.3　被测要素的标注方法 ·· 80
　　3.2.4　基准和基准体系及其标注方法 ····································· 84
　　3.2.5　公差框格相邻区域的标注 ··· 87
　　3.2.6　理论正确尺寸的标注 ·· 88
3.3　几何公差及其公差带特征 ·· 89
　　3.3.1　几何公差带的概念 ·· 89
　　3.3.2　形状公差 ·· 89
　　3.3.3　轮廓度公差 ·· 92
　　3.3.4　方向公差 ·· 95
　　3.3.5　位置公差 ··· 104
　　3.3.6　跳动公差 ··· 112
3.4　几何误差检测与评定 ··· 117
　　3.4.1　几何误差检测原则 ··· 117
　　3.4.2　几何要素的体现 ··· 117
　　3.4.3　几何误差评定 ··· 119
3.5　公差原则与公差要求 ··· 126
　　3.5.1　有关术语及定义 ··· 126

  3.5.2 独立原则 ········· 128
  3.5.3 包容要求 ········· 129
  3.5.4 最大实体要求 ········· 131
  3.5.5 最小实体要求 ········· 135
  3.5.6 可逆要求 ········· 137
 3.6 几何精度设计 ········· 139
  3.6.1 几何公差特征项目的选用 ········· 139
  3.6.2 基准要素的选择 ········· 139
  3.6.3 公差原则与公差要求的选用 ········· 140
  3.6.4 几何公差值的确定 ········· 140
 习题与思考题 ········· 144

第4章 表面结构设计与检测 ········· 148

 4.1 概述 ········· 148
  4.1.1 表面粗糙度的概念 ········· 148
  4.1.2 表面粗糙度对零件工作性能的影响 ········· 149
 4.2 表面粗糙度轮廓的评定 ········· 150
  4.2.1 轮廓滤波器 ········· 150
  4.2.2 评定基准 ········· 151
  4.2.3 表面粗糙度轮廓的常用评定参数 ········· 153
  4.2.4 表面粗糙度的参数值 ········· 155
 4.3 表面精度设计 ········· 156
  4.3.1 评定参数的选用 ········· 156
  4.3.2 评定参数值的选用 ········· 156
 4.4 表面结构的标注 ········· 161
  4.4.1 表面结构的图形符号及其组成 ········· 161
  4.4.2 采用默认值的表面结构符号的简化标注 ········· 163
  4.4.3 表面结构要求在图样上的标注 ········· 165
 4.5 表面粗糙度检测 ········· 168
 习题与思考题 ········· 168

第5章 滚动轴承配合的精度设计 ········· 170

 5.1 概述 ········· 170
 5.2 滚动轴承的精度 ········· 171
  5.2.1 滚动轴承的公差等级及应用 ········· 171
  5.2.2 滚动轴承的公差 ········· 172
 5.3 滚动轴承内外径公差带特点 ········· 173
 5.4 与滚动轴承配合的轴颈及轴承座孔的公差带 ········· 174
 5.5 滚动轴承配合的精度设计 ········· 175

       5.5.1 滚动轴承配合选用的基本原则 …………………………………… 176
       5.5.2 轴颈、轴承座孔的几何公差与表面粗糙度选用 ………………… 181
   习题与思考题 …………………………………………………………………… 183

第6章 普通螺纹连接及螺旋传动的精度设计与检测 ……………………………… 184

   6.1 螺纹连接的种类及特点 ……………………………………………………… 184
   6.2 普通螺纹的基本牙型及主要几何参数 ……………………………………… 185
   6.3 普通螺纹主要几何参数偏差对互换性的影响 ……………………………… 186
   6.4 作用中径及普通螺纹合格性的判定条件 …………………………………… 188
   6.5 普通螺纹的公差与配合 ……………………………………………………… 190
       6.5.1 普通螺纹公差与配合的特点 …………………………………………… 190
       6.5.2 普通螺纹公差与配合的选用 …………………………………………… 197
       6.5.3 普通螺纹的标记 …………………………………………………………… 198
   6.6 普通螺纹检测 ………………………………………………………………… 200
   6.7 螺旋传动精度设计 …………………………………………………………… 203
       6.7.1 机床丝杠螺母副精度 …………………………………………………… 203
       6.7.2 滚珠丝杠副精度 ………………………………………………………… 207
   习题与思考题 …………………………………………………………………… 216

第7章 键与花键联结的精度设计与检测 …………………………………………… 218

   7.1 概述 …………………………………………………………………………… 218
   7.2 普通平键联结的精度设计 …………………………………………………… 218
       7.2.1 普通平键联结的结构和几何要素 ……………………………………… 218
       7.2.2 平键联结的极限配合 …………………………………………………… 219
       7.2.3 平键联结的几何公差及表面粗糙度参数值 …………………………… 220
   7.3 矩形花键联结的精度设计 …………………………………………………… 221
       7.3.1 矩形花键联结的结构和几何要素 ……………………………………… 221
       7.3.2 花键联结的极限配合 …………………………………………………… 223
       7.3.3 花键联结的几何公差及表面粗糙度参数值 …………………………… 224
       7.3.4 矩形花键的图样标注 …………………………………………………… 225
   7.4 键和花键的检测 ……………………………………………………………… 227
       7.4.1 平键的检测 ……………………………………………………………… 227
       7.4.2 花键的检测 ……………………………………………………………… 228
   习题与思考题 …………………………………………………………………… 229

第8章 圆锥配合精度设计与检测 …………………………………………………… 230

   8.1 概述 …………………………………………………………………………… 230
   8.2 圆锥的术语定义 ……………………………………………………………… 230
   8.3 圆锥公差 ……………………………………………………………………… 233

  8.3.1 圆锥公差的术语定义 233
  8.3.2 圆锥公差的给定及标注方法 236
 8.4 圆锥配合 239
  8.4.1 圆锥配合的类型 239
  8.4.2 圆锥配合的选用 240
  8.4.3 相配合的圆锥公差标注 241
 8.5 锥度与圆锥角检测 242
 习题与思考题 243

第9章 渐开线圆柱齿轮传动精度设计与检测 244

 9.1 概述 244
  9.1.1 齿轮传动概述 244
  9.1.2 齿轮传动使用要求 244
 9.2 齿轮传动误差及其来源 245
  9.2.1 齿轮误差的分类 245
  9.2.2 齿轮传动误差的主要来源 246
 9.3 渐开线圆柱齿轮精度的偏差项目 250
  9.3.1 单个齿轮的齿面偏差 250
  9.3.2 单个齿轮双侧齿面径向综合偏差 258
 9.4 渐开线圆柱齿轮精度标准 259
  9.4.1 渐开线圆柱齿轮精度标准体系 259
  9.4.2 齿轮精度等级及其图样标注 259
  9.4.3 齿轮公差计算公式 260
 9.5 渐开线圆柱齿轮精度设计 261
  9.5.1 齿轮精度等级的选用 262
  9.5.2 齿轮精度测量参数的选择 265
  9.5.3 齿轮副侧隙 266
  9.5.4 齿轮副精度 270
  9.5.5 齿轮坯精度 272
  9.5.6 齿轮齿面和基准面的表面粗糙度 275
 9.6 齿轮精度设计实例 276
 9.7 齿轮精度检测 279
  9.7.1 单项检验和综合检验 279
  9.7.2 齿轮精度检测方法 280
 习题与思考题 285

第10章 尺寸链的精度设计 286

 10.1 概述 286
 10.2 尺寸链的基本概念 286

10.2.1　尺寸链的定义 ……………………………………………………………… 286
　　　10.2.2　尺寸链的组成及特征 ………………………………………………………… 287
　　　10.2.3　尺寸链的分类 ………………………………………………………………… 288
　　　10.2.4　尺寸链的建立 ………………………………………………………………… 289
　　　10.2.5　尺寸链计算的类型和方法 …………………………………………………… 291
　10.3　完全互换法计算尺寸链 …………………………………………………………… 291
　　　10.3.1　尺寸链计算的基本公式 ……………………………………………………… 291
　　　10.3.2　尺寸链计算实例 ……………………………………………………………… 292
　10.4　概率法计算尺寸链 ………………………………………………………………… 296
　　　10.4.1　基本计算公式 ………………………………………………………………… 296
　　　10.4.2　尺寸链计算实例 ……………………………………………………………… 297
　10.5　解装配尺寸链的其他方法 ………………………………………………………… 298
　　　10.5.1　分组装配法 …………………………………………………………………… 299
　　　10.5.2　修配装配法 …………………………………………………………………… 299
　　　10.5.3　调整装配法 …………………………………………………………………… 299
　习题与思考题 ……………………………………………………………………………… 300

第11章　机械精度设计综合应用实例 …………………………………………………… 302

　11.1　概述 ………………………………………………………………………………… 302
　11.2　装配图精度设计 …………………………………………………………………… 303
　　　11.2.1　装配精度设计的任务 ………………………………………………………… 303
　　　11.2.2　装配图精度确定的方法及原则 ……………………………………………… 304
　　　11.2.3　装配图精度设计过程 ………………………………………………………… 305
　　　11.2.4　精度设计中的影响因素 ……………………………………………………… 306
　　　11.2.5　装配图精度设计实例 ………………………………………………………… 308
　11.3　零件图精度设计 …………………………………………………………………… 313
　　　11.3.1　零件图精度设计的任务 ……………………………………………………… 313
　　　11.3.2　零件图精度确定的方法及原则 ……………………………………………… 314
　　　11.3.3　典型零件图精度设计实例 …………………………………………………… 315
　习题与思考题 ……………………………………………………………………………… 321

第12章　检测技术基础 …………………………………………………………………… 323

　12.1　测量的基本概念 …………………………………………………………………… 323
　12.2　长度计量基准与量值传递 ………………………………………………………… 324
　　　12.2.1　长度计量基准 ………………………………………………………………… 324
　　　12.2.2　量值传递系统 ………………………………………………………………… 325
　　　12.2.3　量块 …………………………………………………………………………… 326
　12.3　测量方法及基本测量原则 ………………………………………………………… 328
　　　12.3.1　测量方法 ……………………………………………………………………… 328

        12.3.2 基本测量原则 ··· 330
   12.4 计量器具及其主要技术指标 ··· 331
        12.4.1 计量器具的分类 ··· 331
        12.4.2 计量器具的技术性能指标 ··· 332
   12.5 测量误差 ·· 334
        12.5.1 测量误差及其表示方法 ·· 334
        12.5.2 测量误差的来源 ··· 335
        12.5.3 测量误差的种类及其特性 ··· 336
        12.5.4 测量精度 ·· 337
   12.6 测量数据处理 ·· 337
        12.6.1 测量列中测量误差处理 ·· 337
        12.6.2 直接测量列的数据处理 ·· 343
        12.6.3 间接测量列的数据处理 ·· 345
   12.7 测量不确定度 ·· 346
        12.7.1 测量不确定度的基本概念 ··· 346
        12.7.2 测量不确定度的评定与表示 ······································ 346
        12.7.3 测量结果的报告 ··· 348
   习题与思考题 ·· 349

第 13 章 现代机械精度检测技术简介 ··· 350

   13.1 尺寸检测 ·· 350
        13.1.1 电动量仪 ·· 350
        13.1.2 气动量仪 ·· 351
        13.1.3 激光位移传感器 ··· 352
        13.1.4 激光干涉仪 ··· 354
   13.2 3D 测量技术 ·· 355
        13.2.1 三坐标测量机 ·· 355
        13.2.2 关节臂测量机 ·· 357
        13.2.3 3D 激光扫描仪 ·· 358
        13.2.4 影像测量仪 ··· 360
   13.3 几何公差检测 ·· 361
   13.4 表面粗糙度检测 ··· 363
        13.4.1 表面粗糙度的检测方法 ·· 363
        13.4.2 电动轮廓仪 ··· 364
        13.4.3 光学轮廓仪 ··· 365
   13.5 制造过程在线检测 ··· 367
        13.5.1 在线检测的含义 ··· 367
        13.5.2 在线检测的分类及应用形式 ······································ 368
        13.5.3 在线检测系统应用实例 ·· 368

13.6 微纳米检测 …… 370
　13.6.1 微纳米检测及其特点 …… 370
　13.6.2 微纳米测量技术概述 …… 371
　13.6.3 常用微纳米测量仪器 …… 372
　习题与思考题 …… 374

参考文献 …… 375

第1章 绪 论

1.1 互换性

1.1.1 互换性的含义

《标准化工作指南 第1部分:标准化和相关活动的通用术语》(GB/T 20000.1—2014)定义:互换性是指某一产品、过程或服务能用来代替另一产品、过程或服务并满足同样要求的能力。此为互换性的广义定义。

产品互换性是指产品及其零部件在尺寸、功能上能够彼此互相替换的特性。在机械制造中,零部件的互换性是指机器或仪器中,在不同工厂、不同车间,由不同工人生产的同一规格的一批合格零部件,在装配前,不需作任何挑选,任取其一,装配时,无须进行修配和调整就能安装到机器上,装配后,能达到预定的使用功能和性能要求。此为互换性的狭义定义。机械零部件互换性表现在装配过程的三个阶段:装配前不需要经过任何挑选;装配中不需要修配或调整;装配或更换后能满足预定的功能和性能要求。

互换性概念的应用非常普遍。例如,中性笔的笔芯用完了,换一个同规格的新笔芯就能继续用;LED照明灯坏了换一个新的安上;自行车或机器上螺钉掉了,换一个相同规格的新螺钉即可;机器、仪器、汽车或飞机上某个零件坏了或磨损了,换上一个新的,而且在更换与装配后能很好地满足使用要求。之所以如此,是因为合格的零部件都具有互换性。

近代互换性始于工业革命和兵工生产,现已广泛应用于机械、仪器仪表、电子、汽车、航空航天、国防军工等几乎所有工业生产领域。

1.1.2 互换性的种类

1. 功能互换性与几何参数互换性

按照使用要求和决定参数的不同,互换性可分为功能互换性与几何参数互换性。几何参数(又称几何量)一般分为长度和角度,长度参数具体包括几何要素的尺寸、形状、方向、位置和表面粗糙度等。几何量互换性是指机电产品在几何参数方面充分近似所达到的互换性,属于狭义互换性,也是机械领域技术交流通常所讲的互换性。本课程仅研究几何量的互换性。

产品功能性能不仅取决于几何量互换性,还取决于其物理、化学、电学、光学和力学性能等参数的一致性。功能互换性是指产品在力学性能、物理性能和化学性能等方面的互换性,如强度、刚度、硬度、使用寿命、抗腐蚀性、导电性、热稳定性等,属于广义互换性。功能互换性往往侧重于保证除几何量互换性以外的其他功能和性能要求。

2. 装配互换与功能互换

按照互换目的,互换性分为装配互换与功能互换。规定几何参数公差达到装配要求的互换称为装配互换;既规定几何参数公差,又规定机械物理性能参数公差达到使用要求的互换称为功能互换。装配互换是为了保证产品精度,而功能互换则是为了保证产品质量。

3. 完全互换与不完全互换

按照互换程度,互换性可分为完全互换与不完全互换。

1) 完全互换

完全互换(绝对互换)是指同一规格的零部件在装配或更换时,既不需要选择,也不需要任何辅助加工与修配,装配后就能满足预定的使用功能及性能要求。完全互换的优点是,零部件互换性好,通用性强,便于专业化生产和分工协作,可以提高经济效益。完全互换常用于厂际协作、批量生产及专业化生产,如汽车制造。

2) 不完全互换

不完全互换(有限互换)允许零部件在装配前可以有附加选择,如预先分组挑选,或者在装配过程中进行调整和修配,装配后能满足预期的使用要求。不完全互换一般用于中小批量生产的高精度产品,通常为厂内生产的零部件或机构的装配,如飞机制造。

当产品组成零件较多、使用要求很高、装配精度要求较高时,采用完全互换会使零件制造公差减小,制造精度提高,加工困难,加工成本提高,甚至无法加工。通常采用不完全互换,通过分组装配法、调整法或修配法来解决这一矛盾。不完全互换的优点是,在保证装配功能的前提下,适当放宽了零部件制造公差,降低了加工难度和加工成本。

分组装配法就是将零件的制造公差适当放大,使之便于加工,在零件完工后再经测量将零件按实际尺寸大小分组,使每组零件间实际尺寸的差别减小,再按相应组零件进行装配(即大孔与大轴相配,小孔与小轴相配)。这样既可保证装配精度和使用要求,又能降低加工难度和制造成本。此时仅组内零件可以互换,组与组之间不可互换,故属于不完全互换。例如,滚动轴承内圈、外圈及滚动体在装配前通常需要分组。

调整法是指在加工、装配及使用过程中,对某特定零件的位置进行适当调整,以达到装配精度要求。例如,要使车床尾顶尖和主轴顶尖之间的连线与车床导轨平行,就要采用调整法。

修配法就是在某零件上预留修配量,装配时根据实际需要修去指定零件上预留的修配量,以达到装配精度的方法。

互换性程度从高到低一般依次为标准件、非标简单件/连接件、低配合要求互换件、中高精度分组互换件、选配/现场定配件。

4. 外互换与内互换

按照应用场合,互换性可分为外互换与内互换。外互换是指部件或机构与其相配件间的互换性,例如,滚动轴承内圈内径与轴的配合,外圈外径与轴承座孔的配合。内互换是指部件或机构内部组成零件间的互换性,例如,滚动轴承内、外圈滚道与滚动体之间的装配。

对标准化部件或机构,内互换是指组成标准化部件的零件之间的互换,外互换则是指标准化部件与其他零部件之间的互换。组成标准化部件的零件精度要求高,加工困难,为了制造方便和降低成本,内互换应当采用不完全互换。为了便于用户使用,标准化部件的外互换应当采用完全互换,它适用于生产厂商以外广泛的范围。

在工程实践中,究竟采用哪一种互换形式,需要综合考虑产品的精度要求、复杂程度、产量(生产规模)、生产设备及技术水平等一系列因素,在设计阶段加以确定。

1.1.3 互换性的作用

所有机电产品都是由若干通用与标准零部件和专用零部件组成的,其中,通用与标准零部件往往是由不同的专业化生产厂商制造及提供,而只有少数专用零部件由产品生产厂商生产制造。只有零部件具有互换性,才能将构成一台复杂机器的成百上千甚至成千上万个零部件进行高效、分散的专业化生产,然后集中到总装厂或总装车间装配集成为机器。例如,汽车上成千上万个零件分别由几百家工厂生产,汽车制造厂只负责生产若干主要零部件,并与其他工厂生产的零部件一起装配成汽车。为了顺利实现专业化大协作生产,各个厂生产的零部件都应该有适当、统一的技术要求。否则可能难以装配,甚至无法满足产品的功能要求。

现代化生产活动是建立在先进技术装备、严密分工、广泛协作基础上的社会化大生产。产品的互换性生产,无论从深度或广度上都已进入新的发展阶段,远超出了机械制造的范畴,并扩大到国民经济各个行业和领域。

无论在传统制造还是在智能制造中,互换性都是提高制造水平、促进技术进步的强有力手段之一,在产品设计、制造、使用和维修等方面发挥着极其重要的作用。

1) 设计和创新方面

零部件具有互换性,就可以最大限度地采用标准件和通用件,使得许多零部件不必重复设计计算,大大减轻了设计、计算和绘图等工作量,缩短了产品开发设计周期,有利于产品更新换代,有利于实现智能创新设计。这对开发系列产品,对促进产品结构、性能的不断改进都具有重要作用。

2) 制造装配方面

现代工业生产中常采用专业化协作,即用分散制造、集中装配的生产方式,必须采用互换性生产原则,以利于组织专业化协作生产。同一台机器的各个零部件可以分散在多个工厂同时加工,有利于采用先进工艺和高效率的加工设备,有利于实现加工过程和装配过程的机械化、自动化,有利于实现智能制造,从而提高劳动生产率,保证和提高产品质量,降低生产成本,缩短生产周期。零部件具有互换性,可顺利进行装配作业,易于实现流水线或自动化装配,从而缩短装配周期,提高装配效率和作业质量。

3) 使用、维护及维修方面

机电产品上的零部件具有互换性,一旦某个零部件磨损或损坏,就可方便及时地用相同规格型号的备用件替换,从而减少机器的维修时间和费用,增加机器的平均无故障工作时间,保证机器连续持久地正常运转,延长机器的使用寿命,提高其使用价值。没有互换性,维修行业就无从谈起。在能源、航空航天、核工业、国防军工等特殊领域,互换性的作用则难以用经济价值衡量。

4)生产组织管理方面

无论是技术和物料供应、计划管理,还是生产组织和协作,零部件具有互换性,更便于实行科学管理。

总之,互换性原则是现代工业生产中普遍遵循的基本原则,给产品设计、制造、使用、维护以及组织管理等各个领域带来巨大的经济效益和社会效益,而生产水平的提高、科技的进步,又促进互换性不断发展。

1.1.4 实现互换性的技术措施

要保证某产品的互换性,就要使该产品的几何参数及其物理、化学等性能参数一致或在一定范围内相似,因而互换性的基本要求是同时满足装配互换和功能互换。具有互换性的零件,其几何参数是否必须做得绝对准确呢?这既不现实,也无必要。因为产品及其零部件都是制造出来的,任何制造系统都不可避免地存在误差,因而,任何零部件都有加工误差,无法保证零件的几何参数绝对准确、同一规格零部件的几何参数及功能参数完全一致。工程实践中,只要使同一规格零部件的有关参数(主要是几何参数)变动控制在一定范围内,就能实现互换性并取得最佳经济效益。给有关参数设计和规定以合理的公差,是实现互换性的基本技术措施。

制造出来的零部件和产品是否满足设计要求,还要依靠准确有效的检测技术手段来验证,检测测量技术同样也是实现互换性的基本技术保证。

1.2 标准化与标准

1.2.1 标准化

1. 标准化的基本概念

GB/T 20000.1—2014 定义:标准化是指为了在既定范围内获得最佳秩序,促进共同效益,对现实问题或潜在问题确立共同使用和重复使用的条款以及编制、发布和应用文件的活动。标准化确立的条款形式通常是标准和其他标准化文件。标准化的对象需要标准化的主题,可以是产品、过程或服务,包括材料、元件、设备、系统、接口、协议、程序、功能、方法或活动。标准化的目的可能包括但不限于品种控制、可用性、兼容性、互换性、健康、安全、环境保护、产品防护、相互理解、经济绩效、贸易等,以使产品、过程或服务适合其用途。标准化的主要效益是达到产品、过程和服务的预期目的,改进其适用性,促进贸易、交流及技术合作。标准化包括起草、制定、发布、实施及修订标准的全过程。

标准化的基本原理包括统一原理、简化原理、协调原理和最优化原理。标准化的主要形式有简化、统一化、系列化、通用化、组合化和模块化。

2. 标准化的作用

标准化是反映国家现代化水平的一个重要标志。标准化的重要作用主要体现在以下几个方面。

(1)标准化为组织现代化、专业化协作生产创造了前提条件。

(2) 为科学管理和现代化管理奠定基础,是科学管理的重要组成部分。

(3) 标准化是推广新材料、新技术和新科研成果的桥梁。标准是科学技术和经验的积累、提炼和升华,是企业的重要知识资产和核心竞争力。

(4) 保证提高产品质量,维护消费者权益。

(5) 合理发展产品品种,提高企业应变能力,以更好地满足社会需求。

(6) 标准化是消除贸易障碍、促进国际技术交流和发展国际贸易、提高产品在国际市场上的竞争力的通行证。

(7) 有利于合理利用和保护国家资源、节约能源和节约原材料。促进对自然资源的合理利用,保持生态平衡,维护人类社会当前和长远的利益。

(8) 促进经济社会全面发展,提高经济效益。

(9) 在社会生产组成部分之间进行协调,确立共同遵循的准则,建立稳定的秩序。

(10) 标准化是保障身体健康、安全和卫生的技术保证。

标准化是广泛实现互换性生产的必要前提。现代化生产的规模越来越大,技术要求越来越复杂,社会化程度越来越高,产业分工和专业化配套越来越细,生产协作越来越广泛,产业链遍布世界。为了适应生产中各企业、各部门及各生产环节的协调,必须通过制定和实施标准,使分散的、局部的生产部门和生产环节保持必要的技术统一,成为一个有机整体,保证各生产部门的活动在技术上保持高度的统一和协调,实现互换性生产。

为了全面实现互换性,不仅要合理确定零部件的制造公差,采取有效的检测技术手段,还要对影响制造精度及质量的各个生产环节、阶段和方面实施标准化。

标准化是联系科研、设计、生产和使用等方面的纽带,标准化应用于产品设计,可以缩短设计周期;应用于生产,可使生产科学、有序地进行;应用于管理,可促进统一、协调、高效率等;应用于科学研究,可以避免研究中的重复劳动。

1.2.2 标准

1. 标准的含义

标准化的主要体现形式是标准。GB/T 20000.1—2014 定义:标准是指通过标准化活动,按照规定的程序经协商一致制定,为各种活动或其结果提供规则、指南或特性,供共同使用和重复使用的文件。标准是以科学、技术和实践经验的综合成果为基础,经有关方面协商一致,由主管机构批准,以特定形式发布,作为共同遵守的准则和依据。

标准是人类科学知识的积淀、技术活动的结晶和多年实践经验的总结,代表着先进的生产力,对生产具有普遍的指导意义,能够促进技术交流与合作,有利于产品的市场化。因此,在生产活动中,应积极采用最新标准。

2. 标准的种类

常见的标准类别有基础标准、术语标准、符号标准、分类标准、试验标准、规范标准、规程标准、指南标准、产品标准、过程标准、服务标准、接口标准、数据待定标准。

按照标准化对象的特性,标准一般分为技术标准、管理标准和工作标准三大类。技术标准是对技术活动中需要统一协调的事务制定的标准。技术标准是从事科研、设计、工艺、检验等技术工作以及商品流通中共同遵守的技术依据,是大量存在的、具有重要意义和广泛影响的标准。

基础标准是具有广泛的适用范围或包含一个特定领域的通用条款的标准。在每个领域中,基础标准是覆盖面最大的标准,它可直接使用,也可作为该领域其他标准的基础。基础标准以标准化共性要求和前提条件为对象,它是为了保证产品的结构、功能和制造质量而制定的、一般工程技术人员必须采用的通用性标准。基础标准是产品设计和制造中必须采用的工程语言和技术依据,也是机械精度设计和检测的依据。本课程所涉及的标准大多数都属于基础标准。

3. 标准的级别

按照级别和作用范围,我国标准分为国家标准、行业标准、地方标准和企业标准四级。低一级标准不得与高一级标准相抵触。为适应某些领域标准快速发展和快速变化的需要,可以在四级标准之外,制定国家标准化指导性技术文件(GB/Z),作为对国家标准的补充。

1)国家标准

我国国家标准由中国国家标准化管理委员会(SAC)通过并公开发布,本课程涉及的国家标准有 GB 国家标准、GJB 国家军用标准、JJF 国家计量技术规范、JJG 国家计量检定规程、GSB 国家实物标准、GBW 国家标准物质(一级)等。

2)行业标准和专业标准

对没有国家标准而又需要在全国某个行业范围内统一的技术要求,可制定行业标准。专业标准是指由专业标准化主管机构或专业标准化组织批准、发布,在某专业范围统一的标准。部标准是指由各主管部、委(局)批准、发布,在该部门范围内统一的标准,部标准已逐步向专业标准过渡,如机械行业标准(JB)、航空工业标准(HB)等。

3)地方标准

在国家的某个地区通过并公开发布的标准。对没有国家标准和行业标准而又需要时可制定地方标准(DB)。

4)企业标准

企业标准(QB)是指由企业通过供该企业使用的标准。企业生产的产品,对没有国家标准、行业标准和地方标准的,应当制定相应的企业标准;对已有国家标准、行业标准或地方标准的,鼓励企业制定严于前三级标准要求的企业标准。

4. 强制性标准和推荐性标准

按照法律属性,标准又分为强制性标准和推荐性标准。保障人体健康和人身、财产安全的标准和法律、行政法规规定强制执行的标准是强制性标准,具有法律约束力,而其余标准均属推荐性标准。推荐性标准是自愿采用的标准,主要针对生产、检验、使用等方面,但是一经接受并采用,或纳入经济合同,就同样具有法律约束力。

强制性国家标准的代号为 GB,推荐性国家标准的代号为 GB/T。本课程涉及的大多为推荐性标准。

5. 国际标准

国际标准是指国际标准化组织(ISO)、国际电工委员会(IEC)和国际电信联盟(ITU)以及 ISO 确认并公布的其他国际组织制定的标准。

《中华人民共和国标准化法实施条例》明确提出,国家鼓励采用国际标准和国外先进标准,积极参与制定国际标准。在采用国际标准时,应准确标示国家标准与国际标准的一致性程度,分为以下三种。

(1)等同(IDT)。国家标准与国际标准的技术内容和文本结构相同,但可以做最小限度的编辑性修改。编辑性修改是指不改变标准技术的内容的修改。国家标准应尽可能等同采用国际标准。

(2)修改(MOD)。国家标准修改于一项或若干项国际标准,即允许存在技术性差异和文本结构变化,并清楚说明技术性差异及其原因。

(3)非等效(NEQ)。国家标准不等效于国际标准,国家标准与国际标准的技术内容和文本结构不同。非等效不属于采用国际标准,只表明国家标准与相应国际标准有对应关系。

1.2.3 产品几何技术规范

1. 产品几何技术规范的概念

ISO/TC 213 颁布的产品几何技术规范(geometry production specification and verification,GPS),是涉及产品设计、制造和检测过程的一整套标准体系。我国现行的 GPS 国家标准大都采用了 ISO - GPS 标准。本课程涉及的大多数标准都属于 GPS。

新一代 GPS 基于计量学原理,以数学作为基础语言结构,给出产品功能、技术规范、制造与计量之间的量值传递的数学方法。它采用物理学中的物像对应原理(对偶性原理),把标准与计量用不确定度的传递关系联系起来,将产品的功能、规范与测量认证集成于一体,统筹优化过程资源的配置。

GPS 标准体系是工程领域影响最广、国际公认最重要的基础标准体系之一。它不仅是几何产品信息传递与交换的基础标准,是实现数字化设计、制造与检验技术的基础,也是产品市场流通领域中合格评定的依据。

2. GPS 的基本模型

GPS 是针对所有几何产品建立的一套几何技术标准体系,覆盖了从宏观到微观的产品几何特征。GPS 是用于描述产品生命周期不同阶段(如设计、制造、检验等)几何特征的体系,是达到产品功能要求所必须遵守的技术依据。GPS 不仅包括基本规则、原则和概念术语定义,以及尺寸、几何公差、表面结构等几何性能规范及其检测验证,还包括几何量计量器具的特性及其校准规范和不确定度评价。GPS 系统结构模型如图 1 - 1 所示。

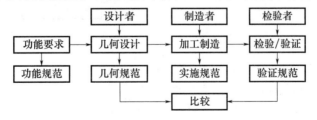

图 1 - 1 GPS 系统结构模型

1)几何规范(设计)过程

几何规范设计就是根据工件的功能需求确定工件的一组特征的允许偏差,也确定了符合制造过程、制造的允许极限和工件符合性定义的质量水平。规范过程由设计者负责,其目的是把设计意图转变为特定 GPS 特征的需求,并定义工件每个特征(要素)的公差。

功能需求和几何规范之间的关系为：功能需求—功能规范—几何规范。

设计者首先定义一个具有理想几何形状的"工件"，即具有满足功能需求的形状和尺寸，此即公称表面模型；然后从公称表面模型出发，设计者假想工件实际表面的模型，该模型表达了实际表面预期的变动，表示了工件的非理想几何要素，被称为非理想表面模型。非理想表面模型用于在概念层次上模拟表面的变动。在此模型上，设计者在功能有所降级但仍能确保的前提下，可以优化最大允许极限值，这些最大允许极限值确定了工件每一个特征的公差（允许的几何偏差）值。

2）制造过程

制造者解释和实施几何规范，完成产品的加工制造和装配过程。几何规范中定义的公差用于产品制造过程控制，允许的几何偏差的定义可用于调整制造过程。

3）检验验证过程

几何规范和测量结果之间的关系为：几何规范—（被测）量—测量结果。

检验过程在规范过程之后进行。检验过程由计量人员负责，其目的是在实际 GPS 规范中对规范操作集定义的实际工件的要素特征进行检验。计量人员从阅读几何规范开始，并考虑非理想表面模型，了解规定的几何特征。从工件实际表面出发，计量人员根据所用测量设备来确定检验过程的各个步骤。在实际检验操作集中，检验由实际规范操作集规定的测量设备完成。通过比较指定特征的几何规范与测量结果，确定其符合程度。

通过 GPS 实现了从功能要求、几何规范设计、规范实施到检验验证的有机统一。

GPS 采用不确定度概念作为经济杠杆，以控制不同层次和不同精度功能要求产品的规范，并且合理、高效地分配制造和检验资源。GPS 不确定度的概念如图 1-2 所示。

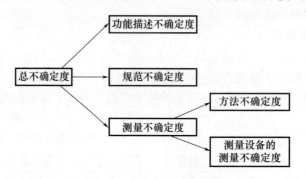

图 1-2　GPS 不确定度概念

GPS 总不确定度是功能描述不确定度、规范不确定度和测量不确定度的总和。方法不确定度和测量设备的测量不确定度之和称为测量不确定度。设计工程师负责功能描述不确定度和规范不确定度，计量工程师负责测量不确定度。通过不确定度与相对应的 GPS 规范系统的功能操作集、规范操作集、检验操作集，实现功能要求、规范过程、规范实施和规范验证的协调和统一。

3. GPS 的矩阵模型

《产品几何技术规范（GPS）　矩阵模型》（GB/T 20308—2020）给出了 GPS 标准的矩阵模型，见表 1-1。

表 1-1 GPS 标准矩阵模型

几何特征	链环						
	A	B	C	D	E	F	G
	符号和标注	要素要求	要素特征	符合与不符合	测量	测量设备	校准
尺寸							
距离							
形状							
方向							
位置							
跳动							
轮廓表面结构							
区域表面结构							
表面缺陷							

GPS 标准矩阵模型是一个 9 行 ×7 列矩阵,其中 9 行分别对应 9 种几何特征类型,包括尺寸、距离、形状、方向、位置、跳动、轮廓表面结构、区域表面结构和表面缺陷,每种几何特征均可以进一步细分为 7 列 A~G,对应 7 个标准链环,即符号与标注、要素要求、要素特征、符合与不符合、测量、测量设备和校准。GPS 矩阵模型完整描述了百余种 GPS 标准的体系结构,反映了从功能要求、几何规范设计到检测验证的机械精度设计与检测全过程。每一项 GPS 标准的范围(位置)都可以用 GPS 矩阵表示。

GPS 标准分为 GPS 基础标准、GPS 通用标准和 GPS 补充标准。GPS 基础标准定义的规则和原则适用于 GPS 矩阵中的所有类别(几何特征类和其他类)和所有链环;GPS 通用标准适用于一种或多种几何特征类别以及一个或多个链环;GPS 补充标准涉及特定的制造过程或典型的机械零部件。

1.3 优先数系与优先数

1. 优先数系

工程上各种技术参数的协调、简化和统一,是标准化的重要内容。工程设计中,各种性能指标参数都要用数值来表示。当选定一个数值作为某种产品的参数指标后,该数值就会按照一定规律向一切相关的制品、材料等的有关参数指标传播扩散。例如,动力机械的功率和转速值确定后,不仅会传播到有关机器的相应参数上,而且必然会传播到其本身的轴、轴承、键、齿轮、联轴器等一整套零部件的尺寸和材料特性参数上,进而传播到加工和检验这些零部件的刀具、量具、夹具及机床等的相应参数上。技术参数的数值传播在生产实际中极为普遍,并且跨越行业和部门的界限。技术参数数值即使差别很小,经过反复传播以后,也会造成尺寸规格的繁多杂乱,以致给生产组织、协作配套、使用维修及贸易等带来很大困难。因此,为了避免生产中数值的无序传播,追求最佳的技术经济效益,必须对各种技术参数数值系列进行标准化。

优先数系是国际上统一的数值制度,是对各种技术参数的数值进行协调、简化和统一的一种科学的数值取值制度。优先数是在工程设计及参数分级时应当优先采用的等比级数数值。

2. 优先数系的系列和代号

工程技术上常用的优先数系是一种十进几何级数。《优先数和优先数系》(GB/T 321—2005)规定,优先数系是公比为$\sqrt[5]{10}$、$\sqrt[10]{10}$、$\sqrt[20]{10}$、$\sqrt[40]{10}$和$\sqrt[80]{10}$,且项值中含有 10 的整数幂的几何级数的常用圆整值。优先数系中的任一项值均称为优先数。优先数系常用的 5 种公比见表 1-2。其中,R5、R10、R20 和 R40 是优先数系的常用系列,称为基本系列,R80 为补充系列。

表 1-2 优先数系的公比

优先数系	R5	R10	R20	R40	R80
r	5	10	20	40	80
公比($q_r = \sqrt[r]{10}$)	1.60	1.25	1.12	1.06	1.03

GB/T 321—2005 中范围 1~10 的优先数系常用系列见表 1-3,所有大于 10 的优先数均可按表列数乘以 10,100,…求得;所有小于 1 的优先数,均可按表列数乘以 0.1,0.01,…求得。

表 1-3 优先数系基本系列的常用值(摘自 GB/T 321—2005)

R5	R10	R20	R40	R5	R10	R20	R40	R5	R10	R20	R40
1.00	1.00	1.00	1.00			2.24	2.24		5.00	5.00	5.00
			1.06				2.36				5.30
		1.12	1.12	2.50	2.50	2.50	2.50			5.60	5.60
			1.18				2.65				6.00
	1.25	1.25	1.25			2.80	2.80	6.30	6.30	6.30	6.30
			1.32				3.00				6.70
		1.40	1.40		3.15	3.15	3.15			7.10	7.10
			1.50				3.35				7.50
1.60	1.60	1.60	1.60			3.55	3.55		8.00	8.00	8.00
			1.70				3.75				8.50
		1.80	1.80	4.00	4.00	4.00	4.00			9.00	9.00
			1.90				4.25				9.50
	2.00	2.00	2.00			4.50	4.50	10.00	10.00	10.00	10.00
			2.12				4.75				

在工程上有时还采用派生系列和复合系列。派生系列是从基本系列或补充系列 Rr 中,每逢 p 项取值导出的系列,以符号 Rr/p 表示。例如,派生系列 R10/3 可导出三种不同项值的系列:1.00,2.00,4.00,8.00,…;1.25,2.50,5.00,10.0,…;1.60,3.15,6.30,12.5,…。复合系列是指由多个基本系列混合构成的多公比系列。例如,10,16,25,35.5,50,71,100,125,160 就是由 R5、R20/3、R10 三个系列构成的复合系列。

3. 优先数系的优点

1) 经济合理的数值分级制度

经验和统计表明,技术参数数值按等比数列分级,能在较宽的范围内以较少的规格,经济合理地满足社会需要。等比数列是一种相对差不变的数列,相邻两项的相对差均匀,疏密适中,不会造成分级过疏、过密的不合理现象。优先数系是按等比数列制定的,它提供了一种经济、合理的数值分级制度。

2) 统一、简化的基础

一种产品(或零件)往往同时在不同场合由不同的人员分别进行设计和制造,而产品的参数又往往影响到与其有配套关系的一系列产品的有关参数。如果没有一个共同遵守的选用数据的准则,势必造成同一种产品的参数杂乱无章,品种规格过于繁多。采用优先数系,不仅可以统一、简化产品品种规格,而且为技术经济工作上统一、简化和协调产品参数提供依据。

3) 广泛的适用性

优先数系有各种不同公比的系列,因而可以满足较密和较疏的分级要求。由于较疏系列的项值包含在较密的系列中,这样在必要时可插入中间值,使较疏的系列变成较密的系列,而原来的项值保持不变,与其他产品间配套协调关系不受影响,有利于发展产品品种。

优先数的积、商、整数(正或负)幂仍为优先数,而且优先数可以向数值增大和减少两端延伸,进一步扩大了优先数系的适用范围。例如,当直径采用优先数,则圆周速度、切线速度、圆周长、圆面积、圆柱体的表面积和体积、球的面积和体积等也都是优先数。

4) 简单、易记、运算方便

优先数系是十进制等比数列,其中包含了 10 的所有整数幂。只要记住一个十进制段内的数值,其他的十进制段内的数值可由小数点的移位得到。只要记住 R20 中的 20 个数值,就可解决一般应用。优先数的对数(或序号)是等差数列,用对数(或序号)进行计算,特别是系列按同样比例相乘(除)时,可大大简化设计计算。使用优先数系,也便于计量单位的换算。

4. 优先数系的应用

优先数系在产品设计、工艺设计、标准制定等领域广泛应用。优先数系适用于用数值表示的各种技术参数量值的分级,特别是产品的参数系列。在产品设计和制定产品系列标准时,产品及零部件的主要尺寸、技术参数应尽可能采用优先数。例如,机械产品的主要参数通常按 R5、R10 系列取值,专用工具的主要尺寸选 R10 系列,通用零件、工具及通用型材的尺寸、铸件壁厚选 R20 系列。《标准尺寸》(GB/T 2822—2005)就是根据优先数系规定了 0.01~20000mm 范围内机械制造业中常用的标准尺寸(直径、长度、高度等)系列。优先数系在公差标准中广泛使用,例如,极限配合国家标准中,尺寸分段采用 R10 系列,标准公差数值采用 R5 系列;表面粗糙度国家标准中,参数值采用 R10/3 系列,取样长度采用 R10/5 系列。

实践证明,合理选择优先数往往在一定数值范围内能以较少的品种规格满足用户的需要。优先数系选用时,应先疏后密,按 R5、R10、R20、R40 的顺序优先选用基本系列。R80 补充系列仅适用于细分的特殊场合,或者在基本系列无法满足要求时使用。当基本系列的公比不能满足数值分级要求时,可选用派生系列。在参数系列范围很宽时,根据情况可分段选用最合适的基本系列或派生系列,以复合系列的形式来组成最佳系列。

1.4 几何量检测技术及其发展

1.4.1 几何量检测及其重要作用

要把设计精度变为现实,除了选择合适的加工方法和加工设备,还必须进行测量和检测。机械零部件的加工结果是否满足设计精度要求,只有通过检测才能知道。

检测是检验和测量的总称。测量就是将被测量和一个作为测量单位的标准量在数值上进行比较,从而确定二者比值的实验过程。只有通过测量才能获得精确和量化的信息,没有测量就没有科学。检验是指判断被测量是否合格,是否在规定范围内的过程,不一定要得到被测量的具体数值。测试是指具有试验研究性质的测量。检查是指测量和外观验收等过程。

检测是保证产品精度的必要条件,是实现互换性生产的技术手段,是生产制造中保障产品制造质量、实施质量控制和质量管理的重要技术保障。通过检测来判断产品及其零部件是否合格,是否符合机械精度设计要求。

在机电产品检测中,几何量检测占的比重最大。几何量检测属于长度计量,是指在机电产品整机及零部件制造中对几何量参数所进行的测量和验收过程。实践证明,有了先进的公差标准,对机械产品零部件的几何量分别规定了合理的公差,还要有相应的技术测量措施,才能保证零件的使用功能、性能和互换性。本课程主要涉及几何量检测。

检测技术是保证机械精度、实施质量管理的重要手段,是贯彻几何量精度标准的技术保证。几何量检测有两个目的:①用于对加工后的零件进行合格性判断,评定是否符合设计技术要求,只有检验合格的零件才具有互换性;②获得产品制造质量状况,进行加工过程工艺分析,分析产生不合格品的原因,以便采取相应的改进措施,实现主动质量控制,以减少和消除不合格品。

提高检测精度和检测效率是检测技术的重要任务。而检测精度的高低取决于所采用的检测方法。工程应用中,应当按照零部件的设计精度和制造精度要求,选择合理的检测方法。检测精度并不是越高越好,盲目追求高的检测精度将加大检测成本,造成浪费,但是降低检测精度则会影响检测结果的可信性。

检测方法的选择,特别重要的是分析测量误差及其对检测结果的影响。因为测量误差将可能导致误判,或将合格品误判为不合格品(误废),或将不合格品误判为合格品(误收)。误废将增加生产成本,误收则影响产品的功能要求。检测精度的高低直接影响到误判的概率,且与检测成本密切相关,而验收条件与验收极限将影响误收和误废在误判概率中所占的比重。因此,检测精度的选择和验收条件的确定,对于保证产品质量和降低制造成本十分重要。

1.4.2 几何量检测技术的发展

检测技术的水平在一定程度上反映了机械制造的精度和水平。机械加工精度水平的提高与检测技术水平的提高是相互依存、相互促进的。据国际计量大会统计,机械零件加工精度大约每十年提高一个数量级,这与测量技术的不断发展密切相关。例如,1940年由于有了机械式比较仪,使加工精度从 3μm 提高到 1.5μm;1950 年,有了光学比较仪,使加工精度提高到 0.2μm;1960 年,有了电感、电容式测微仪和圆度仪,使加工精度提高到 0.1μm;1969 年,激光干涉仪的出现,使加工精度提高到 0.01μm。1982 年发明的扫描隧道显微镜(STM)、1986 年发明的原子力显微镜(AFM),使加工精度达到 nm 级。

测量仪器的发展已经进入自动化、数字化、智能化时代。测量的自动化程度已从人工读数测量发展到自动定位、瞄准和测量,利用计算机和人工智能处理评定测量数据。测量空间已由一维、二维空间发展到三维空间。精密化、集成化、智能化是测量仪器的重要发展趋势,测量精度正在迈入纳米级精度。

总之,互换性是现代化生产的重要生产原则与有效技术措施,标准化是广泛实现互换性生产的前提;检测技术和计量测试是实现互换性的必要条件和手段,是工业生产中进行质量管理、贯彻质量标准必不可少的技术保证。因此,互换性和标准化、检测技术三者形成了一个有机整体,质量管理体系则是提高产品质量的可靠保证和坚实基础。

1.5 机械精度设计概述

1.5.1 机械精度的基本概念

1. 机械精度与机电产品质量之间的关系

质量是企业的生命。现代机电产品的质量特性指标包括功能、性能、工作精度、耐用性、可靠性、效率等。机械制造质量包含几何参数方面的质量和物理、机械等参数方面的质量。物理、机械等参数方面的质量是指机械加工表面因塑性变形引起的冷作硬化、因切削热引起的金相组织变化和残余应力等。机械加工表面质量是指表面层物理力学性能、化学性能以及表面微观几何形状误差。

机械精度是衡量机电产品工作性能最重要的指标之一,也是评价机电产品质量的主要技术参数。机械精度包括机械产品的整机精度及其组成零部件的精度,整机精度(总体精度)是指产品的实际工作状态与理想状态的偏离程度,而零部件的精度则是指零件经过加工后几何参数的实际值与设计规范要求的理想值相接近或相符合的程度。

机械精度主要取决于几何参数方面的质量,即几何量精度。几何量精度包括尺寸精度、几何精度和表面粗糙度等,几何精度包括形状精度、方向精度和位置精度。

几何量精度是影响机电产品质量的决定性因素,工程实践表明,结构相同、材料相同的机器设备或仪器,精度不同会引起质量的差异。因此,机械设计时,不但要进行总体设计、运动设计、结构设计、强度及刚度计算,而且还要在合理设计机构、正确选择材料的同时,进行机械精度设计。

产品质量是通过制造过程实现的,制造质量控制是机电产品质量保证的重要环节,其主要任务是将机电产品零部件的加工误差控制在允许的范围内,而允许范围的确定则是机械精度设计的任务。

机电产品设计中,除了必须实现特定的运动、动力功能和规定的工作寿命以外,更重要的是,应使产品具有一定的静态几何量精度以及在运转过程中的动态几何量精度。没有足够的几何量精度,机器就无法实现预定的功能和性能,机械产品也就丧失了使用价值。零件精度高就意味着寿命长，可靠性好。机械产品往往由于其精度的丧失而报废，机械产品的周期性检修，实质上就是对其精度的检定和修复。

2. 加工误差、公差和精度

机器的质量取决于零件的加工质量和机器的装配质量，零件加工质量包含零件加工精度和表面质量两大部分。机械加工精度是指零件加工后的实际几何参数（尺寸、方向、形状和位置）与理想几何参数相符合的程度，它们之间的差异称为加工误差。加工精度通常用加工误差的大小来反映和衡量。加工误差大则加工精度低，误差小则精度高。在装配过程中产生的误差称为装配误差。

任何一种加工方法、任何机械制造系统都存在加工制造误差，即使提高制造技术水平，加工误差也只能减小，不可能消除。切削加工系统的主要误差源包括：由机床、刀具、夹具、工件组成的工艺系统；加工原理；环境条件；测量；操作人员等。因此，加工过程中零件的几何参数都不可能做得绝对准确，不可避免地会存在加工误差。几何量加工误差可分为尺寸（线性尺寸和角度）误差、几何形状误差（包括宏观几何形状误差、微观几何形状误差和表面波纹度）、方向误差、位置误差等。

尽管零部件的几何量误差会影响零部件及产品的使用功能性能和互换性，但是只要将这些误差控制在一定的范围内，使零件几何量参数实际值尽可能将近理想值，保证同一规格的零件彼此充分近似，则零部件的使用功能性能和互换性都能得到保证。为了使零件几何参数实际值充分接近理想值，必须将其变动量限制在一定范围内。零件应当按照规定的极限（即公差）来制造。公差就是事先规定的工件几何要素的尺寸、形状、方向和位置允许的变动范围，用于限制加工误差和装配误差。公差是实际参数值的最大允许变动量，是允许的最大误差。只要加工误差在设计要求的公差范围内，就认为保证了加工精度。

加工误差是在零件加工过程中产生的，而公差则是由设计者根据产品功能性能要求给定，并标注在图纸上。设计者的任务就是正确合理地规定公差。

1.5.2 机械精度设计及其任务

1. 机械精度设计的基本概念

机械设计过程可分为系统设计、参数设计和精度设计三个阶段。机械精度设计是从精度观点研究机械零部件及结构的几何参数。

任何机电产品都是为了满足人们生活、生产或科研的某种特定的需求，表现为机械产品可实现的某种功能性能。机电产品功能性能要求的实现，在相当程度上依赖于组成该产品的各个零部件的几何量精度。因此，机电产品几何量精度设计是实现产品功能和性能要求的基础。任何加工方法都不可能没有误差，而零件几何要素的误差都会影响其功能要求的实现，公差的大小又与制造经济性和产品的使用寿命密切相关。因此，精度设计是机械设计的重要组成部分。

机械精度设计又称公差设计，就是根据机械产品的功能和性能要求，正确合理地设计确定机械各部件的装配精度以及组成零件的几何量精度，并将其正确地标注在零件图和装配图上。

2. 机械精度设计的任务

机械精度设计的主要任务是根据给定的机器总体精度要求，确定机械及其零部件几何要素的公差。

机械产品的精度和性能在很大程度上取决于组成零部件的精度以及零部件之间的装配精度。精度设计是通过适当选择零部件的加工精度和装配精度,在保证产品精度要求的前提下,使其制造成本最小。机电产品的性能(精度、振动、噪声等)与其组成零部件的几何量精度有着密切关系,一般可通过控制零部件的几何量精度来改善产品性能。产品及其零部件的精度水平与制造成本有关,精度要求越高,其制造成本越高,在精度较低的区间提高精度,其制造成本增加的幅度不大,而在精度较高的区间提高精度,其制造成本会成倍地增加,因而机械产品都存在一种较为经济的精度区间。因此,机电产品精度设计时,在确定了产品精度后,还需要在各零部件之间和各道制造工序之间进行精度分配。

机械精度设计要解决以下三大矛盾:①零件精度与制造之间的矛盾(设计要求、制造成本);②零件(部件)之间的矛盾(装配、配合);③检测精度与检测方法之间的矛盾。

机电产品精度设计的典型应用有:①新产品精度设计;②产品改型精度设计;③扩大产品适用范围的附件精度设计。

传统机械精度设计主要是进行静态精度设计,但是机器的工作性能优劣只有在机器运转过程中才能体现出来,故还必须进行动态精度设计。动态精度设计理论和方法尚在发展中。

不少现代机械产品属于光机电一体化产品,机械精度设计已不再是单纯的几何量精度设计,还涉及机械量、物理量(如光学量、电量等)等多域耦合和多量纲精度问题,比传统的几何量精度设计更为复杂。

1.5.3 机械精度设计原则

机械精度设计的基本原则是经济地满足功能需求,应当在满足产品使用要求的前提下,给产品规定适当的精度(合理的公差)。互换性及标准化只是机械精度设计的一部分任务。

不同的机电产品用途不同,机械精度设计的要求和方法也不同,但都应遵循以下原则。

1. 互换性原则

互换性原则是现代化生产中一项普遍遵守的重要技术经济原则,在各个行业被广泛地采用。在机械制造中,大量使用具有互换性的零部件,遵循互换性原则,不仅能有效保证产品质量,而且能提高劳动生产率,降低制造成本。

互换性原则不仅适用于大批量生产,而且适应中小批量、多品种生产以及大批量定制生产,大批量定制生产对产品零部件以及制造系统的互换性和标准化水平要求更高。

互换性是针对重复生产零部件的要求。只有重复生产、分散制造、集中装配的零件才要求互换。只要按照统一的设计进行重复生产,就可以获得具有互换性的零部件。

2. 标准化原则

机械精度设计时离不开有关 GPS 标准,不仅必须依据 GPS 查表确定标准化的公差配合数值,而且要积极大量采用标准化、通用化、系列化的零部件、元器件和构件,以提高产品互换程度。

3. 精度匹配原则

在机械总体精度设计分析的基础上进行结构精度设计,需要解决总体精度要求的恰当和合理分配问题。精度匹配就是根据各个组成环节的不同功能和性能要求，分别规定不同的精度要求，分配恰当的精度，并且保证相互衔接、协调和适应。

4. 优化原则

优化原则就是通过各组成零、部件精度之间的最佳协调，达到特定条件下机电产品的整体精度优化。优化原则已经在产品结构设计、制造中广泛应用，最优化设计已经成为机电产品和系统设计的基本要求。

在机械精度设计中，优化原则主要体现在以下几个方面。

1）公差优化

精度设计和互换性是两个完全不同的概念，对于精度要求是合理，而实现互换的方法是统一。无论是否要求互换，零件的精度设计都必须合理，即经济地满足功能要求。

2）优先选用

优先选用是指在精度设计中，对于相同的系列、相同的等级和档次，在选用时应当按照排列的顺序，区分先后进行优先选择。例如，配合制、孔轴公差带、表面粗糙度参数值等国家标准中都对优先选用做了明确规定。

3）数值优化

数值优化是指在设计中所使用的数值，应当采用能够满足工程中数值运算规律的优先数。

5. 经济性原则

在满足功能和使用要求的前提下，精度设计还必须充分考虑到经济性的要求。经济性原则的主要考虑因素包括加工及装配工艺性、精度要求的合理性、原材料选择的合理性、是否设计合理的调整环节以及提高工作寿命等。

高精度（小公差）固然可以实现高功能的要求，但必须要求高投入，即提高制造成本。虽然减小公差（提高精度）一定会导致相对制造成本的增加，但是当公差较小时，相对生产成本随公差减小而增加的速度远远高于公差较大时的速度。因此，在对具有重要功能要求的几何要素进行精度设计时，特别要注意制造经济性，应该在满足功能要求的前提下，选用尽可能低的精度（较大的公差），从而提高产品的性价比。

精度要求与制造成本的关系是相对的。随着科学技术的发展以及更为先进的制造技术和方法的应用，可在不断降低制造成本的条件下提高产品的精度。因而满足经济性要求的精度设计主要是一个实践问题。

随着工作时间的增加，运动零件的磨损，机械精度将逐渐下降直至报废。零件的机械精度越低，其工作寿命也相对越短。因此，在评价精度设计的经济性时，必须考虑产品的无故障工作时间，以减少停机时间和维修费用，提高产品的综合经济效益。

综上所述，互换性原则体现精度设计的目的，标准化原则是精度设计的基础，精度匹配原则和优化原则是精度设计的手段，经济性原则是精度设计的目标。

1.5.4 机械精度设计的主要方法

1. 类比法

类比法（经验法）是参考经过工程实践成功验证的同类机械、机构和零部件，或者以设计手册上的经验设计为样板，将其与所设计产品的使用性能要求进行对比分析，然后确定合适的设计方案,或沿用样板设计,或进行必要的修正。类比法就是参考经过工程实际使用证明正确合理的类似产品上的相应要素,确定所设计零件几何要素的精度。

采用类比法进行精度设计时,必须正确选择类比产品,分析其与所设计产品在使用条件和功能要求等方面的异同,并综合考虑实际生产条件、生产规模、制造技术的发展、市场供应信息等诸多因素。采用类比法进行精度设计的基础是参考资料的收集、分析与规整。类比法是机械精度设计的常用方法。类比法依赖于成熟、可信的参考样板和参数数据,还依赖于设计者的工程设计经验。在应用类比法时切忌简单盲目地照抄照搬。

2. 计算法

计算法是按照一定的理论建立的功能要求与几何要素精度之间的计算公式或数学模型,计算确定零件要素的精度。例如,根据液体润滑理论计算确定滑动轴承的最小间隙;根据弹性变形理论计算确定圆柱结合的过盈;根据机构精度理论和概率设计方法计算确定传动系统中各传动件的精度等。《极限与配合 过盈配合的计算和选用》(GB/T 5371—2004)即是计算法的典型实例。计算法的理论依据比较科学、充分,能得到定量的结果,但是计算公式和约束条件往往过于简单化、理想化,这使得设计结果与实际不完全吻合,甚至缺乏计算公式。在工程实践中计算法的应用受到很大限制,只适用于某些特定场合,而且还需要对由计算法得到的公差进行必要调整。

3. 试验法

试验法是先根据一定条件,初步设计确定零件要素的精度,按此试制样机,然后将样机在规定的使用条件下试验运转,对其各项技术性能指标进行检测测试,并与预定的功能性能要求比较,据此再对原设计进行确认或修改。经过反复试验和修改,最终确定满足功能性能要求的合理设计。试验法结果可靠、符合实际,然而设计周期长、费用高,主要用于新产品关键零部件的精度设计。

目前机械精度设计仍处于经验设计的阶段,应用最普遍的仍然是类比法,由设计者凭实际工作经验确定。随着计算机辅助设计(CAD)、计算机辅助工程(CAE)和数字仿真技术的深入应用,计算法及计算机辅助精度(公差)设计将获得日益广泛的应用。

1.5.5 机械精度设计的步骤

1. 产品精度需求分析

(1)分析精度设计对象(产品)的技术要求,包括设计对象的工作原理、结构特点、功能性能指标、应用场合、使用范围、使用条件和通用化程度等。

(2)调研目前国内外类似产品,包括原理、结构特点、使用范围、使用性能、精度水平、制造方法等。

(3)分析精度设计对象的制造技术,包括设计对象的原材料、生产批量、生产率要求和加工制造方法等。了解制造厂商现有的生产条件、工艺方法,以及生产设备的先进程度、自动化水平和制造精度等。

(4)明确精度设计的具体任务。

2. 总体精度设计

总体精度设计具体包括以下几个方面。

(1)系统总体精度设计,包括设计原理、设计原则的依据以及总体精度方案的确定等。

（2）确定主要参数的精度。

（3）总体精度的初步试算和精度分配。精度分配是将总体精度经济、合理地分配到组成零部件上，在满足给定总体精度的前提下，优化设计机器各组成零部件的精度。

（4）确定各零部件的精度和技术要求。

3. 机械结构精度设计计算

机械结构精度设计计算包括部件精度设计计算和零件精度设计计算。在零部件精度设计计算过程中，及时发现总体精度设计中考虑不周或错误之处，要注意零部件几何要素精度的匹配和相互协调统一。

习题与思考题

1. 试列举互换性的应用实例，说明互换性的作用。
2. 举例说明完全互换和不完全互换的应用特点。
3. 分析常用的 USB 接口类型，说明功能互换性和几何参数互换性的联系与区别。
4. 为什么本课程涉及的很多标准都属于产品几何技术规范（GPS）？
5. 几何量检测的作用是什么？
6. 工程中为什么优先采用优先数系和优先数？
7. 下列几组参数分别采用哪种优先数系？

（1）常用螺丝规格：M3，M4，M5，M6，M8，M10，M12，M16。

（2）电动机转速（r/min）：375，750，1500，3000，…。

（3）立式车床主轴直径（mm）：630，800，1000，1250，1600。

（4）表面粗糙度 $Ra(\mu m)$：0.4，0.8，1.6，3.2，6.3，12.5，25。

8. 如何理解加工误差、公差和精度？加工误差一般分为哪几种？
9. 如何理解精度设计与互换性、标准化、检测技术之间的关系？
10. 机械精度设计的主要任务是什么？应当遵循哪些基本原则？

第 2 章
线性尺寸精度设计与检测

2.1 概 述

任何机械零件都是由若干个几何要素构成的,机械零件的大小取决于几何要素的尺寸。由于制造过程中存在着各种误差,使得制造出的零件实际尺寸与其理想尺寸存在一定的差异——尺寸误差。互换性要求尺寸具有一致性,但并不是要求零件都准确地制成一个指定的尺寸,而是要求尺寸在某一合理的范围内,对于相互配合的零件,这个范围要保证相互配合的零件尺寸之间形成一定的关系。为了满足产品使用要求和加工的经济性,保证互换性,必须对产品及其零部件进行尺寸精度设计,以此作为制造、检测和验收的依据。

本章涉及的有关线性尺寸精度设计与检验的现行国家标准如下。

GB/T 1800.1—2020 产品几何技术规范(GPS) 线性尺寸公差 ISO 代号体系 第 1 部分:公差、偏差、和配合的基础。

GB/T 1800.2—2020 产品几何技术规范(GPS) 线性尺寸公差 ISO 代号体系 第 2 部分:标准公差带代号和孔、轴的极限偏差表。

GB/T 1803—2003 极限与配合 尺寸至 18mm 孔、轴公差带。

GB/T 1804—2000 一般公差 未注公差的线性和角度尺寸的公差。

GB/T 38762.1—2020 产品几何技术规范(GPS) 尺寸公差 第 1 部分:线性尺寸。

GB/T 38762.2—2020 产品几何技术规范(GPS) 尺寸公差 第 2 部分:除线性、角度尺寸外的尺寸。

GB/T 3177—2009 产品几何技术规范(GPS) 光滑工件尺寸的检验。

GB/T 34634—2017 产品几何技术规范(GPS) 光滑工件尺寸(500~10000mm)测量计量器具选择。

GB/T 1957—2006 光滑极限量规 技术条件。

2.2 极限与配合的基本术语和定义

2.2.1 有关孔、轴的定义

1. 尺寸要素

尺寸要素,即线性尺寸要素或者角度尺寸要素,是指由一定大小的线性尺寸或角度尺寸确定的几何形状。尺寸要素分为外尺寸要素和内尺寸要素,它可以是球体、圆、两条直线、两相对平行平面、圆柱体、圆环等。一个圆柱孔或轴是线性尺寸要素,其线性尺寸是其直径。一个圆锥或一个楔形块是角度尺寸要素。

2. 孔

工件的内尺寸要素,包括非圆柱面形的内尺寸要素(两相对平行面形成的包容面)。

3. 轴

工件的外尺寸要素,包括非圆柱形的外尺寸要素(两相对平行面形成的被包容面)。

上述定义的孔、轴与通常的概念不同,具有更广泛的含义。它们不仅仅表示圆柱形的内、外表面,而且也包括由两相对平行面形成的内、外表面。

如图 2-1 所示,由 D_1、D_2、D_3 和 D_4 各尺寸确定的包容面均称为孔;由 d_1、d_2、d_3 和 d_4 各尺寸确定的被包容面均称为轴。L_1、L_2 和 L_3 属一般长度尺寸。

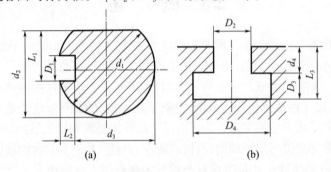

图 2-1 孔与轴

孔和轴的判别:从装配关系看,孔是包容面,轴是被包容面。从加工过程看,随着加工余量的去除,孔的尺寸由小变大,轴的尺寸由大变小。从两表面关系看,非圆柱形孔的两表面相对,其间没有材料;非圆柱形轴两表面相背,其间有材料。

2.2.2 有关尺寸的术语和定义

1. 尺寸

尺寸通常分为线性尺寸和角度尺寸。线性尺寸是指两点之间的距离,如长度、高度、直径、半径、宽度、中心距等,在工程图上以毫米(mm)为单位,标注时可将单位"mm"省略。

2. 公称尺寸

由图样规范定义的理想形状要素的尺寸。孔和轴的公称尺寸分别用 D 和 d 表示。

它是设计人员根据零件的使用性能、强度和刚度要求,通过计算、试验或者类比相似零件而确定的,其数值一般应按《标准尺寸》(GB/T 2822—2005)所规定的数值进行圆整,应尽量按标准系列选取,以减少定值刀具、量具的种类。通过它应用上、下极限偏差可计算出极限尺寸。如图 2-2 所示,$\phi 30$ 为轴的公称尺寸。

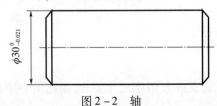

图 2-2 轴

3. 实际尺寸

拟合组成要素的尺寸。组成要素指属于工件的实际表面或表面模型的几何要素。拟合组成要素就是通过拟合操作，从非理想表面模型中或从实际要素中建立的理想的组成要素。实际尺寸通过测量得到，孔和轴的实际尺寸分别用D_a和d_a表示。由于存在测量误差，实际尺寸并非真实尺寸，而是一个近似于真实的尺寸；由于存在形状误差，工件测量位置不同所得到的测量值也不相同。因此，实际尺寸具有不确定性，如图2-3所示。

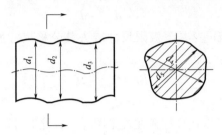

图2-3 某轴的实际尺寸

4. 极限尺寸

尺寸要素的尺寸所允许的极限值。允许的最大尺寸称为上极限尺寸，允许的最小尺寸称为下极限尺寸。孔的上极限尺寸和下极限尺寸分别用D_{max}和D_{min}表示，轴的上极限尺寸和下极限尺寸分别用d_{max}和d_{min}表示，如图2-4所示。

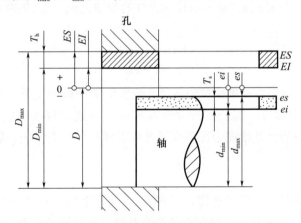

图2-4 公称尺寸、极限尺寸、极限偏差的关系

极限尺寸是以公称尺寸为基数，根据使用上的要求而定的。不考虑几何误差的影响，加工后的零件实际尺寸若在上、下极限尺寸之间，则零件合格，否则零件不合格。零件实际尺寸合格条件为

对于孔： $$D_{max} \geq D_a \geq D_{min} \tag{2-1}$$

对于轴： $$d_{max} \geq d_a \geq d_{min} \tag{2-2}$$

2.2.3 有关尺寸偏差和公差的术语和定义

1. 尺寸偏差

尺寸偏差简称偏差，是指某一尺寸与其公称尺寸之差。

(1) 极限偏差。极限偏差是极限尺寸减去其公称尺寸所得的代数差。由于极限尺寸有上极限尺寸和下极限尺寸之分,因而极限偏差有上、下极限偏差之分,如图2-4所示。

上极限偏差(简称上偏差)是上极限尺寸减去其公称尺寸所得的代数差。孔和轴的上偏差分别用 ES 和 es 表示,即

$$ES = D_{max} - D \qquad (2-3)$$
$$es = d_{max} - d \qquad (2-4)$$

下极限偏差(简称下偏差)是下极限尺寸减去其公称尺寸所得的代数差。孔和轴的下偏差分别用 EI 和 ei 表示,即

$$EI = D_{min} - D \qquad (2-5)$$
$$ei = d_{min} - d \qquad (2-6)$$

因为偏差是代数值,所以在计算或在技术图样上标注时,除零外,上、下偏差必须带有正负号。

(2) 实际偏差。实际偏差是实际尺寸减去其公称尺寸所得的代数差。孔和轴的实际偏差分别用 E_a 和 e_a 表示,即

$$E_a = D_a - D \qquad (2-7)$$
$$e_a = d_a - d \qquad (2-8)$$

实际应用中,常以极限偏差来表示尺寸允许的变动范围。孔、轴的尺寸合格条件也可以用偏差表示为

对于孔: $\qquad\qquad\qquad ES \geqslant E_a \geqslant EI \qquad (2-9)$

对于轴: $\qquad\qquad\qquad es \geqslant e_a \geqslant ei \qquad (2-10)$

(3) 基本偏差。确定公差带相对公称尺寸位置的那个极限偏差。基本偏差是最接近公称尺寸的那个极限偏差。当公差带完全在零线上方或正好在零线上方时,其下偏差(EI/ei)为基本偏差;当公差带完全在零线下方或正好在零线下方时,其上偏差(ES/es)为基本偏差。

2. 尺寸公差

尺寸公差是上极限尺寸与下极限尺寸之差,也等于上极限偏差与下极限偏差之差,是允许尺寸的变动量。公差是一个没有符号的绝对值。孔和轴的公差分别用 T_h 和 T_s 表示,也可以用 T_D 和 T_d 表示,其表达式为

$$T_h = |D_{max} - D_{min}| = |ES - EI| \qquad (2-11)$$
$$T_s = |d_{max} - d_{min}| = |es - ei| \qquad (2-12)$$

公差与偏差在概念上是不同的,两者的主要区别如下:

(1) 偏差可以为正、负或零,而公差是允许尺寸变化的范围,故公差不能为零或负。

(2) 极限偏差用于限制实际偏差,而公差用于限制加工误差。

(3) 极限偏差主要反映公差带的位置,影响零件配合的松紧程度,而公差代表公差带的大小,影响尺寸精度和配合精度。

(4) 从工艺上看,偏差取决于加工时机床的调整(如车削时进刀量),不反映加工的难易程度,而公差反映零件的加工难易程度。

3. 尺寸公差带和尺寸公差带示意图

尺寸公差带(tolerance interval)是指公差极限之间(包括公差极限)的尺寸变动值。公差极限是确定允许值上界限和/或下界限的特定值。公差带包含在上极限尺寸和下极限尺寸之间,由公差大小和相对于公称尺寸的位置确定,相对于公称尺寸的位置由基本偏差决定。

为清晰地表示上述各量及其相互关系,一般采用尺寸公差带示意图,在图中将公差和极限偏差部分放大,可以直观地看出公称尺寸、极限尺寸、极限偏差和公差之间的关系。在实际应用中一般不画出孔和轴的全形,只将轴向截面图中有关公差部分按规定放大画出,这种图称为尺寸公差带图,如图 2-5 所示。

在公差带图中,表示公称尺寸的一条直线称为零线。它是确定偏差的一条基准线,是偏差的起始线,又称为零偏差线。通常将零线沿水平方向绘制,在其左端标注表示偏差方向的符号 $\overset{+}{0}$,并在左下方画出带单向箭头的尺寸线,标注公称尺寸。正偏差位于零线上方,负偏差位于零线下方。由代表上、下极限偏差的两条直线所限定的区域称为公差带。在同一尺寸公差带图中,孔、轴公差带的位置、大小应采用相同的比例。为了区分,轴和孔的公差带图一般用不同方向的剖面线表示,或者轴用网点填充、孔用剖面线填充。尺寸公差带图中,公称尺寸和极限偏差的单位均为 mm 时,可省略不写,如图 2-5(b)所示;公称尺寸标注为 mm,极限偏差单位为 μm 时通常可省略不写,如图 2-5(c)所示。

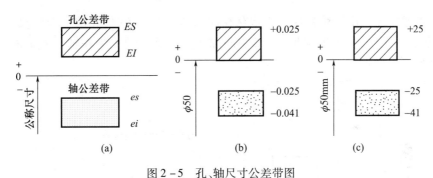

图 2-5 孔、轴尺寸公差带图

2.2.4 有关配合的术语和定义

1. 配合

类型相同且待装配的外尺寸要素(轴)和内尺寸要素(孔)之间的关系,称为配合。配合是指公称尺寸相同的、相互结合的孔和轴公差带之间的关系,是由设计图纸表达的功能要求,即对结合松紧程度的要求。配合是设计时确定的针对一批孔、轴的装配关系,而非某一对实际孔、轴的装配。

2. 间隙和过盈

当轴的直径小于孔的直径时,相配合的孔和轴的尺寸之差(正值),称为间隙,用代号 X 表示。当轴的直径大于孔的直径时,相配合的孔和轴的尺寸之差(负值),称为过盈,用代号 Y 表示。过盈量符号为负只表示过盈特征,并不具有数学上的含义。

(1)实际间隙和实际过盈。指相互配合孔、轴的实际尺寸(或实际偏差)之差,它由两个已加工好的零件的实际尺寸所决定。

实际间隙用X_a表示,实际过盈用Y_a表示,计算公式为

$$X_a(Y_a) = D_a - d_a = E_a - e_a \qquad (2-13)$$

(2)极限间隙和极限过盈。指相互配合孔、轴的极限尺寸(或极限偏差)之差,是实际间隙和实际过盈允许变动的界限值。

极限间隙分为最大间隙X_{max}和最小间隙X_{min};极限过盈分为最大过盈Y_{max}和最小过盈Y_{min},计算公式如下:

最大间隙是指孔的上极限尺寸与轴的下极限尺寸之差,其值为正,即

$$X_{max} = D_{max} - d_{min} = ES - ei > 0 \qquad (2-14)$$

最小间隙是指孔的下极限尺寸与轴的上极限尺寸之差,其值为正,即

$$X_{min} = D_{min} - d_{max} = EI - es \geq 0 \qquad (2-15)$$

最大过盈是指孔的下极限尺寸与轴的上极限尺寸之差,其值为负,即

$$Y_{max} = D_{min} - d_{max} = EI - es < 0 \qquad (2-16)$$

最小过盈是指孔的上极限尺寸与轴的下极限尺寸之差,其值为负,即

$$Y_{min} = D_{max} - d_{min} = ES - ei \leq 0 \qquad (2-17)$$

3. 配合的种类

根据孔、轴公差带之间的相对位置关系,配合分为三大类,即间隙配合、过盈配合、过渡配合。

(1)间隙配合。孔和轴装配时总是存在间隙的配合。此时,孔的下极限尺寸大于或在极端情况下等于轴的上极限尺寸(最小间隙为零),孔的公差带在轴公差带的上方,如图2-6所示。

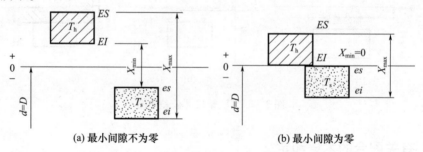

(a)最小间隙不为零　　　　　　　　(b)最小间隙为零

图2-6　间隙配合

间隙配合的特征值是最大间隙和最小间隙。但实际间隙的大小是随孔、轴实际尺寸不同而变化的。对于任何间隙配合,实际间隙必须位于极限间隙之间,配合才合格,即

$$X_{min} \leq X_a \leq X_{max} \qquad (2-18)$$

在间隙配合中,平均间隙是最大间隙和最小间隙的平均值,用X_{av}表示。

$$X_{av} = \frac{1}{2}(X_{max} + X_{min}) > 0 \qquad (2-19)$$

当孔的下极限尺寸与轴的上极限尺寸相等时,则最小间隙为零。

(2)过盈配合。孔和轴装配时总是存在过盈的配合。此时,孔的上极限尺寸小于或在极端情况下等于轴的下极限尺寸(最小过盈为零),孔的公差带在轴公差带的下方,如图2-7所示。

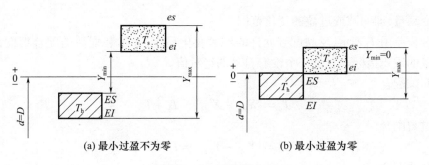

(a) 最小过盈不为零　　　　　(b) 最小过盈为零

图 2-7　过盈配合

过盈配合的特征值是最大过盈和最小过盈。但实际过盈的大小是随孔、轴实际尺寸不同而变化的。对于任何过盈配合,实际过盈必须位于极限过盈之间,配合才合格,即

$$Y_{max} \leqslant Y_a \leqslant Y_{min} \qquad (2-20)$$

在过盈配合中,平均过盈是最大过盈和最小过盈的平均值,用 Y_{av} 表示。

$$Y_{av} = \frac{1}{2}(Y_{max} + Y_{min}) < 0 \qquad (2-21)$$

当孔的上极限尺寸与轴的下极限尺寸相等时,则最小过盈为零。

(3) 过渡配合。孔和轴装配时可能具有间隙或过盈的配合。此时孔和轴的公差带或完全重叠或部分重叠,因此,实际装配后形成间隙或过盈,取决于孔和轴的实际尺寸,如图 2-8 所示。

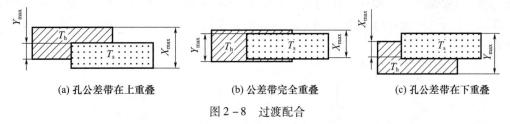

(a) 孔公差带在上重叠　　　(b) 公差带完全重叠　　　(c) 孔公差带在下重叠

图 2-8　过渡配合

过渡配合的特征值是最大间隙 X_{max} 和最大过盈 Y_{max}。最大间隙的计算公式为式(2-14),最大过盈的计算公式为式(2-16)。

平均间隙(或平均过盈)是指最大间隙与最大过盈的平均值。

$$X_{av}(或 Y_{av}) = \frac{X_{max} + Y_{max}}{2} \qquad (2-22)$$

按公式计算所得的数值为正值时是平均间隙,为负值时是平均过盈。

三种配合的特点如下。

(1) 间隙配合:除零间隙外,孔的实际尺寸永远大于轴的实际尺寸;配合时存在间隙,允许孔、轴之间有相对运动;孔的公差带永远在轴的公差带上方。

(2) 过盈配合:除零过盈外,孔的实际尺寸永远小于轴的实际尺寸;配合时存在过盈,不允许孔、轴之间有相对运动;孔的公差带永远在轴的公差带下方。

(3) 过渡配合:孔的实际尺寸可能大于也可能小于轴的实际尺寸;配合时可能存在间隙也可能存在过盈;孔的公差带和轴的公差带相互交叠。

4. 配合公差

组成配合的两个尺寸要素的尺寸公差之和称为配合公差(span of a fit),表示配合所

允许的变动量,即间隙或过盈的变化范围。

配合公差用 T_f 表示,反映配合允许的松紧变化程度,表示装配后的配合精度,是评价配合质量的重要指标。它是一个没有符号的绝对值。

对间隙配合

$$T_f = |X_{\max} - X_{\min}| = T_h + T_s \qquad (2-23)$$

对过盈配合

$$T_f = |Y_{\min} - Y_{\max}| = T_h + T_s \qquad (2-24)$$

对过渡配合

$$T_f = |X_{\max} - Y_{\max}| = T_h + T_s \qquad (2-25)$$

由式(2-23)~式(2-25)可知,无论何种配合,其配合公差均等于相配合的孔、轴公差之和。这表明,孔、轴的配合精度取决于相互配合的孔、轴尺寸精度。公式左端的配合公差是按使用要求提出的设计要求;而公式右端的孔、轴公差则分别表示其加工难度,是对制造上提出的工艺要求。在实际设计中必须正确处理上式中左右两端数值的关系,以期合理解决设计与制造的矛盾。

5. 配合公差带图

配合公差带图是配合公差的图解表示,用来直观反映配合性质(即允许的配合松紧及其变化程度),如图2-9所示。图中,零线表示间隙或过盈等于零。零线以上为正,表示间隙;零线以下为负,表示过盈。由代表极限间隙或极限过盈的两条直线所限定的区域,就是配合公差带。

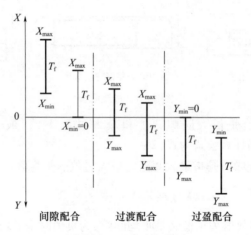

图2-9 配合公差带图

例2-1 相配合的孔、轴,孔的尺寸为 $\phi 80_0^{+0.030}$,轴的尺寸为 $\phi 80_{-0.049}^{-0.030}$,分别计算孔与轴的极限尺寸和公差,以及该配合的极限间隙和平均间隙、配合公差,并画出尺寸公差带图。

解:孔与轴的公称尺寸:$D = d = 80$mm

孔的极限尺寸:$D_{\max} = D + ES = 80 + 0.030 = 80.030$mm;$D_{\min} = D + EI = 80 + 0 = 80$mm

孔的尺寸公差:$T_h = |D_{\max} - D_{\min}| = |ES - EI| = 80.030 - 80 = 0.030$mm $= 30\mu$m

轴的极限尺寸:$d_{\max} = d + es = 80 + (-0.030) = 79.970$mm;$d_{\min} = d + ei = 80 + (-0.049) = 79.951$mm

轴的尺寸公差：$T_s = |d_{max} - d_{min}| = 79.97 - 79.951 = 0.019\text{mm} = 19\mu\text{m}$

极限间隙：$X_{max} = D_{max} - d_{min} = ES - ei = 80.030 - 79.951$
$= +0.030 + 0.049 = +0.079\text{mm} = +79\mu\text{m}$

$X_{min} = D_{min} - d_{max} = EI - es = 80 - 79.97 = 0 + 0.030 = +0.030\text{mm} = +30\mu\text{m}$

平均间隙：$X_{av} = (X_{max} + X_{min})/2 = +(79 + 30)/2 = +54.5\mu\text{m}$

配合公差：$T_f = |X_{max} - X_{min}| = |+0.079 - (+0.030)| = 0.049\text{mm} = 49\mu\text{m}$

尺寸公差带图如图 2-10 所示。

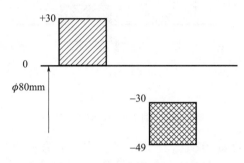

图 2-10　例 2-1 的尺寸公差带图

例 2-2　有一孔、轴配合，孔的尺寸为 $\phi 100_{-0.093}^{-0.058}$，轴的尺寸为 $\phi 100_{-0.022}^{0}$，分别计算最大过盈、最小过盈、平均过盈及配合公差，并画出尺寸公差带图。

解：孔与轴的公称尺寸：$D = d = 100\text{mm}$

孔的极限偏差：$ES = -0.058\text{mm} = -58\mu\text{m}$；$EI = -0.093\text{mm} = -93\mu\text{m}$

轴的极限偏差：$es = 0$；$ei = -0.022\text{mm} = -22\mu\text{m}$

最大过盈：$Y_{max} = D_{min} - d_{max} = EI - es = -93 - 0 = -93\mu\text{m}$

最小过盈：$Y_{min} = D_{max} - d_{min} = ES - ei = -58 - (-22) = -36\mu\text{m}$

平均过盈：$Y_{av} = (Y_{max} + Y_{min})/2 = (-93 - 36)/2 = -64.5\mu\text{m}$

配合公差：$T_f = |Y_{min} - Y_{max}| = |-0.036 - (-0.093)| = 0.057\text{mm} = 57\mu\text{m}$

尺寸公差带图如图 2-11 所示。

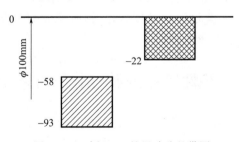

图 2-11　例 2-2 的尺寸公差带图

例 2-3　设某配合孔的尺寸为 $\phi 25_{0}^{+0.033}$，轴的尺寸为 $\phi 25_{-0.008}^{+0.013}$，试计算该配合的最大间隙、最大过盈及平均间隙（或平均过盈）、配合公差，并画出尺寸公差带图。

解：孔与轴的公称尺寸：$D = d = 25\text{mm}$

孔的极限偏差：$ES = +0.033\text{mm} = +33\mu\text{m}$；$EI = 0$

轴的极限偏差：$es = +0.013\text{mm} = +13\mu\text{m}$；$ei = -0.008\text{mm} = -8\mu\text{m}$

最大间隙:$X_{max} = ES - ei = +0.033 - (-0.008) = +0.041 \text{mm} = +41 \mu\text{m}$

最大过盈:$Y_{max} = EI - es = 0 - 0.013 = -0.013 \text{mm} = -13 \mu\text{m}$

平均间隙:$X_{av} = (X_{max} + Y_{max})/2 = (41 - 13)/2 = +14 \mu\text{m}$

配合公差:$T_f = |X_{max} - Y_{max}| = |+0.041 - (-0.013)| = 54 \mu\text{m}$

尺寸公差带图如图 2-12 所示。

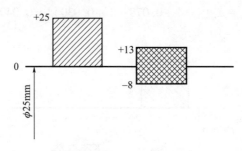

图 2-12 例 2-3 尺寸公差带图

例 2-4 已知某配合 $\phi 30\text{H}7(_0^{+0.021})/\text{p}6(_{+0.022}^{+0.035})$,若有一相互结合的孔、轴的实际偏差分别为:$E_a = +10 \mu\text{m}, e_a = +15 \mu\text{m}$,试判断该孔、轴的尺寸是否合格,所形成的配合是否合用?

解:因 $ei > ES$,所以该配合为过盈配合,且

$$Y_{min} = ES - ei = (+0.021) - (+0.022) = -0.001 \text{mm} = -1 \mu\text{m}$$

$$Y_{max} = EI - es = 0 - (+0.035) = -0.035 \text{mm} = -35 \mu\text{m}$$

已知 $E_a = +10 \mu\text{m}, e_a = +15 \mu\text{m}$,

因为 $+21 \mu\text{m} = ES > E_a > EI = 0$,所以孔的尺寸合格。

因为 $e_a < ei = +22 \mu\text{m}$,所以轴的尺寸不合格。

该孔、轴配合后的实际过盈:$Y_a = E_a - e_a = (+10) - (+15) = -5 \mu\text{m}$

因为 $-35 \mu\text{m} = Y_{max} < Y_a < Y_{min} = -1 \mu\text{m}$,所以,该孔、轴形成的配合是合用的。

在该例中,虽然轴的尺寸不合格,但它仍可以与部分合格孔形成合用的配合,但是该轴无互换性,不能与任一合格的孔都形成合用的配合。因此,尺寸合格的孔、轴所形成的配合一定合格、合用,然而不合格的一对具体孔、轴所形成的配合,只要实际间隙(过盈)在极限间隙(过盈)范围内,则配合合用。

2.3 线性尺寸极限与配合国家标准

如前所述,各种配合的配合性质及精度是由相配合的孔与轴公差带之间的关系决定的,为了使尺寸公差带的大小和位置标准化,GB/T 1800.1—2020 规定了配合制、标准公差系列和基本偏差系列。对不同的公称尺寸规定了一系列的标准公差(公差带的大小)和基本偏差(公差带位置),组合构成各种公差带,由这些不同的孔、轴公差带结合,形成各种配合。

2.3.1 ISO 配合制

ISO 配合制是指由线性尺寸公差 ISO 代号体系确定公差的孔和轴组成的一种配合制

度。形成配合要素的线性尺寸公差 ISO 代号体系应用的前提条件是孔和轴的公称尺寸相同。

从上述三类配合的公差带图可知,孔、轴公差带的相对位置关系的改变,可组成不同性质、不同松紧的配合。但为简化起见,无须将孔、轴公差带同时变动,以两个配合件中的一个作为基准件,其公差带位置不变,通过改变另一个零件(非基准件)的公差带位置来形成各种配合,便可满足不同使用性能要求的配合,且技术经济效益好。

1. 基孔制配合

基本偏差为零的孔公差带,与不同公差带代号的轴形成各种配合的制度,称为基孔制配合。

基孔制配合中的孔称为基准孔。基准孔的下极限偏差为基本偏差,数值为零,即 $EI = 0$,基本偏差代号为 H。基孔制配合中的轴为非基准轴,通过改变轴的基本偏差大小(即轴的公差带位置)而形成各种不同性质的配合,如图 2-13(a)所示。

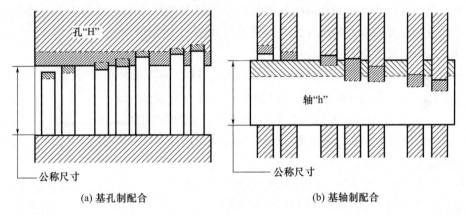

(a) 基孔制配合　　　　　　　　(b) 基轴制配合

图 2-13　配合制

2. 基轴制配合

基本偏差为零的轴公差带,与不同公差带代号的孔形成各种配合的制度,称为基轴制配合。

基轴制配合中的轴称为基准轴。基准轴的上极限偏差为基本偏差,数值为零,即 $es = 0$,基本偏差代号为 h。基轴制配合中的孔为非基准孔,通过改变孔的基本偏差大小(即孔的公差带位置)而形成各种不同性质的配合,如图 2-13(b)所示。

按照孔、轴公差带相对位置的不同,两种配合制都可以形成间隙、过盈和过渡三种不同的配合性质。如图 2-13 所示,图中基准孔的 ES 边界和基准轴的 ei 边界是两道虚线,非基准件的公差带的一边界也是虚线,表示公差带的大小是可变化的。

基孔制和基轴制是两种等效的配合制,因此,在基孔制中所规定的配合种类,在基轴制中也有相应的同名配合,且配合性质完全一样。

2.3.2　标准公差系列

标准公差系列是极限与配合国家标准制定的一系列标准公差数值。它包含三项内容:标准公差等级、标准公差数值和公称尺寸分段。标准公差系列中的任一数值均称为标准公差,用来确定公差带的大小,即公差带的宽度。

1. 标准公差等级及其代号

确定尺寸精确程度用的等级称为标准公差等级。规定和划分公差等级的目的是简化、统一对公差的要求,使规定的等级既能满足不同的使用要求,又能大致代表各种加工方法的精度,为零件设计和制造带来极大的方便。

GB/T 1800.1—2020 对公称尺寸至 3150mm 的尺寸,规定了 20 个标准公差等级,用符号 IT 和等级数字组成的代号表示,记为 IT01、IT0、IT1、IT2、…、IT18,等级依次降低。

在同一公称尺寸段内,标准公差值随公差等级降低而增大。同一公差等级对应的所有公称尺寸的一组公差均被认为具有同等精确程度,即公差等级相同,尺寸的精确程度相同。

2. 标准公差数值

标准公差因子是计算标准公差值的基本单位,是制定标准公差数值系列的基础。大量生产实际经验和科学统计分析表明,零件的加工误差不仅与加工方法有关,还与公称尺寸有关。当公称尺寸小于 500mm 时,零件的加工误差与尺寸的关系呈立方抛物线关系,即尺寸误差与尺寸的立方根成正比。而随尺寸增大,测量误差的影响也增大,所以在确定标准公差值时应考虑上述两个因素。

标准公差因子与公称尺寸之间有一定的关系,IT5 ~ IT18 的标准公差因子计算公式为

$$i = 0.45\sqrt[3]{D} + 0.001D \quad (公称尺寸 \leqslant 500\text{mm}) \quad (2-26)$$

$$I = 0.004D + 2.1 \quad (公称尺寸 > 500 \sim 3150\text{mm}) \quad (2-27)$$

式中:i、I 为标准公差因子(μm);D 为每一公称尺寸段中首尾两个尺寸(D_1 和 D_2)的几何平均值(mm),$D = \sqrt{D_1 D_2}$。

式(2-26)第一项主要反映加工误差随尺寸的变化,第二项主要反映温度变化引起的测量误差。当零件的公称尺寸很小时,第二项在标准公差因子中所占的比例很小。式(2-27)表明,对大尺寸零件,零件的制造误差主要是由温度变化而引起的测量误差,与零件的公称尺寸呈线性关系。

标准公差的计算公式见表 2-1。

表 2-1 标准公差计算公式(摘自 GB/T 1800.1—2009)

公差等级	公称尺寸/mm		公差等级	公称尺寸/mm	
	$D \leqslant 500$	$D > 500 \sim 3150$		$D \leqslant 500$	$D > 500 \sim 3150$
IT01	$0.3 + 0.008D$		IT9	$40i$	$40I$
IT0	$0.5 + 0.012D$		IT10	$64i$	$64I$
IT1	$0.8 + 0.020D$	$2I$	IT11	$100i$	$100I$
IT2	(IT1)(IT5/IT1)$^{1/4}$	$2.7I$	IT12	$160i$	$160I$
IT3	(IT1)(IT5/IT1)$^{1/2}$	$3.7I$	IT13	$250i$	$250I$
IT4	(IT1)(IT5/IT1)$^{3/4}$	$5I$	IT14	$400i$	$400I$
IT5	$7i$	$7I$	IT15	$640i$	$640I$
IT6	$10i$	$10I$	IT16	$1000i$	$1000I$
IT7	$16i$	$16I$	IT17	$1600i$	$1600I$
IT8	$25i$	$25I$	IT18	$2500i$	$2500I$

由表 2-1 可知：

(1) 对于 IT01、IT0、IT1 三个高精度等级，主要考虑检测误差的影响，其标准公差值与零件的公称尺寸呈线性关系，且计算公式中的常数和系数，均采用 R5 优先数系，其公比为 1.6。

(2) IT2、IT3、IT4 三个等级的标准公差，采用在 IT1 与 IT5 之间按等比级数插值的方式得到，其公比为 $q = (IT5/IT1)^{1/4}$。

(3) 在 IT5～IT18 各公差等级中，其标准公差按下式计算：

$$IT = ai \tag{2-28}$$

式中：a 为标准公差等级系数；i 为标准公差因子(μm)。

除 IT5 外，从 IT6 起，每跨 5 项，数值增加 10 倍。显然，标准公差等级越低，公差等级系数 a 就越大。公差等级系数 a 在一定程度上反映了加工的难易程度。

(4) 各级公差之间的分布规律性很强，不仅便于向高、低两端延伸，也可在两个公差等级之间插值，以满足各种特殊情况的需要。例如：

向高精度等级延伸　　IT02 = IT01/1.6 = 0.2 + 0.005D

向低精度等级延伸　　IT19 = IT18 × 1.6 = 4 000i

中间插值　　　　　　IT6.5 = IT6 × q10 = 1.25 × IT6 = 12.5i

　　　　　　　　　　IT6.25 = IT6 × q20 = 1.12 × IT6 = 11.2i

　　　　　　　　　　……

标准公差数值大小是标准公差等级与被测要素公称尺寸的函数。理论上每个公称尺寸都应有一个相应的标准公差数值，这样既无必要，又不方便实用，还会给设计和生产带来许多困难。为了简化标准公差值的数量、统一标准公差值及便于应用，国家标准对公称尺寸进行了分段，公称尺寸分段后，在同一尺寸分段内的所有公称尺寸，公差等级相同时，具有相同的标准公差值。

根据式(2-26)、式(2-27)和表 2-1，即可分别计算出各尺寸段、各个标准公差等级的标准公差数值，经过尾数圆整，编制得到公称尺寸至 3150mm 的标准公差数值表，见表 2-2。由公称尺寸和标准公差等级，即可查表得到标准公差值，还可由公称尺寸和公差数值查表确定对应的标准公差等级。

表 2-2　公称尺寸至 3150mm 的标准公差数值(摘自 GB/T 1800.1—2020)

公称尺寸 /mm		标准公差等级																	
		IT01	IT0	IT1	IT2	IT3	IT4	IT5	IT6	IT7	IT8	IT9	IT10	IT11	IT12	IT13	IT14	IT15	IT16	IT17	IT18
大于	至	标准公差数值																		
		μm												mm						
—	3	0.3	0.5	0.8	1.2	2	3	4	6	10	14	25	40	60	0.1	0.14	0.25	0.4	0.6	1	1.4
3	6	0.4	0.6	1	1.5	2.5	4	5	8	12	18	30	48	75	0.12	0.18	0.3	0.48	0.75	1.2	1.8
6	10	0.4	0.6	1	1.5	2.5	4	6	9	15	22	36	58	90	0.15	0.22	0.36	0.58	0.9	1.5	2.2
10	18	0.5	0.8	1.2	2	3	5	8	11	18	27	43	70	110	0.18	0.27	0.43	0.7	1.1	1.8	2.7
18	30	0.6	1	1.5	2.5	4	6	9	13	21	33	52	84	130	0.21	0.33	0.52	0.84	1.3	2.1	3.3
30	50	0.6	1	1.5	2.5	4	7	11	16	25	39	62	100	160	0.25	0.39	0.62	1	1.6	2.5	3.9

续表

公称尺寸/mm		标准公差等级																	
大于	至	IT01	IT0	IT1	IT2	IT3	IT4	IT5	IT6	IT7	IT8	IT9	IT10	IT11	IT12	IT13	IT14	IT15	IT16	IT17	IT18
		标准公差数值																	
		μm												mm						
50	80	0.8	1.2	2	3	5	8	13	19	30	46	74	120	190	0.3	0.46	0.74	1.2	1.9	3	4.6
80	120	1	1.5	2.5	4	6	10	15	22	35	54	87	140	220	0.35	0.54	0.87	1.4	2.2	3.5	5.4
120	180	1.2	2	3.5	5	8	12	18	25	40	63	100	160	250	0.4	0.63	1	1.6	2.5	4	6.3
180	250	2	3	4.5	7	10	14	20	29	46	72	115	185	290	0.46	0.72	1.15	1.85	2.9	4.6	7.2
250	315	2.5	4	6	8	12	16	23	32	52	81	130	210	320	0.52	0.81	1.3	2.1	3.2	5.2	8.1
315	400	3	5	7	9	13	18	25	36	57	89	140	230	360	0.57	0.89	1.4	2.3	3.6	5.7	8.9
400	500	4	6	8	10	15	20	27	40	63	97	155	250	400	0.63	0.97	1.55	2.5	4	6.3	9.7
500	630			9	11	16	22	32	44	70	110	175	280	440	0.7	1.1	1.75	2.8	4.4	7	11
600	800			10	13	18	25	36	50	80	125	200	320	500	0.8	1.25	2	3.2	5	8	12.5
800	1000			11	15	21	28	40	56	90	140	230	360	560	0.9	1.4	2.3	3.6	5.6	9	14
1000	1250			13	18	24	33	47	66	105	165	260	420	660	1.05	1.65	2.6	4.2	6.6	10.5	16.5
1250	1600			15	21	29	39	55	78	125	195	310	500	780	1.25	1.95	3.1	5	7.8	12.5	19.5
1600	2000			18	25	35	46	65	92	150	230	370	600	920	1.5	2.3	3.7	6	9.2	15	23
2000	2500			22	30	41	55	78	110	175	280	440	700	1100	1.75	2.8	4.4	7	11	17.5	28
2500	3150			26	36	50	68	96	135	210	330	540	860	1350	2.1	3.3	5.4	8.6	13.5	21	33

2.3.3 基本偏差系列

1. 基本偏差及其代号

基本偏差用来确定公差带相对公称尺寸的位置,不同位置的公差带与基准件形成不同的配合,一种基本偏差就有一种配合。为了满足工程实践中不同的配合需求,尽量减少配合种类,GB/T 1800.1—2020 分别对孔、轴规定了 28 种标准基本偏差,如图 2-14 所示。这些不同的基本偏差便构成了基本偏差系列。

基本偏差用一个或两个拉丁字母表示,其中孔的基本偏差代号用大写字母表示,轴的基本偏差代号用小写字母表示,称为基本偏差代号。在 26 个拉丁字母中去掉 5 个容易与其他参数相混淆的字母:I(i)、L(l)、O(o)、Q(q)、W(w),剩下的 21 个字母加上 7 个双写字母:CD(cd)、EF(ef)、FG(fg)、Js(js)、ZA(za)、ZB(zb)、ZC(zc),即孔、轴各有 28 个基本偏差。其中,JS 和 js 在各公差等级中相对于零线是完全对称的("s"代表对称偏差之意),JS 和 js 将逐渐取代近似对称的基本偏差 J 和 j。因此,在国家标准中,孔仅留 J6、J7 和 J8,轴仅留 j5、j6、j7 和 j8。

孔的基本偏差中,A~G 的基本偏差均为下极限偏差 EI,皆为正值;H 的基本偏差 $EI=0$,是基准孔;JS 为对称公差带;J~ZC 的基本偏差均为上极限偏差 ES,除 J、K、M 外,皆为负值。

轴的基本偏差中,a~g 的基本偏差均为上极限偏差 es,皆为负值;h 的基本偏差

$es=0$,是基准轴;js 为对称公差带;j~zc 的基本偏差均为下极限偏差 ei,除 j 外,皆为正值。

JS 和 js 的基本偏差可以是上极限偏差 $+IT_n/2$ 或下极限偏差 $-IT_n/2$。

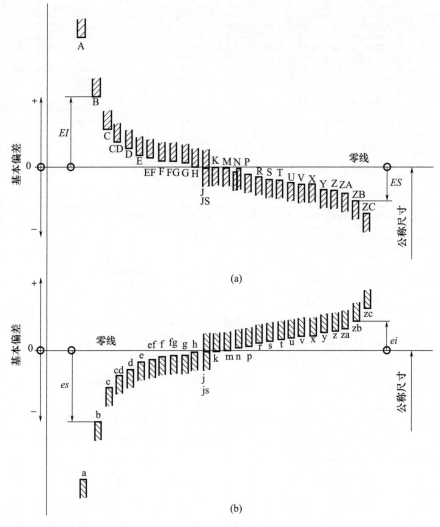

图 2-14 基本偏差系列

2. 轴的基本偏差数值的确定

轴的基本偏差数值是以基孔制为基础,根据各种配合要求,在生产实践和大量试验的基础上,依据统计分析的结果整理出一系列经验公式计算而得到。

利用轴的基本偏差计算公式,以公称尺寸分段的几何平均值代入这些公式求得数值,经化整后编制出轴的基本偏差数值表(表2-3)。除了 j、k 和 js 外,轴的基本偏差数值与选用的标准公差等级无关。实际使用时可直接查表,不必计算。

轴的另一极限偏差可根据以下公式计算:

$$es = ei + T_s \text{ 或 } ei = es - T_s \quad (2-29)$$

表 2-3 公称尺寸≤500mm 轴的基本偏差数值表(摘自 GB/T 1800.1—2020)

公称尺寸/mm		基本偏差数值(上极限偏差 es)/μm										
		所有标准公差等级										
大于	至	a	b	c	cd	d	e	ef	f	fg	g	h	js
—	3	-270	-140	-60	-34	-20	-14	-10	-6	-4	-2	0	
3	6	-270	-140	-70	-46	-30	-20	-14	-10	-6	-4	0	
6	10	-280	-150	-80	-56	-40	-25	-18	-13	-8	-5	0	
10	14	-290	-150	-95	—	-50	-32	—	-16	—	-6	0	偏差 = $\pm\frac{IT_n}{2}$,式中,n 是标准公差等级数
14	18												
18	24	-300	-160	-110	—	-65	-40	—	-20	—	-7	0	
24	30												
30	40	-310	-170	-120	—	-80	-50	—	-25	—	-9	0	
40	50	-320	-180	-130									
50	65	-340	-190	-140	—	-100	-60	—	-30	—	-10	0	
65	80	-360	-200	-150									
80	100	-380	-220	-170	—	-120	-72	—	-36	—	-12	0	
100	120	-410	-240	-180									
120	140	-460	-260	-200	—	-145	-85	—	-43	—	-14	0	
140	160	-520	-280	-210									
160	180	-580	-310	-230									
180	200	-660	-340	-240	—	-170	-100	—	-50	—	-15	0	
200	225	-740	-380	-260									
225	250	-820	-420	-280									
250	280	-920	-480	-300	—	-190	-110	—	-56	—	-17	0	
280	315	-1050	-540	-330									
315	355	-1200	-600	-360	—	-210	-125	—	-62	—	-18	0	
355	400	-1350	-680	-400									
400	450	-1500	-760	-440	—	-230	-135	—	-68	—	-20	0	
450	500	-1650	-840	-480									

公称尺寸/mm		基本偏差数值(下极限偏差 ei)/μm															
		IT5 和 IT6	IT7	IT8	IT4~IT7	≤IT3 >IT7	所有标准公差等级										
大于	至	j			k		m	n	p	r	s	t	u	v	x	y	z	za	zb	zc
—	3	-2	-4	-6	0	0	2	4	6	10	14	—	18	—	20	—	26	32	40	60
3	6	-2	-4	—	1	0	4	8	12	15	19	—	23	—	28	—	35	42	50	80
6	10	-2	-5	—	1	0	6	10	15	19	23	—	28	—	34	—	42	52	67	97
10	14	-3	-6	—	1	0	7	12	18	23	28	—	33	—	40	—	50	64	90	130
14	18													39	45	—	60	77	108	150

续表

公称尺寸/mm		基本偏差数值(下极限偏差 ei)/μm																
		IT5 和 IT6	IT7	IT8	IT4~IT7	≤IT3 >IT7	所有标准公差等级											
大于	至	j			k		m	n	p	r	s	t	u	v	x	y	z	za	zb	zc
18	24	−4	−8	—	2	0	8	15	22	28	35	—	41	47	54	63	73	98	136	188
24	30											41	48	55	64	75	88	118	160	218
30	40	−5	−10	—	2	0	9	17	26	34	43	48	60	68	80	94	112	148	200	274
40	50											54	70	81	97	114	136	180	242	325
50	65	−7	−12	—	2	0	11	20	32	41	53	66	87	102	122	144	172	226	300	405
65	80									43	59	75	102	120	146	174	210	274	360	480
80	100	−9	−15	—	3	0	13	23	37	51	71	91	124	146	178	214	258	335	445	585
100	120									54	79	104	144	172	210	254	310	400	525	690
120	140	−11	−18	—	3	0	15	27	43	63	92	122	170	202	248	300	365	470	620	800
140	160									65	100	134	190	228	280	340	415	535	700	900
160	180									68	108	146	210	252	310	380	465	600	780	1000
180	200	−13	−21	—	4	0	17	31	50	77	122	166	236	284	350	425	520	670	880	1150
200	225									80	130	180	258	310	385	470	575	740	960	1250
225	250									84	140	196	284	340	425	520	640	820	1050	1350
250	280	−16	−26	—	4	0	20	34	56	94	158	218	315	335	475	580	710	920	1200	1550
280	315									98	170	240	350	425	525	650	790	1000	1300	1700
315	355	−18	−28	—	4	0	21	37	62	108	190	268	390	475	590	730	900	1150	1500	1900
355	400									114	208	294	435	530	660	820	1000	1300	1620	2100
400	450	−20	−32	—	5	0	23	40	68	126	232	330	490	595	740	920	1100	1450	1850	2400
450	500									132	252	360	540	660	820	1000	1250	1600	2100	2600

3. 孔的基本偏差数值的确定

孔的基本偏差数值是由同名代号轴的基本偏差在相应的公差等级的基础上通过换算得到的。由于基轴制与基孔制是两种并行等效的配合制度,构成非基准件的基本偏差计算公式所考虑的因素是一致的。因此,孔的基本偏差数值不必用公式计算,而是按照一定的换算规则,直接由同名字母轴的基本偏差换算得到。

换算的原则:①配合性质相同。基本偏差字母代号同名的孔和轴,分别构成基轴制与基孔制的配合,在相应公差等级的条件下,其配合性质必须相同,即具有相同的极限间隙或极限过盈。如 H7/f6 与 F7/h6 两种配合的 X_{max} 和 X_{min} 应分别相等。②孔与轴工艺等价性。由于在较高的公差等级中,相同公差等级的孔比轴难加工,因此,为使孔和轴在加工工艺上等价,相配合的孔公差等级比轴低一级,如 H7/f6;在较低精度等级的配合中,孔与轴采用同级配合,如 H9/f9;IT8 级的孔可与同级的轴或高一级的轴配合,如 H8/f8、H8/f7。

孔的基本偏差按照下述两种规则换算。

(1)通用规则:同名代号的孔、轴的基本偏差的绝对值相等,而符号相反,即

对于孔 A~H: $$EI = -es \tag{2-30}$$

K~ZC(同级配合)：   ES = -ei   (2-31)

(2) 特殊规则：标准公差等级≤IT8 的 K、M、N 和标准公差等级≤IT7 的 P~ZC 的同名代号的孔、轴基本偏差的符号相反，而绝对值相差一个 Δ 值，即

$$ES = -ei + \Delta \tag{2-32}$$

$$\Delta = IT_n - IT_{n-1} = T_h - T_s \tag{2-33}$$

式中：IT_n 为孔的标准公差，公差等级为 n 级；IT_{n-1} 为轴的标准公差，公差等级为 $n-1$ 级（比孔高一级）。

用上述规则换算出孔的基本偏差按一定规则化整，编制出公称尺寸≤500mm 孔的基本偏差数值表，如表 2-4 所列。实际使用时可直接查表，不必计算。

孔的另一极限偏差可根据以下公式计算：

$$EI = ES - T_h \text{ 或 } ES = EI + T_h \tag{2-34}$$

4. 一般情况下，各基本偏差所形成的配合特征

1) 间隙配合

a~h(或 A~H)等 11 种基本偏差与基准孔基本偏差 H(或基准轴基本偏差 h)形成间隙配合。其中，a 与 H(或 A 与 h)形成的配合间隙最大，此后间隙依次减小。

2) 过渡配合

js、j、k、m、n(或 JS、J、K、M、N)5 种基本偏差与基准孔基本偏差 H(或基准轴基本偏差 h)形成过渡配合。其中 js 与 H(或 JS 与 h)形成的配合较松，获得间隙的概率较大，此后配合依次变紧，n 与 H(或 N 与 h)获得过盈的概率较大。

3) 过盈配合

p~zc(或 P~ZC)等 12 种基本偏差与基准孔基本偏差 H(或基准轴基本偏差 h)形成过盈配合。其中，p 与 H(或 P 与 h)形成配合过盈最小，此后过盈依次增大。

5. 公差带代号

对于孔和轴，公差带代号分别由代表孔的基本偏差的大写字母和轴的基本偏差的小写字母与代表标准公差等级的数字的组合标示。如 H7(孔公差带)、g6(轴公差带)等。

公差带的尺寸表示方法为在公称尺寸后面标注所要求的公差带代号或(和)对应的极限偏差数值。

例如，$\phi 30H7$、$\phi 80G8$、$\phi 50js7$、$\phi 100_{-0.058}^{-0.036}$、$\phi 100f6(_{-0.058}^{-0.036})$ 。

例 2-5 查表确定 $\phi 25H7/p6$ 中孔、轴的基本偏差和另一极限偏差，按换算规则求 $\phi 25P7/h6$ 中孔、轴的极限偏差，计算两配合的极限过盈，并绘制公差带图。

解：(1) 根据公称尺寸，查表 2-2 可知，$IT6 = 13\mu m$，$IT7 = 21\mu m$。

$\phi 25H7$ 为基准孔：即 $EI = 0$，$ES = EI + IT7 = +21\mu m$

$\phi 25p6$ 为非基准轴：查表 2-4 可，$ei = +22\mu m$，则 $es = ei + IT6 = +35\mu m$

(2) $\phi 25h6$ 为基准轴：即 $es = 0$，$ei = es - IT6 = -13\mu m$

$\phi 25P7$ 应按特殊规则计算：

因为 $\Delta = IT7 - IT6 = 21 - 13 = 8\mu m$

所以 $ES = -ei + \Delta = -22 + 8 = -14\mu m$

$EI = ES - IT7 = -14 - 21 = -35\mu m$

由上述计算可得 $\phi 25H7 = \phi 25_0^{+0.021}$， $\phi 25p6 = \phi 25_{+0.022}^{+0.035}$

$\phi 25P7 = \phi 25_{-0.035}^{-0.014}$， $\phi 25h6 = \phi 25_{-0.013}^{0}$

表 2-4 公称尺寸 ≤500mm 孔的基本偏差数值表（摘自 GB/T 1800.1—2020）

公称尺寸/mm		基本偏差数值（下极限偏差，EI）/μm										JS	基本偏差数值（上极限偏差，ES）/μm								
		A	B	C	CD	D	E	EF	F	FG	G	H		J			K		M		N		P到ZC
大于	至	所有公差等级											公差等级										
													IT6	IT7	IT8	≤IT8	>IT8	≤IT8	>IT8	≤IT8	>IT8	≤IT7
—	3	+270	+140	+60	+34	+20	+14	+10	+6	+4	+2	0	+2	+4	+6	0	0	−2	−2	−4	−4	在大于IT7级相应数值上增加一个Δ值
3	6	+270	+140	+70	+46	+30	+20	+14	+10	+6	+4	0	+5	+6	+10	−1+Δ	—	−4+Δ	−4	−8+Δ	0	
6	10	+280	+150	+80	+56	+40	+25	+18	+13	+8	+5	0	+5	+8	+12	−1+Δ	—	−6+Δ	−6	−10+Δ	0	
10	14	+290	+150	+95	+70	+50	+32	+23	+16	+10	+6	0	+6	+10	+15	−1+Δ	—	−7+Δ	−7	−12+Δ	0	
14	18																					
18	24	+300	+160	+110	+85	+65	+40	+28	+20	+12	+7	0	+8	+12	+20	−2+Δ	—	−8+Δ	−8	−15+Δ	0	
24	30																					
30	40	+310	+170	+120	+100	+80	+50	+35	+25	+15	+9	0	+10	+14	+24	−2+Δ	—	−9+Δ	−9	−17+Δ	0	
40	50	+320	+180	+130																		
50	65	+340	+190	+140	—	+100	+60	—	+30	—	+10	0	+13	+18	+28	−2+Δ	—	−11+Δ	−11	−20+Δ	0	
65	80	+360	+200	+150																		
80	100	+380	+220	+170	—	+120	+72	—	+36	—	+12	0	+16	+22	+34	−3+Δ	—	−13+Δ	−13	−23+Δ	0	
100	120	+410	+240	+180																		
120	140	+460	+260	+200	—	+145	+85	—	+43	—	+14	0	+18	+26	+41	−3+Δ	—	−15+Δ	−15	−27+Δ	0	
140	160	+520	+280	+210																		
160	180	+580	+310	+230																		
180	200	+660	+340	+240	—	+170	+100	—	+50	—	+15	0	+22	+30	+47	−4+Δ	—	−17+Δ	−17	−31+Δ	0	
200	225	+740	+380	+260																		
225	250	+820	+420	+280																		
250	280	+920	+480	+300	—	+190	+110	—	+56	—	+17	0	+25	+36	+55	−4+Δ	—	−20+Δ	−20	−34+Δ	0	
280	315	+1050	+540	+330																		
315	355	+1200	+600	+360	—	+210	+125	—	+62	—	+18	0	+29	+39	+60	−4+Δ	—	−21+Δ	−21	−37+Δ	0	
355	400	+1350	+680	+400																		
400	450	+1500	+760	+440	—	+230	+135	—	+68	—	+20	0	+33	+43	+66	−5+Δ	—	−23+Δ	−23	−40+Δ	0	
450	500	+1650	+840	+480																		

JS: 偏差等于 $\pm\dfrac{IT_n}{2}$，n 是标准公差等级数

续表

公称尺寸/mm 大于	至	基本偏差数值（上极限偏差，ES）/μm												Δ值					
		公差等级																	
		P	R	S	T	U	V	X	Y	Z	ZA	ZB	ZC	IT3	IT4	IT5	IT6	IT7	IT8
		>IT7																	
—	3	−6	−10	−14	—	−18	—	−20	—	−26	−32	−40	−60	0	0	0	0	0	0
3	6	−12	−15	−19	—	−23	—	−28	—	−35	−42	−50	−80	1	1.5	1	3	4	6
6	10	−15	−19	−23	—	−28	—	−34	—	−42	−52	−67	−97	1	1.5	2	3	6	7
10	14	−18	−23	−28	—	−33	—	−40	—	−50	−64	−90	−130	1	2	3	3	7	9
14	18	−18	−23	−28	—	−33	−39	−45	—	−60	−77	−108	−150	1	2	3	3	7	9
18	24	−22	−28	−35	—	−41	−47	−54	−63	−73	−98	−136	−188	1.5	2	3	4	8	12
24	30	−22	−28	−35	−41	−48	−55	−64	−75	−88	−118	−160	−218	1.5	2	3	4	8	12
30	40	−26	−34	−43	−48	−60	−68	−80	−94	−112	−148	−200	−274	1.5	3	4	5	9	14
40	50	−26	−34	−43	−54	−70	−81	−97	−114	−136	−180	−242	−325	1.5	3	4	5	9	14
50	65	−32	−41	−53	−66	−87	−102	−122	−144	−172	−226	−300	−405	2	3	5	6	11	16
65	80	−32	−43	−59	−75	−102	−120	−146	−174	−210	−274	−360	−480	2	3	5	6	11	16
80	100	−37	−51	−71	−91	−124	−146	−178	−214	−258	−335	−445	−585	2	4	5	7	13	19
100	120	−37	−54	−79	−104	−144	−172	−210	−254	−310	−400	−525	−690	2	4	5	7	13	19
120	140	−43	−63	−92	−122	−170	−202	−248	−300	−365	−470	−620	−800	3	4	6	7	15	23
140	160	−43	−65	−100	−134	−190	−228	−280	−340	−415	−535	−700	−900	3	4	6	7	15	23
160	180	−43	−68	−108	−146	−210	−252	−310	−380	−465	−600	−780	−1000	3	4	6	7	15	23
180	200	−50	−77	−122	−166	−236	−284	−350	−425	−520	−670	−880	−1150	3	4	6	9	17	26
200	225	−50	−80	−130	−180	−258	−310	−385	−470	−575	−740	−960	−1250	3	4	6	9	17	26
225	250	−50	−84	−140	−196	−284	−340	−425	−520	−640	−820	−1050	−1350	3	4	6	9	17	26
250	280	−56	−94	−158	−218	−315	−385	−475	−580	−710	−920	−1200	−1550	4	4	7	9	20	29
280	315	−56	−98	−170	−240	−350	−425	−525	−650	−790	−1000	−1300	−1700	4	4	7	9	20	29
315	355	−62	−108	−190	−268	−390	−475	−590	−730	−900	−1150	−1500	−1900	4	5	7	11	21	32
355	400	−62	−114	−208	−294	−435	−530	−660	−820	−1000	−1300	−1650	−2100	4	5	7	11	21	32
400	450	−68	−126	−232	−330	−490	−595	−740	−920	−1100	−1450	−1850	−2400	5	5	7	13	23	34
450	500	−68	−132	−252	−360	−540	−660	−820	−1000	−1250	−1600	−2100	−2600	5	5	7	13	23	34

注：1. 公称尺寸≤1mm 时，不适用基本偏差 A 和 B。
2. 标准公差≤IT8 级的 K、N、M 的 IT8 级及≤IT7 级的 P 到 ZC 时，从表的右侧选取 Δ 值。
3. 公称尺寸大于 250～315mm 时，M6 的 $ES = −9$（不等于 −11）μm。

(3) 计算 $\phi25H7/p6$ 的极限过盈：

$$Y_{\max} = EI - es = 0 - (+35) = -35\mu m$$
$$Y_{\min} = ES - ei = +21 - (+22) = -1\mu m$$

计算 $\phi25P7/h6$ 的极限过盈：

$$Y_{\max} = EI - es = (-35) - 0 = -35\mu m$$
$$Y_{\min} = ES - ei = (-14) - (-13) = -1\mu m$$

绘制尺寸和配合公差带图如图 2-15 所示。

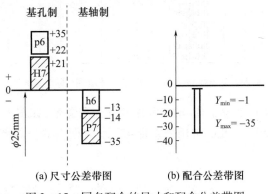

图 2-15 同名配合的尺寸和配合公差带图

计算结果和公差带图表明：$\phi25H7/p6$ 和 $\phi25P7/h6$ 的最大过盈相等、最小过盈相等，说明两者配合性质完全相同。

2.3.4 极限与配合的标准化

理论上标准公差系列和基本偏差系列可组成 543 种孔公差带，可组成 544 种轴公差带。当按基孔制和基轴制形成配合时，又可得到大量的配合。然而，过多的公差带和配合，势必使标准复杂，增加定值尺寸的刀、量具及工艺装备的品种和规格，既不利于生产管理，又影响经济效益。因此，在最大限度地考虑我国生产、使用和发展的实际需要前提下，国标对极限与配合的选择做了必要的限制。

公称尺寸至 500mm 属于常用尺寸段，应用范围较广。GB/T 1800.2—2020 规定了公称尺寸至 500mm 的孔、轴的公差带代号示图，如图 2-16 和图 2-17 所示。

						H1	JS1													
						H2	JS2													
				EF3	F3	FG3	G3	H3	JS3	K3	M3	N3	P3	R3	S3					
				EF4	F4	FG4	G4	H4	JS4	K4	M4	N4	P4	R4	S4					
			E5	EF5	F5	FG5	G5	H5	JS5	K5	M5	N5	P5	R5	S5	T5	U5	V5	X5	
		CD6	D6	E6	EF6	F6	FG6	G6	H6	JS6	J6	K6	M6	N6	P6	R6	S6	T6	U6	V6 X6 Y6 Z6 ZA6 ZB6 ZC6
	B8 C8	CD7	D7	E7	EF7	F7	FG7	G7	H7	JS7	J7	K7	M7	N7	P7	R7	S7	T7	U7	V7 X7 Y7 Z7 ZA7 ZB7 ZC7
A9	B9 C9	CD8	D8	E8	EF8	F8	FG8	G8	H8	JS8	J8	K8	M8	N8	P8	R8	S8	T8	U8	V8 X8 Y8 Z8 ZA8 ZB8 ZC8
A10	B10 C10	CD9	D9	E9	EF9	F9	FG9	G9	H9	JS9		K9	M9	N9	P9	R9	S9		U9	X9 Y9 Z9 ZA9 ZB9 ZC9
A11	B11 C11	CD10	D10	E10	EF10	F10	FG10	G10	H10	JS10		K10	M10	N10	P10	R10	S10		U10	X10 Y10 Z10 ZA10 ZB10 ZC10
A12	B12 C12		D11						H11	JS11				N11						Z11 ZA11 ZB11 ZC11
A13	B13 C13		D12						H12	JS12										
			D13						H13	JS13										
									H14	JS14										
									H15	JS15										
									H16	JS16										
									H17	JS17										
									H18	JS18										

图 2-16 公称尺寸至 500mm 孔的公差带代号示图（摘自 GB/T 1800.2—2020）

								h1	js1											
								h2	js2											
				ef3	f3	fg3	g3	h3	js3	k3	m3	n3	p3	r3	s3					
				ef4	f4	fg4	g4	h4	js4	k4	m4	n4	p4	r4	s4					
		cd5	d5	ef5	f5	fg5	g5	h5	js5	j5	k5	m5	n5	p5	r5	s5	t5	u5	v5	x5
		cd6	d6	ef6	f6	fg6	g6	h6	js6	j6	k6	m6	n6	p6	r6	s6	t6	u6	v6 x6 y6	z6 za6 zb6
		cd7	d7	e7	f7	fg7	g7	h7	js7	j7	k7	m7	n7	p7	r7	s7	t7	u7	v7 x7 y7	z7 za7 zb7 zc7
b8	c8	cd8	d8	e8	f8	fg8	g8	h8	js8	j8	k8	m8	n8	p8	r8	s8	t8	u8	v8 x8 y8	z8 za8 zb8 zc8
a9 b9 c9	cd9	d9	e9	f9	fg9	g9	h9	js9		k9	m9	n9	p9	r9	s9		u9	x9 y9	z9 za9 zb9 zc9
a10 b10 c10	cd10	d10	e10	f10	fg10	g10	h10	js10		k10			p10	r10	s10			x10 y10	z10 za10 zb10 zc10
a11 b11 c11		d11					h11	js11		k11									z11 za11 zb11 zc11
a12 b12 c12		d12					h12	js12		k12									
a13 b13		d13					h13	js13		k13									
							h14	js14											
							h15	js15											
							h16	js16											
							h17	js17											
							h18	js18											

图 2-17 公称尺寸至 500mm 轴的公差带代号示图(摘自 GB/T 1800.2—2020)

GB/T 1800.1—2020 推荐了孔、轴的常用和优先公差带,如图 2-18 和图 2-19 所示。其中轴的常用公差带 50 个,孔的常用公差带 45 个;方框内的公差带代号应优先选取,轴、孔均有 17 个。

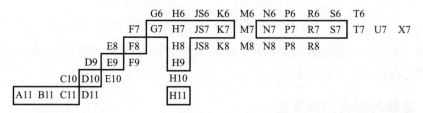

图 2-18 公称尺寸至 500mm 常用和优先的孔公差带(摘自 GB/T 1800.1—2020)

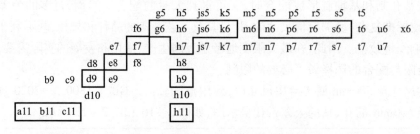

图 2-19 公称尺寸至 500mm 常用和优先的轴公差带(摘自 GB/T 1800.1—2020)

对于通常的工程目的,只需要许多可能的配合中的少数配合,因此国标还规定了基孔制和基轴制的优先和常用配合,其中基孔制优先配合 16 个、常用配合 45 个;基轴制优先配合 18 个、常用配合 38 个,见表 2-5 和表 2-6。方框内的配合代号应优先选取。

机械精度设计时,应该按照优先、常用公差带的顺序,组成所要求的配合。若不能满足生产需要,可以根据标准公差和基本偏差组成所需要的公差带和配合。孔、轴的极限偏差数值表见 GB/T 1800.2—2020,实际应用中,可根据孔、轴的公差带代号直接查取。

表 2-5 基孔制常用、优先配合(摘自 GB/T 1800.1—2020)

基准孔	轴公差带代号																
	间隙配合							过渡配合				过盈配合					
H6						g5	h5	js5	k5	m5		n5	p5				
H7					f6	g6	h6	js6	k6	m6	n6	p6	r6	s6	t6	u6	x6
H8				e7	f7		h7	js7	k7	m7				s7		u7	
H8			d8	e8	f8		h8										
H9			d8	e8	f8		h8										
H10	b9	c9	d9	e9			h9										
H11	b11	c11	d10				h10										

表 2-6 基轴制常用、优先配合(摘自 GB/T 1800.1—2020)

基准轴	孔公差带代号																
	间隙配合							过渡配合				过盈配合					
h5						G5	H5	JS6	K6	M6		N6	P6				
h6					F7	G7	H7	JS7	K7	M7	N7	P7	R7	S7	T7	U7	X7
h7				E8	F8		H8										
h8			D9	E9	F9		H9										
h9				E8	F8		H8										
h9			D9	E9	F9		H9										
h9	B11	C10	D10				H10										

2.3.5 孔、轴极限与配合在图纸上的标注

1. 尺寸公差在零件图上的标注

尺寸公差在零件图上有三种标注方式。
(1)标注公称尺寸和公差带代号。
(2)标注公称尺寸和极限偏差。
(3)标注公称尺寸、公差带代号和带括号的极限偏差。

对于大批量生产的产品零件,采用第一种标注方式,如图 2-20(a)所示;对于单件或小批量生产的产品零件,采用第二种标注方式,如图 2-20(b)所示;对于中小批量生产的产品零件,采用第三种标注方式,如图 2-20(c)所示。

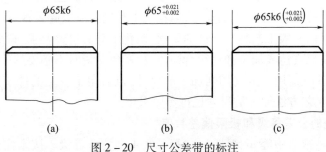

图 2-20 尺寸公差带的标注

2. 配合代号及其在装配图中的标注

配合代号用孔、轴公差带代号的组合表示,写成分数形式,分子为孔的公差带代号,分母为轴的公差带代号,标注在公称尺寸之后,如 $\phi 30 \dfrac{H7}{f6}$ 或 $\phi 30 H7/f6$。

装配图中配合的标注有两种,如图 2-21 所示,其中图 2-21(a) 的标注方式应用最广泛。

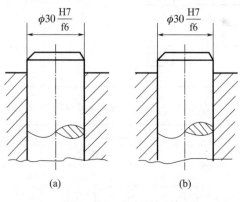

图 2-21 配合的标注

2.3.6 未注公差的线性和角度尺寸的公差

对某些在功能上无特殊要求的要素,则可给出一般公差。GB/T 1804—2000 规定了未注公差的线性和角度尺寸的一般公差的公差等级和极限偏差数值。

1. 一般公差

一般公差是指车间通常加工条件下机床设备可以保证的公差。在正常维护和操作情况下,它代表车间通常的加工精度。采用一般公差的尺寸,在该尺寸后不需注出其极限偏差数值。

一般公差主要用于不重要的尺寸及低精度的非配合尺寸。当功能上允许的公差等于或大于一般公差时,均应采用一般公差。采用一般公差的尺寸在正常车间精度保证的条件下,一般可不检验(如冲压件的一般公差由模具保证)。

2. 一般公差的作用及适用范围

零件图样上应用一般公差后,具有如下优点。

(1)简化制图,使图样清晰易读,可高效地进行信息交换。

(2)设计人员只需了解是否采用一般公差,不必逐一计算公差值,节省设计时间。

(3)突出重要的、有公差要求的尺寸,以在加工和检验时引起重视。

(4)明确了可由一般工艺水平保证的要素,简化了对其检验要求,有助于质量管理。

(5)便于供需双方达成加工和销售合同协议,避免交货时不必要的争议。

一般公差标注既适用于金属切削加工的尺寸,也适用于一般的冲压加工的尺寸。非金属材料和其他工艺方法加工的尺寸也可参照采用。

3. 一般公差的公差等级和极限偏差数值

一般公差分精密 f、中等 m、粗糙 c、最粗 v 共 4 个公差等级。按未注公差的线性尺寸和角度尺寸分别给出了各公差等级的极限偏差数值。

1)线性尺寸

未注公差线性尺寸、倒圆半径和倒角高度尺寸的极限偏差数值分别见表2-7、表2-8。显然未注公差线性尺寸均为对称分布的公差带。

表2-7 未注公差线性尺寸的极限偏差数值(摘自 GB/T 1804—2000)

单位:mm

公差等级	公称尺寸分段/mm							
	0.5~3	>3~6	>6~30	>30~120	>120~140	>400~1000	>1000~2000	>2000~4000
精密 f	±0.05	±0.05	±0.1	±0.15	±0.2	±0.3	±0.5	—
中等 m	±0.1	±0.1	±0.2	±0.3	±0.5	±0.8	±1.2	±2
粗糙 c	±0.2	±0.3	±0.5	±0.8	±1.2	±2	±3	±4
最粗 v	—	±0.5	±1	±1.5	±2.5	±4	±6	±8

表2-8 倒圆半径和倒角高度尺寸的极限偏差数值(摘自 GB/T 1804—2000)

单位:mm

公差等级	公称尺寸分段/mm			
	0.5~3	>3~6	>6~30	>30
精密 f,中等 m	±0.2	±0.5	±1	±2
粗糙 c,最粗 v	±0.4	±1	±2	±4

注:倒圆半径和倒角的含义见 GB/T 6403.4—2008。

2)角度尺寸

表2-9给出了角度尺寸的极限偏差数值,其值按角度短边长度确定,对圆锥角按圆锥素线长度确定。

表2-9 角度尺寸的极限偏差数值(摘自 GB/T 1804—2000)

公差等级	长度分段/mm				
	~10	>10~50	>50~120	>120~400	>400
精密 f	±1°	±30′	±20′	±10′	±5′
中等 m					
粗糙 c	±1°30′	±1°	±30′	±15′	±10′
最粗 v	±3°	±2°	±1°	±30′	±20′

4. 一般公差的图样表示方法

若选取 GB/T 1804—2000 规定的一般公差,应在图样标题栏附近或技术要求、技术文件(如企业标准)中注出本标准号及公差等级代号。例如,选取中等级时,标注为:未注尺寸公差按 GB/T 1804—m。表示图样上凡是未注公差的尺寸均按 m(中等)等级加工和验收。

2.4 尺寸精度设计

尺寸精度设计(即极限与配合的选用)是机械精度设计的首要任务,对产品的性能、质量、互换性、使用寿命及制造成本有着重要的影响。

尺寸精度设计内容包括选择配合制、公差等级和配合三个方面。基本原则是在满足使用要求的前提下，获得最佳的技术经济效益。

2.4.1 ISO配合制的选择

基孔制和基轴制是两种等效的配合制，因此配合制的选用与使用要求无关，主要应从结构、工艺性和经济性等方面综合分析考虑，使所选的配合制能经济地加工制造出零件。

1. 优先选用基孔制

在一般情况下，国标推荐优先选用基孔制。这主要是从工艺和经济效益上来考虑的，因为孔比轴难加工，中小尺寸孔的精加工一般采用钻头、铰刀、拉刀等定值尺寸刀具，检测也多采用塞规等定值尺寸量具。因此，采用基孔制，可减少孔公差带数量，大大减少定值尺寸刀具、量具的品种和规格，降低成本。

2. 下列情况应选用基轴制

（1）直接采用冷拔棒材做轴。在农业机械、建筑机械、纺织机械中，常采用IT8～IT11、不需要再进行机械加工的冷拔钢材（这种钢材是按基准轴的公差带制造的）做轴，当需要各种不同性质的配合时，可选择不同的孔公差带来实现，可获得明显的经济效益。

（2）尺寸小于1mm的精密轴。这类轴比同级的孔加工困难，因此在仪器仪表、无线电及电子行业中，常用经过光轧成形的细钢丝直接做轴，这时采用基轴制较经济。

（3）结构上的需要。同一公称尺寸的轴上需要装配几个具有不同配合性质的零件时，应采用基轴制。如图2-22所示的发动机活塞连杆机构，根据使用要求，活塞销与活塞应为过渡配合，而活塞销与连杆之间有相对运动，应采用间隙配合。如果三段配合均采用基孔制，则活塞销与活塞配合为H6/m5，活塞销与连杆的配合为H6/g5，如图2-23(a)所示，三个孔的公差带一样，活塞销却要制成两端大、中间小的阶梯形，不便于加工。同时在装配的过程中，活塞销两端直径大于连杆的孔径，容易对连杆内孔表面造成划伤，影响连杆与活塞销的配合质量。

如果采用基轴制，则活塞销与活塞孔配合为M6/h5，活塞销与连杆孔的配合为G6/h5，如图2-23(b)所示，活塞销制成一根光轴，而活塞孔与连杆孔按不同的公差带加工，获得两种不同的配合。这样既有利于活塞销的加工，又便于装配。

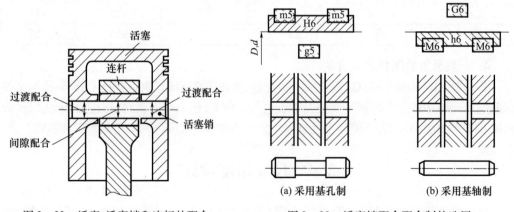

图2-22 活塞、活塞销和连杆的配合　　图2-23 活塞销配合配合制的选用

3. 与标准件配合

当设计的零件与标准件配合时,应以标准件为基准件选用配合制。例如,滚动轴承内圈与轴的配合采用基孔制,滚动轴承外圈与壳体孔的配合采用基轴制。

4. 非配合制的配合

在某些情况下,为满足配合的特殊需要,可以采用非配合制配合。所谓非配合制配合就是相配合的两零件既无基准孔 H,又无基准轴 h。当一个孔与几个轴配合或一个轴与几个孔配合,且配合要求各不同时,则有的配合要出现非配合制的配合,如图 2-24(a)所示。与滚动轴承相配的机座孔必须采用基轴制,而端盖与机座孔的配合,由于要求经常拆卸,配合性质需松些,故设计时选用最小间隙为零的间隙配合。为避免机座孔制成阶梯形,采用混合配合 $\phi80M7/f7$,其公差带位置如图 2-24(b)所示。

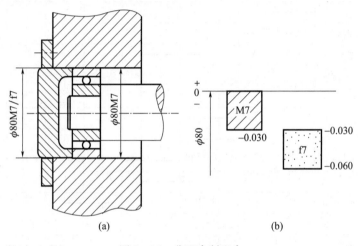

图 2-24 非配合制配合

2.4.2 标准公差等级的选择

选择标准公差等级时,要正确处理使用要求和制造工艺、加工成本之间的关系。公差等级过低,虽可降低生产成本,但产品质量得不到保证;公差等级过高,加工成本就会增加,特别是当精度高于 IT6 时,制造成本便急剧增加。因此,选择公差等级的基本原则是:在满足使用要求的前提下,考虑工艺的可能性,尽量选用精度较低的公差等级。

公差等级的选用主要采用类比法和计算法。

1. 类比法

类比法是公差等级选择的常用方法。用类比法选择公差等级时,应掌握各个公差等级的应用范围和各种加工方法所能达到的公差等级,以便于选择合适的公差等级。表 2-10 为公差等级的大概应用范围。表 2-11 为常用加工方法所能达到的公差等级。表 2-12 为公差等级的选用实例。

当用类比法选择公差等级时,还应考虑如下问题。

(1) 工艺等价性。常用尺寸段(≤500mm)且孔的公差等级精度要求较高时(一般≤IT8),孔比轴难加工。国家标准推荐选取孔的公差等级比轴的公差等级低一级,如 H8/f7。当公差等级≥IT9 时,孔、轴加工难易程度相当,一般采用同级孔与轴配合,如 H9/d9;

大尺寸段（>500mm），孔的测量较轴容易，一般采用同级孔与轴相配合；小尺寸段（≤3mm），可根据不同工艺选孔、轴同级或差一级。

（2）与相配件、标准件的精度相匹配。如与滚动轴承配合的轴和孔的公差等级取决于滚动轴承的公差等级，与齿轮孔配合的轴的公差等级取决于齿轮的公差等级。

（3）配合性质。一般情况下，重要配合表面的公差等级较高，孔为IT6～IT8，轴为IT5～IT7；次要配合表面的公差等级较低，孔为IT9～IT12，轴为同级；非配合表面的孔轴公差等级一般取IT12之后的公差等级。

表2-10 公差等级的应用

应用场合		公差等级(IT)																		
		01	0	1	2	3	4	5	6	7	8	9	10	11	12	13	14	15	16	17	18
量块		—	—	—	—	—															
量规	高精度量规		—	—	—	—															
	低精度量规						—	—	—												
配合尺寸	个别特别重要的精密配合			—	—	—															
	特别重要精密配合 孔						—	—	—												
	特别重要精密配合 轴					—	—	—													
	精密配合 孔							—	—	—	—										
	精密配合 轴						—	—	—	—											
	中等精度配合 孔										—	—	—	—							
	中等精度配合 轴									—	—	—	—								
	低精度配合											—	—	—	—						
非配合尺寸，未注公差尺寸															—	—	—	—	—	—	—
原材料公差										—	—	—	—	—	—	—					

表2-11 常用加工方法所能达到的公差等级

加工方法	公差等级(IT)																			
	01	0	1	2	3	4	5	6	7	8	9	10	11	12	13	14	15	16	17	18
研磨	—	—	—	—	—	—														
珩磨						—	—	—	—											
圆磨							—	—	—	—										
平磨							—	—	—	—										
金刚石车							—	—	—											
金刚石镗							—	—	—											
拉削							—	—	—	—										
铰孔								—	—	—	—	—								
车									—	—	—	—	—							

续表

加工方法	公差等级(IT)																		
	01	0	1	2	3	4	5	6	7	8	9	10	11	12	13	14	15	16	17	18
镗									—	—	—	—	—							
铣										—	—	—	—							
刨、插												—	—							
钻												—	—	—	—					
滚压、挤压												—	—							
冲压												—	—	—	—	—				
压铸													—	—	—	—				
粗末冶金成型								—	—	—										
粉末冶金烧结									—	—	—	—								
砂型铸造、气割																		—	—	—
锻造																		—	—	

表2-12 公差等级选用实例

公差等级	应用条件说明	应用举例
IT4	用于精密测量工具,高精度的精密配合和4级、5级滚动轴承配合的轴径和外壳孔径	检验IT9～IT12级工件用量规和校对IT12～IT14级轴用量规的校对量规,与4级轴承孔(孔径大于100mm时)及5级轴承孔相配的机床主轴,精密机械和高速机械的轴径,与4级轴承相配的机床外壳孔,柴油机活塞销及活塞销座孔径,高精度(1～4级)齿轮的基准孔或轴径,航空及航海工业用仪器中特殊精密的孔径
IT5	用于机床、发动机和仪表中特别重要的配合,在配合公差要求很小、形状精度要求很高的条件下,这类公差等级能使配合性质比较稳定,相当于旧国标中最高精度(1级精度轴),故它对加工要求较高,一般机械制造中较少应用	检验IT11～IT14级工作用量规和校对IT4～IT15级轴用量规的校对量规,与5级滚动轴承相配的机床箱体孔,与6级滚动轴承孔相配的机床主轴,精密机械及高速机械的轴径,机床尾座套筒,高精度分度盘轴颈,分度头主轴,精密丝杆基准轴颈,高精度镗套的外径等,发动机中主轴的外径,活塞销外径与活塞的配合,精密仪器中轴与各种传动件轴承的配合,航空、航海工业仪表中重要的精密孔的配合,5级精度齿轮的基准孔及5级、6级精度齿轮的基准轴
IT6	广泛用于机械制造中的重要配合,配合表面有较高均匀性的要求,能保证相当高的配合性质,使用可靠	检验IT12～IT15级工件用量规和校对IT15～IT16级轴用量规的校对量规,与6级滚动轴承相配的外壳孔及与滚子轴承相配的机床主轴轴颈,机床制造中,装配式齿轮、蜗轮、联轴器、带轮、凸轮的孔径,机床丝杠支承轴颈,矩形花键的定心直径,摇臂钻床的立柱等,机床夹具的导向件的外径尺寸,精密仪器光学仪器、计量仪器中的精密轴,航空、航海仪器仪表中的精密轴,无线电工业、自动化仪表、电子仪器、邮电机械中的特别重要的轴,以及手表中特别重要的轴,导航仪器中主罗经的方位轴,微电机轴,电子计算机外围设备中的重要尺寸,医疗器械中牙科直车头,中心齿轮及X线机齿轮箱的精密轴等,缝纫机中重要轴类尺寸,发动机中的气缸套外径,曲轴主轴颈,活塞销、连杆衬套、连杆和轴瓦外径等,6级精度齿轮的基准孔和7级、8级精度齿轮的基准轴径,以及特别精密(1～2级精度)齿轮的顶圆直径

续表

公差等级	应用条件说明	应用举例
IT7	应用条件与 IT6 相类似,但它要求的精度可比 IT6 稍低一点,在一般机械制造业中应用相当普遍	检验 IT14～IT16 级工件用量规和校对 IT16 级轴用量规的校对量规,机床制造中装配式青铜蜗轮轮缘孔径,联轴器、带轮、凸轮等的孔径,机床卡盘座孔,摇臂钻床的摇臂孔,车床丝杠的轴承孔等,机床夹头导向件的内孔(如固定钻套、可换钻套、衬套、镗套等),发动机中的连杆孔、活塞孔、铰制螺栓定位孔等,纺织机械中的重要零件,印染机械中要求较高的零件,精密仪器光学仪器中精密配合的内孔,手表中的离合杆压簧等,导航仪器中主罗经壳底座孔,方位支架孔,医疗器械中牙科直车头中心齿轮轴的轴承孔及 X 线机齿轮箱的转盘孔,电子计算机、电子仪器、仪表中的重要内孔,自动化仪表中的重要内孔,缝纫机中的重要轴内孔零件,邮电机械中的重要零件的内孔,7 级、8 级精度齿轮的基准孔和 9 级、10 级精密齿轮的基准轴
IT8	用于机械制造中属中等精度,在仪器、仪表及钟表制造中,由于基本尺寸较小,所以属较高精度范畴,在配合确定性要求不太高时,可应用较多的一个等级,尤其是在农业机械、纺织机械、印染机械、自行车、缝纫机、医疗器械中应用最广	检验 IT16 级工件用量规,轴承座衬套沿宽度方向的尺寸配合,手表中跨齿轴,棘爪拨针轮等与夹板的配合,无线电仪表工业中的一般配合,电子仪器仪表中较重要的内孔;计算机中变数齿轮孔和轴的配合,医疗器械中牙科车头的钻头套的孔与车针柄部的配合,导航仪器中主罗经粗刻度盘孔月牙形支架与微电机汇电环孔等,电机制造中铁心与机座的配合,发动机活塞油环槽宽,连杆轴瓦内径,低精度(9～12 级精度)齿轮的基准孔和 11～12 级精度齿轮和基准轴,6～8 级精度齿轮的顶圆
IT9	应用条件与 IT8 相类似,但要求精度低于 IT8 时用	机床制造中轴套外径与孔,操纵件与轴、空转带轮与轴,操纵系统的轴与轴承等的配合,纺织机械、印染机械中的一般配合零件,发动机中机油泵体内孔,气门导管内孔,飞轮与飞轮套,圈衬套,混合气预热阀衬,气缸盖孔径、活塞槽环的配合等,光学仪器、自动化仪表中的一般配合,手表中要求较高零件的未注公差尺寸的配合,单键连接中键宽配合尺寸,打字机中的运动件配合等
IT10	应用条件与 IT9 相类似,但要求精度低于 IT9 时用	电子仪器仪表中支架上的配合,导航仪器中绝缘衬套孔与汇电环衬套轴,打字机中铆合件的配合尺寸,闹钟机构中的中心管与前夹板、轴套与轴,手表中尺寸小于 18mm 时要求一般的未注公差尺寸及大于 18mm 要求较高的未注公差尺寸,发动机中油封挡圈孔与曲轴带轮毂
IT11	用于配合精度要求较低、装配后可能有较大的间隙,特别适用于要求间隙较大,且有显著变动而不会引起危险的场合	机床上法兰盘止口与孔、滑块与滑移齿轮、凹槽等,农业机械、机车车厢部件及冲压加工的配合零件,钟表制造中不重要的零件,手表制造用的工具及设备中的未注公差尺寸;纺织机械中较粗糙的活动配合,印染机械中要求较低的配合,医疗器械中手术刀片的配合,磨床制造中的螺纹连接及粗糙的动连接,不作测量基准用的齿轮顶圆直径公差
IT12	配合精度要求很粗糙,装配后有很大的间隙,适用于基本上没有什么配合要求的场合,要求较高的未注公差尺寸的极限偏差	非配合尺寸及工序间尺寸,发动机分离杆,手表制造中工艺装备的未注公差尺寸,计算机行业切削加工中未注公差尺寸的极限偏差,医疗器械中手术刀柄的配合,机床制造中扳手孔与扳手座的连接
IT13	应用条件与 IT12 相类似	非配合尺寸及工序间尺寸,计算机、打字机中切削加工零件及图片孔、二孔中心距的未注公差尺寸

续表

公差等级	应用条件说明	应用举例
IT14	用于非配合尺寸及不包括在尺寸链中的尺寸	在机床、汽车、拖拉机、冶金矿山、石油化工、电机、电器、仪器、仪表、造船、航空、医疗器械、钟表、自行车、缝纫机、造纸与纺织机械等工业中对切削加工零件未注公差尺寸的极限偏差,广泛应用此等级
IT15	用于非配合尺寸及不包括在尺寸链中的尺寸	冲压件,木模铸造零件,重型机床制造,当尺寸大于3150mm时的未注公差尺寸

2. 计算法

计算法是根据使用要求和工作条件,确定配合的极限间隙(或过盈),计算出配合公差,然后确定相配合孔、轴的公差等级。

采用计算法确定公差等级时,要通过查表尽量选取标准公差值,个别情况下,为满足零件的特殊功能要求,可选择非标准的公差数值。所选取的孔轴公差之和应当不大于计算出的配合公差。

例 2-6 已知孔、轴的公称尺寸为 $\phi 100\text{mm}$,根据使用要求,其允许的最大间隙 $[X_{\max}] = +55\mu\text{m}$,最小间隙 $[X_{\min}] = +10\mu\text{m}$,试确定孔、轴的公差等级。

解:(1)计算允许的配合公差 T_f。

$$T_f = |[X_{\max}] - [X_{\min}]| = |55 - 10| = 45\mu\text{m}$$

(2)计算、查表确定孔、轴的公差等级。

按 $T_h + T_s \leq T_f$ 分配孔、轴公差。

由表 2-2 可知,IT5 = 15μm,IT6 = 22μm,IT7 = 35μm。

如果孔、轴公差等级都选 IT6 级,则配合公差为 IT6 + IT6 = 22 + 22 = 44μm < T_f = 45μm,虽然未超过其要求的允许值,但不符合高精度配合时,孔比轴的公差等级低一级的规定;

如果孔选 IT7 级,轴选 IT6 级,其配合公差为 IT7 + IT6 = 35 + 22 = 57μm > T_f = 45μm,不符合要求。

因此,孔选 IT6 级,轴选 IT5 级,其配合公差为 IT6 + IT5 = 22 + 15 = 37μm < T_f = 45μm,可以满足使用要求。

值得注意的是,在实际生产中,可根据工作条件预先确定极限间隙或过盈的情况不多,因此,计算法确定公差等级在实际工程中应用较少,大部分情况下还是采用类比法。

2.4.3 配合的选择

配合制和公差等级的选择,确定了基准孔或基准轴的公差带,以及非基准件的公差带的大小,因此,配合的选择实际上就是确定非基准件公差带的位置,也就是选择非基准件的基本偏差代号。各种代号的基本偏差,在一定条件下代表了各种不同的配合,因此配合的选择也就是如何选择非基准件的基本偏差代号的问题。选择配合的方法有计算法、试验法和类比法。

计算法是按照一定的理论和公式来确定需要的间隙或过盈,从而进行极限与配合的设计,主要用于间隙配合和过盈配合。例如,对于滑动轴承的间隙配合,要根据液体润滑理论来计算允许的最小间隙,然后从标准中选择适当的配合种类。对于过盈配合,要根据传递载荷的大小,按弹塑性理论计算允许的最小和最大过盈,从而选择合适的过盈配合,详见《极限与配合 过盈配合的计算和选用》(GB/T 5371—2004)。对于过渡配合,目前尚无合适的计算方法。

试验法是通过试验或统计分析来确定间隙或过盈。这种方法合理可靠,但成本高,因而只用于重要产品的关键配合。

类比法是通过对类似的机器和零部件进行研究、分析对比后,根据前人的经验来选取极限与配合。在实际工作中,应用最广泛的是类比法,即参照现有同类机器或类似结构中经实践验证的配合实例,与所设计的零件的使用条件相比较,修正后,确定配合。

1. 运用类比法选择配合的步骤

(1)配合种类的确定。在机械精度设计中,配合的选用主要取决于使用要求和工作条件。

如表2-13所示,孔、轴间有相对运动要求时,应选间隙配合;当孔、轴无相对运动时,应根据具体工作条件选择相应的配合。若要传递足够大的扭矩,且不要求拆卸时,一般选过盈配合;若要求传递一定的扭矩,又要求装拆方便时,应选过渡配合。为了保证孔、轴的定心和对中精度,宜采用过渡配合。

表2-13 工作条件与配合类别的关系

结合件的工作状况			配合类别或基本偏差代号
有相对运动	转动或转动与移动的复合运动		间隙大或较大的间隙配合,a~f(A~F)
	只有移动		间隙较小的间隙配合,g(G),h(H)
无相对运动	传递转矩	要精确对中 固定结合	过盈配合
		要精确对中 可拆结合	过渡配合或间隙最小的间隙配合加紧固件
		不需要精确对中	间隙较小的间隙配合加紧固件
	不传递转矩		过渡配合或过盈小的过盈配合

选用配合时,应注意零件的具体工作条件对配合性质的影响,从而对配合的松紧程度形成进一步概括的认识。零件的具体工作条件包括:相对运动的情况;负荷大小和性质;材料的许用应力;配合表面的长度、几何误差和表面粗糙度;润滑条件;工作温度变化;对中、拆卸和修理要求等。在全面考虑上述因素的基础上,在设计时应根据不同工作情况对配合间隙或过盈进行适当的修正,以提高机器的使用性能和寿命,见表2-14。

表2-14 不同工作情况对间隙和过盈的修正

工作条件	过盈	间隙	工作条件	过盈	间隙
经常装拆	减少		装配时可能歪斜	减少	增大
工作时孔的温度比轴的低	减少	增大	旋转速度高	增大	增大
工作时轴的温度比孔的低	增大	减少	有轴向运动		增大
形状和位置误差较大	减少	增大	表面较粗糙	增大	减少
有冲击和振动	增大	减少	装配精度高	减少	减少
配合长度较大	减少	增大	对中性要求高	减少	减少

(2) 非基准件基本偏差代号的确定。对基孔制配合,主要是确定轴的基本偏差代号;对基轴制配合,只要加以相应变换即可。

根据使用要求和工作条件的分析,得到较为明确的配合种类后,再对照实例,可确定基本偏差代号。对间隙配合,由于基本偏差的绝对值等于最小间隙,故应按最小间隙确定;对过渡配合,基本上取决于对中和拆卸两要求在使用中所占的比重;对过盈配合,则由最小过盈确定。

了解和掌握孔、轴的各个基本偏差的特点和应用,对于确定基本偏差代号很重要,也是合理选择配合的关键所在。表 2-15 给出了基孔制配合下轴的基本偏差的应用实例,因为基孔制和基轴制是平行的配合制,孔的基本偏差应用可由同名轴的基本偏差代号换算而来,配合性质不变。

表 2-15 轴的基本偏差的应用实例

配合	基本偏差	配合特性	应用实例
间隙配合	d	配合一般用于 IT7～IT11 级,适用于松的转动配合,如密封盖、滑轮、空转带轮等与轴的配合,也适用于大直径滑动轴承配合,如透平机、球磨机、轧滚成型和重型弯曲机,及其他重型机械的一些滑动支撑	C618 车尾座中偏心轴与尾架体孔的结合
间隙配合	e	多用于 IT7、IT8、IT9 级,通常适用要求有明显间隙,易于转动的支承配合,如大跨距支承、多支点支承等配合。高等级的 e 轴适用于大的、高速、重载支承,如涡轮发电机、大型电动机的支承及内燃机主要轴承、凸轮轴支承、摇臂支承等配合	内燃机主轴承
间隙配合	f	多用于 IT6、IT7、IT8 级的一般传动配合,当温度影响不大时,被广泛用于普通润滑油(或润滑脂)润滑的支承,如齿轮箱、小电动机、泵等的转轴与滑动支承的配合	齿轮轴套与轴的配合

续表

配合	基本偏差	配合特性	应用实例
间隙配合	g	配合间隙很小,制造成本高,除很轻负荷的精密装置外,不推荐用于转动配合。多用于 IT5、IT6、IT7 级,最适合不回转的精密滑动配合,也用于插销等定位配合,如精密连杆轴承、活塞及滑阀、连杆销等	钻套与衬套的结合（$\dfrac{G7}{}$、$\dfrac{H7}{g6}$、$\dfrac{H7}{n6}$）
间隙配合	h	多用于 IT4～IT11 级,广泛用于无相对转动的零件,作为一般的定位配合。若没有温度、变形影响,也用于精密滑动配合	车床尾座体孔与顶尖套筒的结合（$\dfrac{H6}{h5}$）
过渡配合	js	为完全对称偏差($\pm IT/2$),平均起来为稍有间隙的配合,多用于 IT4～IT7 级,要求间隙比 h 小,并允许略有过盈的定位配合,如联轴器,可用手或木锤装配	齿圈与钢轮辐的结合（$\dfrac{H7}{js6}$）
过渡配合	k	平均起来没有间隙的配合,适用于 IT4～IT7 级,推荐用于稍有过盈的定位配合,例如,为了消除振动用的定位配合,一般用木锤装配	某车床主轴后轴承座与箱体孔的结合（$\dfrac{H6}{k5}$）

续表

配合	基本偏差	配合特性	应用实例
过渡配合	m	平均起来具有不大过盈的过渡配合。适用 IT4～IT7 级,一般可用木槌装配,但在最大过盈时,要求相当的压入力	$\frac{H7}{n6}\left(\frac{H7}{m6}\right)$ 蜗轮青铜轮缘与轮辐的结合
	n	平均过盈比 m 稍大,很少得到间隙,适用于 IT4～IT7 级,用锤或压力装配,通常推荐用于紧密的组件配合,H6/n5 配合时为过盈配合	$\frac{H7}{n6}$ 冲床齿轮与轴的结合
过盈配合	p	与 H6 或 H7 配合时是过盈配合,与 H8 孔配合时则为过渡配合。对非铁制零件,为较轻的压入配合,当需要时易于拆卸。对钢、铸铁或铜、钢组件装配是标准压入配合	$\frac{H7}{p6}$ 提升机的绳轮与齿圈的结合
	r	对铁制零件为中等打入配合,对非铁制零件,为轻打入配合,当需要时可以拆卸。与 H8 孔配合,直径在 100mm 以上时为过盈配合,直径小时为过渡配合	$\frac{H7}{r6}$ 涡轮与轴的结合

(3) 配合的确定。确定了基本偏差代号,配合即已基本选定。但应注意的是,按照国家标准规定,首先应采用优先公差带及优先配合;其次才采用常用公差带及常用配合。因

此,必须对优先配合及常用配合的性质和特征有所了解,以利配合的最后选定。表 2-16 列出了部分优先配合选用说明。

表 2-16 部分优先配合的选用说明

优先配合		说　明
基孔制	基轴制	
$\dfrac{H11}{c11}$		间隙非常大,用于很松的、转动很慢的转动配合;要求大公差与大间隙的外露组件;要求装配方便的很松的配合
$\dfrac{H9}{d9}$	$\dfrac{D10}{h9}$	间隙很大的自由转动配合,用于精度非主要要求时,或有很大的温度变化、高转速或大的轴颈压力时
$\dfrac{H8}{f7}$	$\dfrac{F8}{h6}$	间隙不大的转动配合,用于中等转速与中等轴颈压力的精确转动,也用于装配较易的中等定位配合
$\dfrac{H7}{g6}$	$\dfrac{G7}{h6}$	间隙很小的滑动配合,用于不希望自由转动,但可自由移动和滑动并精密定位的配合,也可用于要求明确的定位配合
$\dfrac{H7}{h6}$ $\dfrac{H8}{h7}$ $\dfrac{H9}{h9}$	$\dfrac{H7}{h6}$ $\dfrac{H8}{h7}$ $\dfrac{H9}{h9}$	均为间隙定位配合,零件可自由装拆,而工作时一般相对静止不动,在最大实体条件下的间隙为零,在最小实体条件下的间隙由公差等级决定
$\dfrac{H7}{k6}$	$\dfrac{K7}{h6}$	过渡配合,用于精密定位
$\dfrac{H7}{n6}$	$\dfrac{N7}{h6}$	过渡配合,允许有较大过盈的更精密定位
$\dfrac{H7}{p6}$	$\dfrac{P7}{h6}$	过盈定位配合,即小过盈配合,用于定位精度特别重要时,能以最好的定位精度达到部件的刚性及对中性要求,而对内孔承受压力无特殊要求,不依靠配合的紧固性传递摩擦负荷
$\dfrac{H7}{s6}$	$\dfrac{S7}{h6}$	中等压入配合,适用于一般钢件;或用于薄壁件的冷缩配合,用于铸铁件可得到最紧的配合
$\dfrac{H7}{r6}$	$\dfrac{R7}{h6}$	用于不拆卸的轻型过盈连接,不依靠过盈量传递摩擦载荷,传递扭矩时要增加紧固件,用于高定位精度达到部件的刚性及对中性要求

2. 运用计算法选择配合的步骤

根据配合部位的使用性能要求和工作条件,通过理论分析,按一定理论建立极限间隙或极限过盈的计算公式,计算出极限间隙或极限过盈,然后按照下列步骤进行计算:根据要求的极限间隙(或过盈)计算配合公差→根据配合公差选取孔、轴标准公差等级→确定 ISO 配合制→计算非基准件的基本偏差→查表确定非基准件的基本偏差代号→画孔轴公差带及配合公差带图→验证计算结果。

需要注意的是,为了保证零件的功能要求,所选配合的极限间隙(或过盈)应尽可能符合或接近设计要求。对于间隙配合,所选配合的最小间隙应大于等于原要求的最小间隙;对于过盈配合,所选配合的最小过盈应大于等于原要求的最小过盈。

例 2-7 一公称尺寸为 $\phi 50$mm 的孔、轴配合,其允许的最大间隙 $[X_{max}] = +120\mu m$,最小间隙为 $[X_{min}] = +48\mu m$,试确定孔、轴公差带和配合代号,并画出其尺寸和配合公差带图。

解:(1)确定孔、轴的公差等级。

按照例 2-6 的方法,可确定 $T_h = \text{IT8} = 39\mu m, T_s = \text{IT7} = 25\mu m$

(2)确定孔、轴公差带。

优先选用基孔制　　孔为 $\phi 50\text{H8}, EI = 0, ES = +39\mu m$。

确定轴的基本偏差　　$es \leqslant -[X_{\min}] = -48\mu m$

确定轴的基本偏差代号　由 $es \leqslant -48\mu m$,查表 2-3 可知基本偏差代号为 e,公差带代号为 $\phi 50\text{e7}$。

轴的极限偏差为　$es = -50\mu m, ei = es - T_s = -50 - 25 = -75\mu m$

(3)画尺寸公差带图及配合公差带图,如图 2-25 所示。

(4)验证。

由图 2-25 可知,所选配合的最大间隙为 $X_{\max} = ES - ei = +39 - (-75) = +114\mu m$,所选配合的最小间隙为 $X_{\min} = EI - es = 0 - (-50) = +50\mu m$

因为 $X_{\min} > [X_{\min}]; X_{\max} < [X_{\max}]$,所选配合适用。

所以,确定该孔轴的配合为 $\phi 50\text{H8/e7}$。

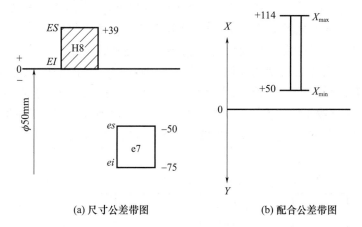

(a)尺寸公差带图　　(b)配合公差带图

图 2-25　例 2-7 尺寸公差带图及配合公差带图

2.5　光滑工件尺寸检测

要保证最终产品质量,实现零部件的互换性,除了尺寸精度设计外,还必须规定相应的检测原则作为技术保证。只有按检测标准规定的方法确认合格的零件,才能满足设计要求。国家标准规定了零部件尺寸的两种检测制度:一种是使用通用计量器具测量;另一种是使用光滑极限量规检验。

2.5.1　用通用计量器具测量

GB/T 3177—2009 适用于使用通用测量器具,如游标卡尺、千分尺及车间使用的比较仪、投影仪等量具量仪,对公差等级 IT6～IT18、公称尺寸至 500mm 的光滑工件尺寸的检验和一般公差尺寸的检验。

GB/T 34634—2017 适用于产品加工、最终检验等过程,对公差等级 IT1～IT18、公称尺寸 500～10000mm 的光滑工件尺寸检验,也适用于对一般公差、延伸公差的尺寸检验。

1. 工件验收原则

由于存在各种测量误差,若按零件的上、下极限尺寸验收零件,当零件的实际尺寸处于上、下极限尺寸附近时,有可能将本来处于工件公差带内的合格品判为废品,也可能将处于公差带以外的废品误判为合格品,前者称为"误废",后者称为"误收"。误废和误收是尺寸误检的两种形式。

国家标准规定的工件验收原则是:所用验收方法应只接收位于规定的尺寸极限之内的工件,即只允许有误废而不允许有误收。

2. 验收极限方式的确定

验收极限是判断所检验工件尺寸合格与否的尺寸界限。验收极限方式包括以下三种。

(1)非内缩验收极限。验收极限等于规定的最大实体尺寸(MMS)和最小实体尺寸(LMS)(见 3.5.1 节)。

(2)双边内缩验收极限。验收极限是从规定的最大实体尺寸(MMS)和最小实体尺寸(LMS)分别向工件公差带内移动一个安全裕度(A)来确定,如图 2-26 所示。对于公称尺寸 500～10000mm 的光滑工件尺寸,验收极限也可以仅从规定的最大实体尺寸(MMS)向尺寸公差带内移动一个安全裕度来确定,即单边内缩验收极限。

安全裕度 A 的确定主要从技术和经济两方面考虑。若 A 值过大,减小了工件的生产公差,加工的经济性差;若 A 值较小,生产经济性较好,但提高了对计量器具的精度要求。国家标准规定,A 值按工件公差 T 的 1/10 确定。表 2-17 给出了尺寸至 500mm 的光滑工件尺寸检验的安全裕度 A 与计量器具的测量不确定度允许值 u_1。

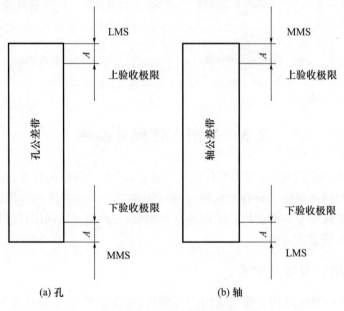

图 2-26 验收极限示意图

孔尺寸的验收极限：

$$上验收极限 = 最小实体尺寸(LMS) - 安全裕度(A) \quad (2-35)$$
$$下验收极限 = 最大实体尺寸(MMS) + 安全裕度(A) \quad (2-36)$$

轴尺寸的验收极限：

$$上验收极限 = 最大实体尺寸(MMS) - 安全裕度(A) \quad (2-37)$$
$$下验收极限 = 最小实体尺寸(LMS) + 安全裕度(A) \quad (2-38)$$

(3) 单边内缩验收极限。验收极限是从规定的最大实体尺寸(MMS)或最小实体尺寸(LMS)向工件公差带内单边移动一个安全裕度来确定。

3. 验收极限方式的选择

验收极限方式的选择要结合尺寸功能要求及其重要程度、尺寸公差等级、测量不确定度和过程能力等因素综合考虑。

(1) 对非配合和一般公差的尺寸，其验收极限按非内缩验收极限。

(2) 对遵循包容要求(见 3.5.3 节)的尺寸、公差等级高的尺寸，其验收极限按内缩验收极限。

(3) 当过程能力指数 $C_P \geq 1$ 时，其验收极限按非内缩验收极限。过程能力指数 $C_P = \dfrac{T}{6\sigma}$，T 为工件尺寸公差，σ 是单次测量的标准偏差。但对遵循包容要求的尺寸，其最大实体尺寸一边的验收极限仍按单边内缩验收极限。

(4) 对偏态分布的尺寸，其验收极限可以仅对尺寸偏向的一边按单边内缩验收极限。

4. 通用计量器具的选择

测量工件时产生误收和误废现象是由于测量误差而引起的测量不确定度。测量不确定度 u 主要由计量器具的测量不确定度 u_1、测量条件和工件形状误差引起的测量不确定度 u_2 构成，符合关系：$u = \sqrt{u_1^2 + u_2^2}$，一般 $u_1 = 0.9u$，$u_2 = 0.45u$。计量器具的测量不确定度 u_1 是产生误收和误废的主要原因，因此，使用通用计量器具测量工件时，依据计量器具的不确定度允许值 u_1 来正确地选择计量器具就很重要。

计量器具的选择应综合考虑计量器具的技术指标和经济指标。选用时应遵循以下原则。

(1) 选择的计量器具应与被测工件的外形、位置、尺寸的大小及被测参数特性相适应，使所选择的计量器具的测量范围能满足工件的要求。

(2) 计量器具的选择应考虑工件的精度要求，使所选择的计量器具的测量不确定度值既保证测量精度要求，又符合经济性要求。

为了保证测量的可靠性和量值的统一，国家标准规定：按照计量器具的测量不确定度允许值 u_1 选择计量器具。计量器具的测量不确定度允许值 u_1 按测量不确定度 u 与工件公差的比值分档。GB/T 3177—2009 规定，对于尺寸至 500mm 的光滑零件，对尺寸公差等级 IT6~IT11，u_1 分为 Ⅰ、Ⅱ、Ⅲ 三挡；对 IT12~IT18，u_1 分为 Ⅰ、Ⅱ 两挡。测量不确定度 u_1 的 Ⅰ、Ⅱ、Ⅲ 三挡值分别为工件公差的 1/10、1/6、1/4，其值列于表 2-17。

GB/T 34634—2017 规定，对于尺寸为 500~10000mm 的光滑零件，尺寸公差等级为 IT1~IT18 时，测量不确定度允许值 u_1 分为 Ⅰ、Ⅱ、Ⅲ、Ⅳ、Ⅴ 五挡，分别为工件公差的 1/10、1/6、1/4、1/3、1/2。

表2-17 安全裕度（A）与计量器具的测量不确定度允许值（u_1）（摘自 GB/T 3177—2009）

单位：μm

公差等级		6					7					8					9					10					11				
公称尺寸/mm		T	A	u_1 I	u_1 II	u_1 III	T	A	u_1 I	u_1 II	u_1 III	T	A	u_1 I	u_1 II	u_1 III	T	A	u_1 I	u_1 II	u_1 III	T	A	u_1 I	u_1 II	u_1 III	T	A	u_1 I	u_1 II	u_1 III
大于	至																														
—	3	6	0.6	0.5	0.9	1.4	10	1.0	0.9	1.5	2.3	14	1.4	1.3	2.1	3.2	25	2.5	2.3	3.8	5.6	40	4.0	3.6	6.0	9.0	60	6.0	5.4	9.0	14
3	6	8	0.8	0.7	1.2	1.8	12	1.2	1.1	1.8	2.7	18	1.8	1.6	2.7	4.1	30	3.0	2.7	4.5	6.8	48	4.8	4.3	7.2	11	75	7.5	6.8	11	17
6	10	9	0.9	0.8	1.4	2.0	15	1.5	1.4	2.3	3.4	22	2.2	2.0	3.3	5.0	36	3.6	3.3	5.4	8.1	58	5.8	5.2	8.7	13	90	9.0	8.1	14	20
10	18	11	1.1	1.0	1.7	2.5	18	1.8	1.7	2.7	4.1	27	2.7	2.4	4.1	6.1	43	4.3	3.9	6.5	9.7	70	7.0	6.3	11	16	110	11	10	17	25
18	30	13	1.3	1.2	2.0	2.9	21	2.1	1.9	3.2	4.7	33	3.3	3.0	5.0	7.4	52	5.2	4.7	7.8	12	84	8.4	7.6	12	19	130	13	12	20	29
30	50	16	1.6	1.4	2.4	3.6	25	2.5	2.3	3.8	5.6	39	3.9	3.5	5.9	8.8	62	6.2	5.6	9.3	14	100	10	9.0	15	23	160	16	14	24	36
50	80	19	1.9	1.7	2.9	4.3	30	3.0	2.7	4.5	6.8	46	4.6	4.1	6.9	10	74	7.4	6.7	11	17	120	12	11	18	27	190	19	17	29	43
80	120	22	2.2	2.0	3.3	5.0	35	3.5	3.2	5.3	7.9	54	5.4	4.9	8.1	12	87	8.7	7.8	13	20	140	14	13	21	32	220	22	20	33	50
120	180	25	2.5	2.3	3.8	5.6	40	4.0	3.6	6.0	9.0	63	6.3	5.7	9.5	14	100	10	9.0	15	23	160	16	15	24	36	250	25	23	38	56
180	250	29	2.9	2.6	4.4	6.5	46	4.6	4.1	6.9	10	72	7.2	6.5	11	16	115	12	10	17	26	185	19	17	28	42	290	29	26	44	65
250	315	32	3.2	2.9	4.8	7.2	52	5.2	4.7	7.8	12	81	8.1	7.3	12	18	130	13	12	19	29	210	21	19	32	47	320	32	29	48	72
315	400	36	3.6	3.2	5.4	8.1	57	5.7	5.1	8.4	13	89	8.9	8.0	13	20	140	14	13	21	32	230	23	21	35	52	360	36	32	54	81
400	500	40	4.0	3.6	6.0	9.0	63	6.3	5.7	9.5	14	97	9.7	8.7	15	22	155	16	14	23	35	250	25	23	38	56	400	40	36	60	90

公差等级		12					13					14					15					16					17					18			
公称尺寸/mm		T	A	u_1 I	u_1 II	u_1 III	T	A	u_1 I	u_1 II	u_1 III	T	A	u_1 I	u_1 II	u_1 III	T	A	u_1 I	u_1 II	u_1 III	T	A	u_1 I	u_1 II	T	A	u_1 I	u_1 II	T	A	u_1 I	u_1 II
大于	至																																		
—	3	100	10	9.0	15		140	14	13	21		250	25	23	38		400	40	36	60		600	60	54	90	1000	100	90	150	1400	140	135	210
3	6	120	12	11	18		180	18	16	27		300	30	27	45		480	48	43	72		750	75	68	110	1200	120	110	180	1800	180	160	270
6	10	150	15	14	23		220	22	20	33		360	36	32	54		580	58	52	87		900	90	81	140	1500	150	140	230	2200	220	200	330
10	18	180	18	16	27		270	27	24	41		430	43	39	65		700	70	63	110		1100	110	100	170	1800	180	160	270	2700	270	240	400
18	30	210	21	19	32		330	33	30	50		520	52	47	78		840	84	76	130		1300	130	120	200	2100	210	190	320	3300	330	300	490
30	50	250	25	23	38		390	39	35	59		620	62	56	93		1000	100	90	150		1600	160	140	240	2500	250	220	380	3900	390	350	580
50	80	300	30	27	45		460	46	41	69		740	74	67	110		1200	120	110	180		1900	190	170	290	3000	300	270	450	4600	460	410	690
80	120	350	35	32	53		540	54	49	81		870	87	78	130		1400	140	130	220		2200	220	200	330	3500	350	320	530	5400	540	480	810
120	180	400	40	36	60		630	63	57	95		1000	100	90	150		1600	160	140	250		2500	250	230	380	4000	400	360	600	6300	630	570	940
180	250	460	46	41	69		720	72	65	110		1150	115	100	170		1800	180	160	270		2900	290	260	440	4600	460	410	690	7200	720	650	1080
250	315	520	52	47	78		810	81	73	120		1300	130	120	190		2100	210	190	320		3200	320	290	480	5200	520	470	780	8100	810	730	1210
315	400	570	57	51	86		890	89	80	130		1400	140	130	210		2300	230	210	350		3600	360	320	540	5700	570	510	850	8900	890	800	1330
400	500	630	63	57	95		970	97	87	150		1500	150	140	230		2500	250	230	380		4000	400	360	600	6300	630	570	950	9700	970	870	1450

选择计量器具时,应根据工件尺寸公差的大小,查表确定安全裕度 A 和计量器具的测量不确定度允许值 u_1,一般情况下优先选用Ⅰ档,其次选用Ⅱ挡、Ⅲ挡。当计量器具的测量不确定度允许值 u_1 选定后,就可以此为依据选择计量器具。选择计量器具时,应使所选用的计量器具的测量不确定度等于或小于选定的 u_1 值。车间条件下常用计量器具的测量不确定度见表2-18、表2-19和表2-20。

表2-18　千分尺和游标卡尺的测量不确定度　　　　　　　　　　单位:mm

尺寸范围		计量器具类型			
大于	至	分度值0.01 外径千分尺	分度值0.01 内径千分尺	分度值0.02 游标卡尺	分度值0.05 游标卡尺
—	50	0.004	0.008	0.020	0.050
50	100	0.005	0.008	0.020	0.050
100	150	0.006	0.008	0.020	0.050
150	200	0.007	0.013	0.020	0.050
200	250	0.008	0.013	0.020	0.100
250	300	0.009	0.013	0.020	0.100
300	350	0.010	0.013	0.020	0.100
350	400	0.011	0.020	0.020	0.100
400	450	0.012	0.020	0.020	0.100
450	500	0.013	0.025	0.020	0.100

表2-19　机械式比较仪的测量不确定度　　　　　　　　　　单位:mm

尺寸范围		所选用的计量器具			
		分度值0.0005(相当于放大倍数为2000倍)的比较仪	分度值0.001(相当于放大倍数为1000倍)的比较仪	分度值0.002(相当于放大倍数为400倍)的比较仪	分度值0.005(相当于放大倍数为250倍)的比较仪
大于	至	不确定度 u'_1			
—	25	0.0006	0.0010	0.0017	0.0030
25	40	0.0007	0.0010	0.0017	0.0030
40	65	0.0008	0.0011	0.0018	0.0030
65	90	0.0008	0.0011	0.0018	0.0030
60	115	0.0009	0.0012	0.0019	0.0030
115	165	0.0010	0.0013	0.0019	0.0030
165	215	0.0012	0.0014	0.0020	0.0035
215	265	0.0014	0.0016	0.0021	0.0035
265	315	0.0015	0.0017	0.0022	0.0035

表 2-20   指示表的测量不确定度   单位:mm

尺寸范围		所选用的计量器具			
		分度值为0.001的千分表(0级在全程范围内,1级在0.2mm范围内)分度值为0.002的千分表(在1转范围内)	分度值为0.001,0.002,0.005的千分表(1级在全程范围内),分度值为0.01的百分表(0级在任意1mm范围内)	分度值为0.01的百分表(0级在全范围内,1级在任意1mm范围内)	分度值为0.01的百分表(0级在全范围内)
大于	至	不确定度 u'_1			
—	115	0.005	0.010	0.018	0.030
115	315	0.006			

例 2-8   被测工件为 $\phi 50f8\left(^{-0.025}_{-0.064}\right)$ Ⓔ,试确定其验收极限并选择适当的计量器具。

解:(1)工件的尺寸公差 $T=0.039$ mm,公差等级为IT8,查表2-17,确定安全裕度 $A=0.0039$ mm,优先选用Ⅰ档,计量器具不确定度允许值 $u_1=0.0035$ mm。

(2)确定验收极限。

因为该工件遵守包容要求,故应按内缩的验收极限方式确定验收极限。

上验收极限 $50-0.025-0.0039=49.9711$ mm

下验收极限 $50-0.064+0.0039=49.9399$ mm

(3)选择计量器具。

按被测工件的公称尺寸 $\phi 50$ mm,从表2-19中选取分度值为0.005mm的比较仪,其不确定度为0.0030mm,小于 u_1,所选计量器具满足使用要求。

2.5.2   用光滑极限量规检验

检验光滑工件尺寸除了用通用计量器具外,还可以使用光滑极限量规。大批量生产时,为了提高产品质量和检验效率,常采用量规进行检验。

1. 光滑极限量规的作用

光滑极限量规简称量规,是指具有以孔或轴的上极限尺寸和下极限尺寸为公称尺寸的标准测量面,能反映控制被检孔或轴边界条件的无刻度线长度测量器具。用量规检验零件时,只能判断零件是否在规定的验收极限范围内,而不能测出零件的实际尺寸和几何误差。量规结构简单,使用方便,检验效率高,因此在大批量生产中广泛应用。

按检验时量规是否通过,量规可分为通规(通端)和止规(止端)。用量规检验工件时,通规和止规必须成对使用。检验时如通规能通过且止规不能通过,则该工件为合格品,否则工件不合格。

如图2-27(a)所示,用于孔径检验的光滑极限量规称为塞规,其测量面为外圆柱面。圆柱直径具有被检验孔径下极限尺寸的为孔用通规,具有被检验孔径上极限尺寸的为孔用止规。检验时,通规应通过被检验孔,止规应不能通过,则被检验孔合格。

如图2-27(b)所示,用于轴径检验的光滑极限量规称为环规或卡规,其测量面为内圆环面。圆环直径具有被检验轴径上极限尺寸的为轴用通规,具有被检验轴径下极限尺寸的为轴用止规。检验时,通规应通过被检验轴,止规应不能通过,则被检验轴合格。

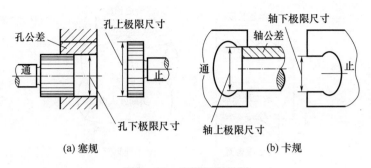

(a) 塞规　　　　　　　　　(b) 卡规

图 2-27　光滑极限量规

2. 光滑极限量规的分类

量规按用途可分为以下三类。

（1）工作量规。生产过程中操作者检验工件时所使用的量规。通规用 T 表示，止规用 Z 表示。操作者应使用新的或磨损较少的通规。

（2）验收量规。验收工件时检验人员或用户代表所使用的量规。它一般不另行制造，其通规是从磨损较多，但未超过磨损极限的工作量规中挑选出来的；其止规应该接近工件最小实体尺寸。因而操作者用工作量规自检合格的工件，检验人员用验收量规验收时必定合格。

（3）校对量规。检验工作量规或验收量规的量规。孔用量规（塞规）使用通用计量器具检测很方便，不需要校对量规。只有轴用量规才使用校对量规（塞规）。校对量规分为三种，见表 2-21。

表 2-21　校对量规

检验对象	量规形状	量规名称	量规代号	用途	检验合格的标志
轴用工作量规	塞规	校通—通	TT	防止通规制造时尺寸过小	通过
		校止—通	ZT	防止止规制造时尺寸过小	通过
		校通—损	TS	防止通规使用中磨损过大	不通过

3. 光滑极限量规设计原则

1）作用尺寸

装配时提取要素的局部实际尺寸与几何误差综合起作用的尺寸称为作用尺寸，分为体外作用尺寸及体内作用尺寸。

体外作用尺寸是指采用带实体外部约束的拟合准则从提取组成要素中获得的拟合组成要素的直接全局尺寸，该拟合组成要素与尺寸要素的形状类型相同，且与提取组成要素在实体外相接触。直接全局尺寸分为最小二乘尺寸、最大内切尺寸、最小外接尺寸和最小区域尺寸。外尺寸要素的体外作用尺寸类型有带实体外部约束的最小二乘尺寸、最小区域尺寸和最小外接尺寸，内尺寸要素的体外作用尺寸类型有带实体外部约束的最小二乘尺寸、最小区域尺寸和最大内切尺寸，如图 2-28 所示。孔、轴实际装配后的松紧程度，不仅取决于孔、轴的实际尺寸，还与孔、轴的体外作用尺寸有关。

2）极限尺寸判断原则

由于存在形状误差，即使工件实际尺寸在极限尺寸范围内，工件表面上各处的实际尺

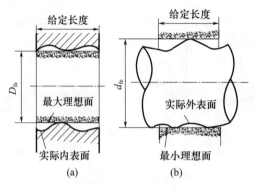

图 2-28 体外作用尺寸

寸也不一定完全相同。因此,对于采用包容要求的孔和轴,用光滑极限量规检验时应遵守极限尺寸判断原则(泰勒原则),即被测孔或轴的体外作用尺寸(D_{fe} 或 d_{fe})不允许超出最大实体尺寸(D_M 或 d_M),且在孔或轴任何位置上的实际尺寸(D_a 或 d_a)不允许超出最小实体尺寸(D_L 或 d_L):

对孔 $\qquad D_{fe} \geq D_M = D_{min}$,且 $D_a \leq D_L = D_{max}$ (2-39)

对轴 $\qquad d_{fe} \leq d_M = d_{max}$,且 $d_a \geq d_L = d_{min}$ (2-40)

式中:D_{max}、D_{min} 为孔的上、下极限尺寸;d_{max}、d_{min} 为轴的上、下极限尺寸。

光滑极限量规设计应符合泰勒原则,通规用于控制工件的作用尺寸,测量面应是与孔或轴形状相对应的完整表面(全形通规),其公称尺寸为被测孔、轴的最大实体尺寸,且长度不小于配合长度,通规表面与被测工件应是面接触。止规用于控制工件的实际尺寸,测量面应是点状的(不全形通规),两测量面间的公称尺寸为被测孔、轴的最小实体尺寸,长度可以短些,止规表面与被测工件是点接触。

4. 光滑极限量规的公差带

通规工作时,要经常通过被检验工件,其工作表面会发生磨损,为使通规具有一定的使用寿命,应留出适当的磨损储量。因此,通规的公差是由制造公差和磨损公差组成的。制造公差的大小决定了量规制造的难易程度,磨损公差的大小决定了量规的使用寿命。止规通常不通过被测工件,因此不留磨损储量。

1)工作量规的尺寸公差带

GB/T 1957—2006 规定量规公差带采用内缩方案,即将量规的公差带全部限制在被测孔、轴尺寸公差带之内,可有效地控制误收,保证产品质量与互换性,如图 2-29 所示。

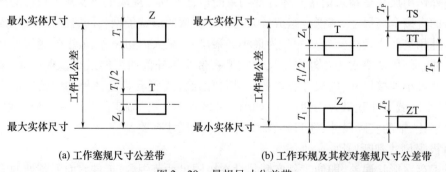

(a) 工作塞规尺寸公差带 　　　　　(b) 工作环规及其校对塞规尺寸公差带

图 2-29 量规尺寸公差带

图中 T_1 为工作量规尺寸公差(即量规制造公差),Z_1 为通端工作量规尺寸公差带中心至工件最大实体尺寸之间的距离(即通规磨损公差),T_p 为工作环规的校对塞规的尺寸公差。T_1、Z_1 值取决于工件公差的大小。T_1、Z_1 的取值见表 2-22,通规的磨损极限尺寸等于工件的最大实体尺寸。

表 2-22 工作量规的尺寸公差 T_1 及通规位置要素 Z_1 值(摘自 GB/T 1957—2006)

工件孔或轴的基本尺寸/mm		工件孔或轴的公差等级								
		IT6			IT7			IT8		
		孔或轴的公差值	T_1	Z_1	孔或轴的公差值	T_1	Z_1	孔或轴的公差值	T_1	Z_1
大于	至	μm								
	3	6	1.0	1.0	10	1.2	1.6	14	1.6	2.0
3	6	8	1.2	1.4	12	1.4	2.0	18	2.0	2.6
6	10	9	1.4	1.6	15	1.8	2.4	22	2.4	3.2
10	18	11	1.6	2.0	18	2.0	2.8	27	2.8	4.0
18	30	13	2.0	2.4	21	2.4	3.4	33	3.4	5.0
30	50	16	2.4	2.8	25	3.0	4.0	39	4.0	6.0
50	80	19	2.8	3.4	30	3.6	4.6	46	4.6	7.0
80	120	22	3.2	3.8	35	4.2	5.4	54	5.4	8.0
120	180	25	3.8	4.4	40	4.8	6.0	63	6.0	9.0
180	250	29	4.4	5.0	46	5.4	7.0	72	7.0	10.0
250	315	32	4.8	5.6	52	6.0	8.0	81	8.0	11.0
315	400	36	5.4	6.2	57	7.0	9.0	89	9.0	12.0
400	500	40	6.0	7.0	63	8.0	10.0	97	10.0	14.0
工件孔或轴的基本尺寸/mm		工件孔或轴的公差等级								
		IT9			IT10			IT11		
		孔或轴的公差值	T_1	Z_1	孔或轴的公差值	T_1	Z_1	孔或轴的公差值	T_1	Z_1
大于	至	μm								
	3	25	2.0	3	40	2.4	4	60	3	6
3	6	30	2.4	4	48	3.0	5	75	4	8
6	10	36	2.8	5	58	3.6	6	90	5	9
10	18	43	3.4	6	70	4.0	8	110	6	11
18	30	52	4.0	7	84	5.0	9	130	7	13
30	50	62	5.0	8	100	6.0	11	160	8	16
50	80	74	6.0	9	120	7.0	13	190	9	19
80	120	87	7.0	10	140	8.0	15	220	10	22
120	180	100	8.0	12	160	9.0	18	250	12	25
180	250	115	9.0	14	185	10.0	20	290	14	29
250	315	130	10.0	16	210	12.0	22	320	16	32
315	400	140	11.0	18	230	14.0	25	360	18	36
400	500	155	12.0	20	250	16.0	28	400	20	40

续表

工件孔或轴的基本尺寸/mm		工件孔或轴的公差等级								
		IT12			IT13			IT14		
		孔或轴的公差值	T_1	Z_1	孔或轴的公差值	T_1	Z_1	孔或轴的公差值	T_1	Z_1
大于	至	μm								
	3	100	4	9	140	6	14	250	9	20
3	6	120	5	11	180	7	16	300	11	25
6	10	150	6	13	220	8	20	360	13	30
10	18	180	7	15	270	10	24	430	15	35
18	30	210	8	18	330	12	28	520	18	40
30	50	250	10	22	390	14	34	620	22	50
50	80	300	12	26	460	16	40	740	26	60
80	120	350	14	30	540	20	46	870	30	70
120	180	400	16	35	630	22	52	1000	35	80
180	250	460	18	40	720	26	60	1150	40	90
250	315	520	20	45	810	28	66	1300	45	100
315	400	570	22	50	890	32	74	1400	50	110
400	500	630	24	55	970	36	80	1550	55	120

工件孔或轴的基本尺寸/mm		工件孔或轴的公差等级					
		IT15			IT16		
		孔或轴的公差值	T_1	Z_1	孔或轴的公差值	T_1	Z_1
大于	至	μm					
	3	400	14	30	600	20	40
3	6	480	16	35	750	25	50
6	10	580	20	40	900	30	60
10	18	700	24	50	1100	35	75
18	30	840	28	60	1300	40	90
30	50	1000	34	75	1600	50	110
50	80	1200	40	90	1900	60	130
80	120	1400	46	100	2200	70	150
120	180	1600	52	120	2500	80	180
180	250	1850	60	130	2900	90	200
250	315	2100	66	150	3200	100	220
315	400	2300	74	170	3600	110	250
400	500	2500	80	190	4000	120	280

2) 工作环规的校对塞规尺寸公差带

"校通－通"塞规(TT)。其公差带是从通规的下极限偏差起始,并向工作环规的公差带内分布,以防止工作环规的通规制造得过小,因此通过时为合格。

"校止－通"塞规(ZT)。其公差带是从止规的下极限偏差起始,并向工作环规的公差带内分布,以防止工作环规的止规制造得过小,因此通过时为合格。

"校通－损"塞规(TS)。其公差带是从通规的磨损极限起始,并向工作环规的公差带内分布,以防止工作环规的通规磨损过大,因此校对时不通过为合格。

校对量规的尺寸公差带如图2－29(b)所示。校对量规的尺寸公差 T_p 为工作量规尺寸公差 T_1 的一半。

5. 光滑极限量规的设计

1) 量规的结构型式

在量规的实际应用中,由于制造和使用方面的原因,很难要求量规的形状完全符合泰勒原则。因此,国家标准规定,允许在被检验工件的形状误差不影响配合性质的条件下,可使用偏离泰勒原则的量规。如为了使用已标准化的量规,允许通规的长度小于被检长度。

当采用不符合泰勒原则的量规检验工件时,应在工件的多方位上作多次检验,必须操作正确,并从工艺上采取措施限制工件的形状误差。如使用非全形通规检验孔或轴时,应在被测孔或轴的全长范围内的若干部位上分别沿圆周的几个位置进行检验。

量规的结构形式很多,具体尺寸范围、使用顺序和结构形式可参见《螺纹量规和光滑极限量规 型式与尺寸》(GB/T 10920—2008)及相关资料。表2－23给出了推荐的量规形式和尺寸范围。

表2－23 量规形式和适用尺寸范围(摘自 GB/T 1957—2006)

用途	推荐顺序	量规的工作尺寸/mm			
		≤18	18～100	100～315	315～500
工件孔用的通端量规形式	1	全形塞规		不全形塞规	球端杆规
	2	—	不全形塞规或片形塞规	片形塞规	
工件孔用的止端量规形式	1	全形塞规	全形或片形塞规		球端杆规
	2	—	不全形塞规		
工件轴用的通端量规形式	1	环规		卡规	
	2	卡规		—	
工件轴用的止端量规形式	1	卡规			
	2	环规	—		

2) 量规的技术要求

量规宜采用合金工具钢、碳素工具钢、渗碳钢及其他耐磨材料制造。钢制量规测量面的硬度不应小于700HV(或60HRC),并经稳定性处理。

工作量规的几何误差应在其尺寸公差带内,即采用包容要求,几何公差一般为量规尺寸公差的50%。考虑到制造和测量的困难,当 $T_1≤0.002$mm 时,其几何公差取0.001mm。量规测量面的表面粗糙度 Ra 值不应大于表2－24的规定。

表 2-24　量规测量表面粗糙度 Ra（摘自 GB/T 1957—2006）

工作量规	工作量规的基本尺寸/mm		
	≤120	120~315	315~500
	工作量规测量面的表面粗糙度 Ra 值/μm		
IT6 级孔用工作塞规	0.05	0.10	0.20
IT7 级~IT9 级孔用工作塞规	0.10	0.20	0.40
IT10 级~IT12 级孔用工作塞规	0.20	0.40	0.80
IT13 级~IT16 级孔用工作塞规	0.40	0.80	
IT6 级~IT9 级轴用工作环规	0.10	0.20	0.4
IT10 级~IT12 级轴用工作环规	0.20	0.40	0.80
IT13 级~IT16 级轴用工作环规	0.40	0.80	

3）光滑极限量规工作尺寸的计算

（1）确定量规的形式。

（2）查出被检验工件的极限偏差。

（3）查出工作量规的制造公差 T_1 和位置要素 Z_1 值，画出工作量规的公差带图，并确定量规的几何公差。

（4）计算量规的极限偏差、极限尺寸和磨损极限尺寸。

（5）绘制并标注量规工作图。

为适应加工工艺性的需要，图注尺寸的形式应按"入体原则"：量规为轴时，标注为"最大实体尺寸$_{-T_1}^{0}$"；量规为孔时，标注为"最大实体尺寸$_{0}^{+T_1}$"。

例 2-9　已知孔轴配合为 $\phi30H8/f7$ⒺⒺ，设计其工作量规和校对量规。

解：（1）按表 2-23 选择量规形式。选定孔用工作量规通规为全形塞规，止规为不全形塞规；轴用工作量规通规为环规，止规为卡规。

（2）查出 $\phi30H8/f7$ 的极限偏差。按表 2-22 查出孔和轴工作量规的制造公差 T_1 及 Z_1 值。取 $T_1/2$ 作为校对量规公差。

（3）画出工件和量规的公差带图，如图 2-30 所示。

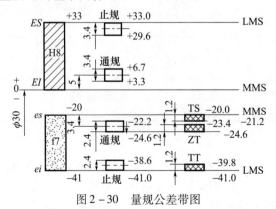

图 2-30　量规公差带图

（4）计算量规的工作尺寸，列于表 2-25。

（5）绘制量规工作图，如图 2-31 所示。

表 2-25 量规工作尺寸计算

被检工件	量规名称	量规代号	量规公差 $T_1(T_P)/\mu m$	位置要素 $Z_1/\mu m$	量规极限尺寸/mm 最大	量规极限尺寸/mm 最小	量规工作尺寸 /mm
$\phi 30^{+0.033}_{0}$ (ϕ30H8)	通端工作量规	T	3.4	5.0	30.0067	30.0033	$30.0067^{0}_{-0.0034}$
	止端工作量规	Z	3.4		30.0330	30.0296	$30.0330^{0}_{-0.0034}$
$\phi 30^{-0.020}_{-0.041}$ (ϕ30f7)	通端工作量规	T	2.4	3.4	29.9778	29.9754	$29.9754^{+0.0024}_{0}$
	止端工作量规	Z	2.4		29.9614	29.9590	$29.9590^{+0.0024}_{0}$
	"校通—通"量规	TT	1.2		29.9766	29.9754	$29.9766^{0}_{-0.0012}$
	"校止—通"量规	ZT	1.2		29.9602	29.9590	$29.9602^{0}_{-0.0012}$
	"校通—损"量规	TS	1.2		29.9800	29.9788	$29.9800^{0}_{-0.0012}$

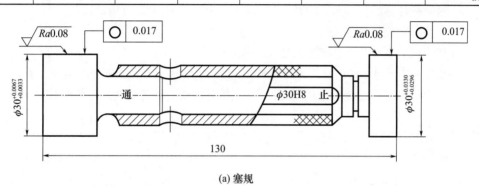

(a) 塞规

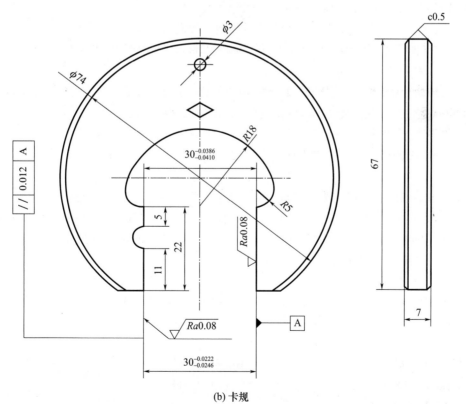

(b) 卡规

图 2-31 工作量规简图

习题与思考题

1. 公称尺寸、极限尺寸、实际尺寸、极限偏差和实际偏差的含义是什么？它们之间相互关系如何？

2. 制定标准公差的意义是什么？国家标准规定了多少个标准公差等级？

3. 什么是线性和角度尺寸的未注公差？国家标准对一般公差规定了几个公差等级？

4. 判断下述说法是否正确。（正确的画"√"，错误的画"×"）

(1) 公称尺寸不同的零件，只要它们的公差值相同，就可以说它们的精度要求相同。（　）

(2) 图样标注 $\phi 20^{0}_{-0.021}$ mm 的轴，加工得越靠近公称尺寸就越精确。（　）

(3) 未注公差尺寸就是对该尺寸没有公差要求。（　）

(4) 基本偏差是决定公差带位置的唯一指标。（　）

(5) 基本偏差为 $A \sim H$ 的孔与基准轴构成间隙配合，其中 H 配合的间隙最大。（　）

(6) 有相对运动的配合应选用间隙配合，无相对运动的配合均选用过盈配合。（　）

(7) 因为偏差是代数差，所以同一个公称尺寸的两个极限偏差也可以同时为零。（　）

(8) 在满足使用要求的前提下，应尽量选用低的公差等级。（　）

(9) 相配合的两个零件的公差等级的高低，影响公差带的大小，决定配合的精度。（　）

(10) 选用最小间隙为零的配合与最小过盈为零的配合，二者实质相同。（　）

(11) 零件的尺寸精度越低，则其配合间隙越大。（　）

(12) $\phi 50H6/d5$ 与 $\phi 50H7/d6$ 配合的最小间隙相同，最大间隙不同。（　）

(13) 一批零件加工后的实际尺寸最大为 20.021mm，最小为 19.985mm，则可知该零件的上极限偏差为是 +0.021mm，下极限偏差为是 −0.015mm。（　）

5. 已知两根轴，其中一根轴的直径为 $\phi 16$mm，尺寸公差值为 $11\mu m$，另一根轴的直径为 $\phi 120$mm，尺寸公差值为 $15\mu m$，试比较两根轴的加工难易程度。

6. 设某配合的孔径为 $\phi 48^{+0.142}_{+0.080}$mm，轴径为 $\phi 48^{0}_{-0.039}$mm，经测量一孔的尺寸为 $\phi 48.085$mm，轴的尺寸为 $\phi 47.955$mm，请问孔和轴的尺寸是否合格？所形成的配合是否合格？

7. 已知某轴的公称尺寸为 $\phi 20$mm，尺寸公差值为 $21\mu m$，上极限偏差 $es = -20\mu m$。若用光学比较仪在不同的位置上，测得其局部实际尺寸分别为 19.965，19.957，19.964，19.974，19.956mm，试判断此轴是否合格，为什么？并绘制出轴的尺寸公差带图。

8. 以下各组配合中，配合性质完全相同的有（　）

A. $\phi 30H7/f6$ 和 $\phi 30H8/p7$　　　　B. $\phi 30P8/h7$ 和 $\phi 30H8/p7$

C. $\phi 30M8/h7$ 和 $\phi 30H8/m7$　　　D. $\phi 30H8/m7$ 和 $\phi 30H7/m6$

E. $\phi 30H7/p6$ 和 $\phi 30P7/h6$

9. 下列配合代号标注正确的有（　）

A. $\phi 50H7/r6$　　　　　　　　　　B. $\phi 50H8/k7$

C. $\phi 50h7/D8$　　　　　　　　　　D. $\phi 50H9/f9$

E. $\phi 50H10/d10$

10. 下列孔、轴配合中选用不当的有（　　）

A. $\phi 80H7/u7$ B. $\phi 80H6/g5$

C. $\phi 80G6/h7$ D. $\phi 80H5/a5$

E. $\phi 80G5/h5$

11. 若已知某孔轴配合的公称尺寸为 $\phi 30$，要求最大间隙为 $X_{max} = +23\mu m$，最大过盈为 $Y_{max} = -10\mu m$，已知孔的尺寸公差 $T_h = 20\mu m$，轴的上极限偏差 $es = 0$，试确定孔、轴的极限偏差，并画出其尺寸公差带图。

12. 已知某基孔制配合的公称尺寸为 $\phi 60$，配合公差 $T_f = 0.049$，要求最大间隙 $X_{max} = 0.019mm$，轴的下极限偏差 $ei = +0.011$，试确定孔的上、下极限偏差和轴的上极限偏差，画出该配合的孔、轴尺寸公差带图和配合公差带图，并确定其配合代号。

13. 计算出下表中空格中的数值，并按规定填写在下表中。

公称尺寸	孔			轴			X_{max} 或 Y_{min}	X_{min} 或 Y_{max}	T_f
	ES	EI	T_h	es	ei	T_s			
$\phi 80$			0.030	0				-0.021	0.049
$\phi 40$		0			+0.009	0.025	+0.030		
$\phi 20$			0.033	-0.007				+0.007	0.054

14. 已知公称尺寸为 $\phi 25mm$，基孔制的孔轴同级配合，$T_f = 0.066mm$，$Y_{max} = -0.081mm$，求孔、轴的上、下极限偏差，画出尺寸公差带图，并说明该配合是何种配合类型。

15. 某公称尺寸为 $\phi 100mm$ 的孔、轴配合，配合允许 $X_{max} = +0.023mm$，$Y_{max} = -0.037mm$，试确定其配合代号，画出尺寸公差带图。

16. 请查表计算 $\phi 30N7/h6$ 配合中孔、轴的极限偏差，极限间隙或过盈，并画出尺寸公差带图及配合公差带图。

17. 被测工件为 $\phi 50f7$ⒺⒺ，试确定其验收极限并选择适当的测量工具。

18. 试计算 $\phi 40H7/k6$Ⓔ量规的极限偏差和工作尺寸，并画出量规尺寸公差带图。

第3章
几何精度设计与检测

3.1 概 述

几何要素的形状、方向和位置精度(简称几何精度)是机械零件重要的质量指标之一。为了保证零件的互换性和产品的功能、性能要求,在进行零件精度设计时,不仅要规定适当的尺寸精度和表面精度要求,还应进行几何精度设计,给出合理的几何公差,用以限制零件的几何误差。

本章涉及的有关几何精度设计与检测的现行国家标准如下。

GB/T 18780.1—2002 产品几何量技术规范(GPS) 几何要素 第1部分:基本术语和定义。

GB/T 18780.2—2003 产品几何量技术规范(GPS) 几何要素 第2部分:圆柱面和圆锥面的提取中心线、平行平面的提取中心面、提取要素的局部尺寸。

GB/T 1182—2018 产品几何技术规范(GPS) 几何公差 形状、方向、位置和跳动公差标注。

GB/T 1184—1996 形状和位置公差 未注公差值。

GB/T 4249—2018 产品几何技术规范(GPS) 基础 概念、原则和规则。

GB/T 16671—2018 产品几何技术规范(GPS) 几何公差 最大实体要求(MMR)、最小实体要求(LMR)和可逆要求(RPR)。

GB/T 13319—2020 产品几何技术规范(GPS) 几何公差 成组(要素)与组合几何规范。

GB/T 17851—2022 产品几何技术规范(GPS) 几何公差 基准和基准体系。

GB/T 17852—2018 产品几何技术规范(GPS) 几何公差 轮廓度公差标注。

GB/T 1958—2017 产品几何技术规范(GPS) 几何公差 检测与验证。

GB/T 8069—1998 功能量规。

GB/T 40742.1—2021 产品几何技术规范(GPS) 几何精度的检测与验证 第1部分:基本概念和测量基础 符号、术语、测量条件和程序。

GB/T 40742.2—2021 产品几何技术规范(GPS) 几何精度的检测与验证 第2部分:形状、方向、位置、跳动和轮廓度特征的检测与验证。

GB/T 40742.3—2021 产品几何技术规范(GPS) 几何精度的检测与验证 第3部

分:功能量规与夹具 应用最大实体要求和最小实体要求时的检测与验证。

GB/T 40742.4—2021 产品几何技术规范（GPS） 几何精度的检测与验证 第4部分:尺寸与几何误差评定、最小区域的判别模式。

3.1.1 几何误差的产生及其对使用性能的影响

零件的几何误差是指零件的实际几何要素与理想几何要素在形状、方向和位置上的差异程度。在零件制造过程中,由于机床-夹具-刀具-工件所组成的工艺系统存在误差,以及加工过程中的受力变形、热变形、振动、磨损等干扰因素的影响,使得加工后的工件不仅存在尺寸误差,而且不可避免地存在几何误差。

几何误差对零件使用性能主要有如下影响。

(1)影响工作精度及功能性能要求。例如,机床导轨的直线度、平面度误差,会影响床鞍的运动精度;车床主轴两支承轴颈的形状、位置误差,将影响主轴的回转精度,车床主轴装卡盘的定心锥面对两轴颈的同轴度误差,会影响卡盘的旋转精度;齿轮传动中,齿轮箱上各轴承座孔的方向及位置误差(如轴线平行度误差),会影响齿轮齿面载荷分布的均匀性和齿侧间隙;液压系统中零件的形状误差会影响密封性;承受负荷零件结合面的形状误差会减小实际接触面积,从而降低接触刚度及承载能力等。

(2)影响配合性质。孔、轴配合表面的几何误差会造成间隙或过盈大小不均匀。对于间隙配合,如有相对运动将加快零件的局部磨损,从而影响机械装置的运行稳定性,降低运动精度,缩短使用寿命;对于过盈配合,则会影响连接强度。

(3)影响可装配性。例如,法兰盘、箱盖、轴承端盖等零件上各螺栓孔的位置误差,将影响零件的自由装配;电子产品中,电路板、芯片插脚的位置误差将会影响各个电子元器件在电路板上的正确安装。

因此,必须对零件的几何误差予以合理限制,以确保零件互换性和使用要求以及整个机械产品的质量。

3.1.2 几何公差的研究对象——几何要素

几何公差的研究对象是零件的几何要素。几何要素是指构成零件几何特征的点、线、面、体或者它们的集合。点要素有顶点、中心点、交点等,线要素有直线、圆弧(圆)及任意形状的曲线等,面要素有平面、圆柱面、圆锥面、球面及任意形状的曲面等,如图3-1所示。

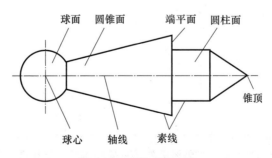

图3-1 零件几何要素

按照不同的定义和用途,几何要素可以有不同的分类。

1. 组成要素与导出要素

1)组成要素

组成要素(轮廓要素)是属于工件的实际表面或表面模型的几何要素,是零件上的面或面上的线,如图3-1的球面、圆柱面、圆锥面以及圆柱面和圆锥面的素线等。

2)导出要素

导出要素(中心要素)是不存在于工件实际表面的假想几何要素,由相应的组成要素导出并依存于该组成要素。图3-1中圆柱轴线是由圆柱面得到的导出要素,球心是由球面得到的导出要素。

2. 理想要素与非理想要素

(1)理想要素。由参数化方程定义的要素。理想要素可以是导出要素、拟合要素或者公称要素。

(2)非理想要素。完全依赖于非理想表面模型或工件实际表面的不完美的几何要素。非理想要素可以是导出要素或者组成要素。

3. 公称要素与实际要素

(1)公称要素。由设计者在产品技术文件中定义的没有任何误差的理想要素,包括公称组成要素和公称导出要素。

(2)实际要素。对应于工件实际表面部分的几何要素。制造得到的工件实际要素是非理想要素。实际要素只有组成要素没有导出要素。

4. 提取要素与拟合要素

(1)提取要素。由有限个点组成的几何要素。实际要素的尺寸只有通过提取才能获得。检测得到的是工件的提取要素,是非理想要素,包括提取组成要素和提取导出要素。

(2)拟合要素。通过拟合操作,从非理想表面模型中或从实际要素中建立的理想要素。评定工件几何误差时需要对实际要素进行拟合,包括拟合组成要素和拟合导出要素。

图3-2展示了公称要素、实际要素、提取要素和拟合要素之间的关系。

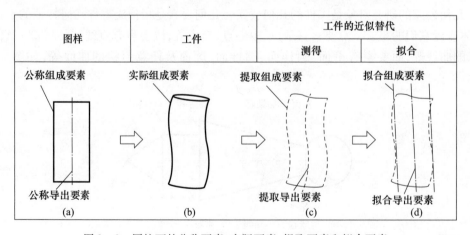

图3-2 圆柱面的公称要素、实际要素、提取要素和拟合要素

根据零件在设计、加工和检验的不同阶段,组成要素又分为以下四种。

①公称组成要素。设计时由技术制图或由其他方法所确定的理论正确的组成要素,通常为理想要素,如图3-2(a)所示。

②实际组成要素。实际组成要素是指对应于工件实际表面部分的几何要素,是零件加工完成后所得到的实际存在的要素,如图3-2(b)所示。

③提取组成要素。按规定的方法测量实际组成要素,提取有限数目的点所形成的实际组成要素的近似替代,如图3-2(c)所示。

④拟合组成要素。按规定的方法(如最小二乘法等)由提取组成要素形成的具有理想形状的组成要素,如图3-2(d)所示。

根据零件在设计、加工和检验的不同阶段,导出要素分为以下三种。

①公称导出要素。由一个或几个公称组成要素导出的中心点、中心线或中心面,如图3-2(a)所示。

②提取导出要素。由一个或几个提取组成要素导出的中心点、中心线或中心面,如图3-2(c)所示。

③拟合导出要素。由一个或几个拟合组成要素导出的中心点、中心线或中心面,如图3-2(d)所示。

图3-3展示了几何要素定义间相互关系的结构框图。

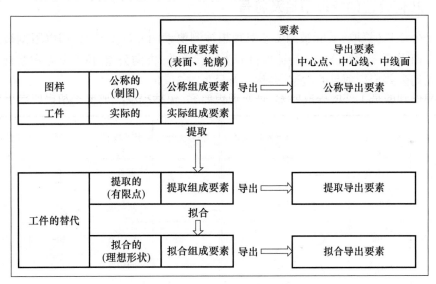

图3-3 几何要素定义间相互关系

5. 被测要素与基准要素

1)被测要素

被测要素是(一个或多个)定义了GPS规范的几何要素的集合。被测要素是图样上给出了几何精度要求的要素,也就是需要经过测量确定其几何误差的要素。如图3-4中上、下表面标注有平面度和平行度公差,所以都是被测要素。

2)基准要素

基准要素是在图样上用来确定理想被测要素的方向或(和)位置的要素,理想的基准要素简称为基准。基准要素按结构特征可分为组成要素和导出要素。基准要素通常由设计者在设计图样上用规定的方法标明。

如图 3-4 中所示零件的下表面,是确定理想上表面的方向(平行)的要素,所以是上表面的基准要素。

6. 单一要素与关联要素

1) 单一要素

几何要素是一个单点、一条单线或者一个单面时称为单一要素。当要素的几何精度要求与其他要素(基准)无关时,称为单一要素。给出形状公差要求的被测要素为单一要素。

2) 关联要素

关联要素是几个单一要素的组合,是指相对基准要素有方向、位置、跳动公差要求的被测要素。

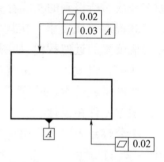

图 3-4 被测要素和基准要素

图 3-4 所示零件的上表面和下表面,当考虑它们各自的平面度精度要求时,都是单一要素;上表面具有相对下表面(基准)的平行度精度要求,所以上表面又是关联要素。

3.1.3 几何公差的特征项目及符号

几何公差是(提取)实际被测要素对理想被测要素的允许变动量,用以限制被测实际要素的几何误差。几何公差的特征项目分为形状公差、方向公差、位置公差和跳动公差四大类。几何公差特征项目的类型、名称和符号见表 3-1。

表 3-1 几何公差特征项目及符号(摘自 GB/T 1182—2018)

公差类型	特征项目	符号	有无基准要求	公差类型	特征项目	符号	有无基准要求
形状公差	直线度	—	无	方向公差	垂直度	⊥	有
	平面度	▱			倾斜度	∠	
	圆度	○		位置公差	位置度	⊕	有或无
	圆柱度	⌭			同轴度(对轴线)同心度(对中心点)	◎	有
形状、方向或位置公差	线轮廓度	⌒	有或无		对称度	═	
	面轮廓度	⌒					
方向公差	平行度	∥	有	跳动公差	圆跳动	↗	有
					全跳动	⌿	

其中,形状公差针对单一要素,是对几何要素自身的形状精度要求,因此不涉及基准;其他几何公差项目针对关联要素,在大多数情况下均涉及基准。

3.2 几何公差的标注方法

在机械零件设计图样上,当几何要素的几何精度要求不高,一般制造精度可以满足要求时,应采用未注几何公差,无须在图样上注出。对于功能要求较高的几何要素,其几何公差应在图样上采用公差框格标注,特殊情况下也可以在技术要求中使用文字说明。

采用几何公差框格表示法进行图样标注时,主要标注三部分内容:公差框格、被测要素和基准要素。

几何公差规范标注的组成包括公差框格 a,可选的辅助平面和要素框格 b 及可选的相邻标注(补充标注)c,如图 3-5 所示。

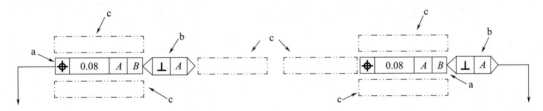

图 3-5 几何公差规范标注

几何公差规范应使用带箭头的参照线与指引线相连。指引线指向被测要素,如果没有可选的辅助平面或要素标注,参照线应与公差框格的左侧或右侧中点相连。如果有可选的辅助平面和要素标注,参照线应与公差框格的左侧中点或最后一个辅助平面和要素框格的右侧中点相连。

3.2.1 几何公差框格

几何公差要求应标注在划分成两个或三个部分的矩形框格内,如图 3-6 所示。

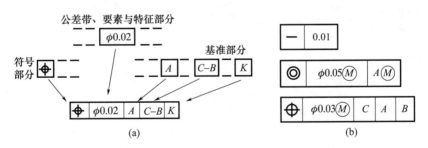

图 3-6 几何公差框格

图样上几何公差框格一般水平放置,必要时也允许垂直放置。框格中从左到右(框格垂直放置时为从下到上)依次排列。

(1)符号部分。几何公差特征项目符号,见表 3-1。

(2)公差带、要素与特征部分。几何公差值及附加符号,见表 3-2,公差值是强制性的规范元素,应以线性尺寸单位 mm 给出。其余规范元素都是可选的。

(3)可选的基准部分。基准代号及附加符号,可包含一至三格。

表 3-2 几何公差的附加符号(摘自 GB/T 1182—2018)

描述		符号	描述		符号
组合规范元素	组合公差带	CZ	参数	偏差的总体范围	T
	独立公差带	SZ		峰值	P
不对称公差带	(规定偏置量的)偏置公差带	UZ		谷深	V
				标准差	Q
公差带约束	(未规定偏置量的)线性偏置公差带	OZ	被测要素标识符	区间	←→
				联合要素	UF
	(未规定偏置量的)角度偏置公差带	VA		小径	LD
				大径	MD
拟合被测要素	最小区域(切比雪夫)要素	Ⓒ		中径/节径	PD
	最小二乘(高斯)要素	Ⓖ		全周(轮廓)	↓→○
	最小外接要素	Ⓝ			
	贴切要素	Ⓣ			
	最大内切要素	Ⓧ		全表面(轮廓)	↓→◎
导出要素	中心要素	Ⓐ			
	延伸公差带	Ⓟ	公差框格	无基准的几何规范标注	↓□□
评定参照要素的拟合	无约束的最小区域(切比雪夫)拟合被测要素	C		有基准的几何规范标注	↓□□D
	实体外部约束的最小区域(切比雪夫)拟合被测要素	CE		任意横截面	ACS
	实体内部约束的最小区域(切比雪夫)拟合被测要素	CI	辅助要素标识符或框格	相交平面框格	◁// B
	无约束的最小二乘(高斯)拟合被测要素	G		定向平面框格	◁// B
	实体外部约束的最小二乘(高斯)拟合被测要素	GE		方向要素框格	← // B
	实体内部约束的最小二乘(高斯)拟合被测要素	GI		组合平面框格	○ // B
	最小外接拟合被测要素	N	理论正确尺寸符号	理论正确尺寸(TED)	50
	最大内切拟合被测要素	X		基准要素标识	B
实体状态	最大实体要求	Ⓜ	基准相关符号	基准目标标识	φ4/A1
	最小实体要求	Ⓛ		接触要素	CF
	可逆要求	Ⓡ		仅方向	><
状态的规范元素	自由状态(非刚性零件)	Ⓕ	尺寸公差相关符号	包容要求	Ⓔ

3.2.2 辅助平面与要素框格的标注

辅助平面和要素框格仅用于容易引起误解时标注在公差框格的右侧,大多数情况下省略不标。辅助平面和要素框格有相交平面框格、定向平面框格、方向要素框格和组合平面框格。

1. 相交平面框格的标注

相交平面是由工件的提取要素建立的平面,用于标识线要素要求的方向,例如,在平面上线要素的直线度、线轮廓度、要素的线要素的方向,以及在面要素上的线要素的全周规范等。相交平面应使用相交平面框格规定,并作为公差框格的延伸部分标注在其右侧,如图 3-7 所示。

图 3-7 相交平面框格

相交平面应按照平行于、垂直于、保持特定的角度于、或对称于(包含)在相交平面框格第二格所标注的基准构建。相交平面的标注示例如图 3-8 所示。

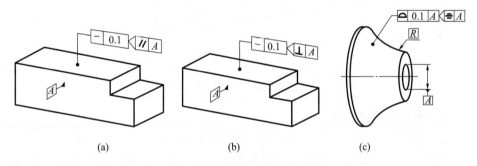

图 3-8 相交平面的标注示例

图 3-8(a)表示被测要素是该面要素上与基准平面 A 平行的所有直线,这些直线的直线度公差值为 0.1。图 3-8(b)表示被测要素是该面要素上与基准平面 A 垂直的所有直线,这些直线的直线度公差值为 0.1。基准 A 仅用于构建相交平面,直线度公差与基准 A 无关。图 3-8(c)表示被测要素是该面要素上对称于(包含)基准 A 的面要素,面轮廓度公差值为 0.1。

2. 定向平面框格的标注

定向平面是由工件的提取要素建立的平面,用于标识公差带的方向。定向平面应使用定向平面框格规定,并标注在公差框格的右侧,如图 3-9 所示。

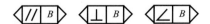

图 3-9 定向平面框格

定向平面应按照平行于、垂直于、保持特定的角度于在定向平面框格第二格所标注的基准构建。定向平面的标注示例如图 3-10 所示。

图 3-10(a)中平行定向平面框格表示被测要素的公差带方向与基准平面 B 平行,即

组成定向公差带的两平行平面不仅平行于基准轴线 A，而且平行于基准 B。图 3-10(b) 中垂直定向平面框格表示被测要素的公差带方向与基准平面 B 垂直，即组成公差带的两平行平面不仅平行于与基准轴线 A，而且垂直于基准 B。图 3-10(c) 中倾斜定向平面框格表示被测要素的公差带方向与基准平面 B 呈一定的夹角 α，即组成定向公差带的两平行平面不仅平行于基准轴线 A，而且与基准 B 呈理论正确角度 α。

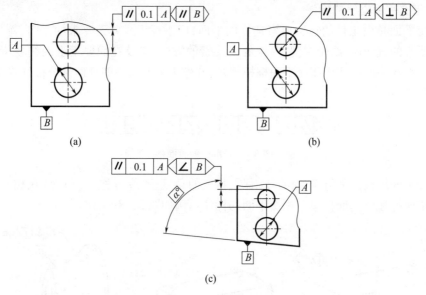

图 3-10 定向平面标注示例

3. 方向要素框格的标注

当被测要素是组成要素且公差带宽度的方向与面要素不垂直时，应使用方向要素确定公差带宽度的方向。另外，应使用方向要素标注非圆柱体或球体的回转体表面圆度的公差带宽度方向。

当使用方向要素框格时，应作为公差框格的延伸部分标注在其右侧，如图 3-11 所示。方向要素框格的第一格应放置平行度、垂直度、倾斜度或跳动方向符号，第二格应放置标识基准并构建方向要素的字母。

$$\boxed{\ /\!/\ |\ C\ } \quad \boxed{\ \perp\ |\ C\ } \quad \boxed{\ \angle\ |\ C\ } \quad \boxed{\ \nearrow\ |\ C\ }$$

图 3-11 方向要素框格

方向要素的标注示例如图 3-12 所示。

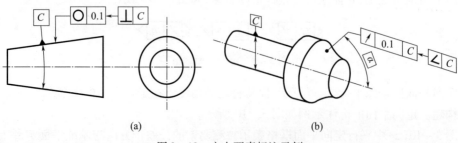

图 3-12 方向要素标注示例

图 3-12(a)表示圆锥面任一横截面的圆度公差带的方向应垂直于基准轴线 C;当公差带方向所定义的角度不是 0°或 90°时,用倾斜度符号明确定义方向要素与方向要素框格的基准 C 之间的理论正确夹角 α,如图 3-12(b)所示。

4. 组合平面框格的标注

组合平面是由工件上的一个要素建立的平面,用于定义封闭的组合连续要素,而非整个工件。组合连续要素是由多个单一要素无缝组合在一起的单一要素,它可以是封闭的或非封闭的。

当使用组合平面框格时,应作为公差框格的延伸部分标注在其右侧,如图 3-13 所示。

图 3-13 组合平面框格

当标注"全周"符号时,应使用组合平面。如果要求应用于封闭组合且连续的表面上的一组线素上时(由组合平面所定义的),应将用于标识相交平面的相交平面框格布置在公差框格与组合平面框格之间。如图 3-14 所示,线轮廓公差是对与基准 A 平行的由 a、b、c、d 组成的组合连续要素的要求,相交平面框格表示轮廓度公差带应与基准 B 垂直。由 a、b、c、d 四条线组成的平面既垂直于基准 B,又平行于基准 A,该组合公差带(CZ)适用于在所有横截面中的线 a、b、c、d。

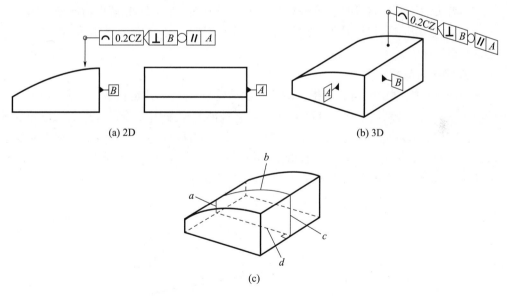

图 3-14 组合平面标注示例(一)

图 3-15 上所标注的要求作为单独要求适用于四个面要素 a、b、c 与 d。全周符号不包括面要素 e 与 f。

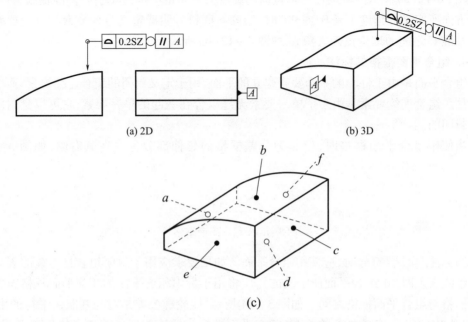

图 3-15　组合平面标注示例(二)

3.2.3　被测要素的标注方法

用带箭头的指引线将几何公差框格与被测要素相连,指引线的箭头指向公差带的宽度或直径方向。指引线可以从框格的任意一端垂直引出,引向被测要素时允许弯折,但弯折次数不超过两次。

1. 被测要素为组成要素

在 2D 标注中,指引线箭头应指在被测要素的轮廓线上或其延长线上,但须与尺寸线明显错开,如图 3-16(a)、图 3-17(a)所示。当被测要素是组成要素且指引线终止在要素的界限以内,则以圆点终止,如图 3-18(a)所示。当该面要素可见时,此圆点是实心的,指引线为实线,箭头可放在指引横线上,并使用指引线指向该面要素如图 3-18(a)所示;当该面要素不可见时,这个圆点为空心,指引线为虚线。

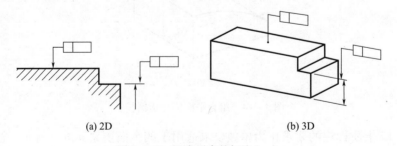

图 3-16　组成要素的标注(一)

在 3D 标注中,指引线终止在组成要素上,但应与尺寸线明显错开,指引线的终点为指向延长线的箭头以及组成要素上的点,当该面要素可见时,该点为实心的,指引线为实线;当该面要素不可见时,该点是空心的,指引线为虚线,如图 3-16(b)、图 3-17(b)所示。指引线的终点可以是放在使用指引横线上的箭头,并指向该面要素,如图 3-18(b)所示。

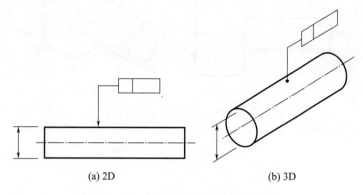

图 3-17 被测组成要素的标注(二)

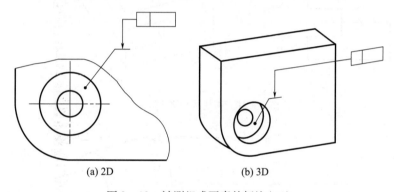

图 3-18 被测组成要素的标注(三)

2. 被测要素为导出要素

当被测要素为导出要素(中心线、中心面或中心点)时,指引线的箭头应直接指向尺寸要素的尺寸延长线上,如图 3-19~图 3-21 所示。对回转体可将修饰符Ⓐ(中心要素)放置在公差框格第二格内,此时指引线不必与尺寸线对齐,可在组成要素上用箭头或圆点终止,如图 3-22 所示。

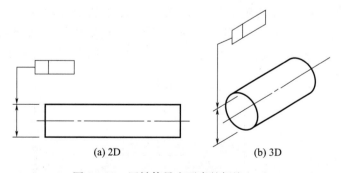

图 3-19 回转体导出要素的标注(一)

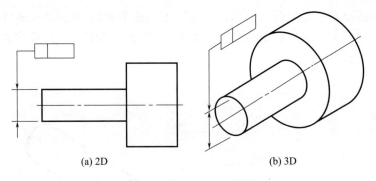

(a) 2D (b) 3D

图 3-20　回转体导出要素的标注(二)

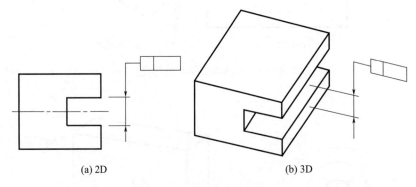

(a) 2D (b) 3D

图 3-21　通槽导出要素的标注

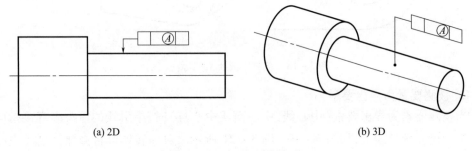

(a) 2D (b) 3D

图 3-22　中心要素的标注

3. 为同一被测要素指定多个几何特征

若需要为同一被测要素指定多个几何特征,为简化标注,要求可在上下堆叠的公差框格中给出,推荐将公差框格按公差值从上到下依次递减的顺序排布,参照线取决于标注空间,应连接于公差框格左侧或右侧的中点,而非公差框格中间的延长线,如图 3-23 所示。

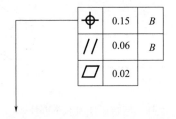

图 3-23　多层公差标注

4. 被测要素为多个具有相同几何特征的要素

多个单独要素有同一项几何公差要求时,可以只使用一个公差框格标注,如图 3-24 所示。图 3-24(a)用 3 个指引线分别与各被测要素相连,图 3-24(b)在相邻区域标注 $3 \times A$,两种注法不可同时使用。

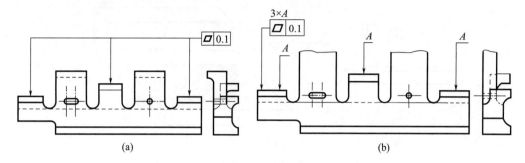

图 3-24　多个单独要素的标注

当组合公差带应用于若干独立的要素时,要求为组合公差带标注符号 CZ,CZ 标注在公差框格内,如图 3-25 所示。所有相关的单独公差带应采用明确的理论正确尺寸(TED)或缺省的 TED 约束相互之间的位置及方向。

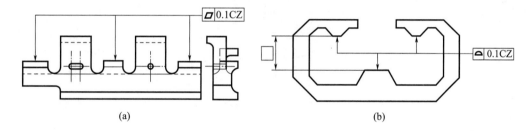

图 3-25　多个要素的组合公差带标注

5. 局部区域被测要素的标注

用粗长点划线来定义部分表面。应使用 TED 定义其位置与尺寸,如图 3-27(a)所示。用阴影区域和粗长点划线定义部分表面,应使用 TED 定义其位置与尺寸,如图 3-26(a)、图 3-27(b)、图 3-28 所示。

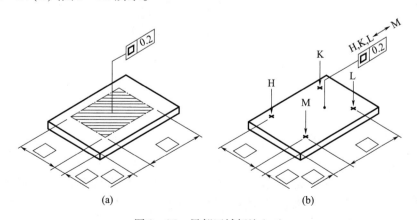

图 3-26　局部区域标注(一)

将拐角点定义为组成要素的交点,拐角点的位置用 TED 定义,并用大写字母及端头为箭头的指引线定义。字母可标注在公差框格的上方,最后两个字母之间可布置"区间"符号"↔",如图 3-26(b)所示。

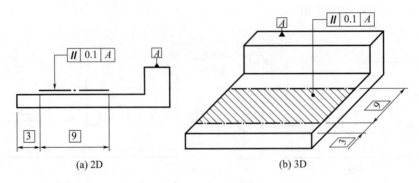

图 3-27 局部区域标注(二)

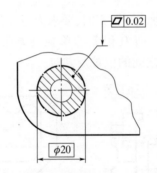

图 3-28 局部区域标注(三)

6. 局部规范的标注

如果特征相同的规范适用于在要素整体尺寸范围内任意位置的一个局部长度,则应在公差值后添加该局部长度的数值,并用斜杠分开。图 3-29(a)表示被测直线在任意 200mm 长度上的直线度公差为 0.05。如果同一被测要素要标注两个或多个特征相同的规范,组合方式如图 3-29(b)所示。

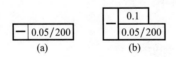

图 3-29 局部规范的标注

3.2.4 基准和基准体系及其标注方法

1. 基准的定义

基准是用来确定几何公差带的位置和(或)方向,或者确定其他诸如实效状态等理想要素的位置和(或)方向的一个或多个方位要素。基准和基准体系是理论正确的几何要素,与理论正确尺寸共同对下列项目进行定位和/或定向:①被测要素的公差带;②实效状态,如最大实体要求;③辅助要素,如相交平面、定向平面、组合平面或方向要素;④坐标系。

基准由一系列理想要素的方位要素组成,这些理想要素是由工件上所标注的基准要素经拟合操作所建立的拟合要素。

当无须采用整个组成要素建立基准时,可标注出单一要素的部分(点、线或区域)以及其尺寸和位置,这些部分被称为基准目标。基准目标是基准要素的一部分,其公称状态可能是一个点、一条线段或一个区域,分别标注为基准目标点、基准目标线和基准目标区域。

基准要素是用于建立基准的实际(非理想的)组成要素,由于实际组成要素存在加工误差,因此必要时应对基准要素规定适当的形状公差。基准由工件上相应的基准要素建立,分为单一基准、公共基准(组合基准)和基准体系。

2. 基准符号

基准标识符应采用一个方框予以标注,并通过指引线用一个填充的或空白的基准三角形连接到相应要素。应在基准标识符方框内标注基准代号,一个基准代号由一个或多个中间无连字符的大写字母组成。无论基准符号的方向如何,基准字母均应水平填写,如图 3-30 所示。为了避免混淆和误解,一般不得用 E、F、I、J、L、M、O、P、Q、R 和 X 作基准代号。

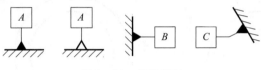

图 3-30 基准符号

3. 基准要素的标注

1) 基准要素为组成要素

基准要素为组成要素时,应将基准符号放置在要素的轮廓线或其延长线上,但须与尺寸线明显错开,如图 3-31(a)所示;基准符号可放置在指向表面的轮廓、表面延长线或表面的参照线的公差框格上,如图 3-31(b)所示;当轮廓表面不可见时,基准符号可放置在与指引线相连的参照线上,且为虚线,指引线在不可见的表面终止于一个不填充的圆形,如图 3-31(c)所示,或在可见表面终止于一个填充的圆形,如图 3-31(d)所示。

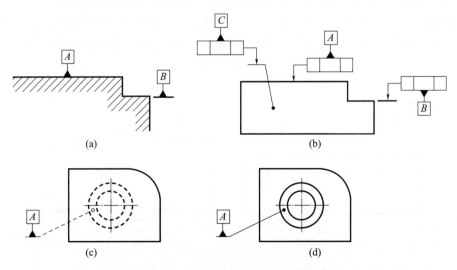

图 3-31 基准要素为组成要素的标注

2) 基准要素为导出要素

当基准要素为导出要素,即由尺寸要素确定的轴线、中心平面或中心点时,基准符号的三角形应放置在尺寸线的延长线上,即对齐轮廓尺寸线,如图 3-32(a)所示;可放置在指向表面尺寸线延长线的公差框格上方,如图 3-32(b)所示;也可放置在尺寸的参照线上,如图 3-32(c)所示;还可放置在与参照线相连的公差框格上,该参照线指向表面并带有一个尺寸,如图 3-32(d)所示。

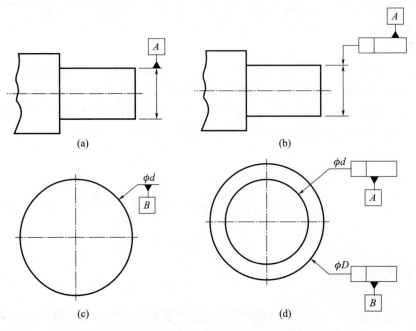

图 3-32 基准要素为导出要素的标注

3) 公共基准的标注

由两个或多个同类要素构成而作为一个基准使用的称为公共基准,如公共基准轴线、公共平面、公共中心平面等。标注时应采用不同字母对这两个要素分别标注基准符号,在框格中两字母间加一横线,如图 3-33 所示。共面的两个平面建立公共基准如图 3-33(a)所示,由公称状态下保持同轴的两个圆柱面建立公共基准如图 3-33(b)所示。

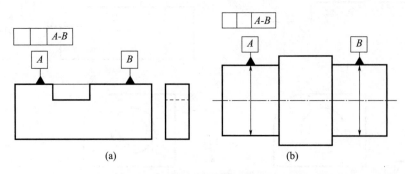

图 3-33 公共基准的标注

4）基准体系的标注

由两个或三个独立的基准相组合,共同确定被测要素位置关系时,称为基准体系。常用的基准体系为三基面体系,即由零件上三个相互垂直的基准平面构成的一个基准体系。

采用基准体系时,应将表示基准的字母按基准的优先顺序从左到右分别写在基准框格中,如图 3-34 所示。

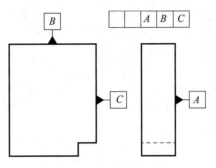

图 3-34　三基准体系的标注

图中第一基准 A、第二基准 B 和第三基准 C 是三基面体系中两两相互垂直的基准要素,三个基准的先后顺序对保证零件的质量非常重要。通常选取最重要的要素作为第一基准。

3.2.5　公差框格相邻区域的标注

在与公差框格相邻的两个区域内可标注补充的标注,如图 3-35 所示。

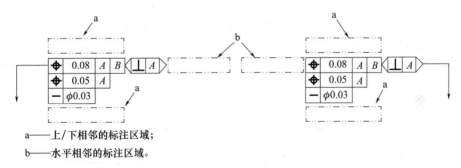

a——上/下相邻的标注区域;
b——水平相邻的标注区域。

图 3-35　相邻标注区域

当上下相邻的标注区域内的标注意义一致时,可优先使用上部相邻标注区域。相邻标注区域示例如图 3-36 所示。

被测要素并非公差框格的指引线及箭头所标注的完整要素时,则应给出指明被测要素的标注,ACS 表示被测要素为提取组成要素与任一横截面相交、或提取中心线与相交平面相交所定义的交线或交点,如图 3-36(a)所示,ACS 仅适用于回转体表面、圆柱表面或棱柱表面。

几何规范用于多个被测要素时,可使用 n× 或多根指引线标识被测要素,如果将被测要素视为联合要素,则应标识 UF,图 3-36(b)表示 6 个形状相同的圆弧要素作为一个圆柱要素的圆柱度公差要求。

被测要素为螺纹轴线时,默认为中径的导出轴线,标注 MD 和 LD 分别表示螺纹大径和小径,如图 3-36(c)所示。

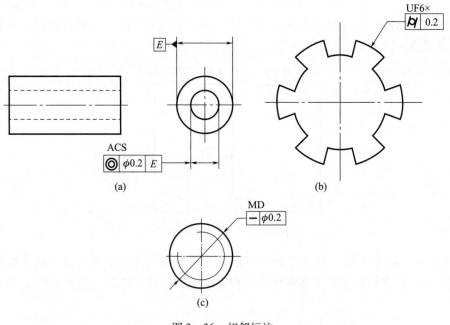

图 3-36 相邻标注

3.2.6 理论正确尺寸的标注

当给出一个要素或一组要素上的位置、方向或轮廓公差时,用来确定其理论正确位置、方向或轮廓的尺寸称为理论正确尺寸(TED)。理论正确尺寸不包含公差,并用方框将其封闭,基准体系中被测要素与基准之间或基准之间的角度也可用 TED 标注,如图 3-37 所示。

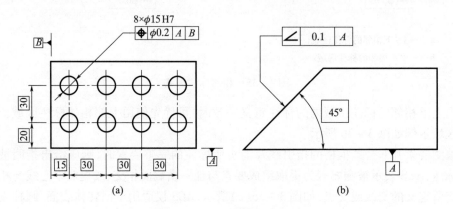

图 3-37 理论正确尺寸的标注

理论正确要素(TEF)是具有理想形状以及理想尺寸、方向与位置的公称要素。图样中的视图或 CAD 模型默认为可用于定义被测要素的理论正确要素的形状。

3.3 几何公差及其公差带特征

3.3.1 几何公差带的概念

几何公差带是由一个或两个理想的几何线要素或面要素所限定的、由一个或多个线性尺寸表示公差值的区域。几何公差带就是限制实际被测要素变动的几何区域,该区域可以是平面区域或空间区域。被测要素应限定在几何公差带范围之内,只要实际被测要素位于该区域内,则认为几何公差合格。

除非有进一步的限定要求,如标有附加性说明,否则实际被测要素在几何公差带内可以具有任何形状、方向或位置。除非另有规定,几何公差默认适用于整个被测要素。

几何公差带具有形状、大小、方向和位置四个特征。

根据所规定的特征项目及其规范要求不同,几何公差带的主要形状如下。

①一个圆内的区域;②两个同心圆之间的区域;③在一个圆锥面上的两平行圆之间的区域;④两个直径相同的平行圆之间的区域;⑤两条等距曲线或两条平行直线之间的区域;⑥两条不等距曲线或两条不平行直线之间的区域;⑦一个圆柱面内的区域;⑧两同轴圆柱面之间的区域;⑨一个圆锥面内的区域;⑩一个单一曲面内的区域;⑪两个等距曲面或两个平行平面之间的区域;⑫一个圆球面内的区域;⑬两个不等距曲面或两个不平行平面之间的区域。

几何公差带的大小就是公差带的宽度或直径数值,由图样上标注的几何公差值定义。公差值定义的公差带宽度默认垂直于被测要素。公差带默认具有恒定的宽度。如果被测要素是线要素或点要素,且公差带是圆形、圆柱形或圆管形,公差值前应标注符号"ϕ",如果被测要素是点要素且公差带是球形,公差值前面应标注符号"$S\phi$"。

几何公差带的方向是指公差带相对于基准在方向上的要求,需要通过一个(组)基准的方位要素来描述。对于导出要素,公差带的方向还要用定向平面框格来明确定。几何公差带的方向一般默认为公差带的宽度方向,即被测要素的法向,通常为指引线箭头所指的方向。

几何公差带的位置一般是指公差带相对于基准的位置,除非另有说明,默认公差带的位置中心位于理论正确要素(TEF)上,以 TEF 作为参照要素,且对称于 TEF。

3.3.2 形状公差

形状公差是指实际单一要素的形状所允许的变动量,不涉及基准。几何要素的形状包括直线、平面、圆弧(圆)和圆柱面,以及任意曲率的曲线和曲面,所以形状公差有直线度、平面度、圆度、圆柱度、线轮廓度和面轮廓度。

形状公差带是限制单一实际被测要素允许变动的区域。形状公差带随实际被测要素方向、位置的变化而浮动。

1. 直线度

直线度公差是实际被测直线对理想直线的允许变动量。被测要素可以是组成要素或导出要素,其公称被测要素的属性与形状为明确给定的直线或一组直线要素,属线要素。直线分为平面直线和空间直线,直线度公差带可以有几种不同的形状。直线度公差带定义及标注示例见表 3-3。

表 3-3 直线度公差带定义及标注示例(摘自 GB/T 1182—2018)

项目	公差带定义	标注示例及解释
	公差带为在平行于(相交平面框格给定的)基准 A 的在给定平面内和给定方向上、间距等于公差值 t 的两平行直线所限定的区域 注: a——基准A; b——任意距离; c——平行于基准A的相交平面	在由相交平面框格规定的平面内,上表面的提取(实际)线应限定在间距等于 0.1 的两平行直线之间 (a) 2D (b) 3D
	公差带为间距等于公差值 t 的两平行平面所限定的区域	圆柱表面的提取(实际)棱边应限定在间距等于 0.1 的两平行平面之间 (a) 2D (b) 3D
	公差带为直径等于公差值 ϕt 的圆柱面所限定的区域	圆柱面的提取(实际)中心线应限定在直径等于 $\phi 0.08$ 的圆柱面内 (a) 2D (b) 3D

2. 平面度

平面度公差是实际被测平面对理想平面的允许变动量。被测要素可以是组成要素或导出要素,其公称被测要素的属性和形状为明确给定的平表面,属面要素。平面度公差带定义及标注示例见表 3-4。

表 3-4 平面度公差带定义及标注示例(摘自 GB/T 1182—2018)

项目	公差带定义	标注示例及解释
▱	公差带为间距等于公差值 t 的两平行平面所限定的区域	提取(实际)表面应限定在间距等于 0.08 的两平行平面之间 (a) 2D (b) 3D

3. 圆度

圆度公差是实际被测轮廓圆对理想圆的允许变动量。被测要素是组成要素,其公称被测要素的属性与形状为明确给定的圆周线或一组圆周线,属线要素。圆度公差带定义及标注示例见表 3-5。

表 3-5 圆度公差带定义及标注示例(摘自 GB/T 1182—2018)

项目	公差带定义	标注示例及解释
○	公差带为在给定横截面内,半径差等于公差值 t 的两同心圆所限定的区域 a——任意相交平面(任意横截面)	在圆柱面和圆锥面的任意横截面内,提取(实际)圆周应限定在半径差等于 0.03 的两共面同心圆之间。这是圆柱表面的缺省应用方式,而对于圆锥表面则应使用方向要素框格标注 (a) 2D (b) 3D

续表

项目	公差带定义	标注示例及解释
○	公差带为在给定横截面内、沿表面距离为 t 的两个在圆锥面上的圆所限定区域 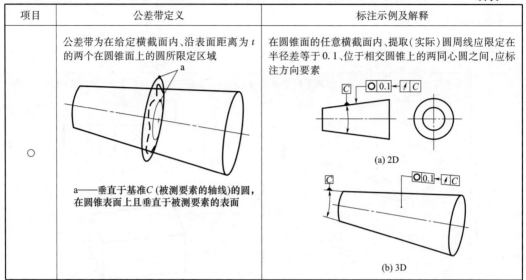a——垂直于基准C（被测要素的轴线）的圆，在圆锥表面上且垂直于被测要素的表面	在圆锥面的任意横截面内、提取（实际）圆周线应限定在半径差等于 0.1、位于相交圆锥上的两同心圆之间，应标注方向要素 (a) 2D (b) 3D

4. 圆柱度

圆柱度公差是实际被测圆柱面对理想圆柱面的允许变动量，被测要素是组成要素，其公称被测要素的属性与形状为明确给定的圆柱表面，属面要素。圆柱度公差带定义及标注示例见表 3-6。

表 3-6 圆柱度公差带定义及标注示例（摘自 GB/T 1182—2018）

项目	公差带定义	标注示例及解释
/○/	公差带为半径差等于公差值 t 的两同轴圆柱面所限定的区域 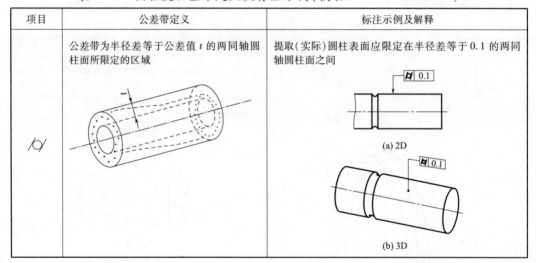	提取（实际）圆柱表面应限定在半径差等于 0.1 的两同轴圆柱面之间 (a) 2D (b) 3D

3.3.3 轮廓度公差

轮廓度公差的被测要素是任意形状的曲线或曲面。线（面）轮廓度公差的被测要素可以是组成要素或导出要素，其公称被测要素的属性由线（面）要素或一组线（面）要素明确给定；其公称被测要素的形状应通过图样上完整的标注或基于 CAD 模型明确给定。

轮廓度公差分为与基准不相关的和相对于基准体系两种。与基准不相关时，轮廓度公差属于形状公差，不需标明基准，因而其公差带的方向和位置可以浮动；相对于基准体系的轮廓度公差属于方向或位置公差,应标明基准,公差带的方向或(和)位置是固定的。

1. 线轮廓度

线轮廓度公差用于限制平面曲线(或曲面的截面轮廓)的形状、方向或位置误差。线轮廓度公差带定义及标注示例见表3-7。

表3-7 线轮廓度公差带定义及标注示例(摘自 GB/T 1182—2018)

项目	公差带定义	标注示例及解释
	与基准不相关的线轮廓度公差	
	公差带为直径等于公差值 t,圆心位于具有理论正确几何形状上的一系列圆的两包络线所限定的区域 a——基准平面A;b——任意距离; c——平行于基准平面A的平面	在任一平行于基准平面 A 的截面内,如相交平面框格所规定的,提取(实际)轮廓线应限定在直径等于 0.04,圆心位于理论正确几何形状上的一系列圆的两等距包络线之间。UF 表示组合要素上的三个圆弧部分应组成联合要素
	相对于基准体系的线轮廓度公差	
	公差带为直径等于公差值 t,圆心位于由基准平面 A 和基准平面 B 确定的被测要素理论正确几何形状上的一系列圆的两包络线所限定的区域 a——基准A;b——基准B; c——平行于基准A的平面	在任一由相交平面框格规定的平行于基准平面 A 的截面内,提取(实际)轮廓线应限定在直径等于 0.04,圆心位于由基准平面 A 和基准平面 B 确定的被测要素理论正确几何形状上的一系列圆的两等距包络线之间

2. 面轮廓度

面轮廓度公差是实际被测要素(轮廓面要素)对理想轮廓面的允许变动量。面轮廓度公差用于限制任意曲面的形状、方向或位置误差,面轮廓度公差带定义及标注示例见表 3-8。

表 3-8 面轮廓度公差带定义及标注示例(摘自 GB/T 1182—2018)

项目	公差带定义	标注示例及解释
⌒	与基准不相关的面轮廓度公差 公差带为直径等于公差值 t,球心位于理论正确几何形状上的一系列圆球的两个包络面所限定的区域	提取(实际)轮廓面应限定在直径等于 0.02,球心位于被测要素理论正确几何形状表面上的一系列圆球的两等距包络面之间 (a) 2D (b) 3D
	相对于基准体系的面轮廓度公差 公差带为直径等于公差值 t,球心位于由基准平面 A 确定的被测要素理论正确几何形状上的一系列圆球的两包络面所限定的区域 a——基准 A	提取(实际)轮廓面应限定在直径等于 0.1,球心位于由基准平面 A 确定的被测要素理论正确几何形状上的一系列圆球的两等距包络面之间 (a) 2D (b) 3D

3.3.4 方向公差

方向公差是关联实际被测要素(线或面)相对于基准要素的理想方向的允许变动量,而被测要素相对于基准的方向则由理论正确角度确定。方向公差的主要特征项目有平行度、垂直度和倾斜度。

方向公差的被测要素可以是组成要素或导出要素,其公称被测要素的属性可以是线性要素、一组线性要素或面要素。每个公称被测要素的形状由直线或平面明确给定。如果被测要素是公称状态为平表面上的一系列直线,应标注相交平面框格。

方向公差带是限制关联实际被测要素变动的区域,相对于基准有确定的方向,但其位置可以浮动。

方向公差可以综合控制同一被测要素的方向误差和形状误差,因此,对某一被测要素选用方向公差后,仅在有进一步形状精度要求时才给出形状公差,但形状公差值必须小于方向公差值。

1. 平行度

平行度公差的公称被测要素与基准之间应为缺省的 TED(0°)。平行度公差带定义及标注示例见表 3-9。

表 3-9 平行度公差带定义及标注示例(摘自 GB/T 1182—2018)

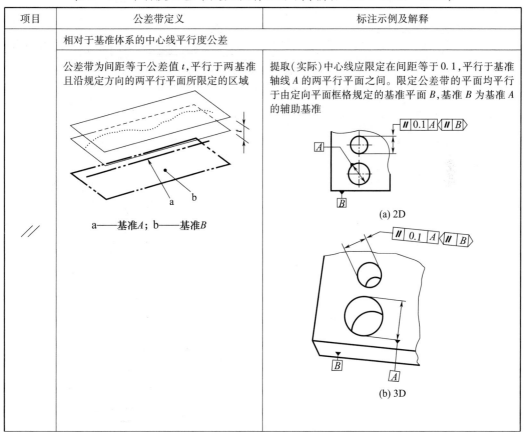

续表

项目	公差带定义	标注示例及解释
∥	公差带为间距等于公差值 t，平行于基准 A 且垂直于基准 B 的两平行平面所限定的区域	提取（实际）中心线应限定在间距等于 0.1，平行于基准轴线 A 的两平行平面之间。限定公差带的平面均垂直于由定向平面框格规定的基准平面 B。基准 B 为基准 A 的辅助基准 (a) 2D (b) 3D
∥	公差带为平行于基准轴线 A 和平行或者垂直于基准平面 B、间距分别等于公差值 0.2 和 0.1，且互相垂直的两组平行平面所限定的区域。 注：定向平面框格规定了 0.2 的公差带的限定平面垂直于定向平面 B，定向平面框格规定了 0.1 的公差带的限定平面平行于定向平面 B	提取（实际）中心线应限定在两对间距分别等于公差值 0.1 和 0.2，且平行于基准轴线 A 的平行平面之间。定向平面框格规定了公差带宽度相对于基准平面 B 的方向。基准 B 为基准 A 的辅助基准 (a) 2D (b) 3D

续表

项目	公差带定义	标注示例及解释
//	相对于基准直线的中心线平行度公差 公差带为平行于基准轴线，直径等于公差值 ϕt 的圆柱面所限定的区域 a——基准A	提取(实际)中心线应限定在平行于基准轴线A，直径等于 $\phi 0.03$ 的圆柱面内 (a) 2D (b) 3D
	相对于基准面的中心线平行度公差 公差带为平行于基准平面B，间距等于公差值 t 的两平行平面所限定的区域 a——基准B	提取(实际)中心线应限定在平行于基准平面B，间距等于0.01的两平行平面之间 (a) 2D (b) 3D

续表

项目	公差带定义	标注示例及解释
//	相对于基准面的一组在表面上的线平行度公差 公差带为间距等于公差值 t 的两平行直线所限定的区域，该两平行直线平行于基准平面 A 且处于平行于基准平面 B 的平面内 a——基准A；b——基准B	每条由相交平面框格规定的，平行于基准面 B 的提取（实际）线，应限定在间距等于 0.02，平行于基准平面 A 的两平行直线之间。基准 B 为基准 A 的辅助基准 (a) 2D (b) 3D
//	相对于基准直线的平面平行度公差 公差带为间距等于公差值 t，平行于基准轴线 C 的两平行平面所限定的区域 a——基准轴线C	提取（实际）平面应限定在间距等于 0.1，平行于基准轴线 C 的两平行平面之间。图中给出的标注未定义绕基准轴线的公差带旋转要求，只规定了方向 (a) 2D (b) 3D

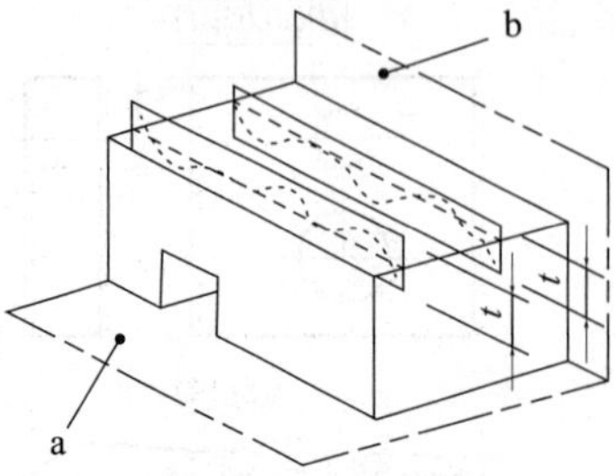

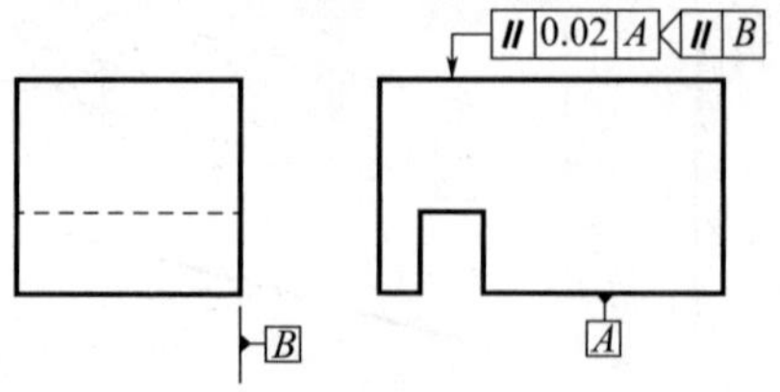

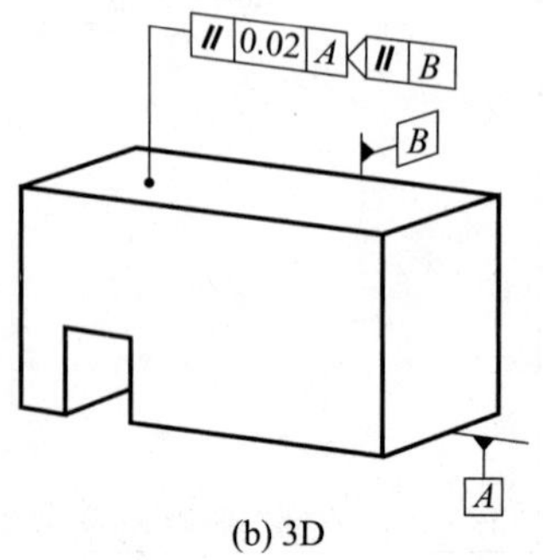

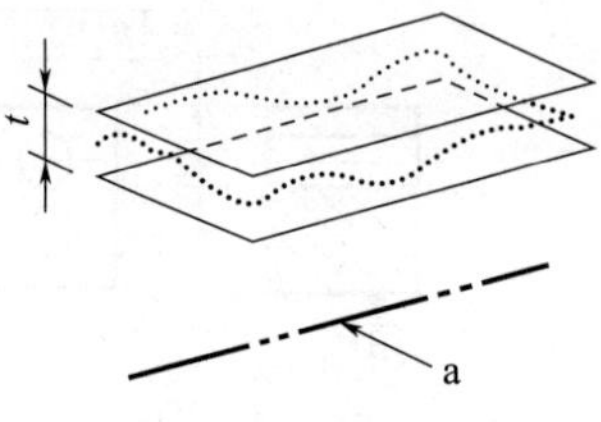

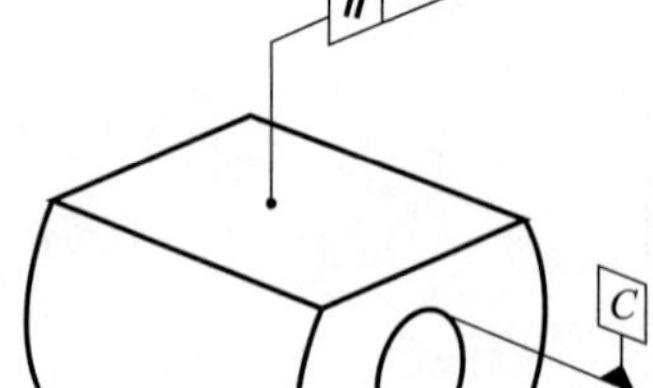

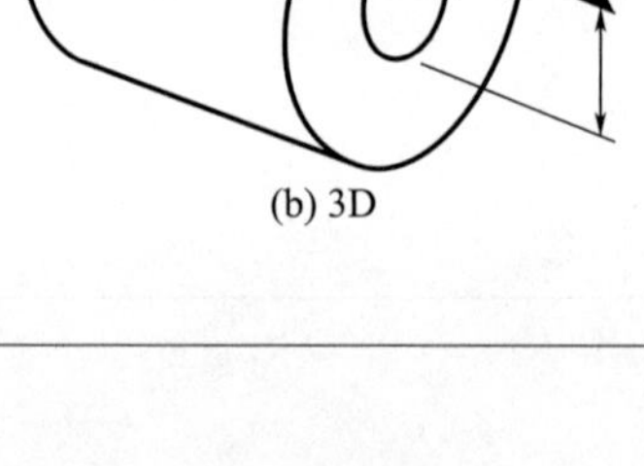

续表

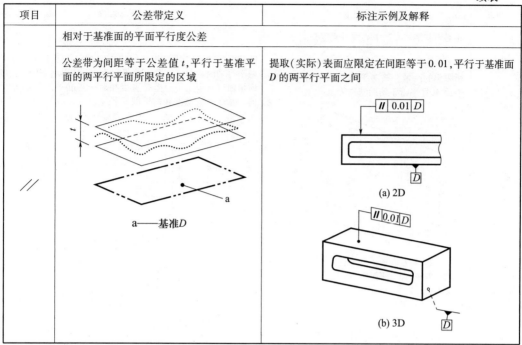

2. 垂直度

垂直度公差的公称被测要素与基准之间应为缺省的 TED(90°)。垂直度公差带定义及标注示例见表 3-10。

表 3-10 垂直度公差带定义及标注示例(摘自 GB/T 1182—2018)

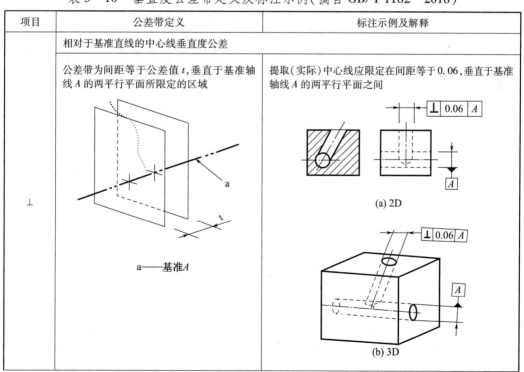

续表

项目	公差带定义	标注示例及解释
⊥	相对于基准体系的中心线垂直度公差	
	公差带为间距等于公差值 t 的两平行平面所限定的区域。该两平行平面垂直于基准平面 A，且平行于辅助基准 B a——基准平面A； b——基准平面B	圆柱面的提取（实际）中心线应限定在间距等于 0.1 的两平行平面之间。该两平行平面垂直于基准平面 A，定向平面框格规定了公差带宽度相对于基准平面 B 的方向。基准 B 为基准 A 的辅助基准 (a) 2D (b) 3D
	公差带为间距等于公差值 t_1 和 t_2，且相互垂直的两组平行平面所限定的区域。该两组平行平面都垂直于基准平面 A。其中一组垂直于辅助基准 B，另一组平行于辅助基准 B (a) (b) a——基准A；b——基准B	圆柱的提取（实际）中心线应限定在间距分别等于 0.1 和 0.2，且垂直于基准平面 A 的两组平行平面之间。公差带的方向使用定向平面框格由基准平面 B 规定。基准 B 是基准 A 的辅助基准 (a) 2D (b) 3D

续表

项目	公差带定义	标注示例及解释
⊥	相对于基准面的中心线垂直度公差 公差带为直径等于公差值 ϕt,轴线垂直于基准平面的圆柱面所限定的区域 a——基准A	圆柱面的提取(实际)中心线应限定在直径等于 $\phi 0.01$,垂直于基准平面A的圆柱面内 (a) 2D (b) 3D
	相对于基准直线的平面垂直度公差 公差带为间距等于公差值 t 且垂直于基准轴线的两平行平面所限定的区域 a——基准轴线	提取(实际)表面应限定在间距等于0.08的两平行平面之间,该两平行平面垂直于基准轴线A (a) 2D (b) 3D
	相对于基准面的平面垂直度公差 公差带为间距等于公差值 t,垂直于基准平面A的两平行平面所限定的区域 a——基准平面	提取(实际)表面应限定在间距等于0.08,垂直于基准平面A的两平行平面之间 (a) 2D (b) 3D

3. 倾斜度

倾斜度公差应使用至少一个明确的 TED 来确定公称被测要素与基准之间的理论正确角度。倾斜度公差带定义及标注示例见表 3-11。

表 3-11 倾斜度公差带定义及标注示例(摘自 GB/T 1182—2018)

项目	公差带定义	标注示例及解释
∠	相对于基准直线的中心线倾斜度公差 公差带为间距等于公差值 t 的两平行平面所限定的区域,该两平行平面按给定角度倾斜于基准轴线 a——公共基准轴线 A-B	提取(实际)中心线应限定在间距等于 0.08 的两平行平面之间,该两平行平面按理论正确角度 60° 倾斜于公共基准轴线 $A-B$ (a) 2D (b) 3D
	公差带为直径等于公差值 ϕt 的圆柱面所限定的区域,该圆柱面按规定角度倾斜于基准轴线 a——公共基准轴线 A-B	提取(实际)中心线应限定在直径等于 $\phi 0.08$ 的圆柱面所限定的区域,该圆柱按理论正确角度 60° 倾斜于公共基准轴线 $A-B$ (a) 2D (b) 3D

续表

项目	公差带定义	标注示例及解释
∠	**相对于基准体系的中心线倾斜度公差** 公差带为直径等于公差值 ϕt 的圆柱面所限定的区域，该圆柱面公差带的轴线按给定的角度倾斜于基准平面 A 且平行于基准平面 B a——基准平面A b——基准平面B	提取(实际)中心线应限定在直径等于 $\phi 0.1$ 的圆柱面内，该圆柱面的中心线按理论正确角度 60° 倾斜于基准平面 A 且平行于基准平面 B (a) 2D (b) 3D
∠	**相对于基准直线的平面倾斜度公差** 公差带为间距等于公差值 t 的两平行平面所限定的区域，该两平行平面按给定角度倾斜于基准轴线 a——基准直线A	提取(实际)表面应限定在间距等于 0.1 的两平行平面之间，该两平行平面按理论正确角度 75° 倾斜于基准轴线 A (a) 2D (b) 3D

续表

项目	公差带定义	标注示例及解释
∠	相对于基准面的平面倾斜度公差 公差带为间距等于公差值 t 的两平行平面所限定的区域,该两平行平面按给定角度倾斜于基准平面 a——基准平面A	提取(实际)表面应限定在间距等于 0.08 的两平行平面之间,该两平行平面按理论正确角度 40°倾斜于基准平面 A (a) 2D (b) 3D

3.3.5 位置公差

位置公差是关联实际被测要素相对于基准要素在位置上的允许变动量,被测要素相对于基准要素的位置则由基准和理论正确尺寸确定。位置公差的主要特征项目有同轴度、同心度、对称度和位置度。

位置公差带是限制关联实际被测要素变动的区域,它一般具有确定的方向和位置。

同一被测要素的位置误差包含了同一基准的方向误差和本身的形状误差,方向误差包含了形状误差,位置公差能综合控制被测要素的位置误差、方向误差和形状误差。因此,当同一被测要素给出位置公差要求后,一般不再给出方向公差和形状公差,仅在对其方向精度和形状精度有进一步要求时,才另行给出方向公差和形状公差,且应满足 $T_{位置} > T_{方向} > T_{形状}$,如图 3-38 所示。

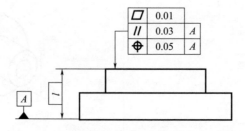

图 3-38 对同一被测表面同时给出位置、方向和形状公差

1. 同心度与同轴度

同心度是要求平面内被测点与基准点同心的公差项目。同轴度是要求被测轴线与基准轴线相重合的公差项目。同心度和同轴度的被测要素是导出要素,其公称被测要素的属性与形状是点要素、一组点要素或直线要素。当所标注的要素的公称状态为直线,且被测要素为一组点时,应标注"ACS",此时,每个点的基准也是同一横截面上的一个点。

同心度与同轴度公差带定义及标注示例见表 3-12。

表 3-12 同心度与同轴度公差带定义及标注示例(摘自 GB/T 1182—2018)

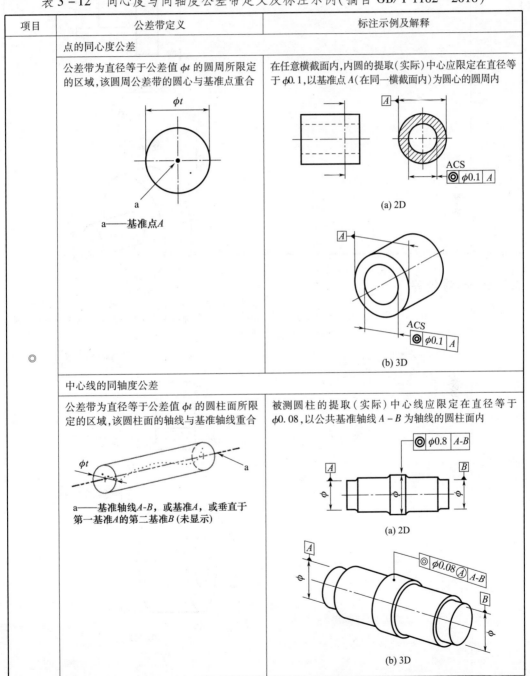

续表

项目	公差带定义	标注示例及解释
◎		被测圆柱的提取(实际)中心线应限定在直径等于 $\phi 0.1$，以基准轴线 A 为轴线的圆柱面内 (a) 2D (b) 3D 被测圆柱的提取(实际)中心线应限定在直径等于 $\phi 0.1$，以垂直于基准平面 A 的基准轴线 B 为轴线的圆柱面内 (a) 2D (b) 3D

2. 对称度

对称度是要求被测导出要素(轴线、中心线或中心平面)与基准导出要素(轴线、中心线或中心平面)共线或共面的公差项目。被测要素可以是组成要素或导出要素。其公称被测要素的形状与属性可以是点要素、一组点要素、直线、一组直线或平面。当所标注的要素的公称状态为平面,且被测要素为该表面上的一组直线时,应标注相交平面框格。当所标注的要素的公称状态为直线,且被测要素为线要素上的一组点要素时,应标注 ACS,此时每个点的基准都是在同一横截面上的一个点。对称度公差带定义及标注示例见表 3–13。

表 3–13 对称度公差带定义及标注示例(摘自 GB/T 1182—2018)

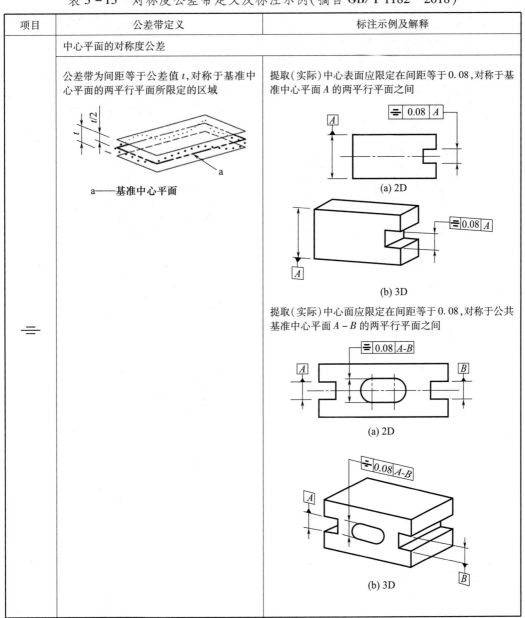

3. 位置度

位置度是要求实际被测要素与其理想要素位置相重合的公差项目,理想要素的位置由基准和理论正确尺寸确定。被测要素可以是组成要素或导出要素,其公称被测要素的属性为一个组成要素或导出的点、直线或平面,或为导出曲线或导出曲面。公称被测要素的形状,除直线与平面外,应通过图样上完整的标注或CAD模型明确给定。位置度公差带的形状取决于被测要素的类型(点、线、面)和方向要求,并且公差带的位置通常是固定的。位置度公差带定义及标注示例见表3-14。

表3-14 位置度公差带定义及标注示例(摘自 GB/T 1182—2018)

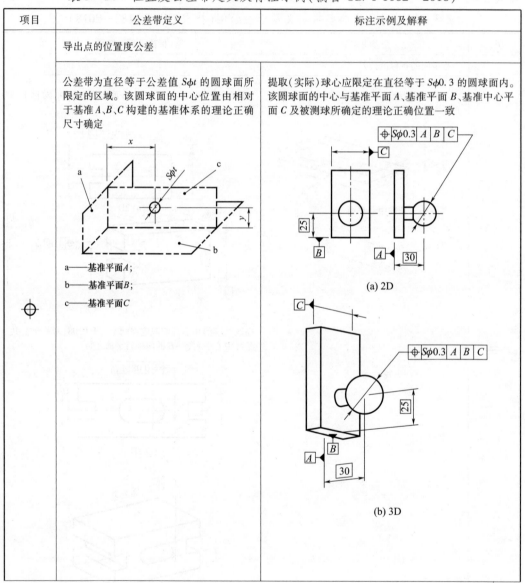

续表

项目	公差带定义	标注示例及解释
⊕	中心线的位置度公差 公差带为间距分别等于公差值0.05和0.2，对称于理论正确位置的平行平面所限定的区域。该理论正确位置由相对于基准平面C、A、B的理论正确尺寸确定。公差带的两个方向分别由两个定向平面框格确定 a——第二基准A，与基准C垂直； b——第三基准B，与基准C及第二基准A垂直； c——基准C	各孔的提取(实际)中心线在给定方向上应各自限定在间距分别等于0.05和0.2，且相互垂直的两对平行平面内。每对平行平面的方向由基准体系确定，且对称于基准平面C、A、B及被测孔所确定的理论正确位置 (a) 2D (b) 3D
	公差带为直径等于公差值ϕt的圆柱面所限定的区域。该圆柱面轴线的位置由基准平面C、A、B的理论正确尺寸确定 a——基准A；b——基准B；c——基准C	提取(实际)中心线应限定在直径等于$\phi 0.08$的圆柱面内。该圆柱面的轴线应处于由基准平面C、A、B与被测孔所确定的理论正确位置 (a) 2D (b) 3D

续表

项目	公差带定义	标注示例及解释
⊕	平面上中心线的位置度公差 6个被测要素的每个公差带为间距等于公差值 t,对称于要素中心线的两平行平面所限定的区域。中心线的位置由相对于基准 A、B 的理论正确尺寸确定。仅适用于一个方向 a——基准平面A； b——基准平面B	各孔的提取(实际)中心线应各自限定在直径等于 $\phi0.1$ 的圆柱面内。该圆柱面的轴线应处于由基准 C、A、B 与被测孔所确定的理论正确位置 (a) 2D (b) 3D 各条刻线的提取(实际)中心线应限定在距离等于0.1,对称于基准平面 A、B 与被测线所确定的理论正确位置的两平行平面之间 (a) 2D (b) 3D

续表

项目	公差带定义	标注示例及解释
⌖	平表面的位置度公差 公差带为间距等于公差值 t 的两平行平面所限定的区域。该两平行平面对称于由基准平面 A、基准轴线 B 与该被测表面所确定的理论正确位置 a——基准平面 A b——基准轴线 B 公差带为间距等于公差值 0.05 的两平行平面所限定的区域。该两平行平面绕基准 A 对称布置 a——基准 A 注:因使用 SZ,8 个凹槽的公差带相互之间的角度不锁定。若使用 CZ,公差带的相互角度应锁定在 45°	提取(实际)表面应限定在间距等于 0.05 的两平行平面之间。该两平行平面对称于由基准平面 A、基准轴线 B 与该被测表面所确定的理论正确位置 (a) 2D (b) 3D 提取(实际)中心面应限定在间距等于公差值 0.05 的两平行平面之间。该两平行平面对称于由基准轴线 A 与中心表面所确定的理论正确位置 (a) 2D (b) 3D

3.3.6 跳动公差

跳动公差是按特定检测方法而规定的几何公差项目,其被测要素为圆柱体的圆柱面、端平面,圆锥体的圆锥面及曲面等组成要素,基准要素为轴线。跳动公差是被测组成要素绕基准轴线回转一周时所允许的最大跳动量,用来控制被测要素相对某参考线或参考点的位置或方向精度,根据测量方法不同,分为圆跳动和全跳动。

跳动公差可综合控制同一被测要素的形状、方向和位置误差,一般不再给出相应的形状、方向和位置公差。如果有进一步的几何精度要求,才另行给出,且应满足 $t_{形状} < t_{方向} < t_{位置} < t_{跳动}$。

1. 圆跳动公差

圆跳动公差是指任一实际被测要素的提取要素绕基准轴线回转一周时(不允许有轴向位移),由位置固定的指示器沿给定计值方向上测得的最大与最小读数之差的允许值。圆跳动的被测要素是组成要素,其公称被测要素的形状与属性由圆环线或一组圆环线明确给定,属线性要素。根据测量方向(指示器测杆移动方向),圆跳动分为以下四种。

(1)径向圆跳动。测量方向与基准轴线垂直且相交。

(2)轴向圆跳动。测量方向与基准轴线平行,也称为端面圆跳动。

(3)斜向圆跳动。测量方向与基准轴线倾斜某一角度且相交。在一般情况下,测量圆锥面的母线方向(即测量方向)应是被测表面的法线方向。

(4)给定方向的圆跳动。测量方向倾斜于基准轴线某一给定角度。

圆跳动公差带定义及标注示例见表 3-15。

表 3-15 圆跳动公差带定义及标注示例(摘自 GB/T 1182—2018)

项目	公差带定义	标注示例及解释
	径向圆跳动公差	
	公差带为在任一垂直于基准轴线的横截面内,半径差等于公差值 t,圆心在基准轴线上的两同心圆所限定的区域	在任一垂直于基准 A 的横截面内,提取(实际)线应限定在半径差等于 0.1,圆心在基准轴线 A 上的两共面同心圆之间
	a——基准 A 或垂直于基准 B 的第二基准 A/基准轴线 A-B; b——垂直于基准 A 的横截面/平行于基准 B 的横截面/垂直于基准 A-B 的横截面	(a) 2D (b) 3D

续表

项目	公差带定义	标注示例及解释
		在任一平行于基准平面 B、垂直于基准轴线 A 的横截面上,提取(实际)圆应限定在半径差等于 0.1,圆心在基准轴线 A 上的两共面同心圆之间 (a) 2D (b) 3D 在任一垂直于公共基准轴线 $A-B$ 的横截面内,提取(实际)线应限定在半径差等于公差值 0.1,圆心在基准轴线 $A-B$ 上的两共面同心圆之间 (a) 2D (b) 3D

续表

项目	公差带定义	标注示例及解释
	轴向圆跳动公差 公差带为与基准轴线同轴的任一半径的圆柱截面上,间距等于公差值 t 的两圆所限定的圆柱面区域 a——基准 D; b——公差带; c——与基准 D 同轴的任意直径	在与基准轴线 D 同轴的任一圆柱形截面上,提取(实际)圆应限定在轴向距离等于 0.1 的两个等圆之间 (a) 2D (b) 3D
	斜向圆跳动公差 公差带为与基准轴线同轴的某一圆锥截面上,间距等于公差值 t 的两圆所限定的圆锥面区域。除非另有规定,公差带的宽度应沿被测要素的法向 a——基准轴线 C; b——公差带	在与基准轴线 C 同轴的任一圆锥截面上,提取(实际)线应限定在素线方向间距等于 0.1 的两不等圆之间,且截面的锥角与被测要素垂直 (a) 2D (b) 3D

续表

项目	公差带定义	标注示例及解释
		当被测要素的素线不是直线时,圆锥截面的锥角要随所测圆的实际位置而改变,以保持与被测要素垂直 (a) 2D (b) 3D
给定方向的圆跳动公差		
	公差带为在轴线与基准轴线同轴的,具有给定锥角的任一圆锥截面上,间距等于公差值 t 的两不等圆所限定的区域 a——基准轴线 C; b——公差带	在相对于方向要素(给定角度 α)的任一圆锥截面上,提取(实际)线应限定在圆锥截面内间距等于 0.1 的两不等圆之间 (a) 2D (b) 3D

2. 全跳动公差

全跳动公差是指实际被测的提取要素绕基准轴线作无轴向移动连续回转一周,同时指示器相对工件做径向或轴向移动,在整个被测表面上测得的最大与最小读数之差的允许值。全跳动的被测要素是面组成要素,公称被测要素的形状为平面或回转体表面。公差带保持被测要素的公称形状,但对于回转体表面不约束径向尺寸。根据测量方向,全跳动分为以下两种。

(1)径向全跳动。被测要素为圆柱面,指示器的测量方向与基准轴线垂直且沿轴向移动。

(2)轴向全跳动。被测要素为圆形或环形端平面,指示器的测量方向与基准轴线平行且沿径向移动。

全跳动公差带定义及标注示例见表3-16。

表3-16 全跳动公差带定义及标注示例(摘自 GB/T 1182—2018)

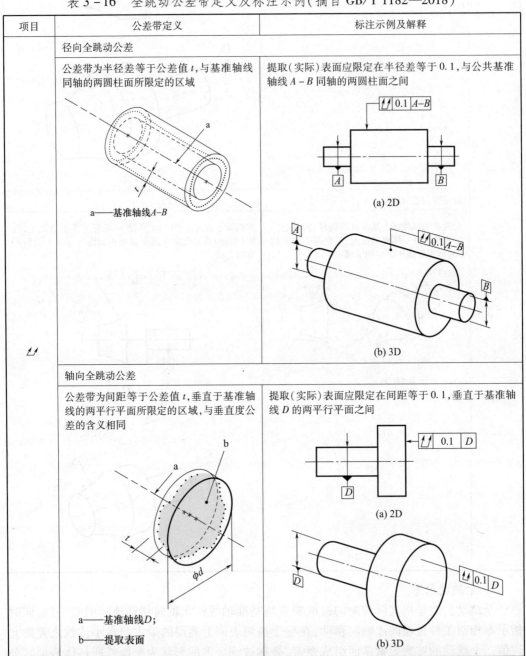

3.4 几何误差检测与评定

实际生产中,可根据被测零件的结构特征、尺寸大小、几何精度要求、生产批量以及检测设备条件,按照几何误差检测原则,参考相关国家标准,制订出具体检测方案,采用合适的几何误差检测方法。本节仅介绍几何误差的检测原则、被测要素及基准的体现以及几何误差的评定方法。

3.4.1 几何误差检测原则

按检测原理生产实际中常用的几何误差检测方法可概括为以下五种检测原则。

1. 与拟合要素比较原则

将实际被测提取要素与其拟合要素作比较,从中获得测量数据,来评定被测要素的几何误差值。理想要素通常用模拟法体现,例如,用刀口尺、激光束体现拟合直线,用平台或平板工作表面体现理想平面,回转轴系与测量头组合体现一个拟合圆等。该检测原则应用最广泛。

2. 测量坐标值原则

通过测量实际被测提取要素上各点的坐标值(如直角坐标值、极坐标值、圆柱面坐标值等),经过数据处理来获得几何误差值。该原则在轮廓度、位置度误差测量中应用更为广泛。

3. 测量特征参数原则

通过测量实际被测要素上的特征参数来评定几何误差。特征参数是指能近似反映几何误差且具有代表性的参数。如用两点法和三点法组合通过测量轴径来测量圆度误差。

4. 测量跳动原则

跳动是按照特定的检测方法定义的几何误差项目,因此该原则仅用于圆跳动和全跳动检测。如在圆度误差较小的情况下,可用测量圆跳动的方法来检测台阶轴的同轴度误差。

5. 边界控制原则

控制和检测实际被测要素是否超出理想边界,以判断零件几何公差是否合格。该原则常用于采用包容要求、最大实体要求及最小实体要求的场合,一般用光滑极限量规或功能量规来检验。该原则广泛应用于大批生产的综合检验。

3.4.2 几何要素的体现

1. 被测要素的体现

测量几何误差时,难以测遍整个被测提取要素来取得无限多测点的数据,从测量的可行性和经济性出发,通常采用以下两种方法体现被测要素。

(1)用有限测点(提取要素)体现被测要素,即测量一定数量的离散点来代替整个被测提取要素,该方法适用于组成要素,通常采用均匀布置测点的方法。

(2)用模拟方法体现被测要素,例如,测量孔中心线的方向、位置误差时,用与该孔呈零间隙配合的芯轴轴线模拟体现实际孔的轴线,如图3-39所示。该方法主要用于导出要素。

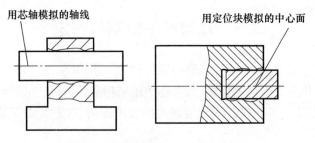

图 3-39 模拟法体现实际被测要素

2. 基准的体现

基准可采用拟合法和模拟法体现。采用拟合法体现基准,是按一定的拟合方法对分离、提取(或滤波)得到的基准要素进行拟合及其他相关要素操作所获得的拟合组成要素或拟合导出要素来体现基准,采用该方法得到的基准要素具有理想的尺寸、形状、方向和位置。采用模拟法体现基准,是采用具有足够精确形状的实际表面(模拟基准要素)来体现基准平面、基准轴线、基准点等。模拟基准要素是非理想要素,是对基准要素的近似替代,由此会产生测量不确定度。基准的体现示例见表3-17。

表 3-17 基准的体现示例

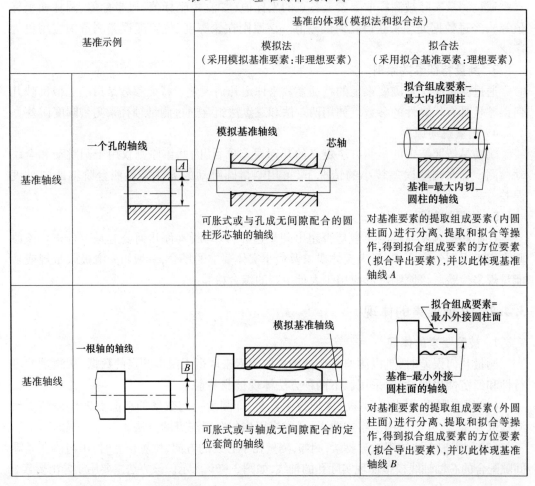

续表

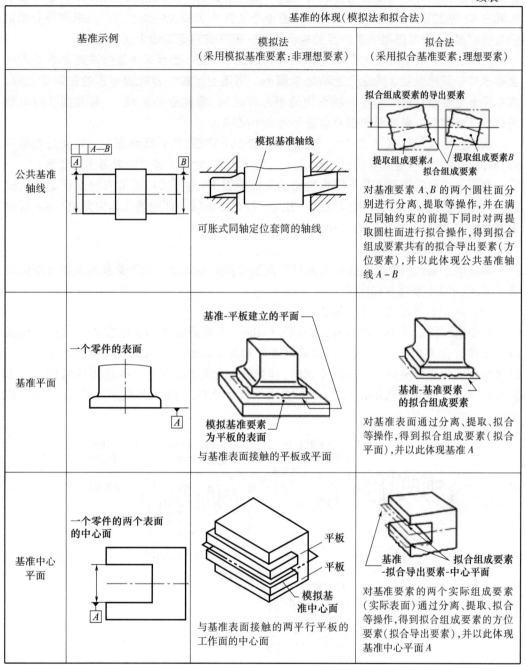

3.4.3 几何误差评定

从被测要素上测得原始数据后,在大多数情况下,还需要对原始测量数据进行计算处理,并按相应的评定方法和评定准则确定几何误差值。将几何误差值与图样上给出的公差值比较,即可判定被测件的几何公差是否合格。

几何误差是指被测要素的提取要素对其理想要素的变动量。在几何误差检测中,理想要素的位置由对被测要素的提取要素进行拟合得到,拟合方法(拟合准则)主要有最小区域法 C(切比雪夫法)、最小二乘法 G、最小外接法 N 和最大内切法 X。如果图样上无相应的符号规定,获得理想要素位置的拟合方法一般缺省约定为最小区域法。

几何误差的最小区域法要求包容区域满足最小条件,最小条件是指被测要素的提取要素相对于其理想要素的最大变动量为最小。用理想要素包容被测要素的提取要素时,具有最小宽度或直径的包容区域称为最小包容区域(简称最小区域)。可根据几何误差的最小区域判别法来判别理想要素是否为最小区域。

最小包容区域也有形状、大小、方向和位置四个特征,其形状和方位与几何公差带一致,而最小区域的宽度或直径(大小)表示几何误差值,取决于零件的被测实际要素。

在满足零件功能要求及不影响检验结果的前提下,也可采用近似方法来评定几何误差,但按近似方法评定的几何误差值一般大于按最小区域法评定的几何误差值,当测量结果有争议时,应以最小区域法为仲裁依据。

1. 形状误差评定

形状误差是被测要素的提取要素对其理想要素的变动量。理想要素的形状由理论正确尺寸或(和)参数化方程定义。

1)形状误差评定的最小区域法

最小区域法是指采用切比雪夫法(Chebyshev)对被测要素的提取要素进行拟合得到理想要素位置的方法,即被测要素的提取要素相对于理想要素的最大距离为最小。采用该理想要素包容被测要素的提取要素时,具有最小宽度 f 或直径 d 的包容区域称为最小包容区域。根据不同约束条件最小区域法分为无约束(C)、实体外约束(CE)和实体内约束(CI),如图 3-40 所示。

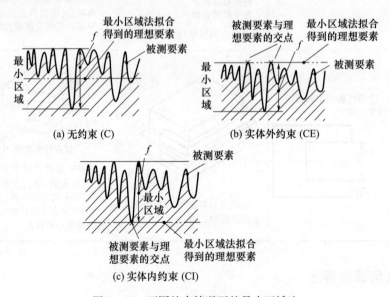

图 3-40 不同约束情况下的最小区域法

形状误差值评估时可用的参数有:峰谷参数(T)、峰高参数(P)、谷深参数(V)和均方根参数(Q),其中峰谷参数(T)为缺省的评估参数。形状误差值用最小包容区域的宽度或直径表示。最小区域的宽度 f 等于被测要素上最高的峰点到理想要素的距离值(P)与被测要素上最低的谷点到理想要素的距离值(V)之和(T);最小区域的直径 d 等于被测要素上的点到理想要素的最大距离值的 2 倍,如图 3-41 所示。

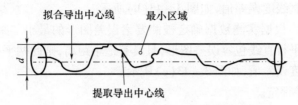

图 3-41 形状误差值为最小包容区域的直径

一般情况下,各形状误差项目最小区域的形状分别与各自的形状公差带形状一致,但宽度(或直径)由被测要素的提取要素本身决定。

2)形状误差评定

(1)给定平面内的直线度误差评定。

①最小区域判别法。在给定平面内,由两平行直线包容被测要素的提取要素时,呈高低相间(高—低—高或低—高—低)三点接触,即相间准则,则两平行直线之间的区域为最小区域,如图 3-42 所示。

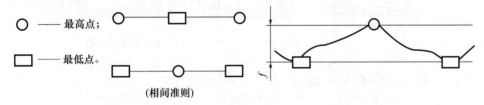

图 3-42 直线度误差的最小区域判别法

最小区域的宽度即为直线度误差值,评定示例如图 3-43(a)所示。

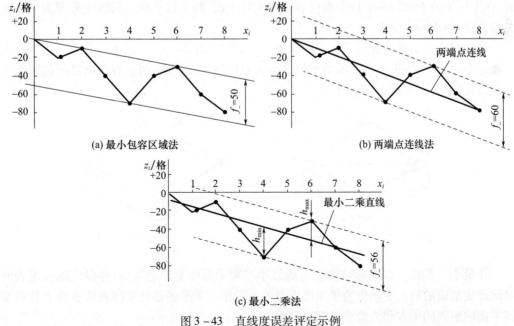

图 3-43 直线度误差评定示例

②两端点连线法。根据实测数据画出被测要素的误差图形,并将首尾两端点连线,按两端点连线的方向作两平行直线包容误差图形,且具有最小距离,则此两平行直线沿纵坐标方向的距离即为直线度误差值,如图3-43(b)所示。

③最小二乘法。根据实测数据确定被测要素误差图形的最小二乘直线,再按最小二乘直线的方向作两平行直线包容误差图形,且具有最小距离,则此两平行直线沿纵坐标方向的距离即为直线度误差值,如图3-43(c)所示。

(2)平面度误差评定。

①最小区域判别法。由两平行平面包容实际被测要素提取表面时,至少有三点或四点接触,且满足下列准则之一,即为最小区域,该区域的宽度就是符合最小区域的平面度误差值。

  a. 三角形准则:三个高点与一个低点(或相反),如图3-44(a)所示。
  b. 交叉准则:两个高点与两个低点的连线在空间呈交叉状,如图3-44(b)所示。
  c. 直线准则:两个高点与一个低点(或相反),如图3-44(c)所示。

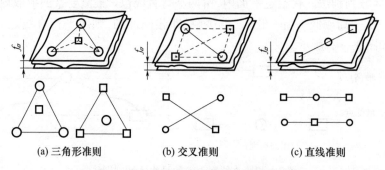

图3-44 平面度最小区域的判别准则

②对角线平面法。通过实际被测表面上一条对角线且平行于另一条对角线的理想平面,作平行于该平面的两平行平面包容被测实际平面,两平行平面之间的距离即为平面度误差值,如图3-45所示。

③三远点平面法。通过实际被测表面上相距较远且不在同一条直线上的三点所形成的理想平面,作平行于该平面的两平行平面包容被测实际平面,两平行平面之间的距离即为平面度误差值,如图3-46所示。

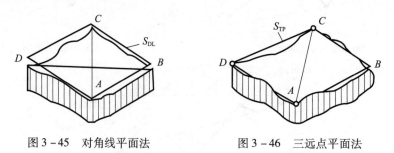

图3-45 对角线平面法　　　　图3-46 三远点平面法

④最小二乘法。以实际被测表面的最小二乘平面作为评定基面,并以实际被测表面对此评定基面的最大变动作为平面度误差值。最小二乘平面是使实际被测表面上各点至该平面的距离的平方和为最小的理想平面。

(3) 圆度误差评定。

① 最小区域判别法。由两同心圆包容实际被测提取轮廓时,至少有四个实测点内外相间地在两个圆周上,两同心圆的半径差即为圆度误差值,如图 3-47 所示。

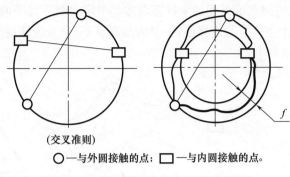

(交叉准则)

〇—与外圆接触的点；▢—与内圆接触的点。

图 3-47　圆度误差的最小区域判别准则

② 最小外接圆法。作实测轮廓曲线的最小外接圆,并作与该圆同心的内切圆,两个同心圆的半径差即为圆度误差值,此法适用于外表面。

③ 最大内接圆法。作实测轮廓曲线的最大内接圆,并作与该圆同心的外切圆,两个同心圆的半径差即为圆度误差值,此法适用于内表面。

④ 最小二乘圆法。作实测轮廓曲线的最小二乘圆,并作与该圆同心的外切圆和内切圆,外切圆和内切圆的半径差即为圆度误差值,此法计算较复杂,通常在计算机上进行数据处理。

2. 方向误差评定

缺省情况下,方向、位置及跳动公差规范是对被测的实际提取组成要素或导出要素的要求,当方向、位置及跳动公差值后面带有最大内切 Ⓧ、最小外接 Ⓝ、最小二乘 Ⓖ、最小区域 Ⓒ、贴切 Ⓣ 等符号时,则是对被测要素的拟合要素的方向、位置及跳动公差要求。

1) 方向误差评定的最小区域法

方向误差是被测要素的提取要素对具有确定方向的理想要素的变动量,理想要素的方向由基准和理论正确尺寸确定。

方向误差值用定向最小包容区域(简称定向最小区域)的宽度或直径表示。定向最小区域是指用由基准和理论正确尺寸确定方向的理想要素包容被测要素的提取要素时,具有最小宽度 f 或直径 d 的包容区域,如图 3-48 所示。

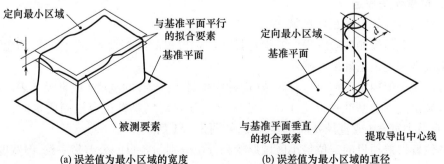

(a) 误差值为最小区域的宽度　　　(b) 误差值为最小区域的直径

图 3-48　定向最小区域

各方向误差项目的定向最小区域形状分别与各自的公差带形状一致,但宽度(或直径)由被测要素的提取要素本身决定。

2)方向误差的最小区域判别法示例

(1)平面(或直线)对基准平面的平行度误差。由定向两平行平面包容被测要素的提取要素时,至少有两个实测点与之接触;一个为最高点,一个为最低点,如图3-49所示。

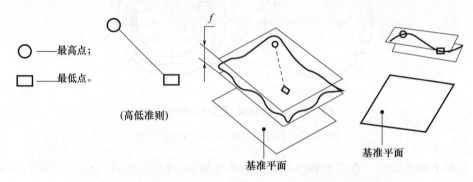

图3-49　平面(或直线)对基准平面的平行度误差判别准则

(2)直线对基准平面(任意方向)的垂直度误差。由定向圆柱面包容被测提取线时,至少有两点或三点与之接触,在基准平面上的投影具有四种形式之一,如图3-50所示。

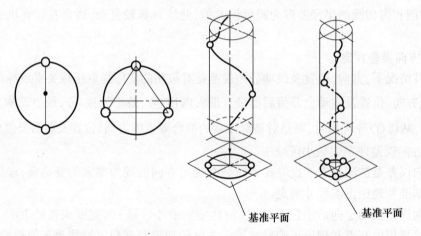

图3-50　直线对基准平面(任意方向)的垂直度误差判别准则

3. 位置误差评定

1)位置误差评定的最小区域法

位置误差是被测要素的提取要素对具有确定位置的理想要素的变动量,理想要素的位置由基准和理论正确尺寸确定。

位置误差值用定位最小包容区域(简称定位最小区域)的宽度 f 或直径 d 表示。定位最小区域是指用由基准和理论正确尺寸确定位置的理想要素包容被测要素的提取要素时,具有最小宽度 f 或直径 d 的包容区域,如图3-51所示。

各位置误差项目的定位最小区域形状和方位分别与各自的公差带一致,但宽度(或直径)由被测要素的提取要素本身决定。

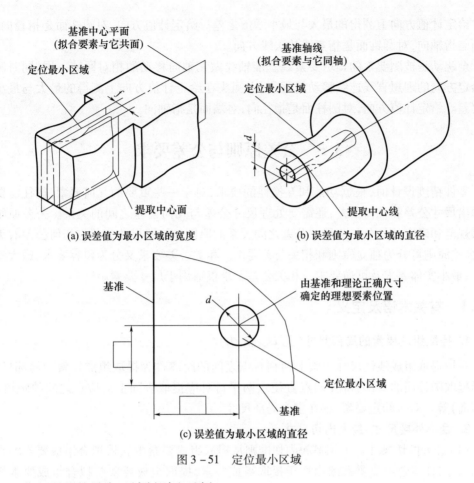

图 3-51 定位最小区域

2）位置误差的最小区域判别法示例

同轴度误差的最小区域判别法用以基准轴线为轴线的圆柱面包容提取中心线，提取中心线与该圆柱面至少有一点接触，则该圆柱面内的区域即为同轴度误差的最小包容区域，如图 3-52 所示。

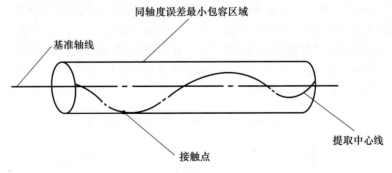

图 3-52 同轴度误差判别准则

4. 跳动误差评定

跳动是一项综合误差，根据被测要素是线要素或面要素分为圆跳动和全跳动。

圆跳动是任一被测要素的提取要素绕基准轴线做无轴向移动的相对回转一周时，测头在给定计值方向上测得的最大与最小示值之差。给定计值方向,对圆柱面是指径向,对端面是指轴向,对圆锥面是指素线的法线方向。

全跳动是被测要素的提取要素绕基准轴线做无轴向移动的相对回转一周,同时测头沿给定方向的理想直线连续移动过程中,由测头在给定计值方向上测得的最大与最小示值之差。给定计值方向,对圆柱面是指径向,对端面是指轴向。

3.5 公差原则与公差要求

零件精度设计时,根据功能和互换性的要求,对于一些重要的几何要素,往往需要同时给出尺寸公差和几何公差,还需要处理尺寸公差与几何公差之间的关系。公差原则是用来规范和确定几何公差与尺寸公差之间关系的原则。按照尺寸公差与几何公差有无关系,公差原则可分为独立原则和相关公差要求。相关公差要求又分为包容要求、最大实体要求、最小实体要求及可逆要求。相关公差要求仅适用于尺寸要素。

3.5.1 有关术语及定义

1. 提取组成要素的局部尺寸(孔 D_a、轴 d_a)

一切提取组成线性尺寸要素上两相对点之间的距离称为提取组成要素的局部尺寸,包括提取圆柱面的局部直径(两点直径)、两平行对应提取表面上对应点之间的距离(两点距离)等。对于给定要素,存在多个局部尺寸。

2. 最小外接尺寸、最大内切尺寸

(1)最大内切尺寸。采用最大内切准则从提取组成要素中获得拟合组成要素的直接全局尺寸,即拟合组成要素须内切于提取组成要素,提取组成要素与拟合组成要素相接触,且其尺寸为最大,该拟合组成要素与内尺寸要素的形状类型相同,如图3-53(b)所示。实际被测要素只有唯一的最大内切尺寸。

(2)最小外接尺寸。采用最小外接准则从提取组成要素中获得的拟合组成要素的直接全局尺寸,即拟合组成要素须外接于提取组成要素,提取组成要素与拟合组成要素相接触,且其尺寸为最小,该拟合组成要素与外尺寸要素的形状类型相同,如图3-53(c)所示。实际被测要素只有唯一的最小外接尺寸。

孔的最大内切尺寸和轴的最小外接尺寸主要影响孔、轴的装配。GB/T 38762.1—2020定义了直接全局尺寸,GB/T 16671—2018已没有体外作用尺寸及体内作用尺寸的定义,相关公差要求也不再使用作用尺寸。

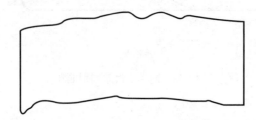

(a) 提取要素,既可能是内或外要素,又可能是圆柱面或两相对平面

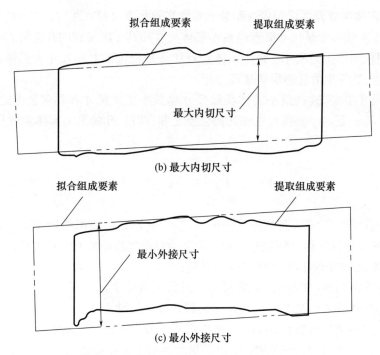

图 3-53 最小外接尺寸、最大内切尺寸示例

3. 最大实体状态(MMC)和最大实体尺寸(MMS)

最大实体状态是当尺寸要素的提取组成要素的局部尺寸处处位于极限尺寸且使其具有材料最多(实体最大)时的状态。确定要素最大实体状态的尺寸称为最大实体尺寸。

孔、轴的最大实体尺寸 D_M、d_M(即圆孔最小直径和轴最大直径)分别为

$$D_M = D_{\min} \tag{3-1}$$

$$d_M = d_{\max} \tag{3-2}$$

4. 最小实体状态(LMC)和最小实体尺寸(LMS)

最小实体状态是假定提取组成要素的局部尺寸处处位于极限尺寸且使其具有材料最少(实体最小)时的状态。确定要素最小实体状态的尺寸称为最小实体尺寸。

孔、轴的最小实体尺寸 D_L、d_L(圆孔最大直径和轴最小直径)分别为

$$D_L = D_{\max} \tag{3-3}$$

$$d_L = d_{\min} \tag{3-4}$$

5. 最大实体实效尺寸(MMVS)和最大实体实效状态(MMVC)

最大实体实效尺寸是尺寸要素的最大实体尺寸和其导出要素的几何公差(形状、方向或位置)共同作用产生的尺寸。最大实体实效状态是拟合要素的尺寸为其最大实体实效尺寸时的状态,是要素的理想形状状态。

对于外尺寸要素(轴),最大实体实效尺寸是最大实体尺寸和几何公差之和,而对于内尺寸要素(孔),是最大实体尺寸和几何公差之差,即轴、孔的最大实体实效尺寸 d_{MV}、D_{MV} 分别为

$$d_{MV} = d_M + t_{几何} \tag{3-5}$$

$$D_{MV} = D_M - t_{几何} \tag{3-6}$$

6. 最小实体实效尺寸(LMVS)和最小实体实效状态(LMVC)

最小实体实效尺寸是尺寸要素的最小实体尺寸和其导出要素的几何公差(形状、方向或位置)共同作用产生的尺寸。最小实体实效状态是拟合要素的尺寸为其最小实体实效尺寸时的状态,是要素的理想形状状态。

对于外尺寸要素(轴),最小实体实效尺寸是最小实体尺寸和几何公差之差,而对于内尺寸要素(孔),是最小实体尺寸和几何公差之和,即轴、孔的最小实体实效尺寸 d_{LV}、D_{LV} 分别为

$$d_{LV} = d_L - t_{几何} \tag{3-7}$$

$$D_{LV} = D_L + t_{几何} \tag{3-8}$$

7. 边界

边界是设计给定的具有理想形状的极限包容面(圆柱面或两平行平面),用于综合控制被测要素的尺寸偏差和几何误差。边界尺寸为极限包容面的直径或宽度。

根据边界尺寸的不同,边界分为以下四种:

(1) 最大实体边界(MMB)。边界尺寸为最大实体尺寸。
(2) 最小实体边界(LMB)。边界尺寸为最小实体尺寸。
(3) 最大实体实效边界(MMVB)。边界尺寸为最大实体实效尺寸。
(4) 最小实体实效边界(LMVB)。边界尺寸为最小实体实效尺寸。

单一要素的边界不受方向和位置的约束,而关联要素的边界受几何公差带方向或位置约束,即边界应与基准保持图样上给定的方向或位置关系。

3.5.2 独立原则

1. 独立原则的含义

缺省情况下,每个要素的 GPS 规范或要素间关系的 GPS 规范与其他规范之间均相互独立,除非产品的实际规范中规定有其他标准或特殊标注(如 Ⓜ 、CZ 和 Ⓔ)。

图样上给定的同一要素的尺寸公差与几何公差彼此无关、相互独立,分别满足各自的功能要求,此即独立原则。对大多数零件来说,其尺寸误差和几何误差对使用功能的影响是单独显著的,因此,独立原则是尺寸公差和几何公差相互关系遵循的基本原则,应用广泛。采用独立原则时,不需要在图样上附加任何特殊标注。

采用独立原则时,需采用通用计量器具分别检测提取要素的局部尺寸和几何误差,只有同时满足尺寸公差和几何公差的要求,该零件才能被判为合格。

2. 采用独立原则时,尺寸公差和几何公差的功能关系

1) 线性尺寸公差与几何公差

遵守独立原则的线性尺寸公差只控制提取要素的局部尺寸,而不直接控制要素的几何误差;不论几何要素的实际尺寸大小如何变化,几何公差只控制实际被测要素位于给定的几何公差带内。

如图 3-54(a) 所示,提取要素的局部尺寸 $d_1, d_2, \cdots, d_m$ 应在 $\phi39.975 \sim \phi40$ 范围内;尺寸公差不控制中心线的直线度误差,其直线度误差 f_1 不应超过 $\phi0.03$,如图 3-54(b) 所示;尺寸公差也不控制圆柱面的奇数棱圆误差,其圆度误差 f_2 不应超过 0.007,如图 3-54(c) 所示。需要注意的是,直径公差对偶数棱圆误差具有控制作用,因此标注圆度公差值

不得超过直径公差值。

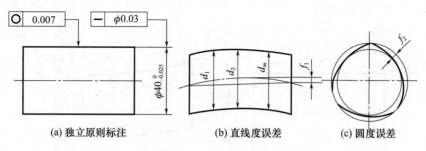

图 3-54 采用独立原则的线性尺寸公差和几何公差

2) 角度尺寸公差与几何公差

遵守独立原则时,角度尺寸公差只控制提取要素之间的实际角度变化,而不直接控制要素的几何误差;几何公差只控制被测要素的提取组成要素位于给定的几何公差带内,而与几何要素之间的实际角度大小无关。

3. 独立原则的典型应用场合

(1) 几何公差与尺寸公差彼此不发生联系,根据不同的功能需求分别满足各自的公差要求。

(2) 一般应用于对零件的几何精度要求较高,而对尺寸精度要求较低的场合,主要用于满足功能要求,适用于非配合零件。如测量平板的工作表面用于体现零件基准平面,对平面度精度要求很高,而平板的厚度尺寸对功能没有什么影响,采用未注公差;印刷机滚筒,为了保证与印刷纸面或面料均匀接触,印刷图文清晰,对圆柱度要求较高,应按独立原则规定圆柱度公差,而对尺寸精度要求不高,尺寸公差按未注公差处理。

(3) 对于未注几何公差与注出尺寸公差的要素,均采用独立原则。

3.5.3 包容要求

1. 包容要求的含义

包容要求(ER)是通过被测要素的尺寸公差规范包容其几何公差规范。由最小实体尺寸控制两点尺寸(局部尺寸),同时最大实体尺寸控制最小外接尺寸或最大内切尺寸。

包容要求可应用于被测要素的尺寸要素。采用包容要求时,应在其尺寸极限偏差或公差带代号之后加注符号 Ⓔ,如 $\phi 50f6$ Ⓔ 、$\phi 30^{0}_{-0.013}$ Ⓔ 等。

1) 用于外尺寸要素的包容要求

用于外尺寸要素(轴)的包容要求如图 3-55 所示。

该轴的合格条件:

(1) 提取组成要素的两点尺寸不小于下极限尺寸,即 $d_a \geq \text{LMS} = d_{\min} = \phi 149.97$。

(2) 上极限尺寸控制最小外接尺寸,即提取组成要素不得超出以 $\text{MMS} = d_{\max} = \phi 150.03$ 为直径的包容圆柱面。如图 3-55(b) 所示,被测要素的提取组成要素(轴)同时存在尺寸误差和形状误差,包容该提取组成要素的圆柱面为最大实体边界,提取要素的最小外接尺寸不得大于 $\text{MMS} = \phi 150.03$。

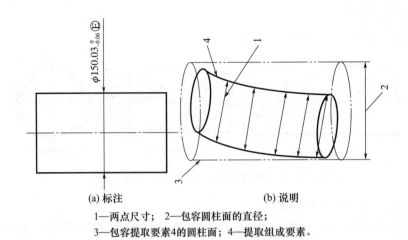

(a) 标注　　　　　　　　　　(b) 说明

1—两点尺寸；　2—包容圆柱面的直径；
3—包容提取要素4的圆柱面；4—提取组成要素。

图 3-55　轴采用包容要求

2) 用于内尺寸要素的包容要求

用于内尺寸要素(孔)的包容要求如图 3-56 所示。

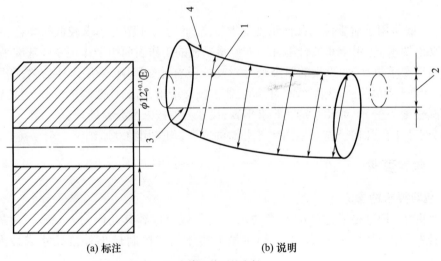

(a) 标注　　　　　　　　　　(b) 说明

1—两点尺寸；　2—包容圆柱面的直径；
3—包容提取要素4的圆柱面；4—提取组成要素。

图 3-56　孔采用包容要求

该孔的合格条件：

(1) 两点尺寸不大于上极限尺寸，即 $d_a \leqslant \text{LMS} = \phi 12.1$。

(2) 下极限尺寸控制最大内切尺寸，即提取组成要素不得超出以 MMS = $\phi 12$ 为直径的包容圆柱面。如图 3-56(b) 所示，提取组成要素(孔)不得超出最大实体边界，即提取要素的最大内切尺寸不得小于 MMS = $\phi 12$。

采用包容要求的尺寸要素，若对形状精度有更高要求，还可进一步注出形状公差，形状公差值必须小于同一要素的尺寸公差值，如图 3-57 所示。

单一要素的孔、轴采用包容要求时，应使用光滑极限量规检验。

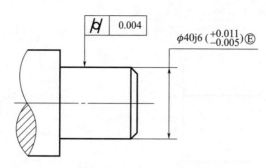

图 3-57 采用包容要求且对形状精度有更高要求

2. 包容要求的典型应用场合

包容要求主要用于严格保证配合性质,特别是精密配合要求,用最大实体边界保证所需的最小间隙或最大过盈,用最小实体尺寸防止间隙过大或过盈过小。例如,$\phi 30H7(_0^{+0.021})Ⓔ/\phi 30h6(_{-0.013}^{0})Ⓔ$,利用相同的最大实体边界分别控制孔、轴的轮廓,既能保证预定的最小间隙,保证零件自由装配,又可避免因孔、轴的形状误差而产生实际过盈。

3.5.4 最大实体要求

1. 最大实体要求的含义

最大实体要求(MMR)是尺寸要素的非理想要素不得违反其最大实体实效状态的一种尺寸要素要求,也即尺寸要素的非理想要素不得超越其最大实体实效边界的一种尺寸要素要求。最大实体实效状态(或最大实体实效边界)是与被测尺寸要素具有相同类型和理想形状的几何要素的极限状态,该极限状态的尺寸是最大实体实效尺寸。

最大实体要求适用于导出要素(中心线、中心面),可以是被测要素或基准要素,用符号Ⓜ标注。

2. 最大实体要求应用于被测要素

当最大实体要求用于被测要素时,应在图样上的公差框格里用符号Ⓜ标注在尺寸要素(被测要素)的导出要素的几何公差值之后。此时,对(尺寸要素的)面要素规定了以下规则。

(1)对于外尺寸要素,被测要素的提取局部尺寸应大于或等于最小实体尺寸,小于或等于最大实体尺寸;对于内尺寸要素,被测要素的提取局部尺寸应大于或等于最大实体尺寸,小于或等于最小实体尺寸。

(2)被测要素的提取组成要素不得违反其最大实体实效状态。

(3)涉及一个以上要素的要求。当几何规范是相对于(第一)基准或基准体系的方向或位置要求时,被测要素的最大实体实效状态应相对于基准或基准体系处于理论正确方向或位置。当几个被测要素用同一公差标注时,除了相对于基准可能的约束以外,其最大实体实效状态相互之间应处于理论正确方向和位置。

最大实体要求用于被测要素时,图样上给定的几何公差值是在被测尺寸要素处于最大实体状态下的公差,当被测尺寸要素偏离最大实体状态,则允许导出要素的几何公差增大,几何误差可以超出图样上给定的几何公差值。

例 3 – 1 如图 3 – 58 所示,轴 $\phi 35_{-0.1}^{0}$ 的轴线直线度公差采用最大实体要求。

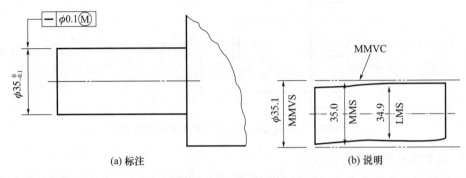

图 3 – 58　轴采用最大实体要求

解:(1)轴的提取要素不得违反其最大实体实效状态(MMVC),尺寸要素的非理想要素不得超越其最大实体实效边界(MMVB),其直径为

$$\text{MMVS} = \text{MMS} + t = \phi 35 + \phi 0.1 = \phi 35.1$$

(2)轴的提取要素各处的局部直径 d_a 应满足

$$\text{LMS} \leqslant d_a \leqslant \text{MMS}, \phi 34.9 \leqslant d_a \leqslant \phi 35$$

(3)轴线直线度公差属形状公差,故 MMVC 的方向和位置无约束。

(4)当轴的各处局部尺寸 d_a = MMS = 35 时,轴线直线度误差的最大允许值(公差值)为图上给定的直线度公差值 $\phi 0.1$;当轴的实际尺寸偏离最大实体尺寸,则直线度误差的最大允许值可以超出图样给定的公差值 $\phi 0.1$;当轴处于最小实体状态时,直线度误差的最大允许值等于给定的直线度公差与其尺寸公差之和,即 $\phi 0.1 + \phi 0.1 = \phi 0.2$;当轴的局部尺寸处于 MMS 和 LMS 之间,直线度误差值随局部尺寸在 $0 \sim \phi 0.2$ 变化。

(5)如将图上直线公差值改为 $\phi 0 \text{Ⓜ}$,与 Ⓔ 意义相同。此时,最大实体实效边界尺寸等于最大实体尺寸 MMS。

例 3 – 2 如图 3 – 59 所示,孔 $\phi 35.2_{0}^{+0.1}$ 的轴线垂直度公差采用最大实体要求。

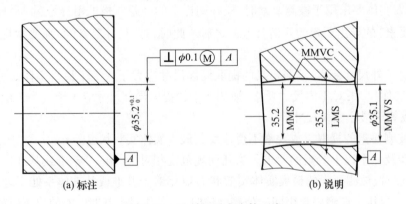

图 3 – 59　孔采用最大实体要求

解:(1)孔的提取要素不得违反其最大实体实效状态(MMVC),尺寸要素的非理想要素不得超出其最大实体实效边界(MMVB),其直径为

$$\text{MMVS} = \text{MMS} - t = \phi 35.2 - \phi 0.1 = \phi 35.1$$

(2) 孔的提取要素各处的局部直径 D_a 应满足

$$\text{MMS} \leqslant D_a \leqslant \text{LMS}, \phi 35.2 \leqslant D_a \leqslant \phi 35.3$$

(3) 轴线垂直度公差属方向公差，故 MMVC 的方向垂直于基准 A，位置无约束。

(4) 当孔的局部尺寸 $D_a = \text{MMS} = \phi 35.2$ 时，轴线垂直度误差的最大允许值（公差值）为图上给定的垂直度公差值 $\phi 0.1$；当孔的局部尺寸偏离最大实体尺寸，则其轴线垂直度误差的最大允许值可以超出图样给定的公差值 $\phi 0.1$；当孔处于最小实体状态时，其轴线垂直度误差的最大允许值等于给定的垂直度公差与其尺寸公差之和，即 $\phi 0.1 + \phi 0.1 = \phi 0.2$；当孔的局部尺寸处于 MMS 和 LMS 之间，轴线垂直度误差随局部尺寸在 $0 \sim \phi 0.2$ 变化。

(5) 如将图上垂直度公差值改为 $\phi 0 Ⓜ$，称为零几何公差，与 Ⓔ 意义相同。此时，最大实体实效边界尺寸等于最大实体尺寸，它是最大实体要求的特例。当孔处于最大实体状态（即局部尺寸皆为 $\phi 35.2$）时，不允许有轴线垂直度误差；孔的实际尺寸偏离最大实体尺寸 $\phi 35.2$，则允许有垂直度误差，当孔处于最小实体状态时，轴线垂直度公差等于其尺寸公差 $\phi 0.1$。

3. 最大实体要求应用于关联基准要素

最大实体要求应用于基准要素时，基准要素应为导出（中心）要素，标注时在被测要素几何公差框格内相应的基准字母代号后面加注符号 Ⓜ。此时对（尺寸要素的）面要素规定了以下规则。

(1) 基准要素的提取组成要素不得违反关联基准要素的最大实体实效状态。

(2) 当关联基准要素没有标注几何规范，或者注有几何规范，但其后没有符号 Ⓜ 时，或者没有标注符合(3)的几何规范时，关联基准要素的最大实体实效状态尺寸为最大实体尺寸。

(3) 当基准要素有形状、方向/位置规范，且在基准字母后面标有 Ⓜ 符号时，关联基准要素的最大实体实效状态的尺寸为最大实体尺寸（对于外尺寸要素）加上或（对于内尺寸要素）减去几何公差。

例 3-3 如图 3-60 所示，最大实体要求用于轴 $\phi 35_{-0.1}^{0}$ 的轴线同轴度公差和基准 A（$\phi 70_{-0.1}^{0}$ 轴的轴线），基准 A 本身未标注几何公差规范。

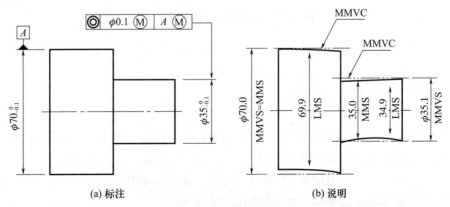

(a) 标注　　　　　　　　　　(b) 说明

图 3-60　最大实体要求用于外尺寸要素和基准要素

解:(1)轴$\phi 35_{-0.1}^{0}$的提取要素不得违反其最大实体实效状态(MMVC),即不得超出最大实体实效边界(MMVB),其直径为

$$MMVS = MMS + t = \phi 35 + \phi 0.1 = \phi 35.1$$

(2)轴$\phi 35_{-0.1}^{0}$的提取要素各处的局部直径d_a应满足

$$LMS \leqslant d_a \leqslant MMS, \phi 34.9 \leqslant d_a \leqslant \phi 35$$

(3)轴$\phi 35_{-0.1}^{0}$提取要素 MMVC 的中心线与基准要素轴$\phi 70_{-0.1}^{0}$ MMVC 的中心线同轴。

(4)基准要素轴$\phi 70_{-0.1}^{0}$注有尺寸公差,其导出要素未标注几何公差,其提取要素不得违反最大实体实效状态,最大实体实效状态尺寸为最大实体尺寸(MMS)

$$MMVS = MMS = \phi 70$$

(5)基准要素$\phi 70_{-0.1}^{0}$的提取要素各处的局部直径应满足

$$d_a \geqslant LMS = \phi 69.9$$

(6)当被测轴的局部尺寸 d_a = MMS = $\phi 35$ 时,轴线同轴度误差的最大允许值(公差值)为图上给定的公差值 $\phi 0.1$;轴的局部尺寸偏离最大实体尺寸,则同轴度误差的最大允许值可以超出图上给定的公差值 $\phi 0.1$;当轴处于最小实体状态时,同轴度误差的最大允许值等于给定的同轴度公差与其尺寸公差之和,即 $\phi 0.1 + \phi 0.1 = \phi 0.2$;当轴的局部尺寸处于 MMS 和 LMS 之间,同轴度误差在 $0 \sim \phi 0.2$ 变化。

例 3-4 如图 3-61 所示,最大实体要求用于轴$\phi 35_{-0.1}^{0}$的轴线同轴度公差和基准 $A(\phi 70_{-0.1}^{0}$的轴线),基准 A 本身也采用最大实体要求。

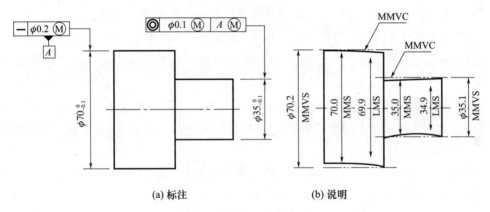

(a) 标注　　　　　(b) 说明

图 3-61　最大实体要求用于被测要素和基准要素

解:(1)轴 $\phi 35_{-0.1}^{0}$的提取要素不得违反其最大实体实效状态(MMVC),其直径为

$$MMVS = MMS + t = \phi 35 + \phi 0.1 = \phi 35.1$$

(2)轴$\phi 35_{-0.1}^{0}$的提取要素各处的局部直径d_a应满足

$$LMS \leqslant d_a \leqslant MMS, \phi 34.9 \leqslant d_a \leqslant \phi 35$$

(3)轴$\phi 35_{-0.1}^{0}$的提取要素 MMVC 的中心线位置与基准要素 A 的 MMVC 同轴。

(4)基准要素 A 的提取要素不得违反其最大实体实效状态,其直径为

$$MMVS = MMS + t = \phi 70 + \phi 0.2 = \phi 70.2$$

(5)基准要素的提取要素各处的局部直径d_a应满足

$$LMS \leqslant d_a \leqslant MMS, \phi 69.9 \leqslant d_a \leqslant \phi 70$$

(6)当被测轴的局部尺寸 d_a = MMS = $\phi35$ 时,轴线同轴度误差的最大允许值(公差值)为图上给定的公差值 $\phi0.1$;轴的局部尺寸偏离最大实体尺寸,则同轴度误差的最大允许值可以超出图上给定的公差值 $\phi0.1$;当轴处于最小实体状态时,同轴度误差的最大允许值等于给定的同轴度公差与其尺寸公差之和,即 $\phi0.1 + \phi0.1 = \phi0.2$;当轴的局部尺寸处于 MMS 和 LMS 之间,同轴度误差在 $0 \sim \phi0.2$ 变化。

4. 最大实体要求的应用场合

最大实体要求主要用于控制零件的可装配性。由于采用最大实体实效边界控制零件的提取要素,可以充分利用尺寸公差补偿几何公差,保证了在最不利状态下的自由装配,最大限度地提高了零件的合格率,降低了生产成本。最大实体要求适用于轴线、中心平面等导出要素相对基准要素的方向和位置公差,如箱体、端盖、法兰等零件上螺钉和螺栓孔的位置度公差、花键孔键槽中心平面的对称度公差等。

3.5.5 最小实体要求

最小实体要求(LMR)是尺寸要素的非理想要素不得违反其最小实体实效状态的一种尺寸要素要求,也即尺寸要素的非理想要素不得超越其最小实体实效边界的一种尺寸要素要求。最小实体要求既可应用于被测要素,也可应用于基准要素。

1. 最小实体要求应用于被测要素

最小实体要求应用于被测要素时,应在图样上的公差框格中的几何公差值后加注符号 Ⓛ。

当最小实体要求应用于被测要素时,对(尺寸要素的)面要素规定了以下规则:

(1)对于外尺寸要素,被测要素的提取局部尺寸大于或等于最小实体尺寸,小于或等于最大实体尺寸;对于内尺寸要素,被测要素的提取局部尺寸大于或等于最大实体尺寸,小于或等于最小实体尺寸。

(2)被测要素的提取组成要素不得违反其最小实体实效状态。

(3)当几何规范是相对于(第一)基准或基准体系的方向或位置要求时,被测要素的最小实体实效状态应相对于基准或基准体系处于理论正确方向或位置。另外,当几个被测要素用同一公差标注时,除了相对于基准可能的约束以外,最小实体实效状态相互之间应处于理论正确方向和位置。

当最小实体要求应用于被测要素时,图样上标注的几何公差值是在该要素处于最小实体状态时给出的。当提取组成要素偏离最小实体状态,即尺寸要素的非理想要素偏离其最小实体状态时,几何误差可以超出图样上标注的几何公差值。

例 3-5 如图 3-62 所示,最小实体要求用于有同轴度公差要求的外尺寸要素。

解:(1)轴 $\phi70^{\ 0}_{-0.1}$ 的提取要素不得违反其最小实体实效状态(LMVC),其直径为

$$\text{LMVS} = \text{LMS} - t = (\phi70 - \phi0.1) - \phi0.1 = \phi69.8$$

(2)轴 $\phi70^{\ 0}_{-0.1}$ 的提取要素各处的局部直径应满足

$$\text{LMS} \leq d_a \leq \text{MMS}, \phi69.9 \leq d_a \leq \phi70$$

(3)轴 $\phi70^{\ 0}_{-0.1}$ 的提取要素 LMVC 的方向和基准 A 相平行,且其位置在与基准 A 同轴的理论正确位置上。

(4)轴 $\phi70^{\ 0}_{-0.1}$ 的轴线同轴度公差值 $\phi0.1$ 是该轴在最小实体状态下给定的。

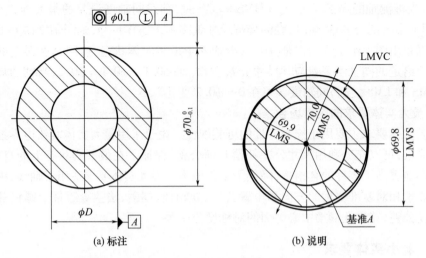

图 3-62 最小实体要求示例

2. 最小实体要求应用于关联基准要素

最小实体要求应用于基准要素时,基准要素应为导出(中心)要素,应在图样上几何公差框格内相应的基准字母代号后面加注符号 Ⓛ。

例 3-6 如图 3-63 所示,最小实体要求用于被测要素和基准要素。

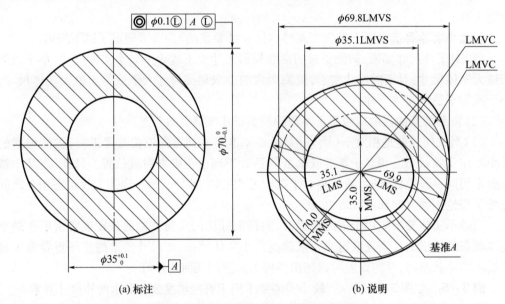

图 3-63 最小实体要求用于基准要素

解:(1)轴 $\phi 70^{0}_{-0.1}$ 的提取要素不得违反其最小实体实效状态(LMVC),其直径为
$$\text{LMVS} = \text{LMS} - t = \phi 69.8$$

(2)轴 $\phi 70^{0}_{-0.1}$ 的提取要素各处的局部直径应满足
$$\text{LMS} \leq d_a \leq \text{MMS}, \phi 69.9 \leq d_a \leq \phi 70$$

(3)基准要素 A 的提取要素不得违反其最小实体实效状态,其直径为

$$\text{LMVS} = \text{LMS} = \phi 35.1$$

（4）基准要素 A 的提取要素各处的局部直径应满足

$$\text{MMS} \leq d_a \leq \text{LMS}, \phi 35 \leq d_a \leq \phi 35.1$$

（5）轴 $\phi 70_{-0.1}^{0}$ 的 LMVC 位于基准要素轴线 A 的理论正确位置上。

3. 最小实体要求的应用场合

最小实体要求用于保证零件的最小壁厚和设计强度。成对使用的最小实体要求可用于控制其最小壁厚，例如，两个对称或同轴布置的同类尺寸要素间的最小壁厚。

3.5.6 可逆要求

可逆要求（PRP）是最大实体要求或最小实体要求的附加要求，表示尺寸公差可以在实际几何误差小于几何公差之间的差值内相应地增大。可逆要求仅用于被测要素，在图样上用符号 Ⓡ 标注在 Ⓜ 或 Ⓛ 之后。

最大实体要求或最小实体要求附加可逆要求后，扩大了尺寸要素的尺寸公差。采用可逆要求可以充分利用最大实体实效状态和最小实体实效状态的尺寸，在制造可能性的基础上，可逆要求允许尺寸和几何公差之间相互补偿，以获得最佳经济效益。

1. 可逆要求用于最大实体要求

可逆要求是最大实体要求的附加要求，标注时在几何公差值后加注符号 ⓂⓇ。其功能是允许尺寸公差和几何公差在特定条件下互相补偿。

例 3-7 如图 3-64 所示，$2 \times \phi 10_{-0.2}^{0}$ 销柱相对于基准 A 的位置度公差要求采用最大实体要求和可逆要求。

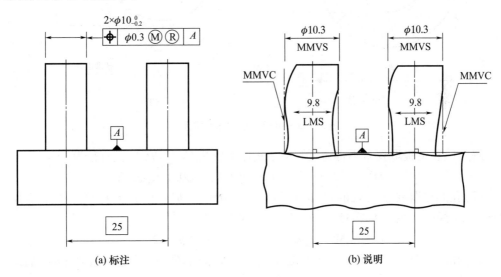

图 3-64 可逆最大实体要求示例

解：（1）两销柱相对于基准 A 的位置度公差是该轴在最大实体状态时给定的，两销柱的提取要素不得违反其最大实体实效状态（MMVC），其直径为

$$\text{MMVS} = \text{MMS} + t = \phi 10 + \phi 0.3 = \phi 10.3$$

（2）两销柱的提取要素各处的局部直径应大于 LMS $= \phi 9.8$。对于局部直径的尺寸上

限,图样没有要求,RPR 允许其局部直径的尺寸公差增加。

(3)两个销柱的 MMVC 的位置处于其轴线彼此相距为理论正确尺寸25mm,且与基准 A 保持理论正确垂直。

(4)轴的局部尺寸为 MMS = $\phi10$ 时,其轴线位置度误差的最大允许值为图上给定的位置度公差值 $\phi0.3$;轴的局部尺寸为 LMS = $\phi9.8$ 时,位置度误差的最大允许值为图上给定的位置度公差值 $\phi0.3$ 与该轴尺寸公差之和 $\phi0.5$。

(5)轴的位置度误差小于图上给定的位置度公差值 $\phi0.3$ 时,可逆要求允许轴的局部尺寸得到补偿,当轴的位置度误差为 0 时,轴的局部尺寸可得到最大补偿值 $\phi0.3$,此时,轴的局部尺寸为 MMS + t = $\phi10$ + $\phi0.3$ = $\phi10.3$。

2. 可逆要求用于最小实体要求

可逆要求是最小实体要求的附加要求,标注时在几何公差值后加注符号 Ⓛ Ⓡ。

例 3-8 如图 3-65 所示,孔$\phi35^{0}_{-0.1}$相对于基准 A 的同轴度公差要求采用最小实体要求和可逆要求。

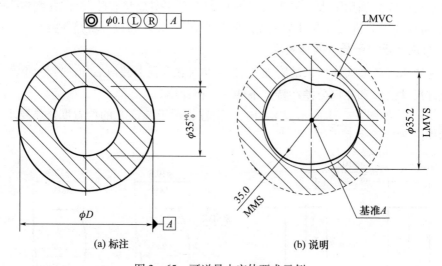

图 3-65 可逆最小实体要求示例

解:(1)孔的提取要素不得违反其最小实体实效状态(LMVC),其直径为
$$\text{LMVS} = \text{LMS} + t = (\phi35 + \phi0.1) + \phi0.1 = \phi35.2$$

(2)孔的提取要素各处的局部直径应大于 MMS = $\phi35$,RPR 允许尺寸上限增加到 LMS 以上,局部直径可大于 35.1mm,增加到 LMVS,即
$$\text{MMS} \leq d_a \leq \text{LMVS}, \phi35 \leq d_a \leq \phi35.2$$

(3)孔的 LMVC 的方向平行于基准 A,且 LMVC 的位置在与基准 A 相距 0mm 的理论正确位置上。

3. 可逆要求的应用场合

可逆要求既允许尺寸公差补偿几何公差,用于最大实体要求可以保证零件可装配性,用于最小实体要求可以控制零件的最小壁厚,保证零件必要的强度。可逆要求又允许几何公差补偿尺寸公差,可以降低尺寸精度要求,从而降低加工成本。

3.6　几何精度设计

在设计零件上要素的几何精度时,合理地选用几何公差特征项目、公差原则、基准要素以及确定几何公差值,有利于实现产品的互换性,提高产品质量以及降低制造成本,在生产中具有十分重要的意义。对于那些对几何精度有较高要求的要素,应在图样上注出几何公差。由加工设备和工艺设备就能达到的几何精度,在图样上不需标注几何公差。

3.6.1　几何公差特征项目的选用

几何公差特征项目的选用主要依据零件的几何结构特征、功能要求、测量条件及经济性等因素,经分析后综合确定。

零件本身的几何结构特征决定了它可能采用的几何公差项目。例如,对圆柱面要素的零件可选用轴线直线度、素线直线度、圆度、圆柱度、径向圆跳动公差等;对平面要素的零件可选用平面度、平行度、垂直度公差等;对阶梯孔、轴零件可选用同轴度;零件上的孔或轴的轴线可选用位置度等。

没必要将可以标注的几何公差项目全部注出,应根据功能要求选择适当的特征项目。例如,与滚动轴承配合的轴颈和箱体上的轴承座孔,应规定较高的形状精度,如圆柱度公差等,以防止装配后套圈变形(因为轴承套圈为薄壁件)而影响主轴的旋转精度;对安装齿轮的轴,其轴线应与基准轴线同轴,以保证齿轮的正常啮合;箱体上用于连接的螺孔,应有位置度要求,以便于零件顺利装配;机床导轨应规定直线度和两条导轨间的平行度,以保证零件的加工精度。

考虑到加工及检测的经济性,在满足功能要求的前提下,应尽量选择有综合控制功能的特征项目,以最少的几何公差项目获得最佳的经济性;还应尽量选用检测方法简便易行的项目替代检测难度较大的几何公差项目,如尽量用素线直线度和圆度代替圆柱度。

跳动公差检测简便,能综合控制有关几何误差,而且符合零件的实际工作状态,因此应用十分广泛,对于以回转轴线为基准的回转体零件,并且遵守独立原则时,常常用跳动公差来代替有关的几何公差项目。如用径向圆跳动代替圆度或同轴度,用径向全跳动代替同轴度或圆柱度,用轴向圆跳动或全跳动代替端面对基准轴线的垂直度等。

3.6.2　基准要素的选择

基准要素的选择需要根据零件的功能要求,并考虑零件的结构特征、制造工艺和检测方法等因素。通常情况下,基准要素的选择应当简单、易于加工和测量,并且能够充分反映零件的功能要求。

选择方向和位置公差项目时,应同时确定基准要素,应考虑以下几个方面。

(1)遵守基准统一原则,即设计基准、定位基准、检测基准和装配基准应尽量统一。这样可减少基准不重合而产生的误差,简化夹具、量具的设计和制造,尤其是对于大型零件,便于实现在机测量。如对机床主轴,应以主轴安装时与支承件(轴承)配合的轴颈的公共轴线作为基准。

(2)基准应具有足够的尺寸大小和刚度,以保证定位稳定可靠。应选择尺寸精度和形状精度高的要素作为基准。当采用基准体系时,应明确基准要素的次序,通常选择对被测要素影响最大的表面作为第一基准。

(3)选用的基准应正确标明,注出代号,必要时可标注基准目标。

3.6.3 公差原则与公差要求的选用

选择公差原则与公差要求时,应考虑零件的功能要求、经济性和尺寸公差与几何公差相互补偿的可能性。当对零件要素有特殊功能要求(如运动精度、密封性等)或尺寸精度和几何精度应分别满足要求时,应采用独立原则。对需要严格保证配合性质的尺寸要素,应采用包容要求。若尺寸公差与几何公差存在补偿关系,可采用最大实体要求或最小实体要求,以充分利用尺寸公差和几何公差,保证可装配性时采用最大实体要求,保证临界尺寸时采用最小实体要求。在不影响使用性能的前提下,为了充分利用图样上的公差带、扩大实际尺寸范围以提高经济效益,可逆要求可与最大(最小)实体要求联用。

选择公差原则与公差要求时还应考虑生产类型、零件尺寸大小和检测的方便性。大批量生产的中小尺寸零件,便于用光滑极限量规和功能量规检验,其通规所体现的是理想边界,适合采用包容要求和最大实体要求。对于大型零件难以采用笨重的量规检验,适合采用独立原则。而最小实体要求采用的最小实体实效边界不能用实体功能量规体现,可用虚拟功能量规检验。

3.6.4 几何公差值的确定

几何公差值的选用原则是:在保证零件功能要求的前提下,兼顾工艺经济性和检测条件,尽可能选用大的公差值。

1. 图样上注出几何公差值的规定

对几何精度要求较高时,应当按照规定的方法在图样上注出几何公差值。几何公差的所有特征项目中,除线轮廓、面轮廓度外,均规定了相应的公差等级和公差值,其中直线度、平面度、平行度、垂直度、倾斜度、同轴度、对称度、圆跳动和全跳动分别规定了12个公差等级,精度由高到低依次为1、2、…、12级,圆度和圆柱度分别增加了精度更高的0级。位置度公差未规定公差等级,只规定了公差值数系。GB/T1184—1996推荐的几何公差值见附表3-1~附表3-4,位置度数系见附表3-5。

2. 几何公差值的确定

按照类比法确定几何公差值时应遵循以下原则。

1)几何公差值与尺寸公差值的协调

协调的一般原则是$T_{形状} < T_{方向} < T_{位置} < T_{跳动} < T_{尺寸}$。

(1)在同一表面上线要素的形状公差值应小于面要素的形状公差值。

规定了面要素的形状公差值以后,其公差带同时控制了其线要素的形状误差。若线要素的形状精度要求不高,可不必注出;当线要素的形状精度有更高的要求时,才需要给出公差值更小的形状公差。

(2)同一被测要素、同一基准或基准体系,采用多层公差标注时,$T_{形状} < T_{方向} < T_{位置} < T_{跳动}$。

方向公差可以综合控制被测要素的方向和形状误差,当被测要素规定了方向公差后,其公差带同时控制了被测要素的形状误差。若被测要素的形状精度要求不高,可不必注出;当被测要素的形状精度有更高的要求时,才需要给出公差值更小的形状公差。

同一要素的位置公差同时控制了该要素的方向误差。在规定了某一要素的位置公差值后,只有当其对方向精度有更高的要求时,才需要给出公差值更小的方向公差。

(3)综合公差大于单项公差。如圆柱度公差应大于圆度公差和素线直线度公差;回转表面的圆度公差值应小于其径向圆跳动公差值;同一圆柱面上的圆柱度、轴线直线度、素线直线度、相对素线之间的平行度公差均应小于径向全跳动公差;同一要素的圆跳动公差值应小于其全跳动公差值。

(4)几何公差和尺寸公差的协调。当尺寸精度确定后,一般以50%尺寸公差值作为形状公差值,这既有利于制造,也有利于确保质量。圆柱形零件的形状公差(轴线直线度除外)一般应小于其尺寸公差值,线对线或面对面的平行度公差值应小于其相应距离的尺寸公差值。

2)形状公差与表面粗糙度的协调

同一要素的表面粗糙度应小于形状公差,通常 Ra 值占形状公差值的20%~25%。

3)考虑零件结构工艺性

考虑到加工难易程度和除主参数外其他参数的影响,在满足零件功能要求下,应适当降低1~2级选用,例如,孔相对于轴;长径比大的孔或轴;跨距较大的孔或轴;宽度较大(一般大于1/2长度)的零件表面;线对线和线对面相对于面对面的平行度及垂直度公差等。

3. 未注几何公差值

为简化图样标注,对采用一般加工方法和设备就能保证的几何精度,不必在图样上用公差框格注出,而是采用未注公差。国家标准对未注几何公差做了如下规定。

(1)直线度、平面度、垂直度、对称度和圆跳动的未注公差分别规定了 H、K、L 三个公差等级,其中 H 级最高、L 级最低。几何公差的未注公差值见附表 3-6。

(2)圆度的未注公差值等于直径公差值,但不能超过圆跳动的未注公差值。

(3)圆柱度的未注公差不作规定。圆柱度误差由圆度、直线度和相对素线的平行度误差组成,每一项误差均由各自的注出公差或未注公差控制。

(4)平行度的未注公差值等于平行要素间距离的尺寸公差,或者取平面度和直线度未注公差值的较大者。

(5)同轴度未注公差值等于径向圆跳动的未注公差值。

(6)线轮廓度、面轮廓度、倾斜度、位置度和全跳动的未注公差,均应由各要素的注出或未注线性尺寸公差或角度公差控制,在图样上不必作特殊标注。

未注几何公差应在图样的标题栏附近或技术要求、技术文件中注出标准号和公差等级的代号,例如,未注几何公差按 GB/T 1184-K。

附表 3-1　直线度、平面度公差值(摘自 GB/T 1184—1996)

主参数 L/mm	公差等级											
	1	2	3	4	5	6	7	8	9	10	11	12
	公差值/μm											
≤10	0.2	0.4	0.8	1.2	2	3	5	8	12	20	30	60
>10~16	0.25	0.5	1	1.5	2.5	4	6	10	15	25	40	80
>16~25	0.3	0.6	1.2	2	3	5	8	12	20	30	50	100
>25~40	0.4	0.8	1.5	2.5	4	6	10	15	25	40	60	120
>40~63	0.5	1	2	3	5	8	12	20	30	50	80	150
>63~100	0.6	1.2	2.5	4	6	10	15	25	40	60	100	200
>100~160	0.8	1.5	3	5	8	12	20	30	50	80	120	250
>160~250	1	2	4	6	10	15	25	40	60	100	150	300
>250~400	1.2	2.5	5	8	12	20	30	50	80	120	200	400
>400~630	1.5	3	6	10	15	25	40	60	100	150	250	500
>630~1000	2	4	8	12	20	30	50	80	120	200	300	600

注:直线度主参数为被测要素的长度;平面度主参数为被测要素的长边长度。

附表 3-2　圆度、圆柱度公差值(摘自 GB/T 1184—1996)

主参数 d(D)/mm	公差等级												
	0	1	2	3	4	5	6	7	8	9	10	11	12
	公差值/μm												
≤3	0.1	0.2	0.3	0.5	0.8	1.2	2	3	4	6	10	14	25
>3~6	0.1	0.2	0.4	0.6	1	1.5	2.5	4	5	8	12	18	30
>6~10	0.12	0.25	0.4	0.6	1	1.5	2.5	4	6	9	15	22	36
>10~18	0.15	0.25	0.5	0.8	1.2	2	3	5	8	11	18	27	43
>18~30	0.2	0.3	0.6	1	1.5	2.5	4	6	9	13	21	33	52
>30~50	0.25	0.4	0.6	1	1.5	2.5	4	7	11	16	25	39	62
>50~80	0.3	0.5	0.8	1.2	2	3	5	8	13	19	30	46	74
>80~120	0.4	0.6	1	1.5	2.5	4	6	10	15	22	35	54	87
>120~180	0.6	1	1.2	2	3.5	5	8	12	18	25	40	63	100
>180~250	0.8	1.2	2	3	4.5	7	10	14	20	29	46	72	115
>250~315	1.0	1.6	2.5	4	6	8	12	16	23	32	52	81	130
>315~400	1.2	2	3	5	7	9	13	18	25	36	57	89	140
>400~500	1.5	2.5	4	6	8	10	15	20	27	40	63	97	155

注:主参数为被测要素的直径。

附表 3-3　平行度、垂直度、倾斜度公差值（摘自 GB/T 1184—1996）

主参数/mm L,d(D)	公差等级											
	1	2	3	4	5	6	7	8	9	10	11	12
	公差值/μm											
≤10	0.4	0.8	1.5	3	5	8	12	20	30	50	80	120
>10～16	0.5	1	2	4	6	10	15	25	40	60	100	150
>16～25	0.6	1.2	2.5	5	8	12	20	30	50	80	120	200
>25～40	0.8	1.5	3	6	10	15	25	40	60	100	150	250
>40～63	1	2	4	8	12	20	30	50	80	120	200	300
>63～100	1.2	2.5	5	10	15	25	40	60	100	150	250	400
>100～160	1.5	3	6	12	20	30	50	80	120	200	300	500
>160～250	2	4	8	15	25	40	60	100	150	250	400	600
>250～400	2.5	5	10	20	30	50	80	120	200	300	500	800
>400～630	3	6	12	25	40	60	100	150	250	400	600	1000
>630～1000	4	8	15	30	50	80	120	200	300	500	800	1200

注：主参数为被测要素的长度或直径。

附表 3-4　同轴度、对称度、圆跳动、全跳动公差值（摘自 GB/T 1184—1996）

主参数/mm d(D),B,L	公差等级											
	1	2	3	4	5	6	7	8	9	10	11	12
	公差值/μm											
≤1	0.4	0.6	1.0	1.5	2.5	4	6	10	15	25	40	60
>1～3	0.4	0.6	1.0	1.5	2.5	4	6	10	20	40	60	120
>3～6	0.5	0.8	1.2	2	3	5	8	12	25	50	80	150
>6～10	0.6	1	1.5	2.5	4	6	10	15	30	60	100	200
>10～18	0.8	1.2	2	3	5	8	12	20	40	80	120	250
>18～30	1	1.5	2.5	4	6	10	15	25	50	100	150	300
>30～50	1.2	2	3	5	8	12	20	30	60	120	200	400
>50～120	1.5	2.5	4	6	10	15	25	40	80	150	250	500
>120～250	2	3	5	8	12	20	30	50	100	200	300	600
>250～500	2.5	4	6	10	15	25	40	60	120	250	400	800

注：主参数为被测要素的宽度或直径。

附表 3-5　位置度数系（摘自 GB/T 1184—1996）　　　　单位：μm

1	1.2	1.5	2	2.5	3	4	5	6	8
1×10^n	1.2×10^n	1.5×10^n	2×10^n	2.5×10^n	3×10^n	4×10^n	5×10^n	6×10^n	8×10^n

注：n 为整数。

附表 3-6　几何公差的未注公差值（摘自 GB/T 1184—1996）　单位:mm

基本长度范围	公差等级											
	直线度、平面度			垂直度			对称度			圆跳动		
	H	K	L	H	K	L	H	K	L	H	K	L
≤10	0.02	0.05	0.1	0.2	0.4	0.6	0.5	0.6	0.6	0.1	0.2	0.5
>10～30	0.05	0.1	0.2	0.2	0.4	0.6						
>30～100	0.1	0.2	0.4									
>100～300	0.2	0.4	0.8	0.3	0.6	1			1			
>300～1000	0.3	0.6	1.2	0.4	0.8	1.5		0.8	1.5			
>1000～3000	0.4	0.8	1.6	0.5	1	2		1	2			

习题与思考题

1. 判断下述说法是否正确。（正确的画"√"，错误的画"×"）

(1) 如果一实际要素存在形状误差，则该实际要素一定存在位置误差。（　）

(2) 某孔 $\phi 20_0^{+0.023}$，如果没有标注形状公差，那么它的形状误差值可任意确定。（　）

(3) 尺寸公差与几何公差采用独立原则时，零件加工后实际尺寸和几何误差中有一项超差，则该零件不合格。（　）

(4) 被测要素处于最大实体尺寸和几何误差为给定公差值时的综合状态，称为最小实体实效状态。（　）

(5) 被测要素采用最大实体要求的零几何公差时，被测要素必须遵守最大实体实效边界。（　）

(6) 轴线在任意方向上的倾斜度公差值前应加注符号"ϕ"。（　）

(7) 径向全跳动公差带与同轴度公差带形状相同。（　）

(8) 某轴的图样标注为 $\phi 10_{-0.015}^{0}$，则当被测要素局部尺寸为 $\phi 9.985$mm 时，允许形状误差最大可达 0.015mm。（　）

(9) 位置公差中的基准由理论正确尺寸确定。（　）

(10) 最大实体要求和最小实体要求既适用于组成要素，也适用于导出要素。（　）

2. 改正图 3-66 中各项几何公差标注上的错误（不得改变几何公差项目）。

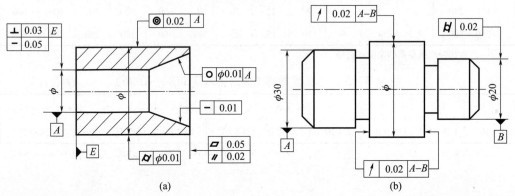

(a)　　　　　　　　　　(b)

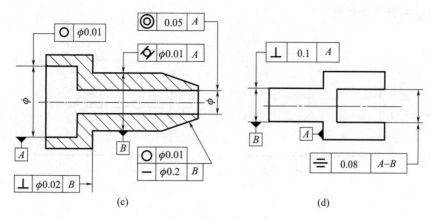

图 3-66 习题 2 图

3. 将下列几何公差要求标注在图 3-67 上。
（1）底平面的平面度公差为 0.012mm；
（2）$\phi 50$ 孔轴线对 $\phi 30$ 孔轴线的同轴度公差为 0.03mm；
（3）$\phi 30$ 孔和 $\phi 50$ 孔的公共轴线对底面的平行度公差为 0.05mm。

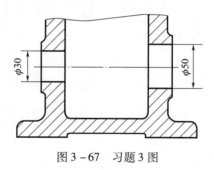

图 3-67 习题 3 图

4. 图 3-68 中各要素分别是什么要素，并说明所标各项几何公差的公差带的形状、大小、方向和位置。

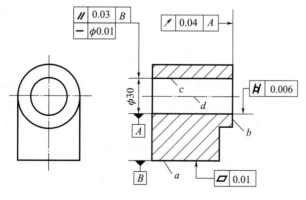

图 3-68 习题 4 图

5. 比较图 3-69 所示两种孔轴线位置度的标注方法，说明两者的区别。若实测零件上孔轴线至基准 A 的距离为 30.04mm，至基准 B 的距离为 19.96mm，试分别按图示的两种标注方法判断其合格性。

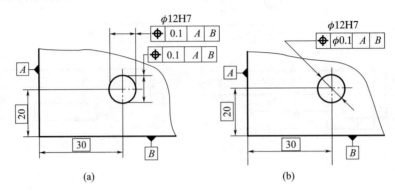

图 3-69 习题 5 图

6. 对于图 3-70 所示的几种几何公差标注，试分析说明它们的精度要求有何异同。

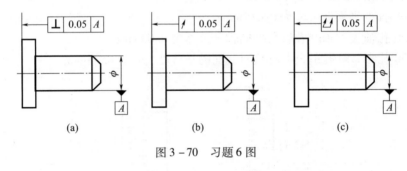

图 3-70 习题 6 图

7. 比较图 3-71 所示三种标注方法的异同，分别写出其合格条件。

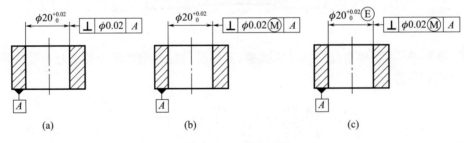

图 3-71 习题 7 图

8. 图 3-72 所示零件的技术条件要求未注尺寸公差按 GB/T 1804-m、未注几何公差按 GB/T 1184-H，将该零件的未注公差要求用注出公差方式标注在图样上。

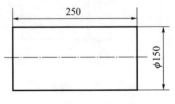

图 3-72 习题 8 图

9. 试比较图 3-73 中的两种标注方法的精度设计要求是否相同。

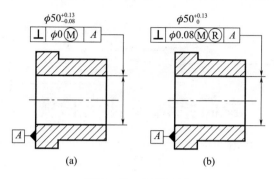

图 3-73 习题 9 图

10. 如图 3-74 所示，要求：
(1) 指出被测要素遵守的公差原则与公差要求；
(2) 求出单一要素的最大实体实效尺寸，关联要素的最大实体实效尺寸；
(3) 若被测要素实际尺寸处处为 $\phi 19.97$mm，轴线对基准 A 的垂直度误差为 $\phi 0.09$mm，判断其垂直度的合格性，并说明理由。

11. 将下列几何公差要求标注在图 3-75 上。
(1) 左端面的平面度公差为 0.01mm；
(2) 右端面对左端面的平行度公差为 0.04mm；
(3) $\phi 70$ 孔公差带为 H7 且遵守包容要求，$\phi 210$ 外圆柱面公差带为 h7 遵守独立原则；
(4) $\phi 70$ 孔轴线对左端面的垂直度公差为 0.02mm；
(5) $\phi 210$ 外圆柱面的轴线对 $\phi 70$ 孔轴线的同轴度公差为 0.03mm；
(6) $4 \times \phi 20$H8 均布孔的轴线对左端面（第一基准）和 $\phi 70$ 孔轴线（第二基准）的位置度公差为 0.15mm，且被测要素 $\phi 20$H8 和基准要素 $\phi 70$H7 采用最大实体要求。

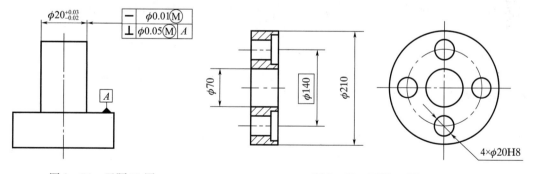

图 3-74 习题 10 图　　　　图 3-75 习题 11 图

第4章 表面结构设计与检测

4.1 概 述

表面结构是由于实际表面的重复性或偶然性偏差所形成的表面三维形貌,包括在有限区域上的表面粗糙度、表面波纹度、表面纹理、表面几何形状和表面缺陷。不同的表面质量要求采用不同表面结构的特性指标来保证,我国采用 ISO 有关标准,制定了表面粗糙度、表面波纹度的词汇、表面缺陷术语等标准。表面粗糙度影响零件的功能性能、使用寿命、可靠性及美观。机械精度设计中,除了宏观的尺寸精度和几何精度设计,还应进行表面粗糙度精度设计。

本章涉及的有关表面粗糙度的现行国家标准如下。

GB/T 3505—2009 产品几何技术规范(GPS) 表面结构 轮廓法 术语、定义及表面结构参数。

GB/T 1031—2009 产品几何技术规范(GPS) 表面结构 轮廓法 表面粗糙度参数及其数值。

GB/T 131—2006 产品几何技术规范(GPS) 技术产品文件中表面结构的表示法。

GB/T 10610—2009 产品几何技术规范(GPS) 表面结构 轮廓法 评定表面结构的规则和方法。

GB/T 6062—2009 产品几何技术规范(GPS) 表面结构 轮廓法 接触(触针)式仪器的标称特性。

4.1.1 表面粗糙度的概念

GB/T 3505—2009、GB/T 1031—2009 规定了用轮廓法确定表面结构的术语定义、参数及其数值。

零件的实际表面是工件上实际存在的表面,是物体与周围介质分离的表面。实际表面轮廓是一个指定平面与实际表面相交所得的轮廓,是一条轮廓线,一般指 X 轴方向上的轮廓,即与加工纹理方向垂直的截面上的横向轮廓,如图 4-1 所示。表面轮廓是零件表面几何形状误差的被测对象。

加工后零件的实际轮廓上总是同时包含着表面粗糙度轮廓、波纹度轮廓和宏观形状轮廓,多种几何形状误差叠加在同一表面上,如图 4-2 所示。可采用轮廓滤波器滤波方式来界定表面几何形状误差、表面粗糙度及表面波纹度。

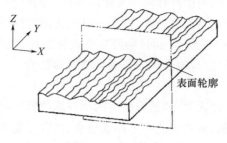

图 4-1 表面轮廓

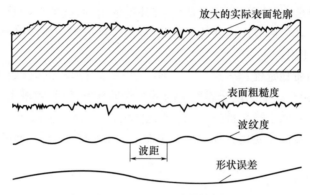

图 4-2 表面几何形状误差

零件的轮廓线可视为一种波,轮廓法使用轮廓滤波器按照波形间距、波形频率或波幅比值等参数对轮廓线进行过滤,以得到不同的子轮廓。通常按照波距 λ(相邻两波峰或两波谷之间的距离)将表面几何形状误差划分为三类:$\lambda < 1mm$ 的属于表面粗糙度;$1 \leqslant \lambda \leqslant 10mm$ 并呈周期性变化,属于表面波纹度;$\lambda > 10mm$ 并无明显周期性变化的属于形状误差,如图 4-2 所示。

表面粗糙度,又称微观不平度,是指加工表面上具有较小间距和微小峰谷所组成的微观几何形状特征,属微观几何形状误差,主要是由于切削加工中刀具或砂轮的刀痕、刀具与零件表面间的摩擦、切屑分离时的塑性变形以及加工工艺系统的高频振动等因素造成的。

形状误差即宏观几何形状误差,主要是由机床几何精度方面的误差造成的。表面波纹度是中间几何形状误差,主要是由加工工艺系统所产生的强迫振动、发热和运动不平衡等因素造成的,只有在高速切削条件下才出现。表面波纹度对零件使用功能有重要影响,会引起零件运转时的振动、噪声,特别是对旋转零件的影响更大。

表面粗糙度是评定机器零件和机电产品质量的重要指标,表面粗糙度参数的确定是机械精度设计主要任务之一。

4.1.2 表面粗糙度对零件工作性能的影响

表面粗糙度参数的大小对机械零件的工作性能、使用寿命等有很大影响,尤其对在高温、高速、高压条件下工作的机械零件影响更大。

1. 影响摩擦和磨损

表面粗糙度影响零件的耐磨性和使用寿命。零件表面越粗糙,摩擦阻力越大,零件的磨损就越快。零件表面并非越光滑越好,特别光滑的表面磨损量反而增大,超出表面粗糙度的合理值,不仅增加了制造成本,而且易使零件表面发热、胶合,损坏表面。因此,对零件有相对运动的接触表面,应规定合理的表面粗糙度参数值。

2. 影响疲劳强度

对承受交变载荷的零件表面,表面粗糙度的凹谷部位容易引起应力集中,产生疲劳裂纹。表面越粗糙,凹谷越深,波谷的曲率半径就越小,对应力集中越敏感,抗疲劳强度就越低。因此,适当提高零件的表面粗糙度要求,可以增强抗疲劳强度。

3. 影响抗腐蚀性

零件表面越粗糙,其波谷就越深,灰尘、变质的润滑油、腐蚀性物质就容易积存在凹谷处,并渗透到材料内层,造成表面腐蚀。因此,提高零件的表面粗糙度要求,可以增强零件的抗腐蚀性,延长使用寿命。

4. 影响配合性质稳定性

对间隙配合,相互运动的配合表面上的微小峰易磨损,使间隙增大;对过盈配合,压入装配时配合表面上的微小峰易被挤平,会增加装配难度,减小实际有效过盈,降低连接强度;对过渡配合,在装拆及使用过程中配合表面上的微小峰易磨损,使配合变松,降低定心和导向精度。

5. 影响接触刚度

零件表面越粗糙,表面间的接触面积就较小,承受载荷时表面层出现的塑性变形就越大,影响零件的工作精度和抗振性。因此,提高零件的表面粗糙度要求,可提高结合件的接触刚度。

6. 影响密封性

粗糙的表面之间只在局部波峰上形成点接触,无法严密贴合,影响密封性。因此,根据不同的密封要求,应规定合理的表面粗糙度参数值。

此外,表面粗糙度对测量精度、外观质量、表面光学性能、导电导热性能和胶合性能等也有一定的影响。因此,为了保证零件的使用性能,在零件精度设计时必须提出合理的表面粗糙度要求。

4.2 表面粗糙度轮廓的评定

测量和评定表面粗糙度轮廓时,应规定取样长度、评定长度、中线和评定参数。

4.2.1 轮廓滤波器

轮廓滤波器是把表面轮廓分成长波和短波成分的滤波器,主要用于区分粗糙度轮廓和波纹度轮廓。轮廓滤波器所能抑制的波长称为截止波长。从短波滤波器的截止波长 λ_s 至长波滤波器的截止波长 λ_c 之间的波长范围称为传输带。按轮廓滤波器的不同截止波长值,由小到大依次分为 λ_s、λ_c 和 λ_f 三种,如图 4-3 所示。

(1) λ_s 轮廓滤波器。确定存在于表面上的粗糙度与比它更短的波的成分之间相交界限的滤波器。

(2)λ_c轮廓滤波器。确定粗糙度与波纹度成分之间相交界限的滤波器,$\lambda_c = l_r$。

(3)λ_f轮廓滤波器。确定存在于表面上的波纹度与比它更长的波的成分之间相交界限的滤波器。

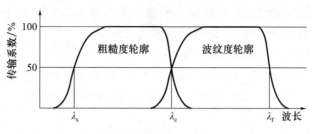

图 4-3 轮廓滤波器

轮廓法中,通常先利用采样获取实际表面轮廓,然后采用滤波方法得到原始轮廓、表面粗糙度轮廓和表面波纹度轮廓。对实际表面轮廓通过λ_s滤波器后的总轮廓称为原始轮廓(P轮廓),是评定原始轮廓参数(P参数)的基础;对原始轮廓应用λ_c滤波器抑制长波成分以后形成的轮廓称为粗糙度轮廓(R轮廓),是评定粗糙度轮廓参数(R参数)的基础;波纹度轮廓(W轮廓)是对原始轮廓连续应用λ_f和λ_c两个轮廓滤波器分别抑制长波成分和短波成分后形成的轮廓,是评定波纹度轮廓参数(W参数)的基础。粗糙度轮廓和波纹度轮廓均是经过人为修正的轮廓。本章只讨论粗糙度轮廓参数,波纹度轮廓参数内容可参考相关文献及标准,零件表面宏观形状误差相关内容见第3章。

4.2.2 评定基准

为了客观地评定表面粗糙度轮廓,首先要确定测量的长度范围和方向,即评定基准。评定基准是在表面轮廓线上量取的一段长度,包括取样长度、评定长度和中线。

1. 取样长度 l_r

取样长度l_r是在X轴方向判别被评定轮廓不规则特征的长度,一般应含有5个以上轮廓峰谷,在数值上与λ_c轮廓滤波器的截止波长相等。取样长度是评价表面粗糙度时规定的一段基准线的长度,规定取样长度的目的是限制和减弱宏观几何形状误差,特别是表面波纹度对表面粗糙度测量结果的影响。l_r过长,表面粗糙度测量值中可能包含表面波纹度成分;l_r过短,则不能客观反映表面粗糙度的实际情况。故表面越粗糙,l_r应越大,如图4-4所示。

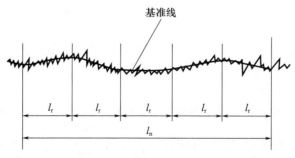

图 4-4 取样长度和评定长度

2. 评定长度 l_n

评定长度 l_n 是用于评定被评定轮廓的 X 轴方向上的长度,如图 4-4 所示。规定评定长度是因为零件加工表面不均匀,在一个取样长度上往往不能合理、客观地反映被测表面的粗糙度,需要连续在几个取样长度上分别测量,取其平均值作为测量结果。评定长度是评定轮廓所必需的一段长度,可包含一个或几个连续的取样长度,国家标准推荐,$l_n = 5l_r$;对均匀性好的表面,$l_n < 5l_r$;若均匀性较差,$l_n > 5l_r$。

取样长度及评定长度的标准值见表 4-1。

表 4-1 与 Ra、Rz、Rsm 参数数值对应的取样长度和评定长度推荐值
（摘自 GB/T 1031—2009、GB/T 10610—2009）

$Ra/\mu m$	$Rz/\mu m$	Rsm/mm	l_r/mm	$l_n/mm(l_n = 5l_r)$
>(0.006)~0.02	>(0.025)~0.10	>0.013~0.04	0.08	0.4
>0.02~0.1	>0.1~0.5	>0.04~0.13	0.25	1.25
>0.1~2	>0.5~10	>0.13~0.4	0.8	4
>2~10	>10~50	>0.4~1.3	2.5	12.5
>10~80	>50~200	>1.3~4	8	40

3. 中线

中线是具有几何轮廓形状并划分轮廓的基准线,中线方向与 X 轴一致。用 λ_c 轮廓滤波器所抑制的长波轮廓成分对应的中线称为粗糙度轮廓中线。粗糙度轮廓中线是评定粗糙度轮廓参数数值的基准线,有以下两种。

1）轮廓最小二乘中线

轮廓最小二乘中线是指在一个取样长度内,使被测轮廓线上各点至该线的距离 Z_i 的平方和为最小,即 $\int_0^{l_r} Z_i^2 dr = \min$ 的基准线,如图 4-5 所示。

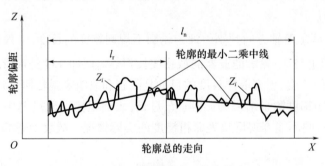

图 4-5 轮廓最小二乘中线

理论上轮廓最小二乘中线是理想的唯一基准线,但在轮廓图形上很难准确确定其位置,常用轮廓算术平均中线来代替。

2）轮廓算术平均中线

轮廓算术平均中线是指在一个取样长度内,与轮廓走向一致,将被测轮廓划分为上、下两部分,且使上、下两部分面积之和相等（$\sum_{i=1}^n F_i = \sum_{i=1}^n F'_i$）的基准线,如图 4-6 所示。

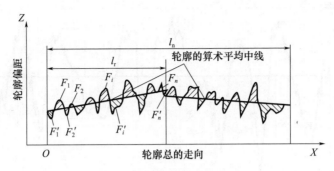

图 4-6 轮廓算术平均中线

4.2.3 表面粗糙度轮廓的常用评定参数

为全面反映表面粗糙度轮廓对零件性能的影响,国标规定采用中线制(轮廓法)来评定表面粗糙度,GB/T 3505—2009 规定的表面粗糙度评定参数有幅度参数、间距参数、混合参数以及曲线和相关参数,以满足对零件表面不同的功能要求。

1. 幅度参数

1) 轮廓算术平均偏差 Ra

轮廓算术平均偏差 Ra 是指在一个取样长度内被评定轮廓线上各点至中线的纵坐标值 $Z(x)$ 绝对值的算术平均值,如图 4-7 所示,即

$$Ra = \frac{1}{l_r} \int_0^{l_r} |Z(x)| \mathrm{d}x \tag{4-1}$$

近似为

$$Ra = \frac{1}{n} \sum_{i=1}^n |Z(x_i)| = \frac{1}{n} \sum_{i=1}^n |Z_i| \tag{4-2}$$

式中: n 为在取样长度范围内所测点的数目; Z_i 为第 i 点的轮廓偏距。

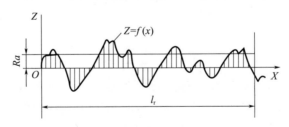

图 4-7 轮廓算术平均偏差

Ra 值能充分反映表面微观几何形状幅度方面的特性,是各国普遍采用的评定参数。Ra 值越大,则表面越粗糙。Ra 一般用触针式轮廓仪测量,故不适用于太粗糙或太光滑的表面。

2) 轮廓最大高度 Rz

轮廓最大高度 Rz 是指在一个取样长度内,被评定轮廓的最大轮廓峰高 Z_p 和最大轮廓谷深 Z_v 之和的高度,如图 4-8 所示,即

$$Rz = \max |Z_i| - \min |Z_i| = |Z_p| + |Z_v| \tag{4-3}$$

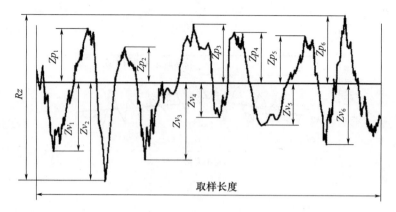

图4-8 轮廓最大高度

Rz 常与 Ra 联用,用来控制微观不平度的谷深,从而达到控制表面微观裂纹的目的,常用于受交变应力作用的工作表面,如齿廓表面等,防止表面应力集中而产生微观裂纹。

2. 间距参数

一个轮廓峰和相邻轮廓谷的组合构成一个轮廓单元,轮廓单元的平均宽度 Rsm 是指在一个取样长度内所有轮廓单元宽度 Xs 的平均值,如图4-9所示。

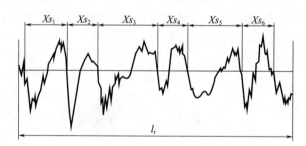

图4-9 轮廓单元的宽度与轮廓单元的平均宽度

Rsm 的计算公式为

$$Rsm = \frac{1}{m}\sum_{i=1}^{m} X_{si} \quad (4-4)$$

式中:m 为取样长度范围内轮廓单元宽度 X_{si} 的个数。

在计算 Rsm 时,需要判断轮廓单元的高度和间距,若无特殊规定,缺省的高度分辨力应取 Rz 的10%,缺省的间距分辨力应取 l_r 的1%。Rsm 能反映被测表面加工痕迹的疏密程度,反映了轮廓与中线的交叉密度,主要用于抗腐蚀性、密封性及防止裂纹等要求。

3. 曲线及相关参数

轮廓支承长度率 $Rmr(c)$ 是指在给定水平截面高度 c 上轮廓实体材料长度 $Ml(c)$ 与评定长度 l_n 的比率,即

$$Rmr(c) = \frac{Ml(c)}{l_n} \quad (4-5)$$

$Ml(c)$ 是指在一个评定长度 l_n 内,一个给定水平截面高度 c 上,用一条平行于 X 轴的线与轮廓单元相截所获得的各段截线长度之和,如图4-10所示。

$$Ml(c) = Ml_1 + Ml_2 + \cdots + Ml_n \qquad (4-6)$$

轮廓支承长度率随水平截面高度 c 变化关系的曲线称为轮廓支承长度率曲线,如图 4-11 所示。

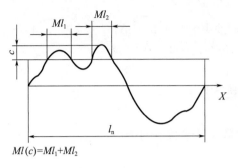

图 4-10 轮廓实体材料长度   图 4-11 支承长度率曲线

$Rmr(c)$ 是评定轮廓曲线的相关参数,能直观反映表面耐磨性,对提高承载能力也有重要意义。当 c 一定时,$Rmr(c)$ 值越大,则接触面积越大,接触刚度越高,支承能力和耐磨性越好。

4.2.4 表面粗糙度的参数值

表面粗糙度的参数值已标准化,GB/T 1031—2009 规定了表面粗糙度参数及其数值系列,各参数的推荐值见表 4-2~表 4-5。表面精度设计时,应当从中选取。

表 4-2 轮廓算术平均偏差 Ra 的数值(摘自 GB/T 1031—2009)

$Ra/\mu m$	0.012 0.025 0.05 0.1	0.2 0.4 0.8 1.6	3.2 6.3 12.5 25	50 100

表 4-3 轮廓最大高度 Rz 的数值(摘自 GB/T 1031—2009)

$Rz/\mu m$	0.025 0.05 0.1 0.2	0.4 0.8 1.6 3.2	6.3 12.5 25 50	100 200 400 800	1600

表 4-4 轮廓单元的平均宽度 Rsm 的数值(摘自 GB/T 1031—2009)

Rsm/mm	0.006 0.0125 0.0025 0.05	0.1 0.2 0.4 0.8	1.6 3.2 6.3 12.5

表4-5　轮廓支承长度率 $Rmr(c)$ 的数值（摘自 GB/T 1031—2009）

$Rmr(c)$	10	15	20	25	30	40	50	60	70	80	90

注：选用轮廓支承长度率参数时，应同时给出轮廓的水平截面高度 c 值。它可用微米或用 Rz 的百分数表示，Rz 的百分数系列为 5%、10%、15%、20%、25%、30%、40%、50%、60%、70%、80%、90%。

根据表面功能和生产的经济合理性，当选用标准中的基本系列值（表4-2～表4-5）不能满足要求时，可选取补充系列值，参见 GB/T 1031—2009。

4.3　表面精度设计

表面精度设计主要是表面粗糙度轮廓评定参数及其参数值的选用。

4.3.1　评定参数的选用

GB/T 1031—2009 规定，幅度参数 Ra、Rz 是基本评定参数，间距参数 Rsm 和曲线相关参数 $Rmr(c)$ 是附加评定参数。

表面粗糙度轮廓评定参数的选用原则是：根据零件的工作条件和使用性能的要求，在考虑表征零件表面的几何特性和表面功能参数的同时，应考虑表面粗糙度检测仪器（或测量方法）的测量范围和工艺的经济性。

1. 基本参数的选择

幅度参数是所有表面都必须选择的基本评定参数，一般只选用幅度参数。

在幅度参数常用的参数值范围内（Ra 为 $0.025\sim6.3\mu m$，Rz 为 $0.1\sim25\mu m$），可用触针式轮廓仪方便地测出 Ra 值，国家标准推荐优先选用 Ra。表面粗糙度要求特别高或特别低（$Ra<0.025\mu m$ 或 $Ra>6.3\mu m$）时，可用光切显微镜和干涉显微镜测量，应选用 Rz。

当表面不允许出现较深加工痕迹，以防应力集中，保证零件的疲劳强度要求时，应选用 Rz，且通常 Rz 与 Ra 一起使用；当被测表面面积很小（不足一个取样长度），如微小宝石轴承、仪表零件等，不适宜采用 Ra 评定时，也常采用 Rz。

图样上标注表面粗糙度参数值时，一般只标注幅度参数 Ra 和 Rz 值。

2. 附加参数的选择

RSm 和 $Rmr(c)$ 一般不能作为独立参数选用，只有少数零件的重要表面有特殊要求时才附加选用，而且只能与 Ra 或 Rz 同时选用。对零件表面轮廓的细密度有要求，要求密封性、涂漆性能（喷涂均匀、涂层有较好的附着度和表面光度），要求冲压成型后抗裂纹、抗振、耐腐蚀、减小流体流动摩擦阻力等场合，附加选用 Rsm；对轮廓实际接触面积大、接触刚度和耐磨性要求较高（如轴承、轴瓦）时，附加选用 $Rmr(c)$。

在规定表面粗糙度要求时，应当同时给出表面粗糙度参数值和测定时的取样长度 l_r 和评定长度 l_n。对应于 Ra、Rz 和 Rsm 数值的 l_r 和 l_n 数值可从表4-1选取。

4.3.2　评定参数值的选用

表面粗糙度参数值的选用，可采用类比法、试验法和计算法，类比法最常用。在机械零件表面精度设计中，合理地确定表面粗糙度参数值不仅影响零件的使用功能性能，而且还影响制造成本。选用表面粗糙度轮廓幅度参数的原则如下：

(1) 在满足功能要求的前提下,尽量选用较大的表面粗糙度参数值,$Rmr(c)$ 尽量小些,以降低加工难度和生产成本。

(2) 同一零件,工作表面比非工作表面的表面粗糙度参数值要小。

(3) 摩擦表面比非摩擦表面、滚动摩擦表面比滑动摩擦表面的表面粗糙度参数值要小。

(4) 相对运动速度高、单位面积压力大、承受交变载荷的表面及易引起应力集中的部位(如圆角、沟槽、台肩等),表面粗糙度参数值要小。

(5) 表面粗糙度参数值应与尺寸公差、形状公差相协调,通常尺寸公差与形状公差要求越严,表面粗糙度参数值就越小。表 4-6 所示是一般情况下表面粗糙度参数值与尺寸公差、形状公差的对应关系。

表 4-6 表面粗糙度应与尺寸公差、形状公差的一般对应关系

尺寸公差等级	形状公差 t	Ra
IT5～IT7	≈0.6IT	≤0.05IT
IT8～IT9	≈0.4IT	≤0.025IT
IT10～IT12	≈0.25IT	≤0.012IT
>IT12	<0.25IT	≤0.15IT

(6) 配合性质要求高的配合表面,如小间隙的配合表面、承受重载荷要求及连接强度高的过盈配合表面,表面粗糙度参数值要小。配合性质要求越稳定,表面粗糙度参数值应越小。

(7) 配合性质相同,零件尺寸越小,表面粗糙度值应越小;同一公差等级的配合,小尺寸比大尺寸、轴比孔的表面粗糙度数值要小。

(8) 密封性、防腐性要求高或外形美观表面的表面粗糙度参数值要小。

(9) 凡有关标准已对表面粗糙度轮廓要求做出规定者,如轴承、量规、齿轮等,应按标准规定选取表面粗糙度轮廓参数值。

孔和轴的表面粗糙度轮廓参数推荐值可参考表 4-7,典型零件表面的 Ra 和 $Rmr(c)$ 值见表 4-8,常见加工方法的表面粗糙度及应用举例见表 4-9。

表 4-7 孔、轴表面粗糙度轮廓参数推荐值

应用场合			$Ra/\mu m$ ≤	
示例	公差等级	表面	公称尺寸/mm	
			≤50	>50～500
经常装拆零件的配合表面 (如交换齿轮、滚刀等)	IT5	轴	0.2	0.4
		孔	0.4	0.8
	IT6	轴	0.4	0.8
		孔	0.4～0.8	0.8～1.6
	IT7	轴	0.4～0.8	0.8～1.6
		孔	0.8	1.6
	IT8	轴	0.8	1.6
		孔	0.8～1.6	1.6～3.2

续表

应用场合			Ra/μm ≤		
			公称尺寸/mm		
	公差等级	表面	≤50	>50～120	>120～500
过盈配合的配合表面	用压入法装配				
	IT5	轴	0.1～0.2	0.4	0.4
		孔	0.2～0.4	0.8	0.8
	IT6	轴	0.4	0.8	1.6
	IT7	孔	0.8	1.6	1.6
	IT8	轴	0.8	0.8～1.6	1.6～3.2
		孔	1.6	1.6～3.2	1.6～3.2
	用热装法装配	轴	1.6	1.6	1.6
		孔	1.6～3.2	1.6～3.2	1.6～3.2

应用场合	表面	径向圆跳动/μm					
精密定心配合表面		2.5	4	6	10	16	25
		Ra/μm ≤					
	轴	0.05	0.1	0.1	0.2	0.4	0.8
	孔	0.1	0.2	0.2	0.4	0.8	1.6

应用场合			
滑动轴承的配合表面	IT6～IT9	轴	0.4～0.8
		孔	0.8～1.6
	IT10～IT12	轴	0.8～3.2
		孔	1.6～3.2
	液体湿摩擦条件	轴	0.1～0.4
		孔	0.2～0.8

表4-8 典型零件表面的 Ra 和 $Rmr(c)$ 值

要求的表面	Ra/μm	$Rmr(c)$% ($c=20\%$)	l_r/mm	要求的表面		Ra/μm	$Rmr(c)$% ($c=20\%$)	l_r/mm
与滑动轴承配合的支承轴颈	0.32	30	0.8	蜗杆齿侧面		0.32	—	—
与青铜轴瓦配合的轴颈	0.40	15	0.8	铸铁箱体上主要孔		1.0～2.0	—	—
与巴比特轴瓦配合的支承轴颈	0.25	20	0.25	箱体和盖的结合面		0.63～1.6	—	2.5
与铸铁轴瓦配合的支承轴颈	0.32	40	0.8	机床滑动导轨	普通	0.63	—	0.8
					高精度	0.10	15	0.25
					重型	1.6	—	0.25
与石墨片轴瓦配合的支承轴颈	0.32	40	0.8	滚动导轨		0.16	—	0.25

续表

要求的表面	$Ra/\mu m$	$Rmr(c)\%$ ($c=20\%$)	l_r/mm	要求的表面	$Ra/\mu m$	$Rmr(c)\%$ ($c=20\%$)	l_r/mm
与滚动轴承配合的支承轴颈	0.80	—	0.8	缸体工作面	0.40	—	0.8
钢球和滚动轴承的工作面	0.80	15	0.25	活塞环工作面	0.25	—	0.25
保证选择器或排挡转移情况的表面	0.25	15	0.25	曲轴轴柄	0.32	—	0.8
和轮齿孔配合的轴颈	1.6	—	0.8	曲轴连杆轴颈	0.25	—	0.25
按疲劳强度工作的轴	—	60	0.8	活塞侧缘	0.80	—	0.8
喷镀过的滑动摩擦面	0.08	10	0.25	活塞上活塞销孔	0.50	—	0.8
				活塞销	0.25	—	0.25
准备喷镀的表面	—	—	0.8	分配轴颈和凸轮部分	0.32	—	0.8
电化学镀层前的表面	0.2~0.8	—	—	油针偶件	0.08	—	0.25
齿轮配合面	0.5~2.0	—	0.8	遥杆小轴孔和轴颈	0.63	—	0.8
轮齿齿面	0.63~1.25	—	0.8	腐蚀性表面	0.063	10	0.25

表4-9 表面粗糙度轮廓的表面特征、常见加工方法及应用举例

$Ra/\mu m$	表面形状特征	加工方法	应用举例
25~50	明显可见刀痕	粗车、镗、钻、刨	粗制后所得到的粗加工面,焊接前的焊缝、粗钻孔壁等
12.5	可见刀痕	粗车、刨、钻、铣	一般非结合表面,如轴的端面、倒角、齿轮及带轮的侧面、键槽的非工作表面、减重孔眼表面等
6.3	可见加工痕迹	车、镗、刨、钻、铣、磨、锉、粗铰、铣齿	不重要的非配合表面,如支柱、支架、外壳、衬套、轴、盖等的端面。紧固件的自由表面,紧固件通孔的表面,内、外花键的非定心表面,不作为计量基准的齿轮顶圆表面等
3.2	微见加工痕迹	车、镗、刨、铣、铰、拉、磨、滚压、刮1~2点/cm²、铣齿	与其他零件连接不形成配合的表面,如箱体、外壳、端盖等零件的端面。要求有定心及配合特性的固定支承面,如定心的轴肩,键和键槽的工作表面。不重要的紧固螺纹的表面。需要滚花或氧化处理的表面等
1.6	看不清加工痕迹	车、镗、拉、磨、铣、铰、刮1~2点/cm²、磨、滚压	安装直径超过80mm的0级轴承的外壳孔,普通精度齿轮的齿面,定位销孔,V带轮的表面,外径定心的内花键外径,轴承盖的定中心凸肩表面等

续表

$Ra/\mu m$	表面形状特征	加工方法	应用举例
0.8	可辨加工痕迹的方向	车、磨、立铣、刮3～10点/cm²、镗、拉、滚压	要求保证定心及配合特性的表面,如锥销与圆柱销的表面,与0级精度滚动轴承相配合的轴颈和外壳孔,中速转动的轴颈,直径超过80mm的6、5级滚动轴承配合的轴颈及外壳孔,内、外花键的定心内径,外花键键侧及定心外径,过盈配合IT7级的孔,间隙配合IT8～IT9级的孔,磨削的齿轮表面等
0.4	微辨加工痕迹的方向	铰、磨、镗、拉、刮3～10点/cm²、滚压	要求长期保持配合性质稳定的配合表面,IT7级的轴、孔配合表面,精度较高的轮齿表面,受变应力作用的重要零件,与直径小于80mm的6、5级轴承配合的轴颈表面,与橡胶密封件接触的表面,尺寸大于120mm的IT13～IT16级孔和轴用量规的测量表面
0.2	加工痕迹方向不可辨	布轮磨、磨、研磨、超级加工	工作时承受变应力的重要零件表面,保证零件的疲劳强度、防蚀性及耐久性,并在工作时不破坏配合性质的表面,如轴颈表面、要求气密的表面和支承表面、圆锥定心表面等。IT5、IT6级配合表面、高精度齿轮的齿面,与4级滚动轴承配合的轴颈表面,尺寸大于315mm的IT7～IT9级孔和轴用量规及尺寸大于120～315mm的IT10～IT12级孔和轴用量规的测量表面
0.1	暗光泽面	超级加工	工作时承受较大变应力作用的重要零件的表面。保证精确定心的锥体表面。液压传动用的孔表面。汽缸套的内表面,活塞销的外表面,仪器导轨面,阀的工作面。尺寸小于120mm的IT10～IT12级孔和轴用量规测量面等
0.05	亮光泽面		保证高气密性的接合表面,如活塞、柱塞和汽缸内表面。摩擦离合器的摩擦表面。对同轴度有精确要求的轴和孔。滚动导轨中的钢球或滚子和高速摩擦的工作表面
0.025	镜状光泽面		高压柱塞泵中柱塞和柱塞套的配合表面,中等精度仪器零件配合表面,尺寸大于120mm的IT6级孔用量规,小于120mm的IT7～IT9级轴用和孔用量规测量表面
0.012	雾状镜面		仪器的测量表面和配合表面,尺寸超过100mm的块规工作面
0.008			块规的工作表面,高精度测量仪器的测量面,高精度仪器摩擦机构的支承表面

4.4 表面结构的标注

GB/T 131—2006 规定了在技术产品文件中表面结构的表示方法,给出了表面结构标注用图形符号和标注方法,本节着重介绍表面粗糙度轮廓的标注。

4.4.1 表面结构的图形符号及其组成

表面结构的图形符号分为基本图形符号、扩展图形符号和完整图形符号,见表 4-10。

表 4-10 表面结构图形符号

符号	意义
√	基本图形符号,仅在简化标注时使用,或带有参数时表示不规定是否去除材料加工得到所指表面。文本代号为 APA
⩔	扩展图形符号,表示表面结构参数是用去除材料方法获得。例如,车、铣、钻、磨、剪切、抛光、腐蚀、电火花加工等。文本代号为 MRR
⩖	扩展图形符号,表示所指表面是用不去除材料的方法获得。例如,铸、锻、冲压变形、热轧、冷轧、粉末冶金等。或者表示要保持原供应状况的表面(包括保持上道工序的表面状况)。文本代号为 NMR
⎷ ⩔̄ ⩖̄	完整图形符号,用于标注表面结构参数和各项附加要求,分别表示用允许任何工艺、去除材料工艺和不允许去除材料工艺获得
⎷ⵁ ⩔ⵁ ⩖ⵁ	工件轮廓各表面图形符号,表示零件视图中除前后两表面以外周边封闭轮廓有相同的表面结构参数要求,分别表示用允许任何工艺、去除材料工艺和不允许去除材料工艺获得

为了明确表面结构要求,除了标注表面结构参数及其数值外,必要时应标注补充要求,补充要求包括传输带、取样长度、加工工艺、表面纹理及方向、加工余量等。在完整图形符号中,对表面结构的单一要求和补充要求应注写在如图 4-12 所示的指定位置。

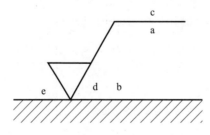

图 4-12 表面粗糙度轮廓完整图形符号

位置 a:注写表面结构的单一要求,包括幅度参数代号 Ra 或 Rz、极限值(单位为 μm)和传输带或取样长度。

轮廓参数的标注是先写传输带或取样长度,接着用"/"隔开,再标注表面结构参数代号,空一格后标注参数值。如果只用了一个滤波器,应保留连字号"-"来区分是短波滤波器还是长波滤波器。例如,"0.0025-0.8/Ra 0.8",其中 0.0025~0.8 表示波长为 0.0025~0.8mm 的传输带;"-0.8/Rz 3.2",表示传输带和取样长度为 0.8mm。

位置 a 和 b：注写两个或多个表面结构要求。如果要注写第三个或更多个表面结构要求，图形符号应在垂直方向增高，a、b 的位置也随之上移，见表 4-12。

位置 c：注写加工方法、表面处理、涂层或其他加工工艺要求等。如车、磨、镀等加工表面，如图 4-13、图 4-14 所示。

位置 d：注写所要求的表面纹理和纹理的方向。常见的纹理方向符号见表 4-11，标注见图 4-15。

表 4-11 常见的表面纹理方向符号（摘自 GB/T 131—2006）

符号	解释和示例	
=	纹理平行于视图所在的投影面	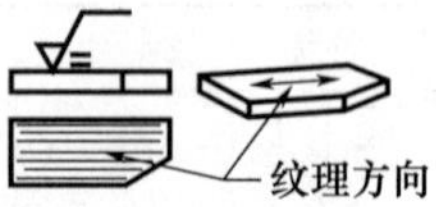
⊥	纹理垂直于视图所在的投影面	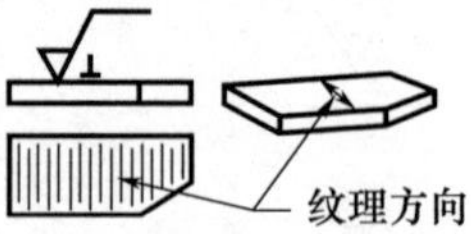
×	纹理呈两斜向交叉且与视图所在的投影面相交	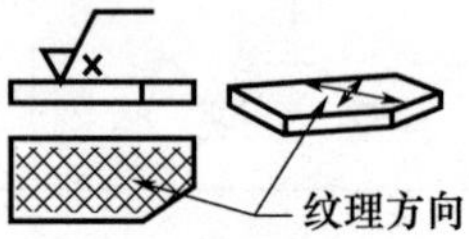
M	纹理呈多方向	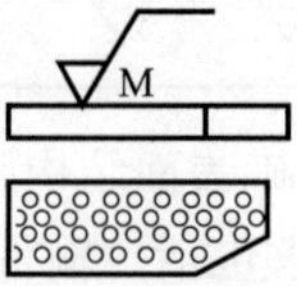
C	纹理呈近似同心圆且圆心与表面中心相关	
R	纹理呈近似放射状且与表面圆心相关	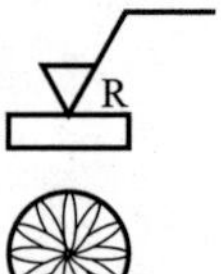
P	纹理呈微粒、凸起，无方向	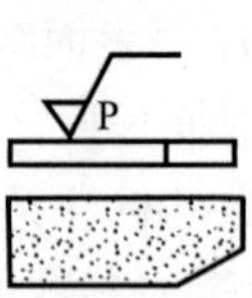

注：如果表面纹理不能清楚地用这些符号表示，必要时，可以在图样上加注说明。

位置 e：注写所要求的加工余量（单位为 mm），如图 4-16 所示。

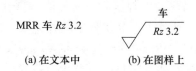

图4-13　加工工艺和表面粗糙度要求的标注

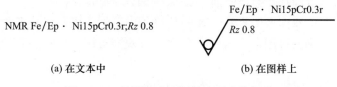

图4-14　镀覆和表面粗糙度要求的标注

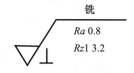

图4-15　表面纹理方向的标注

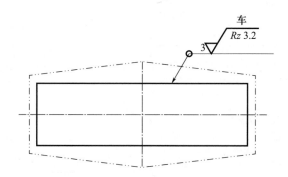

图4-16　在表示完工零件的图样中注出加工余量（所有表面加工余量均为3mm）

4.4.2　采用默认值的表面结构符号的简化标注

表面结构的参数要求不多，且无附加要求，实际中常简化标注，国家标准规定了一些对应的默认参数值和默认的规则，只要采用了这些参数值和规则，则在标注时即可省略。

R轮廓（粗糙度参数）传输带的截止波长为λ_s至λ_c，λ_c等于取样长度，取样长度l_r按表4-1推荐值选用时，则可省略不标，否则应给出l_r的数值，并在图样上或技术文件中注出。采用默认的评定长度，即$l_n = 5l_r$时省略不标，否则在参数代号后标注l_r的个数。

表面粗糙度参数极限值判断规则的标注。

（1）16%规则。当参数的规定值为上限值时，如果所选参数在同一评定长度上的全部实测值中，大于图样或技术产品文件中规定值的个数不超过实测值总数的16%，则该表面合格；当参数的规定值为下限值时，如果所选参数在同一评定长度上的全部实测值中，小于图样或技术文件中规定值的个数不超过实测值总数的16%，则该表面合格。16%规则是所有表面结构要求标注的默认规则，标注时无须加注任何代号。

（2）最大规则。检验时,若参数的规定值为最大值,则在被检表面的全部区域内测得的参数值一个也不应超过图样或技术产品文件中的规定值。若最大规则应用于表面结构要求,应在参数符号后面增加一个"max"标记,例如,Ra max 0.8。

表面结构参数的单向极限标注。当只标注参数代号、参数值和传输带时,它们应默认为参数的上限值(16%规则或最大规则的极限值);当作为参数的下限值(16%规则或最大规则的极限值)标注时,参数代号前应加L,例如,L Ra 0.32。

表面结构参数的双向极限标注。在完整符号中应标注极限代号U和L,上下限值为16%规则或最大规则的极限值。若同一参数具有双向极限要求,在不引起歧义时可以不加U、L。

表4-12为部分简化的符号标注及其对应的意义。

表4-12 表面结构参数标注及其解释

代号	意义	代号	意义
√Ra 3.2	用去除材料方法获得的表面粗糙度,粗糙度轮廓的算术平均偏差 Ra 的上限值为 $3.2\mu m$	√Rz 0.8	用不去除材料的方法获得的表面,粗糙度轮廓的最大高度 Rz 的上限值为 $0.8\mu m$
√Ra 0.8 Rz 3.2	不限制加工方法获得的表面粗糙度,Ra 的上限值为 $0.8\mu m$,Rz 的上限值为 $3.2\mu m$	√Ra 1.6 Rz 6.3	用去除材料方法获得的表面粗糙度,Ra 的上限值为 $1.6\mu m$,Rz 的上限值为 $6.3\mu m$
√U Rz 0.8 L Ra 0.2	用去除材料方法获得的表面粗糙度,Rz 的上限值为 $0.8\mu m$,Ra 的下限值为 $0.2\mu m$	√Ra 3.2	用不去除材料方法获得的表面粗糙度,Ra 的上限值为 $3.2\mu m$
√U Ra max 3.2 L Ra 0.8	用不去除材料方法获得的表面粗糙度,Ra 的下限值为 $0.8\mu m$,Ra 的上限最大极限值为 $3.2\mu m$	√Ra max 1.6	用去除材料方法获得的表面粗糙度,Ra 的最大极限值为 $1.6\mu m$
√0.8-25/Wz3 10	去除材料方法获得的表面波纹度,规定了传输带,评定长度为3倍取样长度,最大高度的上限值为 $10\mu m$	√0.008-/Pt max25	去除材料方法获得的P轮廓,传输带 $\lambda_s = 0.008mm$,轮廓总高度的最大极限值为 $25\mu m$
√0.0025-0.1/Rx 0.2	不规定加工方法,规定了传输带,两斜线之间为空表示默认评定长度,粗糙度图形最大深度上限值为 $0.2\mu m$	√-0.8/Ra 1.6	用去除材料方法获得的表面粗糙度,取样长度为 $0.8\mu m$,Ra 的上限值为 $1.6\mu m$
铣 √0.008-4/Ra 50 c 0.008-4/Ra 6.3	增加了附加要求:加工方法、表面纹理要求	磨 √Ra 1.6 ⊥-2.5/Rz max 6.3	增加了附加要求:加工方法、表面纹理要求
√Rz3 6.3	规定了取样长度的3倍作为评定长度	√Fe/Ep-Ni15pCr0.3r Rz 0.8	增加了附加要求:加工工艺方法为表面镀覆工艺

表4-12中的标注符号很多采用了默认的传输带、取样长度或评定长度,多数采用了

默认的极限值判断规则,都是幅度参数的标注例。控制间距参数和混合参数的标注也一样,差异在于参数代号和参数值。表面加工纹理有专门要求时,使用如表 4-12 所示的符号表示,以满足某些特殊需要。

4.4.3 表面结构要求在图样上的标注

表面结构要求对每一表面一般只标注一次,并尽可能标注在相应的尺寸及其公差的同一视图上。除非另有说明,所标注的表面结构要求是对完工零件表面的要求。

1. 表面结构符号、代号的标注位置与方向

表面结构符号、代号在图样上标注总的原则是,使表面结构的注写和读取方向与尺寸的注写和读取方向一致,如图 4-17 所示。

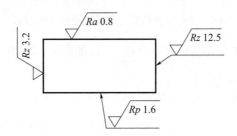

图 4-17 表面结构要求的注写方向

表面结构要求可标注在轮廓线上,其符号应从材料外指向并接触表面。必要时,表面结构符号也可用带箭头或黑点的指引线引出标注,如图 4-18、图 4-19 所示。

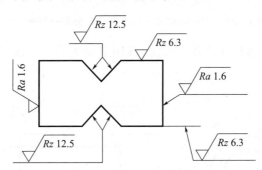

图 4-18 表面结构要求在轮廓线上的标注

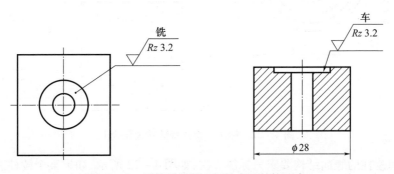

图 4-19 用指引线引出标注表面结构要求

在不致引起误解时,表面结构要求可标注在给定的尺寸线上,如图4-20所示。

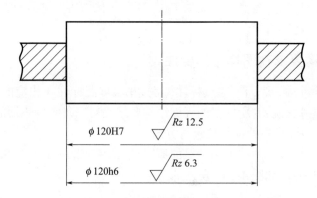

图4-20 表面结构要求在尺寸线上的标注

表面结构要求可标注在几何公差框格的上方,如图4-21所示。

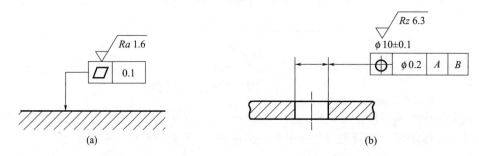

图4-21 表面结构要求标注在几何公差框格的上方

表面结构要求可直接标注在延长线上,或用带箭头的指引线引出标注,如图4-18、图4-22所示。

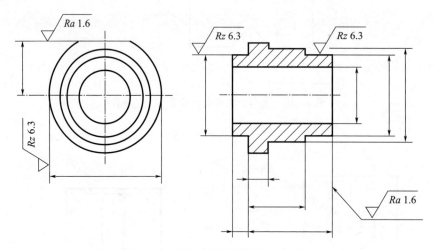

图4-22 标注在圆柱特征的延长线上

圆柱和棱柱的表面结构要求只标注一次,如图4-22所示,如果某个棱柱表面有不同的表面结构要求,可分别单独标注,如图4-23所示。

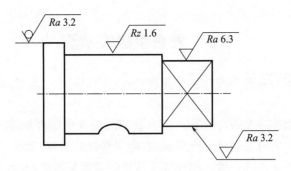

图 4-23 圆柱和棱柱的表面结构要求标注

2. 表面结构要求的简化标注

如果工件的多数(包括全部)表面有相同的表面结构要求,则其表面结构要求可统一标注在图样的标题栏附近。此时(除全部面有相同要求的情况外),表面结构要求的符号后面应有:在圆括号内给出无任何其他标注的基本符号,如图 4-24(a)所示;在圆括号内给出不同的表面结构要求,如图 4-24(b)所示。

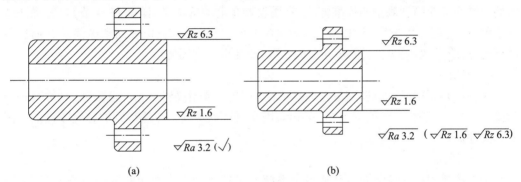

图 4-24 大多数表面有相同表面结构要求的简化标注

当多个表面具有相同的表面结构要求或图纸空间有限时,可用带字母的完整符号、基本图形符号或扩展图形符号,以等式的形式,在图形或标题栏附近,对有相同表面结构要求的表面进行简化标注,如图 4-25 所示。只用表面结构符号以等式形式对多个表面共同的表面结构的简化注法,如图 4-26 所示。

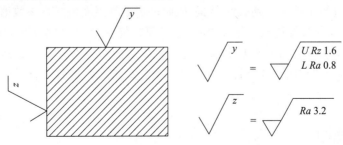

图 4-25 图纸空间有限时的简化标注

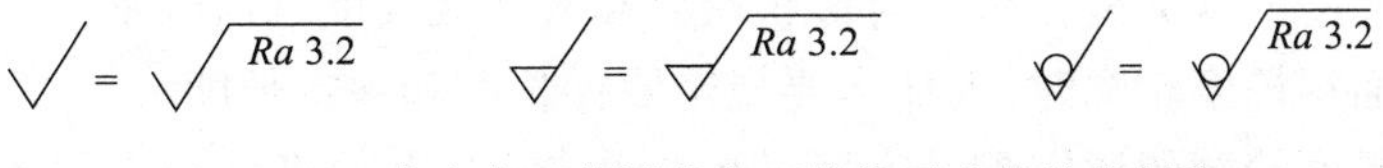

图 4-26 多个表面共同的表面结构要求的简化标注

4.5 表面粗糙度检测

表面粗糙度轮廓的常用检测方法主要有比较法、针描法、光切法、干涉法等。

1. 比较法

比较法是将被测零件表面与标有评定参数值的表面粗糙度标准样板比较,来估计被测表面粗糙度数值。选用表面粗糙度样板时,应尽量使其材料、形状、加工方法、加工纹理方向等与被测工件表面保持一致。比较法不能得到表面粗糙度的确切数值,但简单易行,能满足一般生产的需要,适宜于生产现场检验,常用于表面粗糙度要求不高的零件表面。

视觉比较法是靠目测或用放大镜、比较显微镜等工具观察被测零件表面,适宜于检测 Ra 值为 $0.16\sim100\mu m$ 的外表面。触觉比较法是用手指感触来判别被测零件表面,适宜于检测 Ra 值为 $1.25\sim10\mu m$ 的外表面。

2. 针描法

针描法又称触针法,是一种应用广泛的表面粗糙度轮廓接触式测量方法,是国际上公认的二维表面粗糙度测量的标准方法,常用仪器是电动轮廓仪(详见13.4节)。针描法适宜于测量 Ra 值为 $0.025\sim6.3\mu m$ 和 Rz 值为 $0.1\sim25\mu m$ 的内、外表面和球面。针描法测量迅速方便,可测量 Ra、Rz、Rsm 等多种参数,能在生产现场使用。

3. 光切法

光切法是利用光切原理测量表面粗糙度的方法,常用仪器是光切显微镜(又称双管显微镜),通常用于测量 Rz 值为 $1.6\sim63\mu m$,用车、铣、刨等加工方法得到的金属零件的平面或外圆柱面。

4. 干涉法

干涉法是利用光波干涉原理和显微系统测量精密加工表面粗糙度的方法,常用仪器是干涉显微镜,测量范围 Rz 值为 $0.025\sim0.8\mu m$,主要用于检测平面、外圆柱面和球面。

5. 其他检测方法

(1) 激光反射法。激光束以一定角度照射被测表面,除了小部分光被吸收以外,大部分光被反射和散射,根据反射光和散射光的强度及其分布可评定被测表面粗糙度轮廓。

(2) 数字全息显微法。通过记录参考光和从被测零件表面反射的物光间发生的干涉获得全息图,经过数字处理得到表面形貌,从而评定被测表面粗糙度参数值。

(3) 三维几何表面测量法。一维和二维表面粗糙度评定参数仅在轮廓线上检测评定,不能完整反映整个表面形貌的全部信息。三维表面粗糙度评定参数能更全面真实地反映被测工件表面的空间形貌特征。光纤法、微波法、光学轮廓仪和探针显微镜等方法已成功用于三维几何表面测量。

▼ 习题与思考题

1. 表面粗糙度的含义是什么?与形状误差和表面波纹度有何区别?
2. 评定表面粗糙度轮廓时,为什么要规定取样长度和评定长度?
3. 表面粗糙度轮廓的评定参数有哪些?给出名称、表示符号和应用场合。哪个应用最广泛?

4. 精度设计时如何协调尺寸公差、形状公差和表面粗糙度轮廓参数值之间的关系?

5. 解释如图 4-27 所示零件粗糙度标注符号的含义。

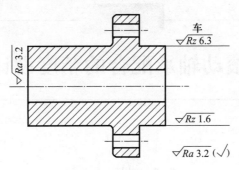

图 4-27 习题 5 图

6. 将下列表面结构要求标注在图 4-28 上。

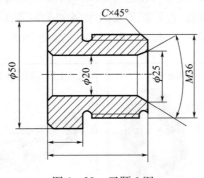

图 4-28 习题 6 图

(1) 直径为 $\phi 50$ 的圆柱外表面粗糙度 Ra 的允许值为 $3.2\mu m$;

(2) 左端面的表面粗糙度 Ra 的允许值为 $0.8\mu m$;

(3) 直径为 $\phi 50$ 圆柱的右端面的表面粗糙度 Ra 的允许值为 $1.6\mu m$;

(4) 内孔表面粗糙度 Ra 的允许值为 $0.8\mu m$;

(5) 螺纹工作面的表面粗糙度 Rz 的最大值为 $1.6\mu m$,最小值为 $0.8\mu m$;

(6) 其余各加工面的表面粗糙度 Ra 的允许值为 $6.3\mu m$,各加工表面均采用去除材料法获得。

7. 一般情况下,$\phi 80H7$ 和 $\phi 10H7$、$\phi 80H7/e6$ 和 $\phi 80H7/s6$ 相比,哪个孔应当选较小的表面粗糙度参数值,为什么?

第5章 滚动轴承配合的精度设计

5.1 概 述

滚动轴承被喻为"工业的关节",是航空发动机、液体火箭发动机涡轮泵、数控机床高速主轴、高速列车、风力发电机、直升机等重大装备的关键零部件,其发展水平代表着一个国家高端制造业的能力和水平。滚动轴承的应用实例如图5-1所示。

图 5-1 滚动轴承的应用实例

滚动轴承是由专业化厂商生产的标准部件,在现代机械设备中广泛应用,主要支承旋转部件(通常为轴),使轴类部件可以相对轴承座孔旋转运动。滚动轴承也是一种精密部件,由于起旋转支承作用,一般也作为旋转件的回转基准。滚动轴承结构简单,润滑方便,摩擦力小,易于更换,常被用于有回转精度要求的机构中。正确选用滚动轴承的配合精度,对有效保证回转部件的工作精度、工作性能及使用寿命起重要作用。

滚动轴承的基本结构如图 5-2 所示,由套圈(内圈和外圈)、滚动体(钢球或滚子)和保持架(又称保持器或隔离圈)组成。

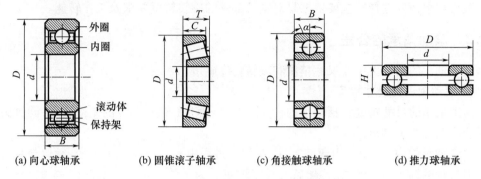

图 5-2 滚动轴承的类型、结构及公称尺寸

按滚动体形状,滚动轴承可分为球轴承和滚子轴承;按承载方向,可分为向心轴承、推力轴承、向心推力轴承三种。滚动轴承的主要尺寸有内径 d、外径 D 及轴承宽度 B。滚动轴承内圈与轴颈相配合,外圈与轴承座孔相配合,内径 d、外径 D 是与结合件配合的公称尺寸。滚动轴承是一种标准化部件,其外部尺寸 d、D、B 等已标准化、系列化。

本章涉及的有关滚动轴承公差配合现行国家标准如下。

GB/T 4199—2003 滚动轴承 公差 定义。

GB/T 307.1—2017 滚动轴承 向心轴承 产品几何技术规范(GPS)和公差值。

GB/T 307.2—2005 滚动轴承 测量和检验的原则及方法。

GB/T 307.3—2017 滚动轴承 通用技术规则。

GB/T 307.4—2017 滚动轴承 推力轴承 产品几何技术规范(GPS)和公差值。

GB/T 4604.1—2012 滚动轴承 游隙 第 1 部分:向心轴承的径向游隙。

GB/T 275—2015 滚动轴承 配合。

5.2 滚动轴承的精度

5.2.1 滚动轴承的公差等级及应用

GB/T 307.3—2017 规定,滚动轴承的公差等级按尺寸公差与旋转精度分级。向心轴承(圆锥滚子轴承除外)分为普通级、6、5、4、2 五级;圆锥滚子轴承分为普通级、6X、5、4、2 五级;推力轴承分为普通级、6、5、4 四级。公差等级依次由低到高排列,其中普通级(旧标准 0 级)精度最低,2 级最高。

普通级应用最广泛,适用于旋转精度要求不高、中等载荷、中低转速的一般旋转机构中,如普通机床、汽车、拖拉机的变速箱,普通电机、水泵、压缩机、减速机等的旋转机构。

6、6X 级(中级)用于旋转精度要求和转速较高的旋转机构中,如普通机床的主轴轴承、精密机床变速箱等。

5 级(较高级)、4 级(高级)常用于旋转精度和转速要求高的旋转机构中,如精密机床的主轴轴承,磨齿机、精密仪器和机械所用的轴承。

2级(精密级)常用于对旋转精度和转速要求很高的旋转机构中,如精密坐标镗床、高精度齿轮磨床和数控机床的主轴轴承以及高精度仪器和高转速机构中的轴承。

滚动轴承精度选择的主要依据是对轴承部件的旋转精度要求及工作转速。

5.2.2 滚动轴承的公差

滚动轴承的精度由主要尺寸精度和旋转精度确定。

1. 滚动轴承的尺寸精度

滚动轴承的尺寸精度包括轴承内径 d、外径 D、宽度(B)或(C)的制造精度,圆锥滚子轴承装配高度 T 的精度。

滚动轴承的内、外圈均为薄壁零件,在加工过程中和自由状态下易变形,但与具有正确几何形状的轴颈、轴承座孔装配后又易于矫正。为了便于加工,允许有一定的变形,为了控制轴承套圈的变形程度,保证配合性质,GB/T 4199—2003 不仅规定了轴承直径公差,还规定了平均直径的公差。尺寸公差的评定指标如下。

(1) 单一内(外)径偏差 $\Delta d_s (\Delta D_s)$

$$\Delta d_s = d_s - d, \quad \Delta D_s = D_s - D \tag{5-1}$$

式中:$d_s(D_s)$ 为单一内(外)径;$d(D)$ 为公称内(外)径。

(2) 单一平面内(外)径变动量 $V_{d_{sp}}(V_{D_{sp}})$

$$V_{d_{sp}} = d_{spmax} - d_{spmin}, \quad V_{D_{sp}} = D_{spmax} - D_{spmin} \tag{5-2}$$

式中:$d_{spmax}(D_{spmax})$ 为单个套圈最大单一平面单一内(外)径;$d_{spmin}(D_{spmin})$ 为单个套圈最小单一平面单一内(外)径。

(3) 单一平面平均内(外)径偏差 $\Delta d_{mp}(\Delta D_{mp})$

$$\Delta d_{mp} = d_{mp} - d, \quad \Delta D_{mp} = D_{mp} - D \tag{5-3}$$

式中:d_{mp} 为单一平面平均内径;D_{mp} 为单一平面平均外径。

(4) 平均内(外)径变动量 $V_{d_{mp}}(V_{D_{mp}})$

$$V_{d_{mp}} = d_{mpmax} - d_{mpmin}, \quad V_{D_{mp}} = D_{mpmax} - D_{mpmin} \tag{5-4}$$

式中:$d_{mpmax}(D_{mpmax})$ 为单个套圈最大单一平面平均内(外)径;$d_{mpmin}(D_{mpmin})$ 为单个套圈最小单一平面平均内(外)径。

(5) 内(外)圈单一宽度偏差 $\Delta B_S(\Delta C_S)$

$$\Delta B_S = B_S - B, \Delta C_S = C_S - C \tag{5-5}$$

式中:$B_S(C_S)$ 为内(外)圈宽度;$B(C)$ 为内(外)圈公称宽度。

(6) 内(外)圈宽度变动量 $VB_S(VC_S)$

$$VB_S = B_{Smax} - B_{Smin}, VC_S = C_{Smax} - C_{Smin} \tag{5-6}$$

式中:$B_{Smax}(C_{Smax})$ 为内(外)圈最大宽度;$C_{Smin}(C_{Smin})$ 为内(外)圈最小宽度。

2. 滚动轴承的旋转精度

滚动轴承的旋转精度参数主要有:成套轴承内、外圈的径向圆跳动 K_{ia}、K_{ea};成套轴承内、外圈端面的轴向圆跳动 S_{ia}、S_{ea};成套轴承外圈凸缘背面的轴向圆跳动 S_{ea1};内圈端面对内孔的垂直度 S_d;外圈外表面对端面的垂直度 S_D;外圈外表面对凸缘背面的垂直度 S_{D1}。普通级和6级轴承仅规定了 K_{ea} 和 K_{ia},5级~2级对旋转精度各参数均有规定。

与特性相关的公差值用 t 加特性符号表示,如 t_{VBs}。U 表示上极限偏差,L 表示下极限偏差。向心轴承内、外圈的极限偏差和公差值见表 5-1、表 5-2。

表 5-1 向心轴承内圈极限偏差和公差值（摘自 GB/T 307.1—2017） 单位：μm

公差等级	d/mm		$t_{\Delta d_{mp}}$		$t_{Vd_{sp}}$			$t_{Vd_{mp}}$	$t_{K_{ia}}$	$t_{\Delta Bs}$			t_{VBs}
					直径系列②					全部	正常	修正①	
	>	≤	U	L	9	0,1	2,3,4			U	L		
普通级	30	50	0	-12	15	12	9	9	15	0	-120	-250	20
	50	80	0	-15	19	19	11	11	20	0	-150	-380	25
6 级	30	50	0	-10	13	10	8	8	10	0	-120	-250	20
	50	80	0	-12	15	15	9	9	10	0	-150	-380	25

注：①适用于成对或成组安装时单个轴承的内外圈，也适用于 $d \geq 50$ mm 锥孔轴承的内圈；
②轴承直径（外径）系列中，0、1 为特轻系列；2 为轻系列；3 为中系列；4 为重系列。

表 5-2 向心轴承外圈极限偏差和公差值（摘自 GB/T 307.1—2017） 单位：μm

公差等级	D/mm		$t_{\Delta D_{mp}}$		$t_{VD_{sp}}$①					$t_{VD_{mp}}$①	$t_{K_{ea}}$	$t_{\Delta Cs}$ $t_{\Delta Cls}$②		t_{VCs} t_{VCls}②
					开型轴承			闭型轴承						
					直径系列									
	>	≤	U	L	9	0,1	2,3,4	2,3,4	0,1			U	L	
普通级	50	80	0	-13	16	13	10	20	—	10	25	与同一轴承内圈的 $t_{\Delta Bs}$ 及 t_{VBs} 相同		
	80	120	0	-15	19	19	11	26	—	11	35			
6 级	50	80	0	-11	14	11	8	16		8	13			
	80	120	0	-13	16	16	10	20		10	18			

注：①适用于内、外止动环安装前或拆卸后；
②仅适用于沟型球轴承。

5.3 滚动轴承内外径公差带特点

滚动轴承是标准件，故滚动轴承外圈与轴承座孔的配合应采用基轴制，内圈与轴颈的配合应采用基孔制。滚动轴承与轴、轴承座孔配合时的配合尺寸是单一平面平均内外径。GB/T 307.1—2017 规定：各级轴承平均内、外径公差带均为单向制，均在以公称直径为零线的下方，上偏差为零，下偏差为负值，如图 5-3 所示。

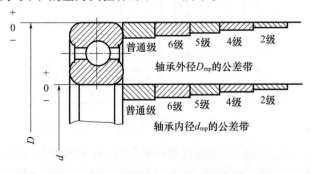

图 5-3 轴承内、外径公差带图

通常情况下,轴承内圈随传动轴一起旋转并传递扭矩,不允许内圈与轴有相对滑动,导致配合不可靠及结合面磨损,故要求配合应有一定的过盈量。由于内圈是薄壁零件,且一定时间后必须拆卸,过盈量不宜过大,否则会使内圈产生较大变形而减小轴承游隙,影响轴承工作性能。一般基准孔的公差带布置在零线上侧,若选用过盈配合,则其过盈量太大;若改用过渡配合,又可能出现间隙;若采用非标准配合,则违背标准化和互换性原则。因此,滚动轴承内圈内径的公差带在以公称内径 d 为零线的下方,这种特殊的基准孔公差带不同于基本偏差代号为 H 的基准孔公差带。轴承内圈与轴颈的配合比相应光滑圆柱体按基孔制形成的配合有不同程度的变紧,以满足滚动轴承配合的特殊要求。

轴承外圈安装在机器壳体孔中,通常不旋转。工作时温升会使轴膨胀而产生轴向移动,因此,长轴两端轴承中应有一端是游动支承,外圈与壳体孔的配合应稍微松一点,以便补偿轴的热胀伸长量,以免轴弯曲而导致轴承滚动体卡死,影响正常旋转。因此,轴承外圈外径公差带在以公称外径 D 为零线的下方,该公差带的基本偏差与一般基轴制配合的基准轴公差带的基本偏差 h 类似,但这两种公差带的公差值不同。

5.4 与滚动轴承配合的轴颈及轴承座孔的公差带

滚动轴承内、外径公差带在出厂时就已确定,故使用中滚动轴承的配合性质应分别由轴颈、轴承座孔的公差带确定。为了实现不同的配合性质要求,GB/T 275—2015 规定了与普通级和 6 级滚动轴承内、外圈配合的轴颈、轴承座孔的常用公差带,如图 5-4、图 5-5 所示。其中对轴颈规定了 17 种公差带,对轴承座孔规定了 16 种公差带,均从 GB/T 1800.1—2020 常用孔、轴公差带中选取。

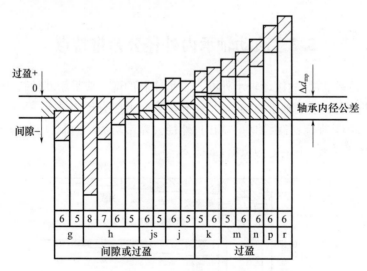

图 5-4 普通级轴承与轴配合的常用公差带

由图 5-4 可见,轴承内径与轴颈按基孔制配合,轴承内径公差带采用上偏差为零的单向布置,其公差值也是特殊规定的(表 5-1),所以,同一个轴,与轴承内径的配合,要比相应光滑圆柱体基孔制同名配合偏紧一些。轴承内圈与 k、m、n 等轴颈为具有小过盈的过盈配合,与 g、h 轴颈为过渡配合。由图 5-5 可见,轴承外径公差带的布置方案虽然与光滑圆柱体基准轴的公差带相同,但轴承外径的公差值也是特殊规定的(表5-2),因此,同样的孔,与轴承外径的配合与基轴制同名配合也不完全相同。

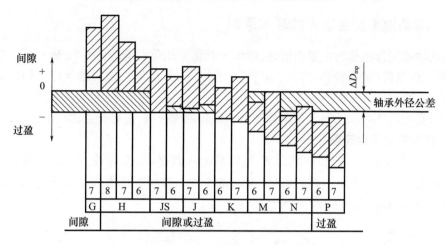

图 5-5　普通级轴承与孔配合的常用公差带

如图 5-6 所示,$\phi 50k6$ 轴分别与 6 级轴承内圈和 $\phi 50H7$ 配合,显然与轴承内圈配合是过盈配合,比与 $\phi 50H7$ 配合要紧。

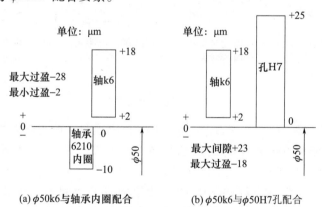

图 5-6　$\phi 50k6$ 轴与轴承内圈、$\phi 50H7$ 孔的配合比较

与轴承配合的轴及轴承座孔的公差等级应当与轴承本身的公差等级相协调。与普通级、6(6X)级轴承配合的轴颈一般取 IT6,轴承座孔一般取 IT7;对旋转精度和运转平稳性有较高要求的场合(如电动机等),轴应为 IT5,轴承座孔为 IT6。与 5 级轴承配合的轴颈、轴承座孔均取 IT6,要求高时取 IT5;与 4 级轴承配合的轴颈取 IT5,轴承座孔取 IT6,要求更高时轴取 IT4,轴承座孔取 IT5。

5.5　滚动轴承配合的精度设计

滚动轴承配合精度设计包括:确定滚动轴承的公差等级;确定滚动轴承内圈与轴颈的配合、外圈与轴承座孔的配合,即选用轴颈、轴承座孔的尺寸公差带;确定轴颈和轴承座孔的几何公差和表面粗糙度参数值。

合理地选择滚动轴承与轴颈及轴承座孔的配合,可以保证滚动轴承的工作性能和寿命,有效保证机器的精度,提高机器的运转质量及使用寿命,使产品制造经济合理。

5.5.1 滚动轴承配合选用的基本原则

滚动轴承配合选择的主要依据是,轴承套圈承受载荷的类型和大小,轴承的类型和尺寸,轴承工作条件(旋转精度、转速、运转平稳性、工作温度等),轴与轴承座孔的结构和材料以及轴承装拆等。

采用类比法选择滚动轴承与轴颈和轴承座孔的配合时,应综合考虑以下因素。

1. 载荷类型与运转条件

作用于轴承套圈上的径向载荷 F,可以是定向载荷 F_r(如带轮的拉力或齿轮的作用力)、旋转载荷 F_c(如机件的离心力)或两者的合成。按照作用方向与轴承套圈的相对运动关系,将径向载荷分为三类,如图 5-7 所示。

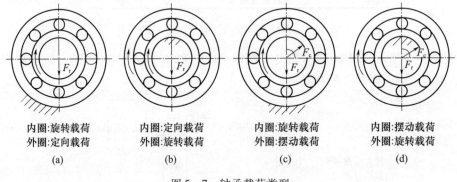

图 5-7 轴承载荷类型

(1)定向载荷(静止载荷)。作用于轴承上的合成径向载荷与套圈相对静止,即载荷方向始终不变地作用在套圈滚道的局部区域上。如图 5-7(a)所示不旋转的外圈、图 5-7(b)所示不旋转的内圈,均受定向载荷 F_r 作用。

定向载荷的受力特点是载荷作用集中,套圈滚道局部区域易产生磨损。为了保证套圈滚道的磨损均匀,当套圈承受定向载荷时,该套圈与轴颈或轴承座孔的配合应稍松些,应选较松的过渡配合或间隙较小的间隙配合,以便在摩擦力矩的带动下,使外圈(内圈)相对于轴承座孔(轴颈)可以做非常缓慢的相对滑动,避免套圈滚道局部磨损,延长轴承的使用寿命。

(2)旋转载荷(循环载荷)。作用于轴承上的合成径向载荷与套圈相对旋转,即径向载荷依次作用在套圈滚道的整个圆周上,周而复始。如图 5-7(a)和(c)所示旋转的内圈、图 5-7(b)和(d)所示旋转的外圈,均受旋转载荷。

旋转载荷的受力特点是载荷周期连续作用,套圈滚道产生均匀磨损。因此,承受旋转载荷的套圈与轴颈或轴承座孔的配合应稍紧一些,应选过盈配合或较紧的过渡配合,保证它们能固定成一体,以避免套圈在轴和轴承座孔上打滑,使配合面发热加快磨损。其过盈量的大小,以不使套圈与轴颈或轴承座孔的配合表面间产生爬行现象为原则。

(3)摆动载荷。作用于轴承上的合成径向载荷在套圈滚道的一定区域内相对摆动,往复作用在套圈滚道的局部圆周上。如图5-7(c)、图5-7(d)所示,轴承套圈受到一个大小和方向均固定的径向载荷 F_r 和一个旋转的径向载荷 F_c 的作用,两者合成的径向载荷大小将由小到大,再由大到小,周期性地变化。

如图5-8所示,当 $F_r > F_c$ 时,合成载荷在 AB 区域内摆动,不旋转的套圈相对于合成载荷 F 方向摆动,而旋转的套圈相对于合成载荷 F 方向旋转;当 $F_r < F_c$ 时,合成载荷沿整个圆周变动,因此不旋转的套圈承受旋转载荷,而旋转的套圈承受摆动载荷。

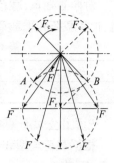

图5-8 摆动载荷

承受摆动载荷的套圈配合的松紧程度应介于定向载荷和旋转载荷之间,与旋转载荷相同或稍松一些。

表5-3总结了工程实际中常见的轴承套圈运转及承载情况,可供选择轴承配合时参考。

表5-3 套圈运转及承载情况(摘自 GB/T 275—2015)

套圈运转情况	典型示例	示意图	套圈承载情况	推荐的配合
内圈旋转 外圈静止 载荷方向恒定	皮带驱动轴		内圈承受旋转载荷 外圈承受静止载荷	内圈过盈配合 外圈间隙配合
内圈静止 外圈旋转 载荷方向恒定	传送带托辊 汽车轮毂轴承		内圈承受静止载荷 外圈承受旋转载荷	内圈间隙配合 外圈过盈配合
内圈旋转 外圈静止 载荷随内圈旋转	离心机、振动筛、振动机械		内圈承受静止载荷 外圈承受旋转载荷	内圈间隙配合 外圈过盈配合
内圈静止 外圈旋转 载荷随外圈旋转	回转式破碎机		内圈承受旋转载荷 外圈承受静止载荷	内圈过盈配合 外圈间隙配合

总之,套圈相对于载荷方向旋转或摆动时,应选过盈配合;套圈相对于载荷方向固定时,可选间隙配合。载荷方向难以确定时,宜选过盈配合。

2. 载荷大小

轴承套圈与轴颈或轴承座孔配合的最小过盈量取决于载荷的大小。载荷越大,选择的配合过盈量应越大。当承受冲击载荷或重载荷时,一般应选择比正常、轻载荷时更紧的配合。

对向心轴承,载荷的大小按径向当量动载荷 P_r 与径向额定动载荷 C_r 的比值分为轻载荷、正常载荷和重载荷三类,见表 5-4。

表 5-4 向心轴承载荷大小(摘自 GB/T 275—2015)

载荷大小	轻载荷	正常载荷	重载荷
P_r/C_r	≤0.06	>0.06~0.12	>0.12

P_r 值由公式计算得到,C_r 值从轴承产品样本资料中查得。

根据载荷类型和载荷大小选择与向心轴承配合的轴颈和轴承座孔的尺寸公差带,见表 5-5、表 5-6。

表 5-5 向心轴承和轴的配合 轴公差带代号(摘自 GB/T 275—2015)

载荷情况		举例	圆柱孔轴承			公差带
			深沟球轴承、调心球轴承和角接触球轴承	圆柱滚子轴承和圆锥滚子轴承	调心滚子轴承	
			轴承公称内径/mm			
内圈承受旋转载荷或方向不定载荷	轻载荷	输送机、轻载齿轮箱	≤18 >18~100 >100~200 —	— ≤40 >40~140 >140~200	— ≤40 >40~100 >100~200	h5 j6① k6① m6①
	正常载荷	一般通用机械、电动机、泵、内燃机、正齿轮传动装置	≤18 >18~100 >100~140 >140~200 >200~280 —	— ≤40 >40~100 >100~140 >140~200 >200~400	— ≤40 >40~65 >65~100 >100~140 >140~280 >280~500	j5 js5 k5② m5② m6 n6 p6 r6
	重载荷	铁路机车车辆轴箱、牵引电机、破碎机等	— — —	>50~140 >140~200 >200	>50~100 >100~140 >140~200 >200	n6③ p6③ r6③ r7③
内圈承受固定载荷	所有载荷	内圈需在轴向易移动	非旋转轴上的各种轮子	所有尺寸		f6 g6
		内圈不需在轴向易移动	张紧轮、绳轮			h6 j6
仅有轴向载荷			所有尺寸			j6、js6
圆锥孔轴承						
所有载荷		铁路机车车辆轴箱	装在退卸套上	所有尺寸		h8(IT6)④、⑤
		一般机械传动	装在紧定套上	所有尺寸		h9(IT7)④、⑤

注:①凡精度要求较高的场合,应用 j5、k5、m5 代替 j6、k6、m6;
②圆锥滚子轴承、角接触球轴承配合对游隙影响不大,可用 k6、m6 代替 k5、m5;
③重载荷下轴承游隙应选大于 N 组;
④凡精度要求较高或转速要求较高的场合,应选用 h7(IT5) 代替 h8(IT6) 等;
⑤IT6、IT7 表示圆柱度公差数值

表 5-6 向心轴承和轴承座孔的配合 孔公差带代号(摘自 GB/T 275—2015)

载荷情况		举例	其他状况	公差带①	
				球轴承	滚子轴承
外圈承受固定载荷	轻、正常、重	一般机械、铁路机车车辆轴箱	轴向易移动,可采用剖分式轴承座	H7、G7②	
	冲击		轴向能移动,可采用整体或剖分式轴承座	J7、JS7	
方向不定载荷	轻、正常	电机、泵、曲轴主轴承		K7	
	正常、重				
	重、冲击	牵引电机		M7	
外圈承受旋转载荷	轻	皮带张紧轮	轴向不移动,采用整体式轴承座	J7	K7
	正常	轮毂轴承		M7	N7
	重			—	N7、P7

注:①并列公差带随尺寸的增大从左至右选择。对旋转精度有较高要求时,可相应提高一个公差等级;
②不适用于剖分式轴承座

当轴承内圈承受旋转载荷时,它与轴颈配合所需的最小过盈 $\delta_{\min}$ 为

$$\delta_{\min} = \frac{13Rk}{10^6 b}(\text{mm}) \tag{5-7}$$

式中:R 为轴承承受的最大径向载荷(kN);k 为与轴承系列有关的系数,轻系列 $k=2.8$,中系列 $k=2.3$,重系列 $k=2$;b 为轴承内径的配合宽度(m),$b=B-2r$,B 为轴承宽度,r 为内圈的圆角半径。

为避免套圈破裂,还需要按不超出套圈允许的强度计算其最大过盈量

$$\delta_{\max} = \frac{11.4kd[\sigma_p]}{(2k-2) \times 10^3}(\text{mm}) \tag{5-8}$$

式中:$[\sigma_p]$ 为轴承套圈材料的许用拉应力($\times 10^5 \text{Pa}$),对轴承钢 $[\sigma_p] \approx 400(\times 10^5 \text{Pa})$;$d$ 为轴承内圈内径(m)。

例 5-1 某一旋转机构用中系列 6 级精度的深沟球轴承,$d=40\text{mm}$,$B=23\text{mm}$,圆角半径 $r=2.5\text{mm}$,承受正常的最大径向载荷为 4kN,试计算它与轴颈配合的最小过盈,并选择合适的公差带。

解: 由式(5-7)可得

$$\delta_{\min} = \frac{13Rk}{10^6 b} = \frac{13Rk}{10^6(B-2r)} = \frac{13 \times 4 \times 2.3}{10^6 \times (23-2\times 2.5) \times 10^{-3}} \approx 0.007\text{mm}$$

按计算所得的最小过盈量,可选与该轴承内圈相配合的轴公差带为 m5,查表 5-1 得 $d=40\text{mm}$ 的 6 级轴承,d_{mp} 上偏差为零,下偏差为 -0.010mm;由表 2-2、表 2-3 查得,$\phi 40 \text{m5}$ 的下偏差为 $+0.009\text{mm}$,上偏差为 $+0.020\text{mm}$。因此,该轴承内圈与轴颈为过盈配合。

$\delta'_{\min}=0.009\text{mm}$,$\delta'_{\max}=0.030\text{mm}$。如图 5-9 所示。

由式(5-8),验算轴承内圈与轴颈相配合时,不致使套圈胀破的最大过盈量为

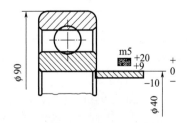

图 5-9 轴承内圈与轴的配合

$$\delta_{\max} = \frac{11.4kd[\sigma_{\rm p}]}{(2k-2)\times 10^3} = \frac{11.4\times 2.3\times 400\times 40\times 10^{-3}}{(2\times 2.3\, -\, 2)\times 10^3} \approx 0.161\,{\rm mm}$$

经计算可见,$\delta_{\min} < \delta'_{\min}$,$\delta_{\max} > \delta'_{\max}$,故与此轴承内圈相配合的轴公差带可选 m5。

上述计算公式安全裕度较大,按这种计算选择的配合往往过紧。本例中系列载荷 $P=4{\rm kN}$,6308 号轴承的额定动载荷 $C_{\rm r}=40.5{\rm kN}$,$P_{\rm r}\approx 0.1C_{\rm r}$。按表 5-5 推荐的配合,轴颈的公差带也可选 k5。

3. 轴承尺寸

随着轴承尺寸的增大,选择的过盈配合过盈量应越大或间隙配合间隙量应越大。

4. 轴承游隙

滚动轴承游隙是指轴承内圈、外圈、滚动体间的间隙量。滚动轴承的游隙分为径向游隙与轴向游隙,即在不承受任何外载荷状态下,沿任意角度方向,一套圈相对另一套圈从一径向(轴向)偏心极限位置移到相反的极限位置的径向(轴向)距离的算术平均值。

轴承工作时游隙过大,会产生较大的径向跳动和轴向窜动,使轴承产生振动和噪声;游隙过小,则会使轴承滚动体与套圈间产生较大接触应力,引起轴承摩擦发热,甚至滚动体卡死,无法正常工作。因此,游隙的大小应适当。

GB/T 4604.1—2012 将向心轴承的径向游隙分为 5 组:2 组、N 组、3 组、4 组、5 组,游隙的大小依次增大,其中 N 组为基本游隙组,应优先选用。

5. 工作温度的影响

轴承工作时,由于摩擦发热和其他热源的影响,轴承套圈的温度经常高于相配件的温度。由于发热膨胀,造成轴承内圈与轴颈的配合变松,外圈与轴承座孔配合变紧,影响轴承在轴承座中的轴向移动。因此在选择配合时,应考虑轴承与轴和轴承座的温差和热的流向,并加以修正,增大内圈与轴颈的过盈量,减小外圈与轴承座孔的过盈量。

6. 旋转精度和转速的影响

机器需要较高的旋转精度时,应选择较高精度等级的轴承(如 5 级和 4 级),与之配合的轴颈、轴承座孔也应选择较高的精度等级,以满足轴承的配合精度要求。

对旋转精度和运转平稳性要求较高的场合,为了消除弹性变形和振动的影响,一般不采用间隙配合,承受旋转载荷及定向载荷的套圈与相配件的配合应当选紧一些的。而对一些用于精密机床的轻载荷轴承,为了避免孔、轴形状误差对轴承精度的影响,常采用间隙配合。

轴承的转速越高,配合应当越紧。

7. 轴和轴承座的结构和材料

对于剖分式轴承座,装拆方便,配合过紧会使外圈发生椭圆变形,外圈不宜采用过盈配合。当轴承用于空心轴或薄壁、轻合金轴承座时,为了保证足够的支承刚度和强度,应采用比实心轴或厚壁钢或铸铁轴承座更紧的过盈配合。

8. 安装和拆卸

间隙配合更易于轴承的安装和拆卸。对于要求采用过盈配合且便于安装和拆卸的应用场合,可采用可分离轴承或锥孔轴承。

9. 游动端轴承的轴向移动

当以不可分离轴承作游动支承时,应以相对于载荷方向固定的套圈作为游动套圈,选择间隙或过渡配合。

5.5.2 轴颈、轴承座孔的几何公差与表面粗糙度选用

为了保证轴承配合性质及正常运转,对轴颈和轴承座孔还应规定几何公差和表面粗糙度。

在机械结构中,轴承既要承受载荷的作用,同时还作为旋转件的重要基准,精度一般比较高。轴承的结构特点为薄壁件、易变形,但在装配后通过轴颈、轴承座孔的正确形状又可得到矫正。轴颈和轴承座孔的形状误差会直接反映到套圈滚道上,导致套圈滚道变形,旋转时引起振动或噪声,降低工作质量。为了保证轴承安装正确、运转平稳,应当对轴颈和轴承座孔的配合表面提出圆柱度公差要求,并采用包容要求。为了保证轴承的旋转精度,应控制与套圈端面接触的轴肩及轴承座孔肩的偏斜,避免轴承装配后滚道位置不正而导致运转不平稳,应规定轴肩及轴承座孔肩的轴向圆跳动公差。轴和轴承座孔的几何公差如图 5 – 10、表 5 – 7 所示。

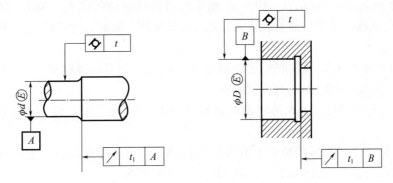

图 5 – 10 与轴承配合的轴颈和轴承座孔的几何公差

表 5 – 7 轴和轴承座孔的几何公差(摘自 GB/T 275—2015)

公称尺寸/mm		圆柱度 t/μm			轴向圆跳动 t_1/μm			
		轴颈		轴承座孔		轴肩		轴承座孔肩
		轴承公差等级						
>	≤	0	6(6X)	0	6(6X)	0	6(6X)	0	6(6X)
—	6	2.5	1.5	4	2.5	5	3	8	5
6	10	2.5	1.5	4	2.5	6	4	10	6
10	18	3.0	2.0	5	3.0	8	5	12	8
18	30	4.0	2.5	6	4.0	10	6	15	10
30	50	4.0	2.5	7	4.0	12	8	20	12
50	80	5.0	3.0	8	5.0	15	10	25	15
80	120	6.0	4.0	10	6.0	15	10	25	15
120	180	8.0	5.0	12	8.0	20	12	30	20
180	250	10.0	7.0	14	10.0	20	12	30	20

轴颈和轴承座孔配合表面的表面粗糙度不仅影响配合性质,还会减小有效过盈量,使

得接触刚度下降,导致支承不良,因此,应严格规定与轴承配合的轴颈和轴承座孔配合表面的表面粗糙度幅度参数值,见表5-8,可根据具体要求选用。

表5-8 配合表面及端面的表面粗糙度(摘自 GB/T 275—2015)

轴或轴承座孔直径 /mm		轴或轴承座孔配合表面直径公差等级					
		IT7		IT6		IT5	
		表面粗糙度 $Ra/\mu m$					
>	≤	磨	车	磨	车	磨	车
—	80	1.6	3.2	0.8	1.6	0.4	0.8
80	500	1.6	3.2	1.6	3.2	0.8	1.6
500	1250	3.2	6.3	1.6	3.2	1.6	3.2
端面		3.2	6.3	6.3	6.3	6.3	3.2

例5-2 某圆柱齿轮减速器,功率为5kW,输出轴转速为83r/min,其两端的轴承为6211深沟球轴承,$d=55$mm,$D=100$mm,轴承的当量径向动载荷 $P_r=883$N,额定动载荷 $C_r=33540$N,试确定轴颈和轴承座孔的公差带及各项技术要求,并将设计结果标注在装配图和零件图上。

解:(1)减速器属于一般机械,输出轴转速不高,故选用普通级轴承。

(2)$P_r=0.03C_r \leq 0.06C_r$,故为轻载荷。

(3)查表5-5和表5-6选取轴的公差带为j6,轴承座孔公差带为H7,并采用包容要求。

(4)查表5-7选取轴的圆柱度值为0.005,轴肩的轴向圆跳动的公差值为0.015;轴承座孔圆柱度公差值为0.01,轴向圆跳动公差值为0.025。

(5)查表5-8得,采用车加工,轴颈表面 $Ra=1.6\mu m$,轴肩端面 $Ra=6.3\mu m$,轴承座孔表面 $Ra=3.2\mu m$,孔肩端面 $Ra=6.3\mu m$。

(6)将设计结果标于图5-11上。滚动轴承是标准件,在装配图上只需标注轴颈、轴承座孔公差带代号。

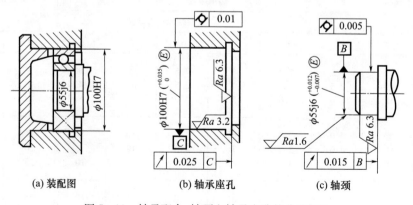

(a) 装配图　　(b) 轴承座孔　　(c) 轴颈

图5-11 轴承配合、轴颈和轴承座孔的公差标注

习题与思考题

1. 滚动轴承的精度分哪几级？划分依据是什么？最常用的是哪些等级？
2. 与光滑圆柱面极限配合相比，滚动轴承的公差配合有何特点？
3. 滚动轴承结合的精度设计包括哪些内容？
4. 深沟球轴承6210，外径90mm，内径50mm，普通级精度，与内圈配合的轴用k5，与外圈配合的孔用j6，试画出配合的尺寸公差图，并计算极限间隙（过盈）及平均间隙（过盈）。
5. 某一旋转机构，选用中系列的深沟球轴承6310，6级精度，$d=50$mm，$D=110$mm，$B=27$mm，额定动载荷$C_r=61.8$kN。工况为：外圈固定，内圈与轴一起旋转，承受径向载荷为5kN。试确定：(1)与轴承配合的轴和轴承座孔的公差带代号；(2)轴和轴承座孔的几何公差及表面粗糙度参数值；(3)画出配合的尺寸公差图，计算极限间隙（过盈）；(4)将设计结果标注在装配图和零件图上。

第6章 普通螺纹连接及螺旋传动的精度设计与检测

6.1 螺纹连接的种类及特点

螺纹是在机电产品中应用非常广泛的标准件,根据连接性质和用途,可分为如下三类。

1. 紧固螺纹

通常用于连接和紧固零件。最常用的是普通螺纹,使用时要求内外螺纹间有良好的旋合性及连接可靠性。普通螺纹按螺距分为粗牙和细牙两种,一般连接或紧固选粗牙螺纹,细牙螺纹连接强度高、自锁性好,一般用于薄壁零件或承受动荷载的连接中,也用于精密机构的调整装置。

2. 传动螺纹

用于传递动力、运动或位移。使用时要求传动准确、可靠,螺纹接触良好。特别对丝杠类,要求传动比恒定;对测微螺纹类,要求传递运动准确,螺纹间隙引起的回程误差要小。

3. 密封螺纹(紧密螺纹)

用于密封,要求结合紧密,具有一定的过盈,以保证不泄漏,旋合后不再拆卸。这类螺纹包括管螺纹、锥螺纹、锥管螺纹等。

螺纹按牙型可分为三角形、矩形、梯形、锯齿形等,按旋向可分为左旋和右旋。普通螺纹使用最为广泛,其公差与配合也最有代表性,所以本章主要介绍应用比较广泛的普通螺纹、机床丝杠螺母副和滚珠丝杆副的精度设计,涉及的有关现行国家标准如下。

GB/T 192—2003 普通螺纹 基本牙型。

GB/T 193—2003 普通螺纹 直径与螺距系列。

GB/T 196—2003 普通螺纹 基本尺寸。

GB/T 197—2018 普通螺纹 公差。

GB/T 14791—2013 螺纹 术语。

GB/T 2516—2003 普通螺纹 极限偏差。

GB/T 15756—2008 普通螺纹 极限尺寸。

GB/T 3934—2003 普通螺纹量规 技术条件。

6.2 普通螺纹的基本牙型及主要几何参数

米制普通螺纹的基本牙型为原始三角形顶部削去 $H/8$、底部削去 $H/4$ 的理论牙型。基本牙型具有螺纹的公称尺寸,是确定螺纹设计牙型的基础。普通圆柱螺纹的基本牙型及主要几何参数如图 6-1 所示。

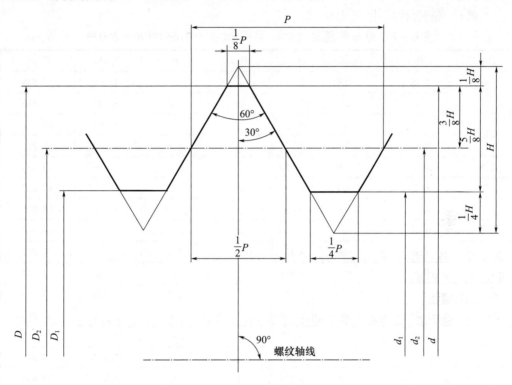

图 6-1 普通螺纹基本牙型

(1) 大径 D、d(公称直径)。与外螺纹牙顶或内螺纹牙底相切的假想圆柱的直径。相配合的普通内、外螺纹的公称直径相等,即 $D = d$。

(2) 小径 D_1、d_1。与外螺纹牙底或内螺纹牙顶相切的假想圆柱的直径。相配合的普通内、外螺纹的小径公称尺寸相等,即 $D_1 = d_1$。

(3) 中径 D_2、d_2。一个假想圆柱的直径,该圆柱母线通过圆柱螺纹上牙厚与牙槽宽相等的地方。中径决定了螺纹牙侧相对于轴线的径向位置,直接影响螺纹的使用性能,是螺纹公差配合的主要参数之一。相配合的普通内、外螺纹的中径公称尺寸相等,即 $D_2 = d_2$。

(4) 螺距 P 和导程 P_h。螺距为相邻两牙体上的对应牙侧与中径线相交两点间的轴向距离。每一公称直径的螺纹,可以有几种不同规格的螺距,其中较大的一个称为粗牙,其余均称为细牙。导程是最邻近的两同名牙侧与中径线相交两点间的轴向距离。对于单线(头)螺纹,导程等于螺距;若螺纹是有 n 条螺旋线的多线(头)螺纹,则 $P_h = nP$。相配合的普通内、外螺纹的螺距公称尺寸相等。

(5) 升角(导程角)φ。在中径圆柱上螺旋线的切线与垂直于螺纹轴线平面间的夹角。

(6)牙型角 α 和牙侧角 α_1、α_2。牙型角是在螺纹牙型上,两相邻牙侧间的夹角,对米制普通螺纹,牙型角 $\alpha = 60°$。牙侧角是在螺纹牙型上,一个牙侧与垂直于螺纹轴线平面间的夹角,米制普通螺纹牙侧角为 30°。牙型左、右对称时的牙侧角称为牙型半角。

(7)螺纹旋合长度。两个配合螺纹的有效螺纹相互接触的轴向长度。

(8)顶径。与螺纹牙顶相切的假想圆柱的直径,即外螺纹的大径或内螺纹的小径。

(9)底径。与螺纹牙底相切的假想圆柱的直径,即外螺纹的小径或内螺纹的大径。

普通螺纹的公称尺寸,见表 6-1。

表 6-1 部分普通螺纹的公称尺寸(摘自 GB/T 196—2003) 单位:mm

D, d	P	D_2, d_2	D_1, d_1	D, d	P	D_2, d_2	D_1, d_1
2.5	0.45	2.208	2.013	16	2	14.701	13.835
	0.35	2.273	2.121		1.5	15.026	14.376
3	0.5	2.675	2.459		1	15.350	14.917
	0.35	2.773	2.621	18	2.5	16.376	15.294
3.5	0.6	3.110	2.850		2.5	18.376	17.294
4	0.7	3.545	3.242	20	2	18.701	17.835
	0.5	3.675	3.459		1.5	19.026	18.376
4.5	0.75	4.013	3.688	22	2.5	20.376	19.294
5	0.8	4.480	4.134		3	22.051	20.752
	0.5	4.675	4.459	24	2	22.701	21.835
6	1	5.350	4.917		1.5	23.026	23.376
	0.75	5.513	5.188		1	23.350	22.917
8	1.25	7.188	6.647	27	3	25.051	23.752
	1	7.350	6.917		3.5	27.727	26.211
10	1.5	9.026	8.376	30	2	28.701	27.835
	1.25	9.188	8.647		1.5	29.026	28.376
12	1.75	10.863	10.106	33	3.5	30.727	29.211
	1.5	11.026	10.376		4	33.402	31.670
	1.25	11.188	10.674	36	3	34.051	32.752
14	2	12.701	11.835		2	34.701	33.835

6.3 普通螺纹主要几何参数偏差对互换性的影响

实现普通螺纹的互换性,就是保证其具有良好的可旋合性及连接可靠性。螺纹几何参数包括中径、大径、小径、螺距和牙侧角等的偏差都不同程度地影响螺纹的互换性。就一般使用要求来说,外螺纹的大径、小径应分别小于内螺纹的大径、小径,在相配螺纹的大小径处均有一定的间隙,因而不影响螺纹的配合性质。内外螺纹是靠牙侧面接触进行连接的,影响普通螺纹连接质量的主要因素是螺纹的中径偏差、螺距偏差及牙侧角偏差。如果外螺纹大径过小,内螺纹的小径过大,则会影响螺纹连接强度,因此还必须规定顶径公差。

1. 中径偏差的影响

螺纹中径偏差是实际中径值对其公称值的偏差。内、外螺纹的配合面是牙侧面,内、外螺纹中径的大小直接影响牙侧面的接触状态。若外螺纹中径比内螺纹中径大,必然影响旋合性;若外螺纹中径比内螺纹中径小得多,则使内外螺纹接触高度减小,影响连接可靠性。因此,必须对中径的加工误差加以限制。

即使外螺纹的实际中径等于或小于内螺纹的实际中径,内、外螺纹也未必就能自由旋合,这是因为除中径偏差外,螺距偏差和牙侧角偏差也直接影响到螺纹的互换性。

2. 螺距偏差的影响

螺距偏差 ΔP 是螺距的实际值与其公称值之差,累积螺距偏差 ΔP_Σ 是指在规定的螺纹长度(如旋合长度)内,任意两牙体间的实际累积螺距值与其基本累积螺距值之差中绝对值最大的那个偏差。螺距偏差主要是由切削刀具的螺距偏差及机床传动链的运动误差产生的。

螺距偏差对螺纹的互换性的影响如图 6 – 2(a)所示。假定内螺纹具有基本牙型,内、外螺纹的中径及牙侧角都相同,仅外螺纹螺距有偏差。结果,内、外螺纹的牙型在旋合时产生干涉(图中阴影部分),外螺纹将不能自由旋入内螺纹。为了使螺距有偏差的外螺纹仍可自由旋入理想内螺纹,在制造中应将外螺纹实际中径减小 f_p,或将有螺距偏差的内螺纹中径加大 f_p,如图 6 – 2(b)所示,f_p 即为螺距偏差折算到中径上的值,称为螺距偏差的中径当量。

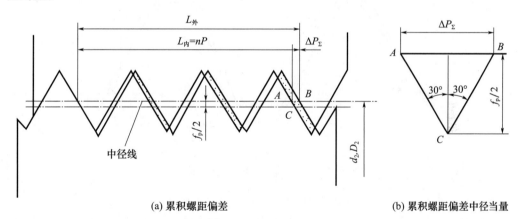

(a) 累积螺距偏差　　　　　　　　(b) 累积螺距偏差中径当量

图 6 – 2　累积螺距偏差的影响

从图中可导出

$$f_P = |\Delta P_\Sigma| \cot\alpha/2 \tag{6-1}$$

式中:ΔP_Σ 为累积螺距偏差;$\alpha/2$ 为牙侧角。

对于米制普通螺纹,$\alpha/2 = 30°$,则

$$f_p = 1.732|\Delta P_\Sigma| \tag{6-2}$$

由于 $|\Delta P_\Sigma|$ 不论正或负,都影响旋合性,只是干涉发生在左右牙侧面有所不同,所以取绝对值。

3. 牙侧角偏差的影响

牙侧角偏差是指牙侧角的实际值与其公称值之差,即 $\Delta\alpha_1 = \alpha_1 - 30°, \Delta\alpha_2 = \alpha_2 - 30°$。牙侧角偏差主要是由于加工时切削刀具本身的角度误差及安装误差等因素造成的。它反映了螺纹牙侧面的形状误差和牙侧相对于螺纹轴线的方向误差,直接影响内、外螺纹连接时的旋合性和接触均匀性。一个理想内螺纹与仅有牙侧角偏差的外螺纹结合,当实际牙侧角大于牙侧角公称值时,干涉发生在外螺纹牙根;当外螺纹实际牙侧角小于牙侧角公称值时,干涉发生在外螺纹牙顶,如图 6-3 所示。为了消除干涉,保证内外螺纹旋合,必须将外螺纹中径减小一个数值f_α,或将内螺纹中径增大f_α,f_α为牙侧角偏差折算到中径上的数值,称为牙侧角偏差的中径当量。

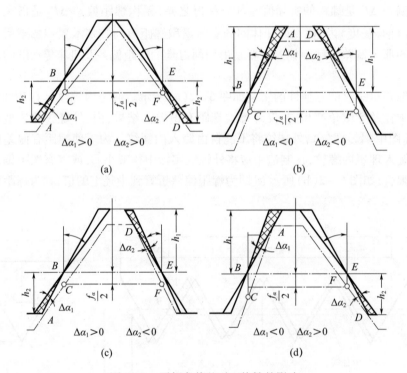

图 6-3 牙侧角偏差对互换性的影响

$$f_\alpha = 0.073P(K_1|\Delta\alpha_1| + K_2|\Delta\alpha_2|) \tag{6-3}$$

式中:P 为螺距公称值,以 mm 计;$\Delta\alpha_1$、$\Delta\alpha_2$为左、右侧牙侧角偏差,以(′)计;f_α以 μm 计;K_1、K_2为修正系数。

对外螺纹,当牙侧角偏差为正时,K_1、K_2为 2;当牙侧角偏差为负时,K_1、K_2为 3。对内螺纹,当牙侧角偏差为正时,K_1、K_2为 3;当牙侧角偏差为负时,K_1、K_2为 2。

6.4 作用中径及普通螺纹合格性的判定条件

1. 作用中径及中径综合公差

实际螺纹往往同时存在中径偏差、螺距偏差和牙侧角偏差。为了保证互换性,对普通螺纹,螺距偏差和牙侧角偏差的控制是通过式(6-2)和式(6-3)折算为中径当量,综合到螺纹作用中径中,不必单独控制。因此,普通螺纹国家标准未专门规定螺距及牙侧角公差,而是通过中径公差来综合控制上述三项偏差,即

对外螺纹 $\quad Td_2 = Td'_2 + Tf_p + Tf_\alpha \quad$ (6-4)

对内螺纹 $\quad TD_2 = TD'_2 + Tf_p + Tf_\alpha \quad$ (6-5)

式中:TD_2、Td_2 为内、外螺纹中径综合公差,即标准中表列的内、外螺纹中径公差;TD'_2、Td'_2 为内、外螺纹中径本身的制造公差;Tf_p、Tf_α 为以中径当量形式限制螺距偏差和牙侧角偏差。

既然中径公差是一项综合公差,它综合控制中径偏差、螺距偏差、牙侧角偏差,那么这三项偏差间就存在相互补偿的关系,即在其中某项参数偏差较大时,可适当提高其他参数的精度进行补偿,以满足中径总公差的要求。从这种意义上讲,中径公差是相关公差。

类似于作用尺寸,作用中径是在规定的旋合长度内,恰好包容(没有过盈或间隙)实际螺纹牙侧的一个假想理想螺纹的中径。该理想螺纹具有基本牙型,并且包容时与实际螺纹在牙顶和牙底处留有间隙,不发生干涉,如图6-4所示。

在测量中用单一中径来代替螺纹的实际中径。单一中径是一个假想圆柱的直径,该圆柱的母线通过实际螺纹上牙槽宽度等于半个基本螺距的地方。通常采用最佳量针或量球进行测量。

作用中径由实际中径与螺距偏差、牙侧角偏差的中径当量值决定,即

对外螺纹: $\quad d_{2fe} = d_{2S} + (f_P + f_\alpha) \quad$ (6-6)

对内螺纹: $\quad D_{2fe} = D_{2S} - (f_P + f_\alpha) \quad$ (6-7)

式中:D_{2fe}、d_{2fe} 为内、外螺纹的作用中径;d_{2S}、D_{2S} 为内、外螺纹的单一中径。

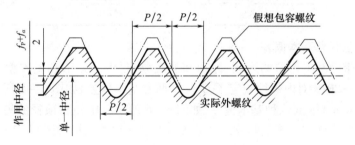

图6-4 螺纹作用中径与单一中径

2. 螺纹合格性的判定条件

中径为螺纹的配合直径,为保证内、外螺纹的正常旋合,应使外螺纹的作用中径不大于内螺纹的作用中径,即 $D_{2fe} \geq d_{2fe}$。为此,必须使螺纹的作用中径不超出其最大实体牙型中径,以保证旋合性;且螺纹的单一中径不超出最小实体牙型中径,以保证连接强度。最大、最小实体牙型是指在中径公差范围内具有最大、最小实体极限的螺纹牙型。这是泰勒原则在螺纹上的体现,即螺纹中径的合格条件:

对外螺纹: $\quad d_{2fe} \leq d_{2max}, d_{2S} \geq d_{2min} \quad$ (6-8)

对内螺纹: $\quad D_{2fe} \geq D_{2min}, D_{2S} \leq D_{2max} \quad$ (6-9)

式中,D_{2S}、d_{2S} 为内、外螺纹的单一中径。

可见,螺纹中径按包容要求判断其合格性。

判断螺纹合格性时,螺纹的实际顶径也不应超出极限尺寸,对外螺纹,$d_{min} \leq d_a \leq d_{max}$;对内螺纹,$D_{1min} \leq D_{1a} \leq D_{1max}$。

6.5 普通螺纹的公差与配合

6.5.1 普通螺纹公差与配合的特点

1. 普通螺纹公差标准的基本结构

GB/T 197—2018 只规定了螺纹中径、顶径的公差,而未规定螺距、牙侧角公差,其制造误差由中径综合公差控制,底径误差由刀具控制。

如同圆柱公差与配合一样,普通螺纹公差带的大小由公差值确定,公差带的位置由基本偏差确定,如图 6-7 所示。

2. 公差带大小和公差等级

螺纹中径、顶径公差带是以垂直于螺纹轴线方向给出和计量的,公差值大小由公差等级和公称直径确定,螺纹公差等级系列见表 6-2,其中,3 级最高,9 级最低,6 级为基本级。

一般来说,为保证螺纹的旋合性,中径公差不大于同级的顶径公差;为达到工艺等价性,内螺纹中径公差是同一公差等级外螺纹中径公差的 1.32 倍。

表 6-2 普通螺纹的公差等级(摘自 GB/T 197—2018)

螺纹直径	公差等级	螺纹直径	公差等级
外螺纹中径 d_2	3,4,5,6,7,8,9	内螺纹中径 D_2	4,5,6,7,8
外螺纹大径 d	4,6,8	内螺纹小径 D_1	

3. 公差带位置和基本偏差

螺纹公差带沿基本牙型的牙侧、牙顶和牙底分布,由公差值和基本偏差两个要素构成。GB/T 197—2018 对内螺纹规定了 G 和 H 两种基本偏差,如图 6-5 所示。对外螺纹规定了 a、b、c、d、e、f、g、h 八种基本偏差,如图 6-6 所示。中径和顶径的另一极限偏差由基本偏差与公差值确定。普通螺纹的公差等级及基本偏差结构如图 6-7 所示。

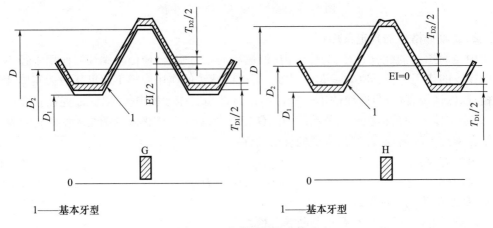

图 6-5 内螺纹的基本偏差

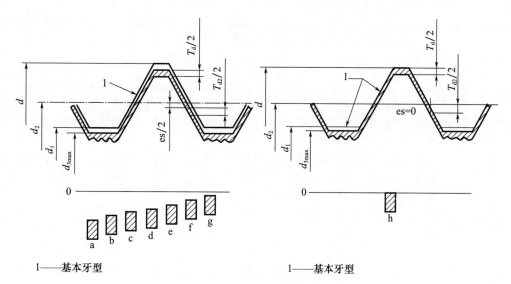

1——基本牙型　　　　　　　　　　　1——基本牙型

图6-6 外螺纹的基本偏差

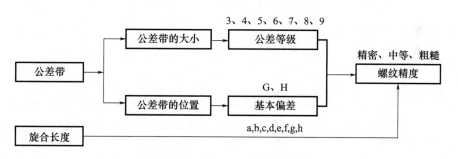

图6-7 普通螺纹的公差等级及基本偏差结构

部分普通螺纹中径和顶径的基本偏差及公差见表6-3～表6-7。

表6-3 内、外螺纹的基本偏差(摘自 GB/T 197—2018)

螺距 P/mm	基本偏差/μm									
	内螺纹		外螺纹							
	G	H	a	b	c	d	e	f	g	h
	EI	EI	es	es	es	es	es	es	es	es
0.2	+17	0	—	—	—	—	—	—	−17	0
0.25	+18	0	—	—	—	—	—	—	−18	0
0.3	+18	0	—	—	—	—	—	—	−18	0
0.35	+19	0	—	—	—	—	—	−34	−19	0
0.4	+19	0	—	—	—	—	—	−34	−19	0
0.45	+20	0	—	—	—	—	—	−35	−20	0
0.5	+20	0	—	—	—	—	−50	−36	−20	0
0.6	+21	0	—	—	—	—	−53	−36	−21	0
0.7	+22	0	—	—	—	—	−56	−38	−22	0

续表

螺距 P/mm	基本偏差/μm									
	内螺纹		外螺纹							
	G	H	a	b	c	d	e	f	g	h
	EI	EI	es	es	es	es	es	es	es	es
0.75	+22	0	—	—	—	—	−56	−38	−22	0
0.8	+24	0	—	—	—	—	−60	−38	−24	0
1	+26	0	−290	−200	−130	−85	−60	−40	−26	0
1.25	+28	0	−295	−205	−135	−90	−63	−42	−28	0
1.5	+32	0	−300	−212	−140	−95	−67	−45	−32	0
1.75	+34	0	−310	−220	−145	−100	−71	−48	−34	0
2	+38	0	−315	−225	−150	−105	−71	−52	−38	0
2.5	+42	0	−325	−235	−160	−110	−80	−58	−42	0
3	+48	0	−335	−245	−170	−115	−85	−63	−48	0
3.5	+53	0	−345	−255	−180	−125	−90	−70	−53	0
4	+60	0	−355	−265	−190	−130	−95	−75	−60	0
4.5	+63	0	−365	−280	−200	−135	−100	−80	−63	0
5	+71	0	−375	−290	−212	−140	−106	−85	−71	0
5.5	+75	0	−385	−300	−224	−150	−112	−90	−75	0
6	+80	0	−395	−310	−236	−155	−118	−95	−80	0
8	+100	0	−425	−340	−265	−180	−140	−118	−100	0

表 6-4 外螺纹大径公差(T_d)（摘自 GB/T 197—2018） 单位：μm

螺距 P/mm	公差等级		
	4	6	8
0.2	36	56	—
0.25	42	67	—
0.3	48	75	—
0.35	53	85	—
0.4	60	95	—
0.45	63	100	—
0.5	67	106	—
0.6	80	125	—
0.7	90	140	—
0.75	90	140	—
0.8	95	150	236
1	112	180	280
1.25	132	212	335
1.5	150	236	375
1.75	170	265	425

续表

螺距 P/mm	公差等级		
	4	6	8
2	180	280	450
2.5	212	335	530
3	236	375	600
3.5	265	425	670
4	300	475	750
4.5	315	500	800
5	335	530	850
5.5	355	560	900
6	375	600	950
8	450	710	1180

表6-5 外螺纹中径公差(T_{d2})(摘自 GB/T 197—2018) 单位:μm

基本大径 d/mm		螺距 P/mm	公差等级						
>	≤		3	4	5	6	7	8	9
0.99	1.4	0.2	24	30	38	48	—	—	—
		0.25	26	34	42	53	—	—	—
		0.3	28	36	45	56	—	—	—
1.4	2.8	0.2	25	32	40	50	—	—	—
		0.25	28	36	45	56	—	—	—
		0.35	32	40	50	63	80	—	—
		0.4	34	42	53	67	85	—	—
		0.45	36	45	56	71	90	—	—
2.8	5.6	0.35	34	42	53	67	85	—	—
		0.5	38	48	60	75	95	—	—
		0.6	42	53	67	85	106	—	—
		0.7	45	56	71	90	112	—	—
		0.75	45	56	71	90	112	—	—
		0.8	48	60	75	95	118	150	190
5.6	11.2	0.75	50	63	80	100	125	—	—
		1	56	71	90	112	140	180	224
		1.25	60	75	95	118	150	190	236
		1.5	67	85	106	132	170	212	265
11.2	22.4	1	60	75	95	118	150	190	236
		1.25	67	85	106	132	170	212	265
		1.5	71	90	112	140	180	224	280
		1.75	75	95	118	150	190	236	300
		2	80	100	125	160	200	250	315
		2.5	85	106	132	170	212	260	335

续表

基本大径 d/mm		螺距 P/mm	公差等级						
>	≤		3	4	5	6	7	8	9
22.4	45	1	63	80	100	125	160	200	250
		1.5	75	95	118	150	190	236	300
		2	85	106	132	170	212	265	335
		3	100	125	160	200	250	315	400
		3.5	106	132	170	212	265	335	425
		4	112	140	180	224	280	355	450
		4.5	118	150	190	236	300	375	475
45	90	1.5	80	100	125	160	200	250	315
		2	90	112	140	180	224	280	355
		3	106	132	170	212	265	335	425
		4	118	150	190	236	300	375	475
		5	125	160	200	250	315	400	500
		5.5	132	170	212	265	335	425	530
		6	140	180	224	280	355	450	560

表 6-6　内螺纹小径公差（T_{D1}）（摘自 GB/T 197—2018）　　　　单位：μm

螺距 P/mm	公差等级				
	4	5	6	7	8
0.2	38	—	—	—	—
0.25	45	56	—	—	—
0.3	53	67	85	—	—
0.35	63	80	100	—	—
0.4	71	90	112	—	—
0.45	80	100	125	—	—
0.5	90	112	140	180	—
0.6	100	125	160	200	—
0.7	112	140	180	224	—
0.75	118	150	190	236	—
0.8	125	160	200	250	315
1	150	190	236	300	375
1.25	170	212	265	335	425
1.5	190	236	300	375	475
1.75	212	265	335	425	530
2	236	300	375	475	600
2.5	280	355	450	560	710
3	315	400	500	630	800

续表

螺距 P/mm	公差等级				
	4	5	6	7	8
3.5	355	450	560	710	900
4	375	475	600	750	950
4.5	425	530	670	850	1060
5	450	560	710	900	1120
5.5	475	600	750	950	1180
6	500	630	800	1000	1250
8	630	800	1000	1250	1600

表 6-7　内螺纹中径公差（T_{D2}）（摘自 GB/T 197—2018）　　单位：μm

基本大径 D/mm		螺距 P/mm	公差等级				
>	≤		4	5	6	7	8
0.99	1.4	0.2	40	—	—	—	—
		0.25	45	56	—	—	—
		0.3	48	60	75	—	—
1.4	2.8	0.2	42	—	—	—	—
		0.25	48	60	—	—	—
		0.35	53	67	85	—	—
		0.4	56	71	90	—	—
		0.45	60	75	95	—	—
2.8	5.6	0.35	56	71	90	—	—
		0.5	63	80	100	125	—
		0.6	71	90	112	140	—
		0.7	75	95	118	150	—
		0.75	75	95	118	150	—
		0.8	80	100	125	160	200
5.6	11.2	0.75	85	106	132	170	—
		1	95	118	150	190	236
		1.25	100	125	160	200	250
		1.5	112	140	180	224	280
11.2	22.4	1	100	125	160	200	250
		1.25	112	140	180	224	280
		1.5	118	150	190	236	300
		1.75	125	160	200	250	315
		2	132	170	212	265	335
		2.5	140	180	224	280	355

续表

基本大径 D/mm		螺距 P/mm	公差等级				
>	≤		4	5	6	7	8
22.4	45	1	106	132	170	212	—
		1.5	125	160	200	250	315
		2	140	180	224	280	355
		3	170	212	265	335	425
		3.5	180	224	280	355	450
		4	190	236	300	375	475
		4.5	200	250	315	400	500
45	90	1.5	132	170	212	265	335
		2	150	190	236	300	375
		3	180	224	280	355	450
		4	200	250	315	400	500
		5	212	265	335	425	530
		5.5	224	280	355	450	560
		6	236	300	375	475	600

4. 旋合长度与螺纹精度

GB/T 197—2018 将螺纹旋合长度分为三组,即短组(S)、中等组(N)和长组(L),各组的旋合长度范围见表 6-8。

根据使用场合,螺纹公差精度分为以下三级。

精密:用于精密螺纹和重要连接,能保证内、外螺纹间的配合性质变动较小。

中等:广泛用于一般用途的机械构件及通用标准紧固件。

粗糙:用于不重要的螺纹连接或制造困难的场合。

旋合长度与螺纹精度密切相关,通常情况下,以中等旋合长度的 6 级公差等级作为螺纹配合的中等精度,精密级与粗糙级都是相对中等级比较而言。

表 6-8 螺纹旋合长度(摘自 GB/T 197—2018) 单位:mm

基本大径 D、d/mm		螺距 P/mm	旋合长度				
			S	N		L	
>	≤		≤	>	≤	>	
1.4	2.8	0.2	0.5	0.5	1.5	1.5	
		0.25	0.6	0.6	1.9	1.9	
		0.35	0.8	0.8	2.6	2.6	
		0.4	1	1	3	3	
		0.45	1.3	1.3	3.8	3.8	

续表

基本大径 D、d/mm		螺距 P/mm	旋合长度		
>	≤		S	N	L
2.8	5.6	0.35	1	1	3	3
		0.5	1.5	1.5	4.5	4.5
		0.6	1.7	1.7	5	5
		0.7	2	2	6	6
		0.75	2.2	2.2	6.7	6.7
		0.8	2.5	2.5	7.5	7.5
5.6	11.2	0.75	2.4	2.4	7.1	7.1
		1	3	3	9	9
		1.25	4	4	12	12
		1.5	5	5	15	15
11.2	22.4	1	3.8	3.8	11	11
		1.25	4.5	4.5	13	13
		1.5	5.6	5.6	16	16
		1.75	6	6	18	18
		2	8	8	24	24
		2.5	10	10	30	30
22.4	45	1	4	4	12	12
		1.5	6.3	6.3	19	19
		2	8.5	8.5	25	25
		3	12	12	36	36
		3.5	15	15	45	45
		4	18	18	53	53
		4.5	21	21	63	63

6.5.2 普通螺纹公差与配合的选用

根据螺纹配合的要求,将公差等级和公差带位置组合,可得到各种螺纹公差带。但为了减少刀具、量具的规格和数量,国家标准列出了应优先选用的内、外螺纹的推荐公差带,见表6-9、表6-10。除特殊情况外,设计时优先选用表中所列的内、外螺纹公差带。表中只有一个公差带代号时,表示顶径公差带与中径公差带相同;有两个公差带代号时,前一个表示中径公差带,后一个表示顶径公差带。

表6-9 内螺纹推荐公差带(摘自 GB/T 197—2018)

公差精度	公差带位置 G			公差带位置 H		
	S	N	L	S	N	L
精密	—	—	—	4H	5H	6H
中等	(5G)	**6G**	(7G)	**5H**	**6H**	**7H**
粗糙	—	(7G)	(8G)	—	7H	8H

表 6-10 外螺纹推荐公差带(摘自 GB/T 197—2018)

公差精度	公差带位置 e			公差带位置 f			公差带位置 g			公差带位置 h		
	S	N	L	S	N	L	S	N	L	S	N	L
精密	—	—	—	—	—	—	(4g)	(5g4g)	(3h4h)	**4h**	(5h4h)	
中等	—	**6e**	(7e6e)	—	**6f**	—	(5g6g)	**6g**	(7g6g)	(5h6h)	6h	(7h6h)
粗糙	—	(8e)	(9e8e)	—	—	—	—	8g	(9g8g)	—	—	—

推荐公差带优先选用顺序为:粗字体公差带、一般字体公差带、括号内公差带。在粗黑框内的粗字体公差带用于大量生产的紧固件螺纹。

应依据螺纹精度和旋合长度确定螺纹公差带。如果不知道螺纹的实际旋合长度(例如,标准螺栓),推荐按中等组别(N)确定螺纹公差带。

考虑到螺距偏差的影响,当旋合长度加长时,应给予较大的公差;旋合长度减短时,可减小公差。因此,在同一螺纹精度下,旋合长度不同,中径应采用不同的公差等级,S 组比 N 组高一级,N 组比 L 组高一级。

内螺纹的小径公差多数与中径公差取相同等级,并随旋合长度缩短或加长而提高或降低一级。

外螺纹的大径公差,在 N 组,与中径公差取相同等级;在 S 组,比中径公差低一级;在 L 组,比中径公差高一级。

内、外螺纹的选用公差带可任意组合,但为了保证有足够的接触高度和连接强度,完工后的螺纹最好组合成 H/g、H/h 或 G/h 配合。对公称直径不大于 1.4mm 的螺纹应采用 5H/6h、4H/6h 或更精密的配合。

如无其他特殊说明,推荐公差带适用于涂镀前螺纹。涂镀后,螺纹实际牙型轮廓上的任何点不应超越按公差位置 H 或 h 所确定的最大实体牙型。

6.5.3 普通螺纹的标记

完整的螺纹标记由螺纹特征代号、尺寸代号、公差带代号及其他有必要做进一步说明的个别信息组成。

1. 螺纹特征代号

普通螺纹特征代号为"M"。

2. 尺寸代号

单线螺纹为"公称直径×螺距",粗牙螺纹的螺距省略不标;多线螺纹为"公称直径×Ph 导程 P 螺距"。

例如,

M10:公称直径为 10mm,螺距 1.5mm 的单线粗牙普通螺纹。

M10×1:公称直径为 10mm,螺距 1mm 的单线细牙普通螺纹。

M16×Ph3P1.5-6H:公称直径为 16mm、导程为 3mm、螺距为 1.5mm、中径和顶径公差带为 6H 的双线内螺纹。

3. 公差带代号

普通螺纹公差带代号包括中径公差带代号与顶径公差带代号。中径公差带代号在前,顶径公差带代号在后。各直径的公差带代号由表示公差等级的数字和表示公差带位置的字母(内螺纹用大写字母,外螺纹用小写字母)组成。如果中径公差带代号与顶径公差带代号相同,只标注一个公差带代号。螺纹尺寸代号与公差带间用"-"分开。

例如,

M10×1-5g6g:中径公差带为5g,顶径公差带为6g的外螺纹。

M10-6g:中径公差带和顶径公差带为6g的粗牙外螺纹。

M10×1-5H6H:中径公差带为5H、顶径公差带为6H的内螺纹。

在下列情况下,中等公差精度螺纹不标注公差带代号:

① 内螺纹:

—5H 公称直径≤1.4mm 时;

—6H 公称直径≥1.6mm 时。

对螺距为0.2mm的螺纹,其公差等级为4级。

② 外螺纹:

—6h 公称直径≤1.4mm 时;

—6g 公称直径≥1.6mm 时。

例如,M10:中径公差带和顶径公差带为6g、中等公差精度的粗牙外螺纹,或中径公差带和顶径公差带为6H、中等公差精度的粗牙内螺纹。

表示螺纹配合时,内螺纹公差带代号在前,外螺纹公差带代号在后,中间用斜线"/"分开。

例如,M20×2-6H/5g6g:公差带为6H的内螺纹与公差带为5g6g的外螺纹组成配合。

4. 旋合长度组别代号

对旋合长度为短组和长组的螺纹,在公差带代号后分别标注"S"和"L"代号。旋合长度代号与公差带间用"-"号分开。中等旋合长度代号"N"不标注。

例如,M10-5g6g-S:短旋合长度的外螺纹。

M6-7H/7g6g-L:长旋合长度的内、外螺纹。

5. 旋向代号

对左旋螺纹,在螺纹标记的最后标注"LH"代号,与前面用"-"号分开。右旋螺纹不标注旋向代号。

例如,M8×1-5g6g-S-LH:公称直径为8mm,螺距为1mm的单线细牙普通螺纹,其公差带代号为5g6g,短旋合长度,左旋。

例6-1 某螺纹副设计为M16-6H/6g,加工完后实测为:内、外螺纹的单一中径 D_{2s} = 14.839mm,d_{2s} = 14.592mm;内螺纹的累积螺距偏差 ΔP_Σ = +50μm,牙侧角偏差 $\Delta\alpha_1$ = +50′,$\Delta\alpha_2$ = -1°;外螺纹的累积螺距偏差 ΔP_Σ = -20μm,牙侧角偏差 $\Delta\alpha_1$ = +30′,$\Delta\alpha_2$ = +40′。此螺纹副是否合格,能否旋合?

解:由普通螺纹公称尺寸及普通螺纹公差与配合表(表6-1~表6-7)查得M16-6H/6g的螺距 P = 2mm,中径公称尺寸 D_2、d_2 为14.701mm。内螺纹中径下偏差 EI = 0,中径公差 TD_2 = 212μm;外螺纹中径上偏差 es = -38μm,中径公差值 Td_2 = 160μm。则

$$D_{2\max} = 14.913\text{mm}, D_{2\min} = 14.701\text{mm}$$

$$d_{2\max} = 14.663\mathrm{mm}, d_{2\min} = 14.503\mathrm{mm}$$

内螺纹螺距偏差、牙侧角偏差的中径当量分别是

$$f_p = 1.732 \times 50 = 87\mathrm{\mu m} = 0.087\mathrm{mm}$$

$$f_\alpha = 0.073 \times 2 \times (3 \times 50 + 2 \times |-60|) = 39\mathrm{\mu m} = 0.039\mathrm{mm}$$

故得

$$D_{2\mathrm{fe}} = D_{2\mathrm{s}} - (f_p + f_\alpha) = 14.839 - (0.087 + 0.039) = 14.713\mathrm{mm} > D_{2\min} = 14.701\mathrm{mm}$$

$$D_{2\mathrm{s}} = 14.839 < D_{2\max} = 14.913\mathrm{mm}$$

所以内螺纹中径合格。

外螺纹螺距偏差、牙侧角偏差的中径当量分别是

$$f_p = 1.732 \times |-20| = 35\mathrm{\mu m} = 0.035\mathrm{mm}$$

$$f_\alpha = 0.073 \times 2 \times (2 \times 30 + 2 \times 40) = 20\mathrm{\mu m} = 0.020\mathrm{mm}$$

故得

$$d_{2\mathrm{fe}} = d_{2\mathrm{s}} + (f_p + f_\alpha) = 14.592 + (0.035 + 0.020) = 14.647\mathrm{mm} < d_{2\max} = 14.663\mathrm{mm}$$

$$d_{2\mathrm{s}} = 14.592\mathrm{mm} > d_{2\min} = 14.503\mathrm{mm}$$

所以外螺纹中径合格。

又因 $D_{2\mathrm{fe}} = 14.713\mathrm{mm} > d_{2\mathrm{fe}} = 14.647\mathrm{mm}$

故此螺纹副可以旋合。其公差与配合图解如图6-8所示。

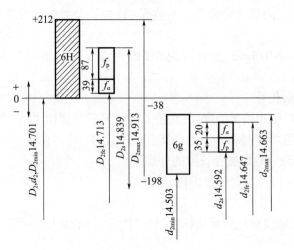

图6-8 螺纹公差图解

6.6 普通螺纹检测

普通螺纹的检测方法主要有综合检验和单项测量两类。

1. 综合检验

普通螺纹的综合检验是指用螺纹量规对影响螺纹互换性的几何参数偏差的综合结果进行检验。螺纹塞规用于检验内螺纹,螺纹环规用于检验外螺纹,如图6-9、图6-10所示。

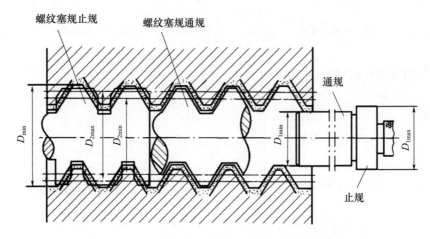

图 6-9 用螺纹塞规和光滑极限塞规检验内螺纹

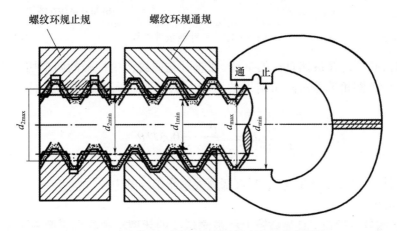

图 6-10 用螺纹环规和光滑极限卡规检验外螺纹

螺纹量规是按泰勒原则设计的,分为通规和止规。螺纹通规具有完整的牙型,螺纹长度等于被测螺纹的旋合长度;螺纹止规具有截短牙型,螺纹长度为 2~3 个螺距。螺纹通规用来模拟被测螺纹的最大实体牙型,检验被测螺纹的作用中径;螺纹止规用来检验被测螺纹的单一中径,还要用光滑极限量规检验被测螺纹顶径的实际尺寸。

被测螺纹如果能够与螺纹通规自由旋合通过,与螺纹止规不能旋入或者旋合不超过两个螺距,则表明被测螺纹的作用中径没有超出其最大实体牙型的中径,单一中径没有超出其最小实体牙型的中径,被测螺纹合格。

2. 单项测量

普通螺纹的单项测量是指对被测螺纹的中径、螺距和牙侧角等几何参数进行测量。单项测量主要用于螺纹工件的工艺分析和螺纹量规、螺纹刀具的测量。

1) 三针测量法

三针测量法用来测量普通螺纹和梯形螺纹的中径。如图 6-11 所示,三根直径为 d_0 的量针分别放在被测螺纹对径两边的沟槽中,与两牙侧面接触,用精密量仪测出针距 M,则普通螺纹的单一中径 d_{2S} 可用下式计算:

$$d_{2S} = M - d_0 \left[1 + \frac{1}{\sin\frac{\alpha}{2}} \right] + \frac{P}{2}\cot\frac{\alpha}{2} = M - 3d_0 + 0.866P \qquad (6-10)$$

式中:P 为被测螺纹的螺距;$\frac{\alpha}{2}$ 为牙侧角。

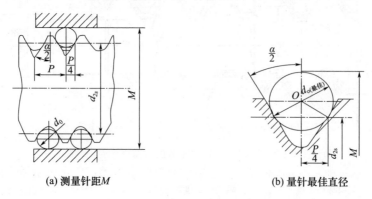

(a) 测量针距 M　　　　　(b) 量针最佳直径

图 6-11　三针测量外螺纹

测量时,必须选择最佳直径的量针,使量针与螺纹沟槽接触的两个切点恰好在中径线上,以避免牙侧角偏差对测量结果的影响。测量普通螺纹时量针最佳直径可用下式计算:

$$d_0 = \frac{P}{2\cos\frac{\alpha}{2}} = 0.577P \qquad (6-11)$$

三针测量法常用于测量丝杠、螺纹塞规等精密螺纹的中径。

2) 影像法

影像法测量是指在工具显微镜上将被测螺纹的牙型轮廓放大成像来测量其中径、螺距和牙侧角,也可测量其大径和小径。

3) 螺纹千分尺

螺纹千分尺是测量低精度螺纹中径的量具,如图 6-12 所示。螺纹千分尺带有一套可更换的不同规格的特殊测头,用来满足被测螺纹不同螺距的需要。将锥形测头和 V 形槽测头安装在内径千分尺上,就可以测量内螺纹。

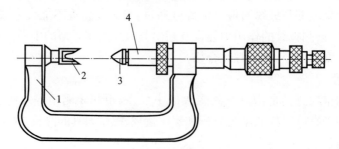

图 6-12　螺纹千分尺

1—千分尺身;2—V 形槽测头;3—锥形测头;4—测微螺杆。

6.7 螺旋传动精度设计

螺旋传动由传动螺纹实现,用于传递动力、运动或位移,如机床丝杠螺母、测微螺杆、螺旋千斤顶等。本节仅介绍两种在机电产品中广泛应用的螺旋传动,即机床丝杠螺母副和滚珠丝杠副的精度设计。

6.7.1 机床丝杠螺母副精度

1. 传动螺纹概述

机床丝杠螺母副既用于传递运动和动力,又可用于精确传递位移,具有传动效率高、加工方便等优点,在机械行业中应用十分广泛。

1) 对传动螺纹的使用要求

与普通螺纹不同,对传动螺纹的使用要求为传动准确、可靠,螺牙接触良好及耐磨等,即从动件(螺母)的精确轴向位移以保证传动准确,内外螺纹螺旋面的良好接触以保证工作寿命和承载能力。

传动准确就是要求控制主动件(丝杠)等速转动时,从动件(螺母)在全部轴向工作长度 L 内的实际位移对理论位移的最大变动 ΔL,以及在任意给定轴向长度 l 内的实际变动 Δl。内、外螺旋面的接触状况取决于螺纹牙侧的形状、方向与位置误差。牙侧的方向误差可由牙侧角极限偏差控制,形状误差一般由切削刀具保证,轴向位置误差由螺距极限偏差控制,径向位置误差由中径极限偏差控制。

2) 传动螺纹的牙型

《梯形螺纹 第1部分:牙型》(GB/T 5796.1—2022)规定,传动用梯形螺纹的基本牙型由原始三角形(顶角为30°的等腰三角形)截去顶部和底部而形成,梯形螺纹的内外螺纹基本牙型相同,主要参数有大径(d,D)、中径(d_2,D_2)、小径(d_1,D_1)和螺距 P,梯形螺纹的公称直径为大径。与普通螺纹不同,传动用梯形螺纹的设计牙型是相对于基本牙型规定出功能所需要的各种间隙和圆弧半径的牙型,内外螺纹的设计牙型不同,极限偏差针对设计牙型,如图 6-13 所示。图中,d_3、D_4 分别表示设计牙型上外螺纹的小径和内螺纹的大径。牙顶与牙底均有保证间隙 a_c,用以保证传动的灵活性、储存润滑油。

机床丝杠螺母副通常采用牙型角为30°的单线梯形螺纹。

2. 机床梯形螺纹丝杠螺母精度

《机床梯形螺纹丝杠、螺母 技术条件》(JB/T 2886—2008)规定了机床传动及定位用梯形丝杠、螺母的术语定义、精度要求及检验方法。

1) 精度等级

根据功能、用途和使用要求,机床梯形螺纹丝杠及螺母分为7个精度等级:3、4、5、6、7、8、9 级。3级精度最高,依次逐渐降低。3、4级用于精度要求特别高的场合,如超高精度坐标镗床、坐标磨床和测量仪器;5、6级用于高精度传动丝杠螺母,如高精度坐标镗床、螺纹磨床、齿轮磨床、不带校正机构的分度机构和测量仪器;7级用于精确传动丝杠螺母,如精密螺纹车床、镗床、磨床和齿轮机床等;8级用于一般传动丝杠螺母,如普通车床和铣床;9级用于低精度传动丝杠螺母,如普通机床进给机构。

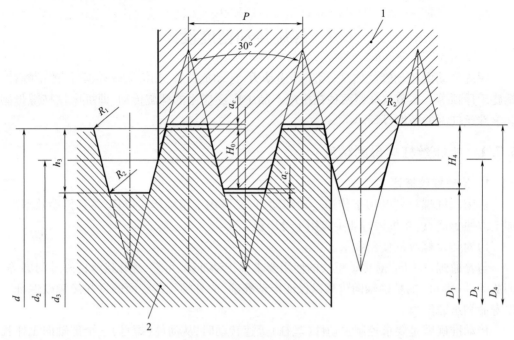

图 6-13 梯形螺纹的设计牙型
1—内螺纹；2—外螺纹。

2）丝杠公差

机床丝杠螺母副精度要求高，特别是对螺距公差和螺旋线公差。为了保证丝杠工作时能准确地传递运动，对丝杠规定了下列公差或极限偏差。

（1）螺旋线轴向公差。

螺旋线轴向误差是指实际螺旋线相对于理论螺旋线在轴向偏离的最大代数差值，可在丝杠螺纹的任意一周（2π rad）、任意 25mm、100mm、300mm 螺纹轴向长度及丝杠螺纹有效长度内考核，依次分别用 $\Delta L_{2\pi}$、ΔL_{25}、ΔL_{100}、ΔL_{300} 及 ΔL_u 表示，在螺纹中径线上测量，如图 6-14 所示。

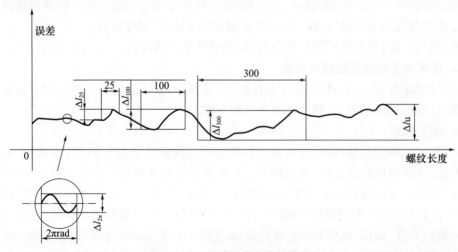

图 6-14 螺旋线轴向误差曲线

螺旋线轴向公差是指螺旋线轴向实际测量值相对于理论值允许的变动量,用于控制丝杠螺旋线轴向误差,分别用 $\delta_{L2\pi}$、δ_{L25}、δ_{L100}、δ_{L300} 和 δ_{Lu} 表示。

螺旋线轴向误差虽能较全面反映丝杠转角与轴向位移精度,但其动态测量方法尚未普及,故目前只对 3~6 级高精度丝杠规定了螺旋线轴向公差,并规定用动态测量方法检测,见附表 6-1。

(2)螺距公差及螺距累积公差。

丝杠的螺距误差是指螺距的实际尺寸与公称尺寸的最大代数差值,以 ΔP 表示,如图 6-15 所示。螺距公差是指螺距的实际尺寸相对于公称尺寸允许的变动量,以 δ_P 表示,用于控制螺距误差。

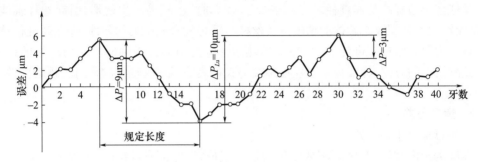

图 6-15 螺距误差曲线

螺距累积误差是指在规定的长度内,螺纹牙型任意两同侧表面间的轴向实际尺寸相对于公称尺寸的最大代数差值,如图 6-15 所示。在丝杠螺纹的任意 60mm、300mm 螺纹长度内及螺纹有效长度内考核,分别用 ΔP_L(ΔP_{60}、ΔP_{300})及 ΔP_{Lu} 表示。螺距累积公差是指在规定的螺纹长度内,螺纹牙型任意两同侧表面间的轴向实际尺寸相对于公称尺寸允许的变动量。它包括任意 60mm、300mm 螺纹长度内及螺纹有效长度内的螺距累积公差,分别用 δ_{P60}、δ_{P300} 及 δ_{PLu} 表示,用于控制螺距累积误差。螺距公差及螺距累积公差实际上是控制牙侧轴向位置误差,它不仅影响传动精度,而且影响轴向载荷在螺母全长范围内螺牙牙侧上分布的均匀性。

虽然螺距误差不如螺旋线轴向误差全面,但对 7~9 级丝杠,测量螺距误差可在一定程度上反映丝杠的位移精度,且测量容易方便,所以规定了螺距公差及螺距累积公差,见附表 6-2。

(3)牙侧角极限偏差。

丝杠螺纹牙侧角(牙型半角)偏差是指丝杠螺纹牙侧角实际值与公称值的代数差,反映牙侧的方向误差。它使丝杠与螺母牙侧面接触不良,直接影响牙侧面耐磨性及传动精度。对 3~9 级精度丝杠规定了牙型半角极限偏差,见附表 6-3。

(4)大径、中径和小径的极限偏差。

为了保证丝杠螺母副易于旋转和存储足够润滑油,丝杠螺母结合在大径、中径和小径处均留有间隙,配合性质较松,对公差变化较不敏感。故对丝杠螺纹的大径、中径和小径极限偏差不分精度等级,分别只规定了一种公差值较大的公差带。

大径、中径和小径的误差不影响螺旋传动的功能,所以规定大径和小径的上偏差为零,下偏差为负值,中径的上、下偏差均为负值。对于高精度丝杠螺母副,制造中常按丝杠配制螺母,6级以上精度配制螺母的丝杠中径公差带应相对于公称尺寸的零线对称分布,见附表6-4。

(5)中径尺寸一致性公差。

在丝杠螺纹的有效长度内,丝杠螺纹各处的中径实际尺寸在公差范围内相差较大,中径尺寸的不一致将影响丝杠螺母配合间隙的均匀性和丝杠螺旋面的一致性。故标准规定了丝杠螺纹有效长度范围内中径尺寸的一致性公差,以控制同一丝杠上不同位置中径实际尺寸的变动。中径极限偏差和中径尺寸一致性公差实际上是对牙侧面径向位置误差的控制,见附表6-5。

(6)大径表面对螺纹轴线的径向圆跳动公差。

丝杠全长与螺纹公称直径之比(长径比)较大时,丝杠易产生变形,引起丝杠轴线弯曲,从而影响丝杠螺纹螺旋线的精度以及丝杠与螺母配合间隙的均匀性,降低丝杠位移的准确性。为保证丝杠螺母传动的轴向位移精度,应控制丝杠因轴向弯曲而产生的跳动。考虑到测量上的方便,标准规定了丝杠螺纹的大径表面对螺纹轴线的径向圆跳动公差,见附表6-6。

3. 螺母公差

1)螺母螺纹中径公差

螺母属于内螺纹,其螺距和牙侧角均很难测量,为保证螺母精度,未单独规定螺距及牙侧角的极限偏差,而是采用中径公差来综合控制螺距偏差及牙侧角偏差。

对6~9级螺母,采用非配制加工,非配作螺母螺纹中径的极限偏差见附表6-7。对6级以上的高精度丝杠螺母副,为提高精密丝杠合格率,生产中绝大部分按先加工好的丝杠配作螺母,以保证两者的径向配合间隙及接触面积。以丝杠螺纹中径实际尺寸为基数,按JB/T 2886—2008规定的螺母与丝杠配作的径向间隙,来确定配作螺母螺纹中径的极限偏差。

2)螺母螺纹的大径和小径公差

丝杠螺母副在大、小径处均有较大的间隙,对其尺寸精度无严格要求,故螺母螺纹大径和小径的极限偏差不分精度等级,分别只规定了一种公差值较大的公差带,见附表6-8。

4. 丝杠和螺母的螺纹表面粗糙度

丝杠和螺母的螺纹表面粗糙度 Ra 值见附表6-9。

5. 丝杠和螺母的标记

机床丝杠螺母产品的标记由产品代号、公称直径、螺距、螺纹旋向和螺纹精度等级组成。左旋螺纹用LH表示,右旋螺纹无特别标记。

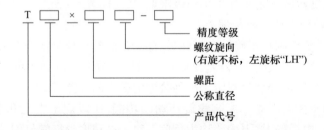

例如,

T55×12-6:公称直径55mm、螺距12mm、6级精度的右旋螺纹。

T55×12LH-6:公称直径55mm、螺距12mm、6级精度的左旋螺纹。

丝杠工作图的标注示例,如图6-16所示。

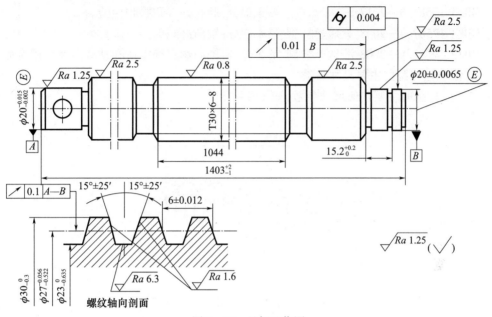

图6-16 丝杠工作图

6.7.2 滚珠丝杠副精度

1. 滚珠丝杠副概述

滚珠丝杠副是由滚珠丝杠、一个或多个滚珠螺母和滚珠等组成的高精度机械传动部件。根据使用范围及要求,滚珠丝杆副分为定位滚珠丝杠副(P型)和传动滚珠丝杠副(T型)两类。

滚珠丝杠副是在丝杠和螺母之间放入适量的滚珠,在螺纹间产生滚动摩擦。它既能把旋转运动转换为直线运动,又能容易地将直线运动转换为旋转运动,如图6-17所示。

因其优异的滚动摩擦特性,滚珠丝杠副目前已基本取代梯形丝杠,广泛应用于各种机电一体化设备、精密仪器和数控机床。滚珠丝杠副作为数控机床直线驱动执行单元,在机床行业应用极为广泛,极大推动了机床行业数控化技术的发展。

滚珠丝杠副的突出优点:传动灵活,传动效率高,定位精度高,无反向间隙,高刚性,既能微量进给又能高速进给,运动平稳,传动的

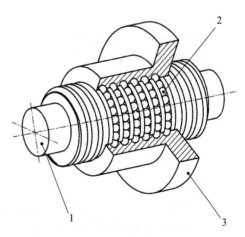

图6-17 滚珠丝杠副
1—滚珠丝杠;2—滚珠;3—滚珠螺母。

可逆性,使用寿命长。

现行的滚珠丝杠副国家标准主要有如下几种。

GB/T 17587.1—2017 滚珠丝杠副 第1部分:术语与符号。

GB/T 17587.2—1998 滚珠丝杠副 第2部分:公称直径和公称导程公制系列。

GB/T 17587.3—2017 滚珠丝杠副 第3部分:验收条件和验收检验。

GB/T 17587.4—2008 滚珠丝杠副 第4部分:轴向静刚度。

GB/T 17587.5—2008 滚珠丝杠副 第5部分:轴向额定静载荷和动载荷及使用寿命。

2. 滚珠丝杠副的主要尺寸参数

滚珠丝杠副的主要几何尺寸参数,如图6-18所示。

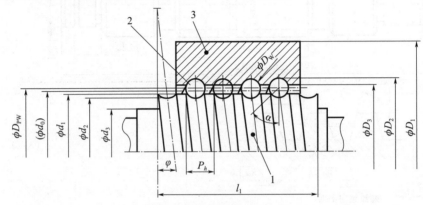

图6-18 滚珠丝杠副的主要尺寸参数
1—滚珠丝杠;2—滚珠;3—滚珠螺母。

(1)公称直径 d_0。用于滚珠丝杠副标识的尺寸值(无公差)。

(2)节圆直径 D_{pw}。滚珠与滚珠螺母体及滚珠丝杠在理论接触点时,包络滚珠球心的圆柱面直径。节圆直径 D_{pw} 通常等于公称直径 d_0。

(3)行程 l。滚珠螺母相对滚珠丝杠旋转时,两者之间的相对轴向位移量。

(4)导程 P_h。滚珠螺母相对于滚珠丝杠旋转 $2\pi rad$(一转)时的行程。

(5)公称导程 P_{h0}。通常用作滚珠丝杠副标识的导程值(无公差)。

(6)目标导程 P_{hs}。根据实际使用需要提出的具有方向目标要求的导程。目标导程一般比公称导程稍小一点,用以补偿滚珠丝杠在工作时由于温度上升和载荷引起的预计的伸长量。

(7)公称行程 l_0。公称导程与滚珠螺母相对滚珠丝杠旋转圈数的乘积。

(8)目标行程 l_s。目标导程与滚珠螺母相对滚珠丝杠旋转圈数的乘积。

(9)有效行程 l_u。有指定精度要求的行程部分,即工作行程加上滚珠螺母的长度。

(10)实际行程 l_a。滚珠螺母相对滚珠丝杠旋转给定的圈数,两者之间的相对实际轴向位移量。

(11)实际平均行程 l_m。对实际行程具有最小直线度偏差的拟合直线所代表的行程。

3. 滚珠丝杠副的精度标准及应用

1)标准公差等级

GB/T 17587.3—2017 将滚珠丝杠副的精度和性能要求等级共分8个标准公差等级,

即 0、1、2、3、4、5、7、10 级,0 级精度最高,其余依次降低,10 级精度最低。各个等级行程偏差的标准公差与 GB/T 1800.1—2020 的 IT0、IT1、IT2、IT3、IT4、IT5、IT7、IT10 一致。7、10 级一般采用滚轧方法制造,5 级及以上采用研磨方法制造。

定位滚珠丝杠副(P 型)可采用标准公差等级为 0~5 级,而传动滚珠丝杠副(T 型)通常采用标准公差等级为 7 级和 10 级。

2) 滚珠丝杆副的验收检验

滚珠丝杆副的行程精度由行程偏差和行程变动量来表征。滚珠丝杠副需要检验的行程偏差和变动量项目见表 6-11。

表 6-11 滚珠丝杠副行程偏差和变动量的检验项目

每一基准长度的行程偏差和变动量	滚珠丝杠副类型	
	定位(P 型)	传动(T 型)
	检验项目	
有效行程 l_u 内行程补偿值 C	用户规定	$C=0$
目标行程公差 e_p	E1.1	E1.2
有效行程内允许的行程变动量 v_{up}	E2	—
300mm 行程内允许的行程变量动 v_{300p}	E3	E3
2πrad 内允许的行程变动量 $v_{2\pi p}$	E4	—

(1) 有效行程 l_u 内的行程补偿值 C。在有效行程内,目标行程与公称行程之差。

(2) 实际平均行程偏差 e_a 或 e_{sa}。在有效行程内,实际平均行程 l_m 与公称行程 l_0 之差为 e_{0a},与目标行程 l_s 之差为 e_{sa}。

目标行程公差 e_p 是指允许的实际平均行程最大值与最小值之差 $2e_p$ 的一半。行程极限偏差 $\pm e_p$ 用于控制实际平均行程偏差。

(3) 行程变动量 v。平行于实际平均行程 l_m 且包括指定行程范围内的行程偏差曲线的带宽值。与规定的行程范围对应的行程变动量有有效行程内的行程变动量 v_{ua},300mm 行程内行程变动量 v_{300a}、2π rad 内行程变动量 $v_{2\pi a}$。

为了控制滚珠丝杠副的行程变动量,国家标准分别规定了有效行程内允许的行程变动量 $v_{2\pi p}$、300mm 行程内允许的行程变动量 v_{300p}、2π rad 内允许的行程变动量 v_{up}。

滚珠丝杠副目标行程公差和允许的行程变动量(允差)见附表 6-10~表 6-14。

4. 滚珠丝杆副精度等级的应用

普通机械采用 7 级、10 级精度,数控设备一般采用 5 级、3 级精度,采用 5 级精度较多,航空制造设备、精密投影仪及三坐标测量设备等一般采用 3 级、2 级精度。一般的数控机床使用 4 级精度,精密级的使用 3 级精度,国内大部分数控机床都采用 5 级精度。

5. 滚珠丝杆副的公制系列

GB/T 17587.2—1998 规定了滚珠丝杠副的公称直径和公称导程的公制系列。

(1) 公称直径系列:6mm,8mm,10mm,12mm,16mm,20mm,25mm,32mm,40mm,50mm,63mm,80mm,100mm,125mm,160mm,200mm。

(2) 公称导程系列:1mm,2mm,2.5mm,3mm,4mm,5mm,6mm,8mm,10mm,12mm,

16mm,20mm,25mm,32mm,40mm。公称导程的优先系列:2.5mm,5mm,10mm,20mm,40mm。

公称直径和公称导程的一般组合及优先组合(划横线)见表6-12。当优先组合不够用时,可选用一般组合。

表6-12 公称直径和公称导程的一般组合及优先组合(摘自GB/T 17587.3—1998)

单位:mm

公称直径	公称导程														
	1	2	2.5	3	4	5	6	8	10	12	16	20	25	32	40
6	1	2	2.5												
8	1	2	2.5	3											
10	1	2	2.5	3	4	5	6								
12		2	2.5	3	4	5	6	8	10	12					
16		2	2.5	3	4	5	6	8	10	12	16				
20				3	4	5	6	8	10	12	16	20			
25					4	5	6	8	10	12	16	20	25		
32					4	5	6	8	10	12	16	20	25	32	
40						5	6	8	10	12	16	20	25	32	40
50						5	6	8	10	12	16	20	25	32	40
63						5	6	8	10	12	16	20	25	32	40
80							6	8	10	12	16	20	25	32	40
100									10	12	16	20	25	32	40
125									10	12	16	20	25	32	40
160										12	16	20	25	32	40
200										12	16	20	25	32	40

6. 滚珠丝杆副的标识(图6-19)

例如,滚珠丝杠副 GB/T 17587—2017 - 50×10×1680 - T7R 表示公称直径50mm,公称导程10mm,螺纹长度1680mm,标准公差等级7级的右旋传动型滚珠丝杠副(T型)。

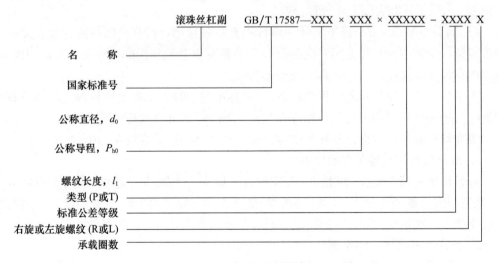

图6-19 滚珠丝杆副的标识

附表 6-1 丝杠螺纹螺旋线轴向公差(摘自 JB/T 2886—2008)

精度等级	$\delta_{L2\pi}$	δ_{L25}	δ_{L100}	δ_{L300}	在下列螺纹有效长度内的 δ_{Lu}/mm				
					≤1000	>1000~2000	>2000~3000	>3000~4000	>4000~5000
					允差/μm				
3	0.9	1.2	1.8	2.5	4	—	—	—	—
4	1.5	2	3	4	6	8	12	—	—
5	2.5	3.5	4.5	6.5	10	14	19	—	—
6	4	7	8	11	16	21	27	33	39

附表 6-2 丝杠螺纹螺距公差和螺距累积公差(摘自 JB/T 2886—2008)

精度等级	δ_P	δ_{P60}	δ_{P300}	在下列螺纹有效长度内的 δ_{PLu}/mm					
				≤1000	>1000~2000	>2000~3000	>3000~4000	>4000~5000	>5000,长度每增加1000,δ_{PLu}增加
				允差/μm					
7	6	10	18	28	36	44	52	60	8
8	12	20	35	55	65	75	85	95	10
9	25	40	70	110	130	150	170	190	20

附表 6-3 丝杠螺纹牙型半角的极限偏差(摘自 JB/T 2886—2008)

螺距 P/mm	精度等级						
	3	4	5	6	7	8	9
	牙型半角极限偏差/(′)						
2~5	±8	±10	±12	±15	±20	±30	±30
6~10	±6	±8	±10	±12	±18	±25	±28
12~20	±5	±6	±8	±10	±15	±20	±25

附表 6-4 丝杠螺纹大径、中径和小径的极限偏差(摘自 JB/T 2886—2008)

螺距 P/mm	公称直径 d/mm	螺纹大径		螺纹中径		螺纹小径	
		下偏差	上偏差	下偏差	上偏差	下偏差	上偏差
		允差/μm					
2	10~16	-100	0	-294	-34	-362	0
	16~28			-314		-388	
	30~42			-350		-399	
3	10~14	-150	0	-336	-37	-410	0
	22~28			-360		-447	
	30~44			-392		-465	
	46~60			-392		-478	
4	16~20	-200	0	-400	-45	-485	0
	44~60			-438		-534	
	65~80			-462		-565	

续表

螺距 P/mm	公称直径 d/mm	螺纹大径		螺纹中径		螺纹小径	
		下偏差	上偏差	下偏差	上偏差	下偏差	上偏差
		允差/μm					
5	22～28 30～42 85～110	-250	0	-462 -482 -530	-52	-565 -578 -650	0
6	30～42 44～60 65～80 120～150	-300	0	-522 -550 -572 -585	-56	-635 -646 -665 -720	0
8	22～28 44～60 65～80 160～190	-400	0	-590 -620 -656 -682	-67	-720 -758 -765 -830	0
10	30～40 44～60 65～80 200～220	-550	0	-680 -696 -710 -738	-75	-820 -854 -864 -900	0
12	30～42 44～60 65～80 85～110	-600	0	-754 -772 -789 -800	-82	-892 -948 -955 -978	0
16	44～60 65～80 120～170	-800	0	-877 -920 -970	-93	-1108 -1135 -1190	0
20	85～110 180～220	-1000	0	-1068 -1120	-105	-1305 -1370	0

附表 6-5　丝杠螺纹中径尺寸的一致性公差（摘自 JB/T 2886—2008）

精度等级	螺纹有效长度/mm					
	≤1000	>1000～2000	>2000～3000	>3000～4000	>4000～5000	>5000,长度每增加1000,一致性公差应增加
	螺纹中径的尺寸一致性公差					
	允差/μm					
3	5	—	—	—	—	—
4	6	11	17	—	—	—
5	8	15	22	30	38	—

续表

精度等级	螺纹有效长度/mm ≤1000	>1000~2000	>2000~3000	>3000~4000	>4000~5000	>5000,长度每增加1000,一致性公差应增加
	螺纹中径的尺寸一致性公差 允差/μm					
6	10	20	30	40	50	5
7	12	26	40	53	65	10
8	16	36	53	70	90	20
9	21	48	70	90	116	30

附表6-6 丝杠螺纹大径对螺纹轴线的径向圆跳动公差(摘自JB/T 2886—2008)

单位:μm

长径比	精度等级						
	3	4	5	6	7	8	9
≤10	2	3	5	8	16	32	63
>10~15	2.5	4	6	10	20	40	80
>15~20	3	5	8	12	25	50	100
>20~25	4	6	10	16	40	63	125
>25~30	5	8	12	20	50	80	160
>30~35	6	10	16	25	60	100	200
>35~40	—	12	20	32	80	125	250
>40~45	—	16	25	40	100	160	315
>45~50	—	20	32	50	120	200	400
>50~60	—	—	—	63	150	250	500
>60~70	—	—	—	80	180	315	630
>70~80	—	—	—	100	220	400	800
>80~90	—	—	—	—	280	500	—

注:长径比系指丝杠全长与螺纹公称直径之比。

附表6-7 非配制螺母螺纹中径的极限偏差(摘自JB/T 2886—2008)

螺距 P/mm	精度等级			
	6	7	8	9
	允差/μm			
2~5	$^{+55}_{0}$	$^{+65}_{0}$	$^{+85}_{0}$	$^{+100}_{0}$
6~10	$^{+65}_{0}$	$^{+75}_{0}$	$^{+100}_{0}$	$^{+120}_{0}$
12~20	$^{+75}_{0}$	$^{+85}_{0}$	$^{+120}_{0}$	$^{+150}_{0}$

附表 6-8　螺母螺纹的大径、小径的极限偏差（摘自 JB/T 2886—2008）

螺距 P/mm	公称直径 d/mm	螺纹大径		螺纹小径	
		上偏差	下偏差	上偏差	下偏差
		允差/μm			
2	10～16	+328	0	+100	0
	18～28	+355			
	30～42	+370			
3	10～14	+372	0	+150	0
	22～28	+408			
	30～44	+428			
	46～60	+440			
4	16～20	+440	0	+200	0
	44～60	+490			
	65～80	+520			
5	22～28	+515	0	+250	0
	30～42	+528			
	85～110	+595			
6	30～42	+578	0	+300	0
	44～60	+590			
	65～80	+610			
	120～150	+660			
8	22～28	+650	0	+400	0
	44～60	+690			
	65～80	+700			
	160～190	+765			
10	30～42	+745	0	+500	0
	44～60	+778			
	65～80	+790			
	200～220	+825			
12	30～42	+813	0	+600	0
	44～60	+865			
	65～80	+872			
	85～110	+895			
16	44～60	+1017	0	+800	0
	65～80	+1040			
	120～170	+1100			
20	85～110	+1200	0	+1000	0
	180～220	+1265			

附表6-9 丝杠和螺母的螺纹表面粗糙度 Ra 值(摘自 JB/T 2886—2008)

单位:μm

精度等级	螺纹大径		牙型侧面		螺纹小径	
	丝杠	螺母	丝杠	螺母	丝杠	螺母
3	0.2	3.2	0.2	0.4	0.8	0.8
4	0.4	3.2	0.4	0.8	0.8	0.8
5	0.4	3.2	0.4	0.8	0.8	0.8
6	0.4	3.2	0.4	0.8	1.6	0.8
7	0.8	6.3	0.8	1.6	3.2	1.6
8	0.8	6.3	1.6	1.6	6.3	1.6
9	1.6	6.3	1.6	1.6	6.3	1.6

附表6-10 定位(P型)滚珠丝杠副目标行程公差(E1.1)(摘自 GB/T 17587.3—2017)

有效行程 l_u/mm		在指定行程内的允差 e_p/μm							
		标准公差等级							
>	≤	0	1	2	3	4	5	7	10
0	315	4	6	8	12	16	23	—	—
315	400	5	7	9	13	18	25	—	—
400	500	6	8	10	15	20	27	—	—
500	630	6	9	11	16	22	32	—	—
630	800	7	10	13	18	25	36	—	—
800	1000	8	11	15	21	29	40	—	—
1000	1250	9	13	18	24	34	47	—	—
1250	1600	11	15	21	29	40	55	—	—
1600	2000	—	18	25	35	48	65	—	—
2000	2500	—	22	30	41	57	78	—	—
2500	3150	—	26	36	50	69	96	—	—
3150	4000	—	32	45	62	86	115	—	—
4000	5000	—	—	—	76	110	140	—	—
5000	6300	—	—	—	—	—	170	—	—

附表6-11 传动(T型)滚珠丝杠副目标行程公差(E1.2)(摘自 GB/T 17587.3—2017)

在指定行程内的允差 e_p/μm							
标准公差等级							
0	1	2	3	4	5	7	10
$e_p = \pm \dfrac{l_u}{300} \cdot v_{300p}$							

附表 6-12 定位(P型)滚珠丝杠副行程变动量(E2)(摘自 GB/T 17587.3—2017)

有效行程 l_u/mm		在指定行程内的允差 v_{up}/μm 标准公差等级							
>	≤	0	1	2	3	4	5	7	10
0	315	3.5	6	8	12	16	23	—	—
315	400	3.5	6	9	12	18	25	—	—
400	500	4	7	9	13	19	26	—	—
500	630	4	7	10	14	20	29	—	—
630	800	5	8	11	16	22	31	—	—
800	1000	6	9	12	17	24	34	—	—
1000	1250	6	10	14	19	27	39	—	—
1250	1600	7	11	16	22	31	44	—	—
1600	2000	—	13	18	25	36	51	—	—
2000	2500		15	21	29	41	59	—	—
2500	3150		17	24	34	49	69	—	—
3150	4000		21	29	41	58	82	—	—
4000	5000	—	—	—	49	70	99	—	—
5000	6300						119		

附表 6-13 定位(P型)或传动(T型)滚珠丝杠副任意 300mm 行程内的
行程变动量(E3)(摘自 GB/T 17587.3—2017)

标准公差等级							
0	1	2	3	4	5	7	10
v_{300p}/μm							
3.5	6	8	12	16	23	52[①]	210[①]

注：①仅对传动(T类)滚珠丝杠副。

附表 6-14 定位(P型)滚珠丝杠副任意 2πrad 内的行程变动量(E4)
(摘自 GB/T 17587.3—2017)

标准公差等级							
0	1	2	3	4	5	7	10
$v_{2\pi p}$/μm							
3	4	5	6	7	8	—	—

习题与思考题

1. 对紧固螺纹,为什么不单独规定螺距公差及牙侧角公差?
2. 假定螺纹的实际中径在中径极限尺寸范围内,是否就可以断定该螺纹为合格品? 为什么?

3. 说明 M30×2 – 6H/5g6g – L 的含义,查表确定内外螺纹的极限偏差,并绘出中径和顶径公差带图。

4. 测得某螺栓 M16 – 6g 的单一中径为 14.6mm,$\Delta P_\Sigma = 35\mu m$,$\Delta\alpha_1 = -50'$,$\Delta\alpha_2 = 40'$,试问此螺栓是否合格?若不合格,能否修复?该怎样修复?

5. 试比较滚珠丝杠副精度、梯形螺纹丝杠螺母精度与普通螺纹精度有哪些不同。

第7章

键与花键联结的精度设计与检测

7.1 概　　述

键联结和花键联结是机械产品中普遍应用的结合方式之一,主要用作轴和轴上传动件(齿轮、带轮、联轴器等)之间的可拆连接,用以传递扭矩和运动。当轴与轴上传动件之间有轴向相对运动要求时,键连接和花键连接还能起导向作用,如变速箱中变速齿轮花键孔和花键轴的连接等。

为了保证键与花键连接的互换性,需要进行键与花键连接的精度设计,本章仅介绍普通平键连接和矩形花键连接的精度设计,涉及的有关现行国家标准如下。

GB/T 1095—2003 平键 键槽的剖面尺寸。
GB/T 1096—2003 普通型 平键。
GB/T 1097—2003 导向型 平键。
GB/T 15758—2008 花键基本术语。
GB/T 1144—2001 矩形花键尺寸、公差和检验。

7.2 普通平键联结的精度设计

键又称单键,分为平键、半圆键、切向键和楔形键等几种,常用的平键又分为普通型、导向型和薄型。普通平键联结结构紧凑、简单、可靠,装拆方便,容易制造,应用广泛。

7.2.1 普通平键联结的结构和几何要素

1. 普通平键和键槽的主要尺寸要素

平键联结由键、轴键槽和轮毂槽三部分组成,如图 7-1 所示。通过键的侧面和轴键槽及轮毂槽的侧面相互接触来传递扭矩和运动,而键的顶部表面与轮毂槽底部表面留有一定的间隙以便于拆装。因此,对于普通平键联结,键和键槽的宽度 b 是配合尺寸,应规定较小的公差以保证联结质量;而键的高度 h 和长度 L 以及轴键槽的深度 t_1、轮毂槽的深度 t_2 和长度 L 皆为非配合尺寸,应规定较松的公差以减少制造成本。d 为轴与轮毂孔的结合直径。

2. 键联结的使用要求

键在传递扭矩和运动时,主要由键侧承受扭矩和运动,键侧受到挤压应力和剪应力的作用。根据这些特点,键联结有如下使用要求。

(1)键与键槽的侧面应有充分大的有效接触面积,以保证可靠地承受传递扭矩和运动。

(2)键与键槽结合要牢靠,不可松脱,又便于装拆。

(3)对导向键,键与键槽间应留有滑动间隙,要同时满足相对运动及导向精度要求。

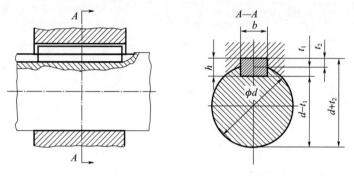

图 7-1 平键联结及主要尺寸

7.2.2 平键联结的极限配合

键的公差与配合已经标准化,符合光滑圆柱面的有关标准规定。键由型钢制成,是标准件,相当于极限配合中的轴。平键联结属于多件配合,键宽和键槽宽为配合尺寸,因此键与键槽的配合采用基轴制配合。键、键槽尺寸公差带均从 GB/T 1800.1—2020 中选取。普通平键、键槽的剖面尺寸与公差见表 7-1。国家标准对键宽只规定了一种公差带 h8,对轴和轮毂的键槽宽各规定了三种公差带,所以键与键槽构成三类配合,即松联结、正常联结和紧密联结,以满足不同用途的需要,如图 7-2 及表 7-2 所示。

国家标准还规定了平键联结非配合尺寸的公差带和极限偏差。普通平键高度 h 的公差带一般采用 h11,平键长度 L 的公差带采用 h14,平键轴槽长度 L 的公差带采用 H14。GB/T 1095—2003 对轴键槽深度 t_1 和轮毂槽深度 t_2 的极限偏差作了专门规定,见表 7-1。为了便于测量,在图样上对轴键槽深度和轮毂槽深度分别标注"$d-t_1$"和"$d+t_2$"(此处 d 为轮毂孔、轴的公称尺寸),如图 7-1 所示,其极限偏差分别按 t_1 和 t_2 的极限偏差选取,但"$d-t_1$"的上偏差为零,"$d+t_2$"的下偏差为零。

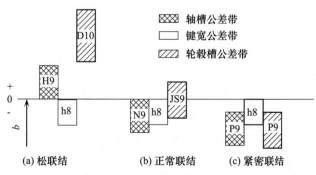

图 7-2 键与键槽宽度的公差带

表 7-1 普通平键键槽尺寸与公差（摘自 GB/T 1095—2003） 单位:mm

键尺寸 $b \times h$	键槽										
	宽度 b						深度				半径 r	
	基本尺寸	极限偏差					轴 t_1		毂 t_2			
		正常联结		紧密联结	松联结		基本尺寸	极限偏差	基本尺寸	极限偏差		
		轴 N9	毂 JS9	轴和毂 P9	轴 H9	毂 D10					min	max
2×2	2	−0.004	±0.0125	−0.006	+0.025	+0.060	1.2	+0.10 0	1.0	+0.10 0	0.08	0.16
3×3	3	−0.029		−0.031	0	+0.020	1.8		1.4			
4×4	4	0	±0.015	−0.012	+0.030	+0.078	2.5		1.8			
5×5	5	−0.030		−0.042	0	+0.030	3.0		2.3		0.16	0.25
6×6	6						3.5		2.8			
8×7	8	0	±0.018	−0.015	+0.036	+0.098	4.0		3.3			
10×8	10	−0.036		−0.051	0	+0.040	4.5		3.3			
12×8	12						5.0		3.3		0.25	0.40
14×9	14	0	±0.0215	−0.018	+0.043	+0.120	5.5		3.8			
16×10	16	−0.043		−0.061	0	+0.050	6.0	+0.20 0	4.3	+0.20 0		
18×11	18						7.0		4.4			
20×12	20						7.5		4.9			
22×14	22	0	±0.026	−0.022	+0.052	+0.149	9.0		5.4		0.40	0.60
25×14	25	−0.052		−0.074	0	+0.065	9.0		5.4			
28×16	28						10.0		6.4			

表 7-2 平键联结的三种配合及应用

配合种类	宽度 b 的公差带			适用范围
	键	轴槽	轮毂槽	
松联结	h8	H9	D10	导向键联结,轮毂可在轴上轴向移动
正常联结		N9	JS9	键固定在轴键槽和轮毂槽中,用于载荷不大的场合
紧密联结		P9	P9	键牢固地固定在轴键槽和轮毂槽中,用于载荷较大、有冲击和双向传递扭矩的场合

7.2.3 平键联结的几何公差及表面粗糙度参数值

为了保证键侧面与键槽侧面足够的接触面积、工作面承载均匀,且便于装配、拆卸,还需规定轴键槽及轮毂槽的宽度 b 对轴及轮毂轴心线的对称度公差,对称度公差的主参数是键宽 b。根据不同的功能要求,该对称度公差与键槽宽度公差的关系以及与孔、轴尺寸公差的关系可以采用独立原则,或者采用最大实体要求。对称度公差等级一般可按 GB/T 1184—1996 取 7~9 级。

当单键的键长 L 与键宽 b 之比大于或等于 8 时,应对键的两工作侧面在长度方向上规定平行度公差,平行度公差等级也按 GB/T 1184—1996 选取:当 $b \leq 6$mm 时取 7 级,当

$b \geqslant 8 \sim 36\mathrm{mm}$ 时取 6 级,当 $b \geqslant 40\mathrm{mm}$ 时取 5 级。

键和键槽配合表面的表面粗糙度轮廓参数 Ra 推荐为 $1.6 \sim 3.2\mu\mathrm{m}$,非配合表面 Ra 取 $6.3\mu\mathrm{m}$。

轴键槽和轮毂槽的剖面尺寸及其公差带与极限偏差、几何公差及表面粗糙度参数在图样上的标注如图 7-3 所示。

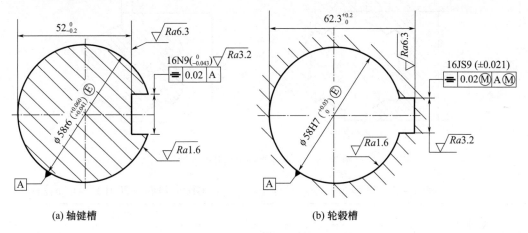

(a) 轴键槽   (b) 轮毂槽

图 7-3 普通平键和键槽标注示例

7.3 矩形花键联结的精度设计

花键联结为两零件上等距分布且齿数相同的键齿相互联结并传递扭矩或运动的同轴偶件。按齿形的不同,花键可分为矩形花键、渐开线花键和端齿花键等,其中矩形花键应用最为广泛。与平键联结相比,花键联结是多齿传递载荷,具有承载能力强、对轴的削弱程度小(齿浅、应力集中小)、定心精度高和导向性能好等优点。它适用于定心精度要求高、载荷大或经常滑移的联结。

7.3.1 矩形花键联结的结构和几何要素

1. 矩形花键联结的主要尺寸要素

GB/T 1144—2001 规定,矩形花键的主要尺寸有小径 d、大径 D、键宽(外花键)和键槽宽(内花键)B,如图 7-4 所示。键数 N 规定为偶数,有 6、8、10 三种,以便于加工和检测。按承载能力,矩形花键分为轻系列和中系列两个系列,共 35 种规格,见表 7-3。同一小径的轻系列和中系列的键数相同,键宽、键槽宽也相同,仅大径不同。

2. 矩形花键联结的使用要求及定心方式

矩形花键联结配合参数较多,需要内、外花键的大径 D、小径 d 和键槽宽、键宽 B 同时参与配合,来保证内、外花键的同轴度(定心精度)、联结强度和传递扭矩的可靠性;对要求轴向滑动的联结,还应保证导向精度。花键定心是指花键副工作轴线位置的限定,分为大径 D 定心、小径 d 定心和齿侧定心,如图 7-5 所示。在矩形花键联结中,要保证三个配合面同时达到高精度的配合是很困难的,也无必要。因此,GB/T 1144—2001 规定矩形花键联结采用小径定心,其中定心尺寸(小径 d)的精度要求最高,而非定心的大径表面之间有相当大的间隙,以保证它们不接触。键槽宽、键宽 B 也应有足够的精度,因为要通过键和键槽侧面传递扭矩和导向。

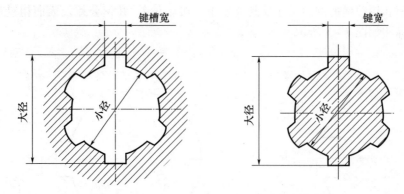

图 7-4 矩形花键的主要几何参数

表 7-3 矩形花键基本尺寸系列(摘自 GB/T 1144—2001)　　单位:mm

小径 d	轻系列				中系列			
	规格 $N \times d \times D \times B$	键数 N	大径 D	键宽 B	规格 $N \times d \times D \times B$	键数 N	大径 D	键宽 B
11					6×11×14×3		14	3
13					6×13×16×3.5		16	3.5
16					6×16×20×4		20	4
18		6			6×18×22×5	6	22	5
21					6×21×25×5		25	5
23	6×23×26×6		26	6	6×23×28×6		28	6
26	6×26×30×6		30	6	6×26×32×6		32	6
28	6×28×32×7		32	7	6×28×34×7		34	7
32	8×32×36×6		36	6	8×32×38×6		38	6
36	8×36×40×7		40	7	8×36×42×7		42	7
42	8×42×46×8		46	8	8×42×48×8		48	8
46	8×46×50×9	8	50	9	8×46×54×9	8	54	9
52	8×52×58×10		58	10	8×52×60×10		60	10
56	8×56×62×10		62	10	8×56×65×10		65	10
62	8×62×68×12		68	12	8×62×72×12		72	12
72	10×72×78×12		78	12	10×72×82×12		82	12
82	10×82×88×12		88	12	10×82×92×12		92	12
92	10×92×98×14	10	98	14	10×92×102×14	10	102	14
102	10×102×108×16		108	16	10×102×112×16		112	16
112	10×112×120×18		120	18	10×112×125×18		125	18

采用小径定心,具有以下优点。

(1)有利于提高产品性能、质量和技术水平。小径定心的定心精度高,稳定性好,而且能用磨削的方法消除热处理变形,从而提高了定心直径制造精度。

(2)有利于简化加工工艺,降低生产成本。尤其是对于内花键定心表面的加工,采用内圆磨削加工方法,可以减少成本较高的拉刀规格,也易于保证表面质量。

(3)有利于齿轮精度标准的贯彻与配套。齿轮传动中齿轮与轴大都用花键联结,内花键常作为加工、安装的基准孔,7~8 级齿轮的内花键孔公差为 IT7,外花键轴为 IT6,6 级齿轮的内花键孔公差为 IT6,外花键轴公差为 IT5,高精度基准孔只有采用小径定心方式,通过磨削工艺才可保证。

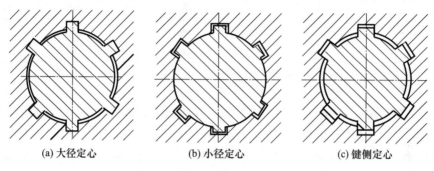

(a) 大径定心　　　　(b) 小径定心　　　　(c) 键侧定心

图 7-5　矩形花键联结的定心方式

7.3.2　花键联结的极限配合

为了减少加工和检验内花键用花键拉刀和花键量规的规格和数量,矩形花键联结采用基孔制配合。GB/T 1144—2001 规定内、外花键配合可分为滑动、紧滑动和固定三种类型,见表 7-4。这三种装配形式均可分为一般用、精密传动使用两种精度类型。一般情况下,内、外花键定心直径 d 的公差带取相同的公差等级,这不同于普通光滑圆柱面孔、轴的配合(一般情况下,孔比轴低一级),主要是考虑到矩形花键采用小径定心,使加工难度由内花键转为外花键,其加工精度要高些。但在有些情况下,内花键允许与提高一级的外花键配合,这主要是考虑矩形花键常用作为齿轮的基准孔,在贯彻齿轮标准过程中,有可能出现外花键的定心直径公差等级高于内花键定心直径公差等级的情况。

表 7-4　内、外花键的尺寸公差带(摘自 GB/T 1144—2001)

内花键				外花键			装配形式
d	D	B		d	D	B	
		拉削后不热处理	拉削后热处理				
一般用							
H7	H10	H9	H11	f7	a11	d10	滑动
				g7		f9	紧滑动
				h7		h10	固定

续表

内花键				外花键			装配型式
d	D	B		d	D	B	
		拉削后不热处理	拉削后热处理				
精密传动用							
H5	H10	H7、H9		f5	a11	d8	滑动
				g5		f7	紧滑动
				h5		h8	固定
H6				f6		d8	滑动
				g6		f7	紧滑动
				h6		h8	固定

注：1. 精密传动用的内花键，当需要控制键侧配合间隙时，槽宽可选 H7，一般情况下可选 H9；
2. d 为 H6 和 H7 的内花键，允许与提高一级的外花键配合。

矩形花键联结的极限配合选用主要是确定联结精度和装配形式。联结精度主要根据定心精度要求和传递扭矩大小选择。精密传动用花键联结定心精度高，传递扭矩大而且平稳，多用于精密机床主轴变速箱及各种减速器；一般用花键联结适用于定心精度要求不高，但传递扭矩较大的场合，如载重汽车、拖拉机的变速箱。

装配形式主要根据内外花键之间有无轴向相对移动，来选用滑动联结、紧滑动联结或固定联结。当内外花键之间有轴向相对移动，而且移动距离长、移动频率高时，应选用配合间隙较大的滑动联结，以保证运动灵活性及配合面间有足够的润滑层；当内外花键定心精度要求高、传递扭矩大或经常有反向转动时，应选用配合间隙较小的紧滑动联结，以减小冲击与空程，并使键侧表面应力分布均匀；当内外花键在工作中无需轴向移动、只用于传递扭矩时，应选用配合间隙最小的固定联结。

7.3.3 花键联结的几何公差及表面粗糙度参数值

鉴于内、外花键具有特定形状，内、外花键各部分不但要求实际尺寸合格，还必须分别规定几何公差，以保证花键联结精度和强度的要求。为了保证内、外花键小径定心表面的配合性质，GB/T 1144—2001 规定该表面的几何公差与尺寸公差的关系应采用包容要求。除了小径定心表面的形状误差以外，内、外花键的方向、位置误差也会影响装配性、定心精度和承载均匀性，包括键(键槽)两侧面的中心平面对小径定心表面轴线的对称度误差、键(键槽)的等分度误差、键(键槽)侧面对小径定心表面轴线的平行度误差和大径表面轴线对小径定心表面轴线的同轴度误差。其中，以花键的对称度误差和等分度误差的影响最大。

因此，采用综合检验法时，花键的对称度误差和等分度误差通常用位置度公差予以综合控制，位置度公差值见表 7-5。位置度公差与键(键槽)宽度尺寸公差及小径定心表面尺寸公差的关系皆采用最大实体要求，如图 7-7 所示。单件小批量生产时，采用单项检验法，一般规定对称度公差和等分度公差，与尺寸公差的关系采用独立原则，如图 7-8 所示。键槽宽或键宽的等分度公差值等于对称度公差值，在图样上不必标注。

对较长的花键,应根据产品性能规定键侧面对小径定心表面轴线的平行度公差。

表 7-5 矩形花键位置度与对称度公差(摘自 GB/T 1144—2001) 单位:mm

键槽宽或键宽 B			3	3.5~6	7~10	12~18
位置度公差 t_1	键槽宽		0.010	0.015	0.020	0.025
	键宽	滑动、固定	0.010	0.015	0.020	0.025
		紧滑动	0.006	0.010	0.013	0.016
对称度公差 t_2	一般用		0.010	0.012	0.015	0.018
	精密传动用		0.006	0.008	0.009	0.011

矩形花键各结合表面的表面粗糙度轮廓参数 Ra 的推荐值见表 7-6。

表 7-6 矩形花键表面粗糙度 Ra 值   单位:μm

加工表面	内花键	外花键
	Ra 不大于	
大径	6.3	3.2
小径	0.8	0.8
键侧	3.2	0.8

7.3.4 矩形花键的图样标注

矩形花键的标记代号应按次序包括:键数 $N×$小径 $d×$大径 $D×$键宽(键槽宽)B 的公称尺寸、配合公差带代号和标准号。例如,花键联结 $N=6, d=23H7/f7, D=26H10/a11, B=7H11/d10$ 的标记如下。

花键规格:$6×23×26×6$。

花键副:$6×23\dfrac{H7}{f7}×26\dfrac{H10}{a11}×6\dfrac{H11}{d10}$ GB/T 1144—2001。

内花键:$6×23H7×26H10×6H11$ GB/T 1144—2001。

外花键:$6×23f7×26a11×6d10$ GB/T 1144—2001。

在装配图上标注花键副的配合代号,在零件图上标注内、外花键尺寸公差带代号,如图 7-6 所示。

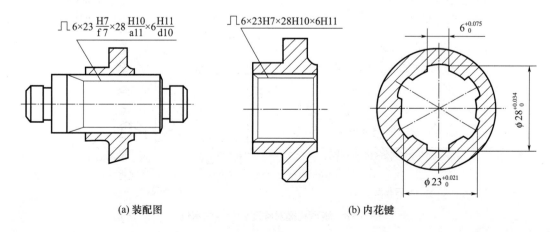

(a) 装配图   (b) 内花键

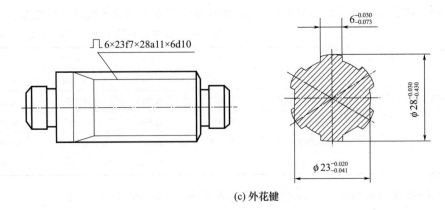

(c) 外花键

图7-6 矩形花键尺寸精度标注

在零件图上,除了标注内、外花键尺寸公差带代号或极限偏差外,还要标注几何公差、公差原则(公差要求)及表面粗糙度参数值,如图7-7所示。

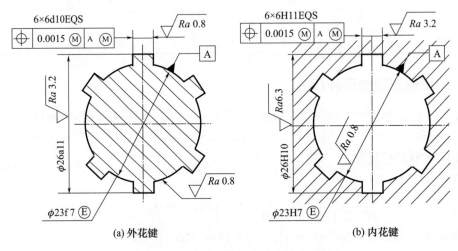

图7-7 矩形花键位置度公差标注示例

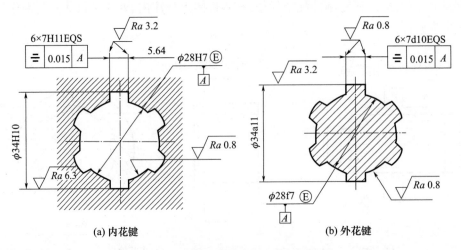

图7-8 矩形花键对称度公差标注示例

7.4 键和花键的检测

7.4.1 平键的检测

1. 键和键槽尺寸的检测

键和键槽的尺寸检测比较简单,可用通用计量器具测量,大批量生产时可用专用的极限量规来检验。

2. 键槽对称度误差测量与检验

1)轴键槽对基准轴线的对称度公差采用独立原则时用通用计量器具检测

如图7-9(b)所示,以平板4作为测量基准,用V形支承座1体现轴的基准轴线,它平行于平板。用定位块3(或量块)模拟体现键槽中心平面。将置于平板上的指示器的测头与定位块的顶面接触,沿定位块的一个横截面移动,并稍微转动被测轴,使定位块在该横截面内的素线平行于平板。然后用指示器对定位块长度两端的Ⅰ和Ⅱ部位的测点分别进行测量,测得的示值分别为M_{I}和M_{II}。

将被测轴在V形支承座上转180°,然后按上述方法进行调整和测量,测得定位块另一面的示值分别为M'_{I}和M'_{II}。键槽实际被测中心平面的两端相对于基准轴线和平板的工作平面的偏离量Δ_1和Δ_2分别为

$$\Delta_1 = (M_{\mathrm{I}} - M'_{\mathrm{I}})/2 \tag{7-1}$$

$$\Delta_2 = (M_{\mathrm{II}} - M'_{\mathrm{II}})/2 \tag{7-2}$$

轴键槽对称度误差值f由Δ_1和Δ_2以及轴的直径d和键槽深度t_1按下式计算

$$f = \left| \frac{t_1(\Delta_1 + \Delta_2)}{d - t_1} + (\Delta_1 - \Delta_2) \right| \tag{7-3}$$

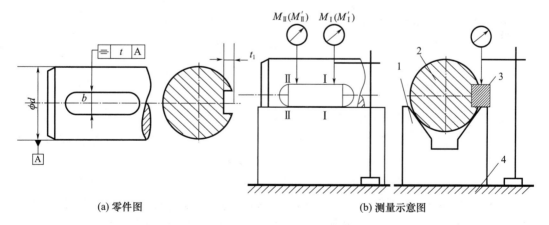

图7-9 轴键槽对称度误差测量

1—V形支承座;2—带平键槽的轴;3—定位块;4—平板。

2)大批量生产时采用对称度专用量规检验

当轴键槽对称度公差与键槽宽度的尺寸公差的关系采用最大实体要求,与轴径尺寸公差的关系采用独立原则时,键槽对称度误差可用图7-10(b)所示的量规检验。若量规

的V形表面与轴表面接触,且量规能够进入被测键槽,则为合格。

当轮毂槽对称度公差与键槽宽度的尺寸公差及基准孔的尺寸公差关系皆采用最大实体要求时,键槽对称度误差也可用图7-11(b)所示的量规检验。若它能够同时自由通过轮毂的基准孔和被测键槽,则表示合格。

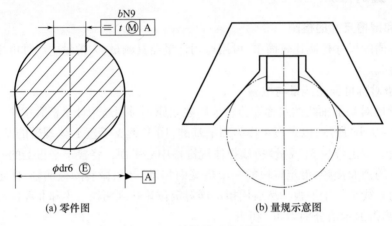

图7-10 轴键槽对称度量规

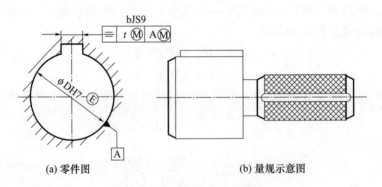

图7-11 轮毂槽对称度量规

7.4.2 花键的检测

矩形花键的检测有单项测量和综合检验两类。

单件小批生产中,用通用量具分别对尺寸 d、D、B 进行单项测量,并检测键宽的对称度、键齿(槽)的等分度和大、小径的同轴度等几何误差项目。

大批量生产,一般都采用矩形花键综合量规进行检验。用综合通规(对内花键为塞规、对外花键为环规,如图7-12、图7-13所示)来综合检验小径 d、大径 D 和键(键槽)宽 B 的作用尺寸,包括位置度(等分度、对称度)和同轴度等几何误差。然后用单项止规(或其他量具)分别检验尺寸 d、D、B。检验时,综合通规能通过,而单项止规不通过,则花键合格。

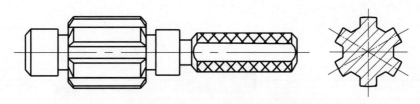

图 7-12　检验内花键的综合塞规

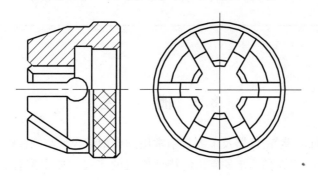

图 7-13　检验外花键的综合环规

习题与思考题

1. 什么是普通平键联结的配合尺寸？采用何种配合制？
2. 普通平键联结有几种配合类型？各用于什么场合？
3. 矩形花键联结的主要配合尺寸有哪些？采用小径定心有何优点？
4. 配合 $\phi 30H8/\phi 30k7$ 用平键联结传递扭矩,已知 $b=8mm, h=7mm, t_1=3.3mm$。确定键与键槽宽的极限配合,绘出孔与轴的剖面图,并标注键槽宽与槽深的基本尺寸与极限偏差。
5. 查表确定下面矩形花键联结的公差配合。

$$6 \times 26 \frac{H7}{f7} \times 30 \frac{H10}{a11} \times 6 \frac{H9}{d10} \text{ GB/T } 1144\text{—}2001$$

第8章 圆锥配合精度设计与检测

8.1 概　　述

圆锥结合是机器设备、仪器及工夹具中常用的典型结合。与圆柱配合不同,圆锥配合是由直径、长度、锥度(锥角)等多个几何特征构成的多尺寸要素配合。圆锥配合的主要特点如下。

(1)能保证较高的同轴度精度,能自动定心和对中。它不仅能使结合件的轴线很好地重合,而且经多次装拆也不受影响。

(2)配合间隙或过盈可以调整。在圆锥配合中,通过调整内、外圆锥的轴向相对位置,即可改变间隙或过盈的大小,得到不同的配合性质。圆锥配合还能补偿结合表面的磨损,延长使用寿命。

(3)配合紧密而且便于拆卸。要求在使用中有一定过盈,而在装配时又有一定间隙,这对于圆柱结合,是难以办到的。但在圆锥结合中,轴向拉紧内、外圆锥,可以完全消除间隙,乃至形成一定过盈,而将内、外圆锥沿轴向放松,又很容易拆卸。

(4)由于配合紧密,圆锥配合具有良好的密封性,可防止漏气、漏水或漏油。

(5)有足够的过盈时,圆锥结合还具有自锁性,能够传递一定的扭矩,甚至可以取代花键结合,使传动装置结构简单、紧凑。

6)圆锥配合结构比较复杂,影响互换性的参数较多,加工检测也比较困难,不适用于孔轴相对位置要求较高的场合,没有圆柱结合应用广泛。

本章涉及的现行圆锥公差配合国家标准如下。

GB/T 157—2001 产品几何量技术规范(GPS)　圆锥的锥度和锥角系列。

GB/T 11334—2005 产品几何量技术规范(GPS)　圆锥公差。

GB/T 12360—2005 产品几何量技术规范(GPS)　圆锥配合。

GB/T 15754—1995 技术制图 圆锥的尺寸和公差注法。

8.2　圆锥的术语定义

1. 圆锥表面

与轴线成一定角度,且一端相交于轴线的一条直线段(母线),围绕着该轴线旋转形成的表面,如图 8-1(a)所示。

2. 圆锥

由圆锥表面与一定尺寸所限定的几何体,分为外圆锥和内圆锥。如图 8-1(b)、图 8-1(c)所示。

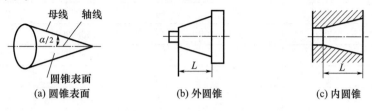

图 8-1 圆锥的定义

3. 圆锥的主要几何参数

圆锥的主要几何参数有圆锥角、圆锥直径、圆锥长度、锥度等,如图 8-2 所示。

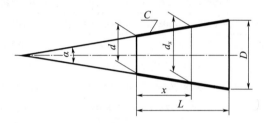

图 8-2 圆锥的主要几何参数

(1) 圆锥角 α。在通过圆锥轴线的截面内,两条素线间的夹角。

(2) 圆锥直径。在垂直于圆锥轴线的截面上的直径。常用的圆锥直径有最大圆锥直径 D、最小圆锥直径 d 及给定截面上的圆锥直径 d_x。

(3) 圆锥长度 L。最大圆锥直径截面与最小圆锥直径截面之间的轴向距离。

(4) 锥度 C。两个垂直圆锥轴线截面的圆锥直径 D 和 d 之差与该两截面之间的轴向距离 L 之比。

锥度 C 与圆锥角 α 的关系为

$$C = \frac{D-d}{L} = 2\tan\frac{\alpha}{2} = 1 : \frac{1}{2}\cot\frac{\alpha}{2} \tag{8-1}$$

锥度 C 常以分式或比例的形式表示,例如,C 可表示为 1∶5、1/5、20%。

4. 锥度和锥角系列

为了减少圆锥工件加工检验时的专用刀量具种类和规格,满足生产需要,GB/T 157—2001 规定了一般用途圆锥和特定用途圆锥的锥度和锥角系列(表 8-1、表 8-2)。选用时,优先选用系列 1,其次选用系列 2。

表 8-1 一般用途圆锥的锥度和锥角系列(摘自 GB/T 157—2001)

基本值		推算值			
		圆锥角 α			锥度 C
系列 1	系列 2	(°)(′)(″)	(°)	rad	
120°	—	—	—	2.09439510	1∶0.2886751

续表

基本值		推算值			锥度 C
系列 1	系列 2	圆锥角 α			
		(°)(′)(″)	(°)	rad	
90°		—	—	1.57079633	1 : 0.5000000
	75°	—	—	1.30899694	1 : 0.6516127
60°		—	—	1.04719755	1 : 0.8660254
45°		—	—	0.78539816	1 : 1.2071068
30°		—	—	0.52359878	1 : 1.8660254
1 : 3		18°55′28.7199″	18.92464442°	0.33029735	—
	1 : 4	14°15′0.1177″	14.25003270°	0.24870999	—
1 : 5		11°25′16.2706″	11.42118627°	0.19933730	—
	1 : 6	9°31′38.2202″	9.52728338°	0.16628246	—
	1 : 7	8°10′16.4408″	8.17123356°	0.14261493	—
	1 : 8	7°9′9.6075″	7.15266875°	0.12483762	—
1 : 10		5°43′29.3176″	5.72481045°	0.09991679	—
	1 : 12	4°46′18.7970″	4.77188806°	0.08328516	—
	1 : 15	3°49′5.8975″	3.81830487°	0.06664199	—
1 : 20		2°51′51.0925″	2.86419237°	0.04998959	—
1 : 30		1°54′34.8570″	1.90968251°	0.03333025	—

表 8-2 特定用途圆锥(摘自 GB/T 157—2001)

基本值	推算值			锥度 C	标准号 GB/T(ISO)	用途
	圆锥角 α					
	(°)(′)(″)	(°)	rad			
11°54′	—	—	0.20769418	1 : 4.7974511	(5237) (8489-5)	纺织机械和附件
8°40′	—	—	0.15126187	1 : 6.5984415	(8489-3) (8489-4) (324.575)	
7°	—	—	0.12217305	1 : 8.1749277	(8489-2)	
1 : 38	1°30′27.7080″	1.50769667°	0.02631427	—	(368)	
1 : 64	0°53′42.8220″	0.89522834°	0.01562468	—	(368)	
7 : 24	16°35′39.4443″	16.59429008°	0.28962500	1 : 3.4285714	3837.3(297)	机床主轴 工具配合
1 : 12.262	4°40′12.1514″	4.67004205°	0.08150761	—	(239)	贾各锥度 No.2
1 : 12.972	4°24′52.9039″	4.41469552°	0.07705097	—	(239)	贾各锥度 No.1
1 : 15.748	3°38′13.4429″	3.63706747°	0.06347880	—	(239)	贾各锥度 No.33

续表

基本值	推算值 圆锥角 α (°)(′)(″)	推算值 圆锥角 α (°)	推算值 rad	锥度 C	标准号 GB/T(ISO)	用途
6∶100	3°26′12.1776″	3.43671600°	0.05998201	1∶16.6666667	1962 (594-1) (595-1) (595-2)	医疗设备
1∶18.779	3°3′1.2070″	3.05033527°	0.05323839	—	(239)	贾各锥度 No.3
1∶19.002	3°0′52.3956″	3.01455434°	0.05261390	—	1443(296)	莫氏锥度 No.5
1∶19.180	2°59′11.7258″	2.98659050°	0.05212584	—	1443(296)	莫氏锥度 No.6
1∶19.212	2°58′53.8255″	2.98161820°	0.05203905	—	1443(296)	莫氏锥度 No.0
1∶19.254	2°58′30.4217″	2.97511713°	0.05192559	—	1443(296)	莫氏锥度 No.4
1∶19.264	2°58′24.8644″	2.97357343°	0.05189865	—	(239)	贾各锥度 No.6
1∶19.922	2°52′31.4463″	2.87540176°	0.05018523	—	1443(296)	莫氏锥度 No.3
1∶20.020	2°51′40.7960″	2.86133223°	0.04993967	—	1443(296)	莫氏锥度 No.2
1∶20.047	2°51′26.9283″	2.85748008°	0.04987244	—	1443(296)	莫氏锥度 No.1
1∶20.288	2°49′24.7802″	2.82355006°	0.04928025	—	(239)	贾各锥度 No.0
1∶23.904	2°23′47.6244″	2.39656232°	0.04182790	—	1443(296)	布朗夏普锥度 No.1 至 No.3
1∶28	2°2′45.8174″	2.04606038°	0.03571049	—	(8382)	复苏器(医用)
1∶36	1°35′29.2096″	1.59144711°	0.02777599	—	(5356-1)	麻醉器具
1∶40	1°25′56.3516″	1.43231989°	0.02499870	—		

8.3 圆锥公差

8.3.1 圆锥公差的术语定义

1. 公称圆锥

由设计给定的理想形状的圆锥,如图 8-2 所示。公称圆锥上的尺寸分别称为公称圆锥直径、公称圆锥角(或公称锥度)和公称圆锥长度。

公称圆锥可用如下两种形式确定。

(1)一个公称圆锥直径(最大圆锥直径 D、最小圆锥直径 d 或给定截面圆锥直径 d_x)、公称圆锥长度 L、公称圆锥角 α 或公称锥度 C。

(2)两个公称圆锥直径和公称圆锥长度 L。

2. 实际圆锥

实际圆锥是指实际存在,并与周围介质分隔的圆锥。实际圆锥上的任一直径称为实际圆锥直径 d_a。实际圆锥角是指在实际圆锥的任一轴向截面内,包容圆锥素线且距离为最小的两对平行直线之间的夹角,如图 8-3 所示。

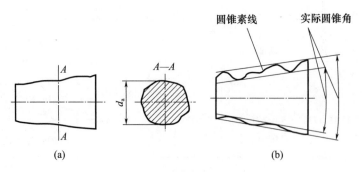

图 8-3 实际圆锥直径和实际圆锥角

3. 极限圆锥

与公称圆锥共轴且圆锥角相等,直径分别为上极限直径和下极限直径的两个圆锥。在垂直圆锥轴线的任一截面上,这两个圆锥的直径差都相等。极限圆锥上的任一直径,即为极限圆锥直径,如图 8-4 中的 $D_{\max}$、$D_{\min}$、$d_{\max}$、$d_{\min}$。

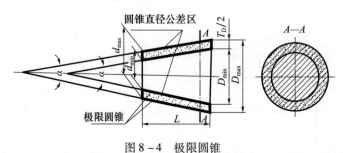

图 8-4 极限圆锥

4. 圆锥直径公差

圆锥直径公差可分为以下两种。

(1) 圆锥直径公差 T_D。圆锥直径的允许变动量。圆锥直径公差区为两个极限圆锥所限定的区域,又称为圆锥直径公差带,如图 8-4 所示。合格的实际圆锥应在两个极限圆锥所限定的圆锥直径公差区之内。

(2) 给定截面圆锥直径公差 T_{DS}。在垂直于圆锥轴线的给定截面内,圆锥直径的允许变动量。它仅适用于给定截面,其公差带为在给定的圆锥截面内,由两个同心圆所限定的区域,如图 8-5 所示。

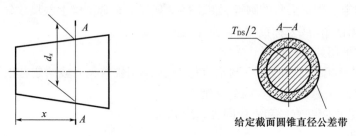

图 8-5 给定截面圆锥直径公差区

圆锥直径公差 T_D、给定截面圆锥直径公差 T_{DS} 分别以公称圆锥直径(一般取最大圆锥直径 D)、给定截面圆锥直径 d_x 为公称尺寸,从 GB/T 1800.1—2020 中的标准公差选取。

例 8-1 有一外圆锥，大端直径 $D=85\text{mm}$，公差等级为 IT7，选基本偏差为 js，则直径公差按 $\phi85\text{js}7$，查表 2-2、表 2-3 得 $\phi85\text{js}7(^{+0.0175}_{-0.0175})$。

5. 圆锥角公差 AT

圆锥角公差为圆锥角允许的变动量，即上极限圆锥角 $\alpha_{\max}$ 与下极限圆锥角 $\alpha_{\min}$ 之差。圆锥角公差区为两个极限圆锥角所限定的区域，如图 8-6 所示。

圆锥角公差 AT 共分 12 个公差等级，用 AT1、AT2、……AT12 表示，AT1 级精度最高，AT12 级精度最低。圆锥角公差数值见表 8-3。实际应用中，AT4~AT6 用于高精度的圆锥量规和角度样板，AT7~AT9 用于工具圆锥、圆锥销、传递大转矩的摩擦圆锥，AT10、AT11 用于圆锥套、圆锥齿轮等中等精度零件，AT12 用于低精度零件。

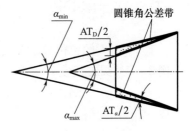

图 8-6 极限圆锥角

表 8-3 圆锥角公差数值（摘自 GB/T 11334—2005）

公称圆锥长度 L/mm		圆锥角公差等级							
		AT4			AT5			AT6	
		AT_α		AT_D	AT_α		AT_D	AT_α		AT_D
大于	至	μrad	(″)	μm	μrad	(′)(″)	μm	μrad	(′)(″)	μm
自 6	10	200	41	>1.3~2.0	315	1′05″	>2.0~3.2	500	1′43″	>3.2~5.0
10	16	160	33	>1.6~2.5	250	52″	>2.5~4.0	400	1′22″	>4.0~6.3
16	25	125	26	>2.0~3.2	200	41″	>3.2~5.0	315	1′05″	>5.0~8.0
25	40	100	21	>2.5~4.0	160	33″	>4.0~6.3	250	52″	>6.3~10.0
40	63	80	16	>3.2~5.0	125	26″	>5.0~8.0	200	41″	>8.0~12.5
63	100	63	13	>4.0~6.3	100	21″	>6.3~10.0	160	33″	>10.0~16.0
100	160	50	10	>5.0~8.0	80	16″	>8.0~12.5	125	26″	>12.5~20.0
160	250	40	8	>6.3~10.0	63	13″	>10.0~16.0	100	21″	>16.0~25.0
250	400	31.5	6	>8.0~12.5	50	10″	>12.5~20.0	80	16″	>20.0~32.0
400	630	25	5	>10.0~16.0	40	8″	>16.0~25.0	63	13″	>25.0~40.0
公称圆锥长度 L/mm		圆锥角公差等级								
		AT7			AT8			AT9		
		AT_α		AT_D	AT_α		AT_D	AT_α		AT_D
大于	至	μrad	(′)(″)	μm	μrad	(′)(″)	μm	μrad	(′)(″)	μm
自 6	10	800	2′45″	>5.0~8.0	1250	4′18″	>8.0~12.5	2000	6′52″	>12.5~20.0
10	16	630	2′10″	>6.3~10.0	1000	3′26″	>10.0~16.0	1600	5′30″	>16~25
16	25	500	1′43″	>8.0~12.5	800	2′45″	>12.5~20.0	1250	4′18″	>20~32
25	40	400	1′22″	>10.0~16.0	630	2′10″	>16.0~25.0	1000	3′26″	>25~40
40	63	315	1′05″	>12.5~20.0	500	1′43″	>20.0~32.0	800	2′45″	>32~50
63	100	250	52″	>16.0~25.0	400	1′22″	>25.0~40.0	630	2′10″	>40~63
100	160	200	41″	>20.0~32.0	315	1′05″	>32.0~50.0	500	1′43″	>50~80
160	250	160	33″	>25.0~40.0	250	52″	>40.0~63.0	400	1′22″	>63~100
250	400	125	26″	>32.0~50.0	200	41″	>50.0~80.0	315	1′05″	>80~125
400	630	100	21″	>40.0~63.0	160	33″	>63.0~100.0	250	52″	>100~160

为了加工检测方便,圆锥角公差 AT 有角度值 AT_α 和线性值 AT_D 两种表示形式。AT_α 以微弧度(μrad)或以度、分、秒表示,AT_D 以 μm 表示。

AT_α 和 AT_D 的换算关系为

$$AT_D = AT_\alpha \times L \times 10^{-3} \qquad (8-2)$$

式中:AT_α、AT_D、L 的单位分别为 μrad、μm、mm。

例 8-2 圆锥长度 $L=50mm$,选 AT7,查表 8-3 得,AT_α 为 $315\mu rad$ 或 $1'05''$,则

$$AT_D = AT_\alpha \times L \times 10^{-3} = 315 \times 50 \times 10^{-3} = 15.75\mu m$$

取 AT_D 为 $15.8\mu m$。

圆锥角的极限偏差可按单向(α_0^{+AT} 或 α_{-AT}^0)或双向对称($\alpha \pm AT_\alpha/2$)取值。为了保证内、外圆锥接触的均匀性,圆锥角公差区通常采用对称于公称圆锥角分布。

有时用圆锥直径公差 T_D 限制圆锥角误差比较方便。圆锥长度 L 为 100mm、圆锥直径公差 T_D 所能限制的最大圆锥角误差 $\Delta \alpha_{max}$ 见表 8-4。

表 8-4 圆锥直径公差所能限制的最大圆锥角误差 $\Delta\alpha_{max}$(摘自 GB/T 11334—2005)

圆锥直径公差等级	>10~18	>18~30	>30~50	>50~80	>80~120	>120~180	>180~250
	$\Delta\alpha_{max}/\mu rad$						
IT4	50	60	70	80	100	120	140
IT5	80	90	110	130	150	180	200
IT6	110	130	160	190	220	250	290
IT7	180	210	250	300	350	400	460
IT8	270	330	390	460	540	630	720
IT9	430	520	620	740	870	1000	1150
IT10	700	840	1000	1200	1400	1600	1850
IT11	1000	1300	1600	1900	2200	2500	2900
IT12	1800	2100	2500	3000	3500	4000	4600
IT13	2700	3300	3900	4600	5400	6300	7200
IT14	4300	5200	6200	7400	8700	10000	11500

注:圆锥长度不等于100mm时,需将表中的数值乘以100/L,单位为 mm。

6. 圆锥的形状公差 T_F

圆锥的形状公差包括素线直线度公差和横截面圆度公差。一般情况下,不单独给出圆锥形状公差,而是由 T_D 确定的圆锥直径公差区限制。当对圆锥形状公差有更高要求时,可按 GB/T 1184—1996 附录 B"图样上注出公差值的规定"选取。

8.3.2 圆锥公差的给定及标注方法

1. 圆锥公差的给定方法

对于某一具体圆锥零件,并不都需要给出全部四项公差,而应根据使用要求来给定公差项目。GB/T 11334—2005 推荐了圆锥公差的两种给定方法。

1)给出圆锥的公称圆锥角 α(或锥度 C)和圆锥直径公差 T_D

由 T_D 确定两个极限圆锥,此时圆锥角误差和圆锥形状误差均应在极限圆锥所限定的

区域内。当对圆锥角公差、圆锥形状公差有更高要求时,可再给出圆锥角公差 AT、圆锥形状公差 T_F。此时,AT 和 T_F 仅占 T_D 的一部分。该方法通常适用于有配合要求的内、外圆锥,如钻头锥柄、圆锥滑动轴承等。

按该方法给定圆锥公差时,推荐在圆锥直径的极限偏差后标注符号"Ⓣ"。

2)给出给定截面圆锥直径公差 T_{DS} 和圆锥角公差 AT

此时不存在极限圆锥,给定截面圆锥直径 d_a 和圆锥角 α_a 应分别满足此两项公差的要求。该方法是在假定圆锥素线为理想直线的情况下给出的。当对圆锥形状公差有更高要求时,可再给出圆锥形状公差 T_F。只有对圆锥工件有特殊要求时,才规定给定截面圆锥直径公差 T_{DS},常用于圆锥配合在给定截面上要求接触良好,以保证密封性,如阀类零件等。

2. 圆锥公差的标注

圆锥公差注法有面轮廓度法、基本锥度法及公差圆锥法三种。

1)面轮廓度法

面轮廓度法是将圆锥看作曲面,用几何公差中的面轮廓度公差控制其误差。面轮廓度法是由面轮廓度公差带确定最大与最小极限圆锥,把圆锥的直径偏差、圆锥角偏差、素线直线度误差和横截面圆度误差等都控制在面轮廓度公差带内,这相当于包容要求。该方法几何意义明确、方法简单,是常用的圆锥公差标注方法,可分为以下 5 种情形,如图 8-7 所示。

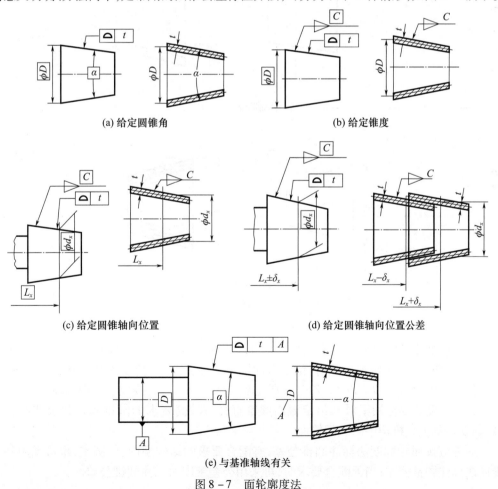

图 8-7 面轮廓度法

2) 基本锥度法

基本锥度法由二同轴圆锥面(圆锥最大实体尺寸和最小实体尺寸)形成两个具有理想形状的包容面公差带,实际圆锥处处不得超越这两个包容面。此公差带既控制圆锥直径和圆锥角的大小,也控制圆锥表面形状。若有需要,可附加给出圆锥角公差和有关几何公差。基本锥度法标注示例,如图8-8所示。

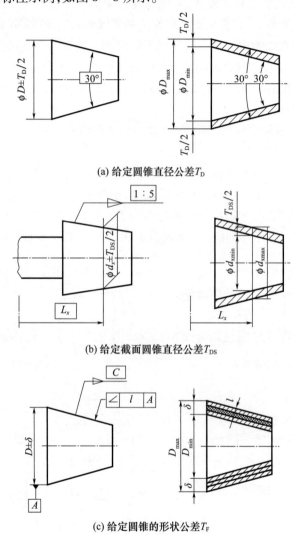

(a) 给定圆锥直径公差T_D

(b) 给定截面圆锥直径公差T_{DS}

(c) 给定圆锥的形状公差T_F

图 8-8 基本锥度法

3) 公差锥度法

公差锥度法是同时给出圆锥直径公差和圆锥角公差,不构成二同轴圆锥面公差带的标注方法,如图8-9所示。此时,给定截面圆锥直径公差,仅控制该截面圆锥直径偏差,不再控制圆锥角偏差,T_{DS}和AT各自分别控制,分别满足要求,按独立原则解释。

公差锥度法仅适用于对某给定截面圆锥直径有较高要求的圆锥和密封及非配合圆锥,如发动机配气机构中的气门锥面。

通常应按面轮廓度法标注圆锥公差;有配合要求的结构型内、外圆锥,也可采用基本锥度法标注圆锥公差;当无配合要求时,可采用公差锥度法标注圆锥公差。

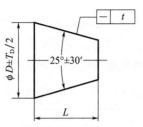
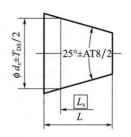

(a) 给定最大圆锥直径公差T_D和圆锥角公差AT　　(b) 给定截面圆锥直径公差T_{DS}和圆锥角公差AT_D

图 8-9　公差锥度法

8.4　圆锥配合

8.4.1　圆锥配合的类型

公称圆锥相同的内、外圆锥直径之间,由于结合松紧不同所形成的相互关系称为圆锥配合。

1. 圆锥配合的种类

与光滑圆柱配合类似,按配合松紧程度不同,圆锥配合可分为以下几个种类。

(1)间隙配合。主要用于有相对转动的场合,如机床主轴圆锥轴颈与圆锥轴承衬套的配合、滑动轴承等。

(2)过盈配合。常用于通过内外圆锥面间的自锁摩擦力来传递转矩,如钻头或铰刀的锥柄与机床主轴锥孔的配合、圆锥形摩擦离合器等。

(3)过渡配合。常用于对中定心或密封,如内燃机中气阀与气阀座的配合、锥形旋塞等。

2. 圆锥配合的形成

圆锥配合的突出特征是,可通过改变相互结合的内、外圆锥的轴向相对位置来调整间隙或过盈而得到不同的配合性质。按轴向位置的形成方式不同,圆锥配合的形成可分为结构型和位移型。

1)结构型圆锥配合

由圆锥结构确定装配的最终位置以及内、外圆锥公差区之间的相互关系。用此方式可得到间隙配合、过渡配合或过盈配合,如图 8-10 所示。

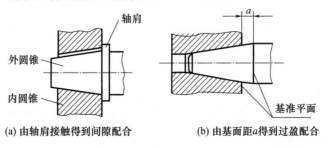

(a) 由轴肩接触得到间隙配合　　(b) 由基面距a得到过盈配合

图 8-10　结构型圆锥配合

2) 位移型圆锥配合

内、外圆锥在装配时由一定相对轴向位移 E_a 确定的相互关系。可以用位移型圆锥配合得到间隙配合和过盈配合,通常不用于形成过渡配合。图 8-11(a) 为给定轴向位移 E_a 得到间隙配合示例,图 8-11(b) 为给定轴向装配力 F_s 得到过盈配合示例。

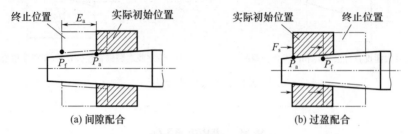

图 8-11　位移型圆锥配合

结构型圆锥配合的配合性质由相互结合的内、外圆锥直径公差带的相对位置决定;而位移型圆锥配合的配合性质则由初始位置 P 开始的内、外圆锥轴向位移 E_a(即从实际初始位置 P_s 到终止位置 P_f 移动的距离)决定,与内外圆锥的直径公差带无关,直径公差仅影响装配接触的初始位置、终止位置和配合的接触精度,而不影响其配合性质。

圆锥直径配合量 T_{Df} 是指圆锥配合在配合直径上允许的间隙或过盈的变动量。对于结构型圆锥配合,圆锥直径配合量也等于内、外圆锥直径公差之和;对于位移型圆锥配合,圆锥直径配合量也等于轴向位移公差 T_E(轴向位移允许的变动量)与锥度 C 之积。

8.4.2　圆锥配合的选用

1. 结构型圆锥配合

由于结构型圆锥配合的轴向相对位置是固定的,其配合性质主要取决于内外圆锥的直径公差带,配合的选择、计算与光滑圆柱配合类似。

(1) 配合制。国标推荐优先采用基孔制,即内圆锥直径的基本偏差为 H。

(2) 公差等级。按 GB/T 1800.1—2020 选取公差等级。结构型圆锥配合的直径公差带直接影响间隙或过盈的变动,故推荐内、外圆锥直径公差不低于 IT9。

(3) 配合性质。内、外圆锥直径公差带代号和配合可按 GB/T 1800.1—2020 和 GB/T 1800.2—2020 选取。

圆锥配合的质量及其使用性能,主要取决于内、外圆锥的圆锥角偏差、圆锥直径偏差及形状误差的大小。在配合精度设计时,对于一般用途的圆锥配合,可以只规定圆锥直径公差,圆锥形状误差应在直径公差带内,圆锥角偏差也由直径公差加以限制。

对圆锥结合质量要求较高时,仍可只规定其直径公差,但在图纸上应注明圆锥的圆度和素线直线度误差允许占直径公差的比例。

当对圆锥结合质量要求很高时,应分别单独规定圆锥角公差及形状公差。

2. 位移型圆锥配合

位移型圆锥配合的内、外圆锥直径公差带的基本偏差推荐选用 H、h 或 JS、js。公差等级一般在 IT8~IT12 选取。

位移型圆锥配合轴向位移的大小决定配合间隙量或过盈量的大小。轴向位移的极限值(E_{amax}、E_{amin})和轴向位移公差按 GB/T 1800.2—2020 规定的极限间隙或极限过盈来计算。

圆锥角的未注公差角度尺寸的极限偏差数值按 GB/T 1804—2000,见表 2-9。

8.4.3 相配合的圆锥公差标注

相配合的圆锥应保证各配合件的径向和(或)轴向位置。相配合的内、外圆锥的公差注法,如图 8-12、图 8-13 所示。

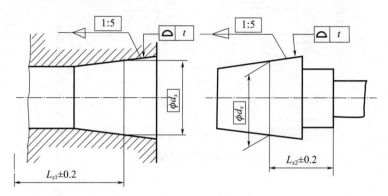

图 8-12 相配合的圆锥公差标注(一)

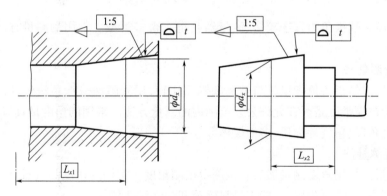

图 8-13 相配合的圆锥公差标注(二)

例 8-3 某铣床主轴端与齿轮孔连接,采用圆锥加平键的连接方式,其基本圆锥直径为大端直径 $D = \phi 80$,锥度 $C = 1:16$。试确定此圆锥的配合及内、外圆锥的公差。

解:由于此圆锥配合采用圆锥加平键的连接形式,主要靠平键传递扭矩,因而圆锥面主要起定位作用,所以圆锥配合按结构型圆锥配合设计,其公差可用基本锥度法控制,即只需给出圆锥的理论正确圆锥角 α(或锥度 C)和圆锥直径公差 T_D。此时,锥角偏差和圆锥形状误差都由圆锥直径公差 T_D 来控制。

(1)确定配合制。对于结构型圆锥配合,标准推荐优先采用基孔制,则内圆锥之直径的基本偏差取 H。

(2)确定公差等级。圆锥直径的标准公差一般为 IT5~IT8。从满足使用要求和加工的经济性出发,外圆锥直径选 IT7,内圆锥直径公差选 IT8。

(3)确定圆锥配合。由圆锥直径偏差影响分析可知,为使内、外圆锥配合时轴向位移量变化最小,外圆锥直径的基本偏差选 k 即可满足要求。查表 2-2、表 2-3 可得,内圆锥直径为 $\phi 80H8(^{+0.046}_{0})$,外圆锥直径为 $\phi 80k7(^{+0.032}_{+0.002})$,如图 8-14 所示。

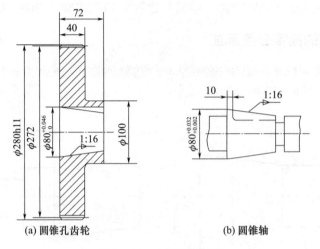

(a) 圆锥孔齿轮　　(b) 圆锥轴

图 8-14　内外圆锥连接

8.5　锥度与圆锥角检测

检测锥度和圆锥角的方法较多,测量器具也有很多类型。常用的测量方法主要有以下几种。

1. 比较测量法

比较测量法是指将角度量具与被测圆锥相比较,用光隙法或涂色法估计出被测锥度的偏差,判断被检锥度是否在允许公差范围内的测量方法。常用的角度量具有角度量块、角度样板、直角尺、角度游标尺、多面棱体等。

2. 直接测量法

直接测量法是用角度测量器具直接测得被测角度。常用的角度测量器具有万能角度尺、光学分度头、光学测角仪、万能工具显微镜和光学经纬仪等。

3. 间接测量法

间接测量法是先测量与被测圆锥角有一定函数关系的有关线性尺寸,然后计算出被测角度或锥度。通常使用指示表和正弦尺、量块、滚柱、钢球进行测量。

利用钢球和指示表测量内圆锥角,如图 8-15 所示。将直径分别为 D_2、D_1 的钢球 2 和钢球 1 先后放入被测零件 3 的内圆锥面,以被测内圆锥的大头端面作为测量基准面,分别测出两个钢球顶点至该测量基准面的距离 L_2 和 L_1,按下式可求出内圆锥半角 $\alpha/2$ 的数值,并可得大端直径。

$$\sin\frac{\alpha}{2} = \frac{D_1 - D_2}{\pm 2L_1 + 2L_2 - D_1 + D_2} \tag{8-3}$$

当大球突出于测量基准面时,式(8-3)中 $2L_1$ 前面的符号取"+"号,反之取"-"号。根据 $\sin\frac{\alpha}{2}$ 值,可确定被测圆锥角的实际值。

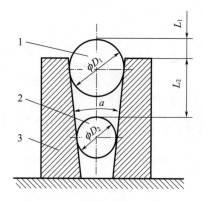

图 8-15 用钢球测量内圆锥角

4. 圆锥量规综合检验

大批量生产中采用圆锥量规检验。圆锥量规用于检验内、外圆锥工件的锥度、圆锥直径和基面距的偏差。内圆锥用圆锥塞规检验,外圆锥用圆锥环规检验,如图 8-16 所示。

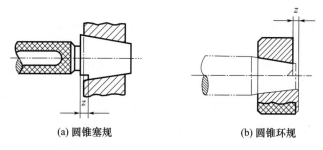

(a) 圆锥塞规　　　　　　(b) 圆锥环规

图 8-16 用圆锥量规检验

圆锥结合对锥度要求一般比对直径要求严,用圆锥量规检验工件时,用涂色法检验锥度和圆锥角偏差。

▼ 习题与思考题

1. 国家标准规定了哪几项圆锥公差?
2. 圆锥公差有哪几种给定和标注方法?
3. 圆锥配合有何特点?分为哪几种形式?
4. 某车床尾座顶尖套筒与顶尖为圆锥结合,采用莫氏锥度 No. 4,顶尖圆锥长度 $L = 118$ mm,圆锥角公差等级选用 AT8,试确定圆锥角 α、锥度 C 以及圆锥角公差值(AT_α、AT_D)。
5. 位移型圆锥结合,已知公称锥度 C 为 1∶30,公称圆锥直径 D 为 60 mm,要求内外圆锥装配后的配合性质为 H7/u6,试计算极限轴向位移,并确定轴向位移公差。

第 9 章 渐开线圆柱齿轮传动精度设计与检测

9.1 概　　述

9.1.1 齿轮传动概述

机械零件上的传动要素用于传递运动、位移和动力,或改变运动形式。与结合要素不同,传动要素不是由相互包容的一对要素所形成的配合,而是通过一对要素之间的相互接触和相对运动来传递运动和动力。传动要素精度规范的构成与应用要比结合要素精度规范复杂得多。

齿轮传动是一种重要的机械传动形式。齿轮传动具有结构紧凑、承载能力强、传动比恒定、传动效率高、工作可靠、使用寿命长及维护保养方便等特点,在各种机械产品中应用非常广泛。

齿轮传动由齿轮副、传动轴、滚动轴承、机座和箱体等有关零件共同组成,这些零部件在制造和装配时不可避免地存在误差,必然会影响齿轮传动的质量。齿轮传动精度不仅与齿轮的制造精度有关,还与传动轴、滚动轴承、机座等有关零件的制造精度以及整个传动装置的安装精度有关,其中,齿轮及齿轮副的精度是最基本和最重要的。凡是采用齿轮传动的机械产品,其工作精度、工作性能、承载能力和使用寿命等都与齿轮的设计制造精度和装配精度密切相关。为了保证齿轮传动质量和互换性,就要规定相应的公差。本章仅介绍渐开线圆柱齿轮传动精度设计与检测。

9.1.2 齿轮传动使用要求

尽管齿轮传动的类型很多,应用领域广泛,使用要求各不相同,但是对齿轮传动的使用要求可归结为以下四个方面。

1. 传递运动的准确性(运动精度)

要求齿轮在一转范围内,传动比的变化要小。理论上当主动轮转过角度 φ_1 时,从动轮应当按传动比 i 准确地转过相应的角度 $\varphi_2 = i\varphi_1$,然而由于齿轮副存在加工和安装误差,致使从动轮的实际转角 φ'_2 偏离理论转角 φ_2,从而引起转角误差 $\Delta\varphi_2 = \varphi'_2 - \varphi_2$。

传递运动的准确性就是将齿轮在一转范围内的最大转角误差限制在一定范围内,以保证从动轮与主动轮运动的准确协调。

2. 传动的平稳性(平稳性精度)

要求齿轮在转过一个齿距角范围内,其瞬时传动比变化要小,即运转要平稳,不产生大的冲击、振动和噪声。齿轮啮合传动过程中,如果瞬时传动比反复频繁变化,就会引起冲击、振动和噪声。为保证传动的平稳性要求,应控制齿轮在转过一个齿的过程中和换齿传动时的转角误差。

3. 齿面载荷分布的均匀性(接触精度)

要求一对齿轮在啮合传动时,工作齿面接触良好,在全齿宽和全齿高上承载均匀,避免载荷集中于局部区域而可能导致齿面局部磨损甚至折齿,使齿轮具有较高的承载能力和较长的使用寿命。

4. 齿轮副合理的侧隙(侧隙的合理性)

齿轮啮合传动过程中,必须保证齿轮副始终处于单面啮合状态,工作齿面必须保持接触,以传递运动和动力,而两个非工作齿面之间则必须留有适当的间隙,即齿侧间隙,简称侧隙。

侧隙用于补偿齿轮的加工误差、装配误差以及齿轮承载受力后产生的弹性变形和热变形,防止齿轮传动发生卡死或烧伤现象,保证齿轮正常传动。侧隙还用于在齿面上形成润滑油膜,以保持齿轮有良好的润滑。

上述前 3 项要求是对齿轮传动的精度要求,而第 4 项是独立于精度的另一类问题,无论齿轮精度如何,都应根据齿轮传动的工作条件,确定适当的侧隙。

齿轮传动的用途和工作条件不同,对使用要求的侧重点也不同,齿轮精度设计的任务就是合理确定齿轮的传动精度和侧隙。

对机械装置中常用的齿轮,如机床、通用减速器、汽车变速箱、内燃机及拖拉机上用的齿轮,通常对上述前 3 项使用要求差不多,而有些用途的齿轮则可能对某一项或某几项有特殊和更高要求。测量仪器上分度机构和读数装置的齿轮主要要求传递运动的准确性;低速重载齿轮传动(如起重机、轧钢机、矿山机械等重型机械)对载荷分布均匀性要求高,对侧隙要求较大;对中速中载和高速轻载齿轮(如汽车变速装置等)主要要求传动平稳性;对高速动力齿轮(如航空发动机、高速机床变速箱和汽轮机减速器等)则对运动准确性、传动平稳性和载荷分布均匀性要求都很高,而且要求有较小的侧隙。对工作时有正反转的齿轮传动,侧隙会引起回程误差和反转冲击,应减小侧隙以减小回程误差。

9.2 齿轮传动误差及其来源

9.2.1 齿轮误差的分类

齿轮是一种多参数的传动零件,误差项目较多。按误差来源,可分为单个齿轮的制造误差和齿轮副的安装误差;按综合程度,可分为单项误差和综合误差;按误差种类,可分为尺寸误差(如齿轮副中心距偏差)、形状误差(如齿廓偏差)、位置误差(如齿轮径向跳动)和表面粗糙度等;按误差表现特征,可分为齿廓误差(实际齿廓不是理论渐开线而产生的误差)、齿距误差(实际齿廓相对于齿轮旋转中心分布不均匀而产生的误差)、齿向误差(实际轮齿齿面沿齿轮轴线方向的形状和位置误差)和齿厚误差(实际轮齿厚度相对于理论值在整个齿圈上不一致而产生的误差)。

按误差计量方向,齿轮误差可分为径向误差、切向误差、周向误差、法向误差和轴向误差,如图9-1所示。

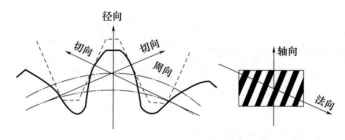

图9-1 齿轮误差的计量方向

径向误差在垂直于齿轮轴线的齿轮半径方向计量;切向误差在沿齿轮啮合线方向计量,即沿基圆切线方向,且与齿面垂直,直齿轮的切向误差在端截面内计量,而斜齿轮的切向误差在法向截面内计量,故斜齿轮的切向误差又称为法向误差;周向误差在沿齿轮分度圆的弧长方向计量;轴向误差在齿面沿齿轮轴线方向计量。径向误差影响运动精度和侧隙,切向误差影响运动精度和传动平稳性,轴向误差影响接触精度。

按误差出现的周期(频率),可分为长周期(低频)误差和短周期(高频)误差。齿轮为圆周分度零件,其误差具有周期性,以一转为周期的误差为长周期误差,主要影响传递运动的准确性;以一齿为周期的误差为短周期误差,主要影响传动平稳性。

按齿轮传动的作用特点和误差对齿轮传动互换性的影响,可分为影响传递运动准确性的误差、影响传动平稳性的误差、影响载荷分布均匀性的误差和影响齿轮副侧隙的误差。

9.2.2 齿轮传动误差的主要来源

影响齿轮传动使用要求的误差主要来自齿轮制造和齿轮副安装两个方面,齿轮制造误差来源于由机床、夹具和刀具组成的加工工艺系统,主要有齿坯的制造与安装误差、齿坯定位误差、齿轮加工机床误差、刀具的制造与安装误差和夹具误差等。齿轮副安装误差主要有箱体、齿轮支承件、轴、轴套等的制造和装配误差。

现以常用的滚齿加工(图9-2)为例,讨论齿轮加工误差的主要来源。

1. 影响传递运动准确性的主要加工误差

影响运动精度的因素是同侧齿面间的各类长周期误差,主要来源于几何偏心和运动偏心。

1) 几何偏心

几何偏心(安装偏心)是指齿坯在机床工作台上安装时,齿坯基准轴线O_1O_1与机床工作台回转轴线OO不重合而产生的偏心e_1,如图9-3所示。加工时滚刀轴线$O'O'$与OO的距离A保持不变,但由于存在几何偏心e_1,使得滚刀轴线$O'O'$与O_1O_1之间的距离不断变化,其轮齿就形成图9-3所示的高瘦、肥矮情况,使齿距在以OO为中心的圆周上均匀分布,而在以齿轮基准轴线O_1O_1为中心的圆周上,齿距呈不均匀分布(从小到大、再从大到小变化)。此时基圆中心O与齿轮基准中心O_1不重合,形成基圆偏心,工作时产生以一转为周期的转角误差,使传动比不断改变。

几何偏心使齿面位置相对于齿轮基准中心在径向发生变化,使被加工齿轮产生径向偏差。

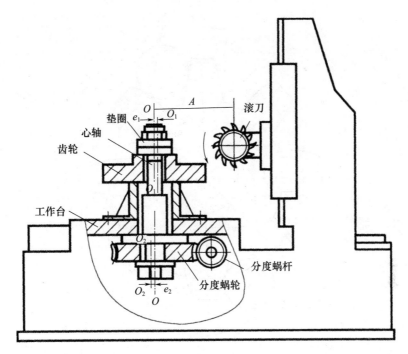

图 9-2 滚齿加工示意图

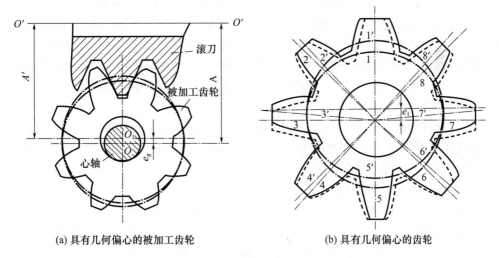

(a) 具有几何偏心的被加工齿轮　　　(b) 具有几何偏心的齿轮

图 9-3 齿轮的几何偏心

2) 运动偏心

滚齿加工时,机床分度蜗轮的安装偏心会影响到被加工齿轮,使齿轮产生运动偏心,如图 9-2 所示。机床分度蜗轮轴线 O_2O_2 与机床工作台回转轴线 OO 不重合就形成运动偏心 e_2。此时,分度蜗杆匀速旋转,蜗杆与蜗轮啮合节点的线速度相同,但由于蜗轮上啮合节点的半径不断改变,使得分度蜗轮和齿坯产生不均匀回转,角速度以一转为周期不断变化。齿坯的不均匀回转使齿廓沿切向位移和变形,导致齿距分布不均匀,如图9-4所示。

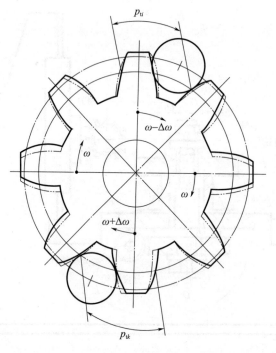

图9-4 具有运动偏心的齿轮

图9-4中,双点划线为理论齿廓,实线为实际齿廓。齿坯的不均匀回转还会引起齿坯与滚刀啮合节点半径的不断变化,使基圆半径和渐开线形状随之变化。当齿坯转速较高时,节点半径减小,因而基圆半径减小,渐开线曲率增大,相当于产生了基圆偏心。这种由于齿坯角速度变化引起的基圆偏心称为运动偏心,其数值为基圆半径最大值与最小值之差的一半。由此可知,由于齿距不均匀和基圆偏心同时存在,引起齿轮工作时传动比以一转为周期变化。

当仅有运动偏心时,滚刀与齿坯的径向位置并未改变,用球形或锥形测头在齿槽内测量径向跳动时,测头径向位置并不改变,如图9-4所示,因而运动偏心并不产生径向偏差,而是使齿轮产生切向偏差。

2. 影响齿轮传动平稳性的主要加工误差

影响齿轮传动平稳性的主要因素是同侧齿面间的各类短周期误差,主要是齿距偏差和齿廓偏差。造成这类误差的主要原因是滚刀制造和安装误差、机床传动链误差等。

当存在机床传动链误差(如分度蜗杆的安装误差)时,由于分度蜗杆转速高,使得分度蜗轮产生短周期的角速度变化,会使被加工齿轮齿面产生波纹,造成实际齿廓形状与标准的渐开线齿廓形状的差异,即齿廓总偏差(旧版齿轮精度标准称为齿形偏差)。

滚齿加工时,滚刀安装误差会使滚刀与被加工齿轮的啮合点脱离正常啮合线,使齿轮产生由基圆误差引起的基圆齿距偏差和齿廓总偏差。滚刀旋转一转,齿轮转过一个齿,因而滚刀安装误差使齿轮产生以一齿为周期的短周期误差。滚刀的制造误差,如滚刀的齿距和齿形误差、刃磨误差等也会使齿轮基圆半径变化,从而产生基圆齿距偏差和齿廓总偏差。

下面分析齿廓总偏差和基圆齿距偏差对齿轮传动平稳性的影响。

1) 齿廓总偏差

根据齿轮啮合原理,理想的渐开线齿轮传动的瞬时啮合点保持不变,如图 9-5 所示。当存在齿廓总偏差时,会使齿轮瞬时啮合节点发生变化,导致齿轮在一齿啮合范围内的瞬时传动比不断改变,从而引起振动、噪声,影响齿轮传动平稳性。

2) 基圆齿距偏差

齿轮传动正确啮合条件是两个齿轮基圆齿距(基节)相等且等于公称值,否则将使齿轮在啮合过程中,特别是在每个轮齿进入和退出啮合时产生瞬时传动比变化,如图 9-6 所示。

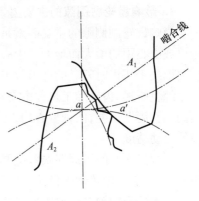

图 9-5　齿廓总偏差

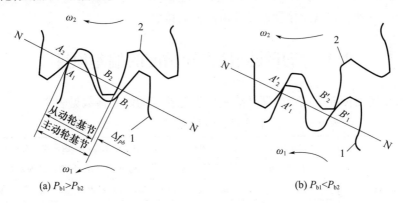

图 9-6　基圆齿距偏差的影响

设齿轮 1 为主动轮,其基圆齿距 P_{b1} 为无误差的公称基圆齿距,齿轮 2 为从动轮,如果 $P_{b1} > P_{b2}$,当第一对齿 A_1、A_2 啮合终了时,第二对齿 B_1、B_2 尚未进入啮合。此时,A_1 的齿顶将沿着 A_2 的齿根"刮行"(顶刃啮合),发生啮合线外的非正常啮合,使从动轮 2 突然降速,直至 B_1 和 B_2 进入啮合为止,此时从动轮又突然加速,恢复正常啮合。因此在啮合换齿过程中将产生瞬时传动比变化,引起冲击、振动和噪声。如果 $P_{b1} < P_{b2}$ 时,同样也影响传动平稳性。

3. 影响载荷分布均匀性的主要加工和安装误差

根据齿轮啮合原理,一对轮齿在啮合过程中,是由齿顶到齿根或由齿根到齿顶在全齿宽上依次接触。如果不考虑弹性变形的影响,对直齿轮,沿齿宽方向接触直线应在基圆柱切平面内,且与齿轮轴线平行;对斜齿轮,接触直线应在基圆柱切平面内,且与齿轮轴线呈基圆螺旋角 β_b。沿齿高方向,该接触直线应按渐开面(直齿轮)或螺旋渐开面(斜齿轮)轨迹扫过整个齿廓的工作部分。由于齿轮存在制造和安装误差,轮齿啮合并不是沿全齿宽和齿高接触,齿轮轮齿载荷分布是否均匀,与一对啮合齿面沿齿高和齿宽方向的接触状态有关。

滚齿机刀架导轨相对于工作台回转轴线的平行度误差、齿坯制造误差、齿坯安装误差（如齿坯定位端面与基准孔轴线的垂直度误差）等因素会形成齿廓总偏差和螺旋线偏差。齿廓总偏差实质上是分度圆柱面与齿面的交线（即齿廓线）的形状和方向偏差。

4. 影响齿轮副侧隙的主要因素

影响齿轮副侧隙的主要因素是单个齿轮的齿厚偏差及齿轮副中心距偏差。侧隙随着齿厚或中心距的增大而增大。中心距偏差主要是由箱体孔中心距偏差引起，而齿厚偏差主要取决于切齿时刀具的进刀位置。

综上所述，齿轮加工过程中安装偏心和运动偏心通常同时存在，主要引起齿轮同侧齿面间的长周期误差，两种偏心均以齿轮一转为周期变化，可能抵消，也可能叠加，从而影响齿轮运动精度。

同侧齿面间的短周期误差主要是由齿轮加工过程中的刀具误差、机床传动链误差等引起的，影响齿轮传动平稳性。

同侧齿面的轴向偏差主要是由齿坯轴线的安装歪斜和机床刀架导轨的不精确造成的，如螺旋线偏差。在齿轮的每一个端截面中，轴向偏差不变。对直齿轮，它影响纵向接触；对斜齿轮，它既影响纵向接触也破坏齿高方向接触。

9.3　渐开线圆柱齿轮精度的偏差项目

现行齿轮精度标准所规定的渐开线圆柱齿轮精度的评定参数见表9-1。

表9-1　渐开线圆柱齿轮精度评定参数一览表

单个齿轮齿面偏差	齿距偏差	单个齿距偏差f_P，齿距累积偏差F_{Pk}，齿距累积总偏差F_P
	齿廓偏差	齿廓总偏差F_α，齿廓形状偏差$f_{f\alpha}$，齿廓倾斜偏差$f_{H\alpha}$
	螺旋线偏差	螺旋线总偏差F_β，螺旋线形状偏差$f_{f\beta}$，螺旋线倾斜偏差$f_{H\beta}$
	切向综合偏差	切向综合总偏差F_{is}'，一齿切向综合偏差f_{is}'
	径向跳动F_r	
双侧齿面径向综合偏差	径向综合总偏差F_{id}''，一齿径向综合偏差f_{id}''，k齿径向综合偏差F_{idk}''	

单项要素测量所用的偏差符号用f和相应下标组成，由若干单项偏差组合而成的累积或总偏差符号则用F和相应下标组成。

影响渐开线圆柱齿轮精度的因素可分为齿面偏差、径向跳动和径向综合偏差。由于其各自的特性不同，各种偏差对齿轮传动精度的影响也不同。

齿距偏差、齿廓偏差及螺旋线偏差是渐开线齿面影响齿轮传动要求（除合理侧隙外）的形状、位置和方向等单项几何参数的精度指标。考虑到各单项误差叠加和抵消的综合作用，还可采用各种综合精度指标，如切向综合偏差、径向综合偏差和径向跳动。

9.3.1　单个齿轮的齿面偏差

1. 齿距偏差

渐开线圆柱齿轮轮齿同侧齿面的齿距偏差反映位置变化。它直接反映了一个齿距和一转内任意个齿距的最大变化，即转角误差，是几何偏心和运动偏心的综合结果，能比较全面地反映齿轮的传递运动准确性和传动平稳性,是综合性的评定项目。齿距偏差和齿距累积偏差如图9-7所示。

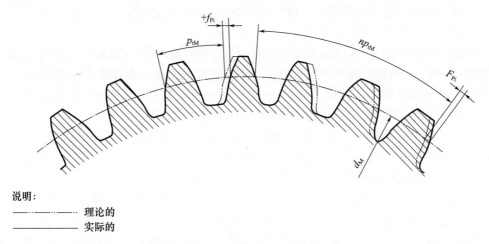

说明:
—·—·— 理论的
———— 实际的

图9-7 齿距偏差和齿距累积偏差

图中,p_{tM}表示测量圆上的端面齿距,计算公式为

$$p_{tM} = \frac{\pi d_M}{z} \tag{9-1}$$

式中:d_M为测量圆直径;z为齿数。

齿距偏差规定的公差方向是在端平面内沿直径为d_M的测量圆的圆弧方向。测量圆通常靠近齿面的中部。

1) 任一单个齿距偏差f_{Pi}

在齿轮的端平面内、测量圆上,实际齿距与理论齿距的代数差,它是任一齿面相对于相邻同侧齿面偏离其理论位置的位移量。左侧齿面及右侧齿面的f_{Pi}值的个数均等于齿数z。

2) 单个齿距偏差f_P

所有任一单个齿距偏差f_{Pi}的最大绝对值。

$$f_P = \max |f_{Pi}| \tag{9-2}$$

单个齿距偏差是齿轮几何精度最基本的偏差项目之一,反映了轮齿在圆周上分布的均匀性,用来控制齿轮一个齿距角内的转角误差,影响齿轮啮合换齿过程的传动平稳性。

3) 任一齿距累积偏差(任一分度偏差)F_{Pi}

n个相邻齿距的弧长与理论弧长的代数差。n的范围从1到齿数z。图9-8为齿数为35齿的任一齿距累积偏差曲线,n表示齿距编号。

F_{Pi}反映在齿轮局部圆周上的齿距累积偏差,即多齿数齿轮的齿距累计总误差在整个齿圈上分布的均匀性。如果在较少齿数上齿距累积偏差过大,在实际工作中将产生很大的加速度力和动载荷以及振动、冲击和噪声,影响齿轮传动的平稳性,这对高速齿轮尤为重要。对一般齿轮,不需评定F_{Pi}。

理论上n个齿距累积偏差F_{Pi}等于所含n个齿距的任一单个齿距偏差之代数和。齿距累积偏差F_{Pi}适用于$n=2\sim z/8$(z为齿数)的圆弧弧段内,通常取$n=z/8$。对高速齿轮等特殊应用,则需要取更小的值。

4)齿距累积总偏差(总分度偏差)F_P

齿轮所有齿的指定齿面的任一齿距累积偏差的最大代数差。

$$F_P = F_{Pi,max} - F_{Pi,min} \qquad (9-3)$$

在齿轮端面平面上,在接近齿高中部的一个与齿轮轴线同心的圆上,齿轮同侧齿面任意弧段($k = 1 \sim z$)的最大齿距累积偏差。齿距累积总偏差表现为任意两个同侧齿面间实际弧长与理论弧长之差中的最大绝对值,即任意 k 个齿距累积偏差的最大绝对值。齿距累积总偏差用齿距累积偏差曲线的总幅值表示,如图 9-8 所示。

齿距积累总偏差和任一齿距累积偏差能较全面地反映齿轮一转内的转角误差,是评价齿轮运动精度的综合指标,但 F_P 和 F_{Pk} 不如 F_{is} 全面。

5)k 个齿距累积偏差 F_{Pk}

F_{Pk} 是针对指定齿侧面在所有跨 k 个齿距的扇形区域内,任一齿距累积偏差值(分度偏差)F_{Pi} 的最大代数差,如图 9-8 所示。当指定了跨测齿数时,此数显示在符号 k 的位置,例如,如果是跨 4 齿的扇形区域,符号记为 F_{P4}。当构成齿距累积偏差 F_{Pk} 的两个轮齿之间的距离小于理论距离时,齿距累积偏差 F_{Pk} 定义为负值,反之为正值。理论上 k 个齿距累积偏差 F_{Pk} 等于所含 k 个齿距的单个齿距偏差之代数和。

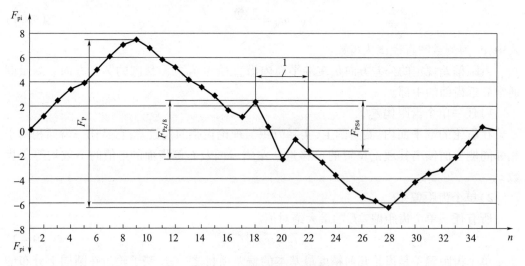

图 9-8　齿距累积偏差曲线

齿距累积偏差 F_{Pk} 适用于 $k = 2 \sim z/8$(z 为齿数)的圆弧弧段内,通常取 $k = z/8$。对高速齿轮等特殊应用,则需要取更小的值。在特定情况下,k 取齿数的 1/8,记为 $F_{Pz/8}$。图 9-8 中,k 值为 4,扇形区域包含 4 个齿距,齿距累积偏差 F_{P4} 的值是 4.1,发生在 18 齿和 22 齿之间。

F_{Pk} 反映在齿轮局部圆周上的齿距累积偏差,即多齿数齿轮的齿距累计总误差在整个齿圈上分布的均匀性。如果在较少的齿距数上的任一齿距累积偏差过大时,在齿轮实际工作中将产生很大的惯性力,尤其是高速齿轮,动载荷可能相当大。对一般齿轮,不需评定 F_{Pk}。齿距累积偏差的测量不是强制性的,除非另有规定。

2. 齿廓偏差

渐开线齿轮的齿廓反映形状变化。齿廓偏差是指被测齿廓偏离设计齿廓的量。被测齿廓是指在齿廓测量时,测头沿齿面走过的齿廓部分,包含从齿廓评价起点圆直径,即齿廓控制圆直径d_{Cf}到齿顶成形圆直径d_{Fa}在内的部分,如图9-9所示。

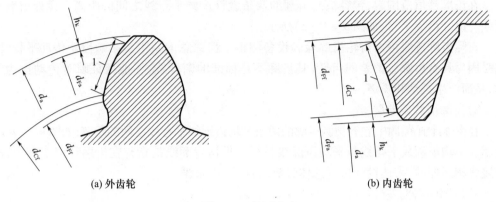

(a) 外齿轮　　　　　　　　　　　(b) 内齿轮

图9-9　被测齿廓

图中,1表示被测齿廓。如果未指定d_{Cf},则以有效齿根圆直径d_{Nf}作为齿廓控制圆直径。

设计齿廓是指由设计者给定的齿廓。未加说明时,设计齿廓就是一条未修形的渐开线。对于设计齿廓,在展开图中,竖向代表对理论渐开线进行修正,横向代表沿基圆切线方向上的展开长度。齿廓计值长度L_α是指在端平面上,齿廓计值范围所对应的展开长度。对于被测齿廓,齿廓计值范围是指从齿廓控制圆直径d_{Cf}到齿顶成形圆直径d_{Fa}范围的95%(从d_{Cf}算起)。

啮合线长度g_α是从有效齿根点N_f到齿顶成形点F_a,或到由于配对齿轮根切导致啮合终止的位置点(有效齿顶点N_a)的展开长度。

齿廓工作部分通常为理论渐开线。对于高速齿轮传动,为了减小基圆齿距偏差和轮齿弹性变形引起的冲击、振动和噪声,采用以理论渐开线齿廓为基础的修正齿廓,如修缘齿廓、凸齿廓等,因而设计齿廓可以是渐开线齿廓或修形齿廓。GB/T 10095.1—2022对渐开线未修形、压力角修形、齿廓鼓形修形、齿顶修缘以及修缘与修根分别规定了齿廓偏差。渐开线未修形的齿廓偏差如图9-10所示。

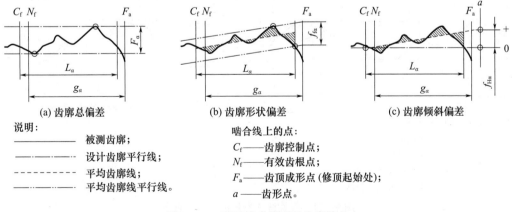

(a) 齿廓总偏差　　　　　(b) 齿廓形状偏差　　　　　(c) 齿廓倾斜偏差

说明:
──────── 被测齿廓;
──────── 设计齿廓平行线;
-------- 平均齿廓线;
-------- 平均齿廓线平行线。

啮合线上的点:
C_f——齿廓控制点;
N_f——有效齿根点;
F_a——齿顶成形点(修顶起始处);
a——齿形点。

图9-10　渐开线未修形的齿廓偏差

齿廓曲线包括实际齿廓迹线、设计齿廓迹线和平均齿廓迹线。

齿廓偏差用于控制实际齿廓对设计齿廓的变动,包括齿廓总偏差、齿廓形状偏差和齿廓倾斜偏差。齿廓偏差和螺旋线偏差规定的公差方向均是在端平面内沿基圆切线的方向。

1) 齿廓总偏差 F_α

在齿廓计值范围内,包容被测齿廓的两条设计齿廓平行线之间的距离。设计齿廓平行线与设计齿廓平行,如图9-10(a)所示。

实际齿廓迹线可由齿轮齿廓检验设备测得。齿廓总偏差主要影响齿轮传动平稳性,这是因为具有齿廓总偏差的齿轮,其齿廓不是标准的渐开线,不能保证瞬时传动比为常数,从而产生振动和噪声。

2) 齿廓形状偏差 $f_{f\alpha}$

在齿廓计值范围内,包容被测齿廓的两条平均齿廓线平行线之间的距离,如图9-10(b)所示。平均齿廓线平行线与平均齿廓线平行。平均齿廓线是指与在齿廓计值范围内,测得迹线相匹配的、表达设计齿廓总体趋势的直线(或曲线)。

3) 齿廓倾斜偏差 $f_{H\alpha}$

以齿廓控制圆直径 d_{Cf} 为起点,以平均齿廓线的延长线与齿顶圆直径 d_a 的交点为终点,与这两点相交的两条设计齿廓平行线之间的距离,如图9-10(c)所示。

齿廓倾斜偏差主要由压力角偏差引起。齿廓倾斜偏差 $f_{H\alpha}$ 用于反映和控制齿廓倾斜偏差的变化。

齿轮质量分等时,只需检验 F_α 即可,为了某些目的,也可检测 $f_{f\alpha}$ 和 $f_{H\alpha}$。

3. 螺旋线偏差

螺旋线偏差是指被测螺旋线偏离设计螺旋线的量。螺旋线曲线包括实际螺旋线、设计螺旋线和平均螺旋线。设计螺旋线是由设计者给定的螺旋线,未给定时,设计螺旋线是未修形的螺旋线,在展开图中,竖向代表对理论螺旋线进行的修正,横向代表齿宽。螺旋线计值范围为两端面之间的齿面区域,螺旋线计值长度 L_β 为螺旋线计值范围的轴向长度。

GB/T 10095.1—2022 对螺旋线未修形、螺旋角修形、螺旋线鼓形修形、螺旋线齿端修薄以及螺旋角修形与齿端修薄分别规定了螺旋线偏差。螺旋线未修形的螺旋线偏差如图9-11所示。

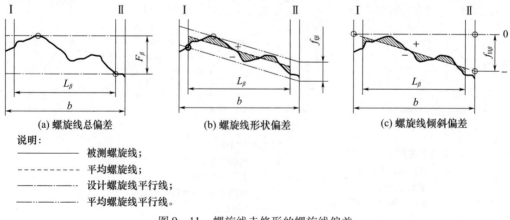

(a) 螺旋线总偏差　　(b) 螺旋线形状偏差　　(c) 螺旋线倾斜偏差

说明:
———— 被测螺旋线;
- - - - - 平均螺旋线;
———— 设计螺旋线平行线;
———— 平均螺旋线平行线。

图9-11　螺旋线未修形的螺旋线偏差

螺旋线偏差包括螺旋线总偏差、螺旋线形状偏差和螺旋线倾斜偏差,影响齿轮啮合过程中的接触状况,影响齿面载荷分布的均匀性。螺旋线偏差用于评定轴向重合度 $\varepsilon_\beta >$ 1.25 的宽斜齿轮及"人"字齿轮,适用于大功率、高速高精度宽斜齿轮传动。

1) 螺旋线总偏差F_β

在螺旋线计值范围内,包容被测螺旋线的两条设计螺旋线平行线之间的距离,设计螺旋线平行线与设计螺旋线平行,如图 9-11(a)所示。可在螺旋线检查仪上测量未修形螺旋线的斜齿轮螺旋线偏差。对于渐开线直齿圆柱齿轮,螺旋角$\beta=0$,此时F_β称为齿向偏差。

2) 螺旋线形状偏差$f_{f\beta}$

在螺旋线计值范围内,包容被测螺旋线的两条平均螺旋线平行线之间的距离。平均螺旋线是指与测得迹线相匹配的、表达设计螺旋线总体趋势的直线(或曲线),平均螺旋线平行线与平均螺旋线平行,如图 9-11(b)所示。

3) 螺旋线倾斜偏差$f_{H\beta}$

在齿轮全齿宽b内,通过平均螺旋线的延长线和两端面的交点的、两条设计螺旋线平行线之间的距离,如图 9-11(c)所示。

齿轮质量分等时只需检验F_β即可,为了某些目的也可检测$f_{f\beta}$和$f_{H\beta}$。

4. 切向综合偏差

齿轮传动误差(偏差)是从动齿轮的角度位置偏差。对于主动齿轮给定的角度位置,从动齿轮实际位置与理论位置的角度偏差,理论位置是具有完美几何尺寸的齿轮副工作时从动齿轮的位置。切向综合偏差可通过单面啮合综合测量。单面啮合综合测量是测量齿轮传动误差的一种方法。通常是一对产品齿轮在单面啮合测量仪(单啮仪)上进行检测,有时也用产品齿轮和测量齿轮配对,来测量单个产品齿轮对传动误差的影响。正在被测量或评定的齿轮称为产品齿轮。理想精确的测量齿轮简称为测量齿轮(master gear),是精度远高于被测齿轮的工具齿轮。

单面啮合综合测量一般在轻负载下进行,以避免检测仪器的变形对测量结果产生影响,它可以给出空载下的总传动误差和一齿传动误差。单啮综合检测中,齿轮要在给定的中心距上啮合,并确保单侧齿面接触,齿轮副有侧隙。单啮模拟了齿轮的使用状况,检测结果可用于控制齿轮的使用性能。

单啮仪测得的传动误差波形如图 9-12 所示。GB/T 10095.1—2022 推荐的评价单面啮合参数的最少测量点数是每齿 30 个点,并对数据进行滤波和傅里叶变换。

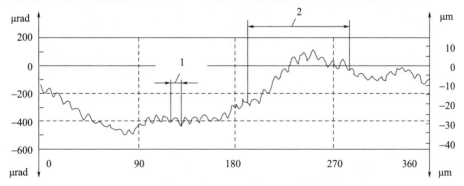

图 9-12 传动误差波形

图 9-12 显示了由小齿轮和大齿轮的偏差累积造成的传动误差复杂波形。

1) 一齿切向综合偏差f_{is}

一齿切向综合偏差是指齿轮在一个齿距角内的切向综合偏差。切向综合偏差的短周期成分(高通滤波)的峰-峰值振幅用来确定一齿切向综合偏差,峰-峰值振幅是齿轮副测量的运动曲线中一个齿距内的最高点和最低点的差。

高通滤波后的单面啮合综合偏差如图9-13所示。图中显示了一个齿距内与轮齿形状偏差变化量相对应的高通滤波波形,还显示了一齿切向综合偏差的最小值$f_{is,min}$和最大值$f_{is,max}$。

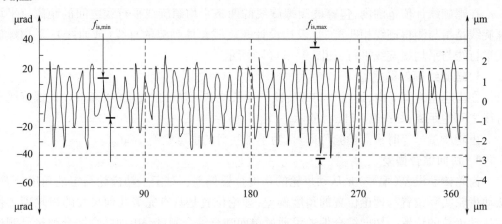

图9-13 高通滤波后的单面啮合综合偏差

傅里叶变换后的单面啮合综合偏差如图9-14所示。在啮合频率和二阶啮合频率上可看到波峰。

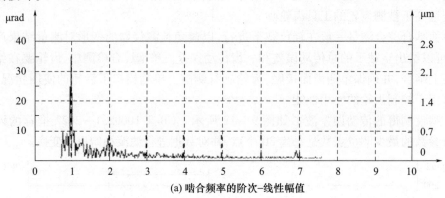

(a) 啮合频率的阶次-线性幅值

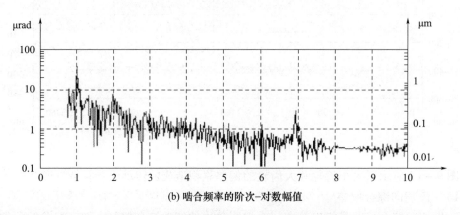

(b) 啮合频率的阶次-对数幅值

图9-14 傅里叶变换后的单面啮合综合偏差

一齿传动误差反映齿轮运动平稳性,可用于控制振动、冲击和噪声,属于综合性指标。

2) 切向综合总偏差 F_{is}

切向综合总偏差是指齿轮一转内的切向综合偏差。切向综合总偏差是指被测齿轮与测量齿轮单面啮合检验时,在被测齿轮转动一转内,齿轮分度圆上实际圆周位移与理论圆周位移的最大差值,即在齿轮的同侧齿面处于单面啮合状态下测得的齿轮一转内转角误差的总幅度值,它以分度圆弧长或 μrad 计值,如图 9 - 12 所示。

切向综合总偏差是几何偏心、运动偏心等各种加工误差的综合反映,因而是评定齿轮传递运动准确性的最佳综合评定指标。

5. 径向跳动 F_r

齿轮的径向跳动值为任一径向测量距离 r_i 最大值与最小值的差,如图 9 - 15 所示。

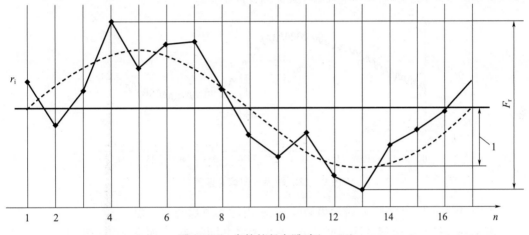

图 9 - 15　齿轮的径向跳动 ($z=16$)

图中,1 表示偏心量,n 表示齿槽编号。r_i 为测头(球形、圆柱形或砧形)相继置于每个齿槽内时,齿轮轴线到测头的中心或其他指定位置的径向距离。r_i 的个数等于齿槽数。测量中,测头在近似齿高中部与左右齿面接触,如图 9 - 16 所示。

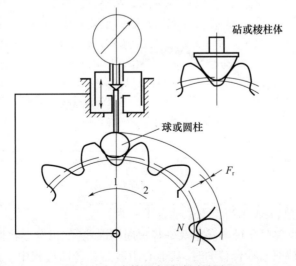

图 9 - 16　齿轮径向跳动测量原理

径向跳动也可由齿距测量中获得的点确定。径向跳动反映齿轮传递运动的准确性，是由几何偏心引起的，当几何偏心为 e 时，$F_r = 2e$。由几何偏心引起的误差是沿齿轮径向产生的，属于径向误差。几何偏心与径向跳动的关系如图 9 - 15 所示，图中的偏心量是径向跳动的一部分。径向跳动的测量不是强制性的，除非另有规定。

9.3.2 单个齿轮双侧齿面径向综合偏差

1. 一齿径向综合偏差 f_{id}

一齿径向综合偏差是指被测齿轮（产品齿轮）与理想精确的测量齿轮双面啮合（双啮）时，在被测齿轮一个齿距角 $\left(\dfrac{360°}{z}\right)$ 内，双啮中心距的最大变动量，如图 9 - 17 所示。f_{id} 反映了基圆齿距偏差和齿廓形状偏差，属于综合性项目。

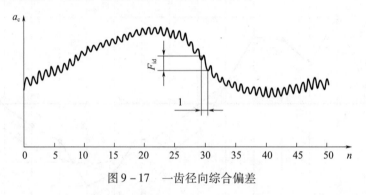

图 9 - 17　一齿径向综合偏差

图中，1 表示单个齿距，n 表示齿数，a_c 表示齿轮无隙啮合中心距。

由于一齿径向综合偏差测量时受左、右齿面的共同影响，因而它不如一齿切向综合偏差反映得那么全面，不适用于验收高精度的齿轮。

2. 径向综合总偏差 F_{id}

径向综合总偏差是在径向即双面啮合综合检验时，产品齿轮的左、右齿面同时与测量齿轮接触，并转过一整圈时出现的中心距最大值和最小值之差，即双啮中心距的最大变动量，如图 9 - 18 所示。

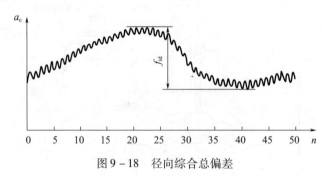

图 9 - 18　径向综合总偏差

图中，n 表示齿数，a_c 表示齿轮无隙啮合中心距。

若被测齿轮的齿廓存在径向误差及一些短周期误差（如齿廓形状偏差、基圆齿距偏差等），与测量齿轮保持双面啮合转动时，其中心距就会在转动过程中不断改变，因此，径向综合偏差主要反映由几何偏心引起的径向误差及一些短周期误差。但由于径向综合总偏差只能反映齿轮的径向误差,不能反映切向误差,故不能像F_{is}那样确切和充分地表示齿轮运动精度。

3. k齿径向综合偏差F_{idk}

被测齿轮(产品齿轮)与理想精确的测量齿轮双面啮合时,在被测齿轮任意k个齿距角内,双啮中心距的最大变动量,如图9-19所示。

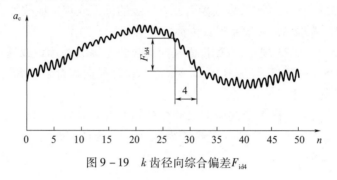

图9-19 k齿径向综合偏差F_{id4}

图中,n表示齿数,a_c表示齿轮无隙啮合中心距,$n=50$,$k=4$。k齿径向综合偏差F_{idk}适用于$k=3\sim z/8$(z为齿数)的圆弧弧段内。

9.4 渐开线圆柱齿轮精度标准

9.4.1 渐开线圆柱齿轮精度标准体系

现行渐开线圆柱齿轮精度标准体系由3项国家标准和4项国家标准化指导性技术文件共同构成,除GB/T 13924—2008外,其余均等同采用了相应的ISO标准或技术报告,见表9-2。

表9-2 渐开线圆柱齿轮精度标准一览表

GB/T 10095.1—2022	圆柱齿轮 ISO齿面公差分级制 第1部分:齿面偏差的定义和允许值
GB/T 10095.2—2023	圆柱齿轮 ISO齿面公差分级制 第2部分:径向综合偏差的定义和允许值
GB/T 13924—2008	渐开线圆柱齿轮精度 检验细则
GB/Z 18620.1—2008	圆柱齿轮 检验实施规范 第1部分:轮齿同侧齿面的检验
GB/Z 18620.2—2008	圆柱齿轮 检验实施规范 第2部分:径向综合偏差、径向跳动、齿厚和侧隙的检验
GB/Z 18620.3—2008	圆柱齿轮 检验实施规范 第3部分:齿轮坯、轴中心距和轴线平行度的检验
GB/Z 18620.4—2008	圆柱齿轮 检验实施规范 第4部分:表面结构和轮齿接触斑点的检验

齿轮的质量最终要由制造和检测获得,为了保证齿轮质量,必须对检测进行规范化,表9-2中的4项指导性技术文件规定了圆柱齿轮各项偏差的检测实施规范。

9.4.2 齿轮精度等级及其图样标注

1. 齿轮精度等级

GB/T 10095.1—2022将渐开线圆柱齿轮的齿面公差等级以及径向跳动、一齿切向综合公差和切向综合公差的公差等级定为 11 级,从高到低为 1~11 级。齿轮总的公差等级应由所有偏差项目中最大公差等级数来确定。

GB/T 10095.2—2023 对分度圆直径 5~1000mm、法向模数 0.2~11mm 的渐开线圆柱齿轮的径向综合偏差规定了 R30~R50 共 21 个公差等级。

2. 图样标注

1)齿轮精度等级及其图样标注

GB/T 10095.1—2022 规定,齿轮齿面公差等级的标识或规定应按如下格式表示:GB/T 10095.1—2022,等级 A。A 表示设计齿面公差等级。

GB/T 10095.2—2023 规定,双侧齿面径向综合公差等级的标识或规定应按如下格式表示:GB/T 10095.2—2023,等级 R××。×× 表示设计径向综合公差等级。

2)齿厚偏差的标注

《渐开线圆柱齿轮图样上应注明的尺寸数据》(GB/T 6443—1986)规定,应将齿厚极限偏差、公法线长度及其极限偏差(包括跨齿数、跨球(圆柱)尺寸)标注在图样右上角参数表中。

9.4.3 齿轮公差计算公式

GB/T 10095.1—2022、GB/T 10095.2—2023 未直接给出公差值的表格,而是根据具体齿轮的模数、分度圆直径、齿数等参数和所给定的精度等级,完全由计算公式计算,按圆整规则圆整后得到相应的公差值。指定齿面公差等级的齿轮的各项公差值计算公式见表 9-3。

表 9-3 齿轮公差值计算公式

项目名称及符号	公差值计算公式
单个齿距公差 f_{pT}	$f_{pT} = (0.001d + 0.4 m_n + 5)\sqrt{2}^{A-5}$
齿距(分度)累积总公差 F_{pT}	$F_{pT} = (0.002d + 0.55\sqrt{d} + 0.7 m_n + 12)\sqrt{2}^{A-5}$
齿距累积公差 F_{PkT}	$F_{pkT} = f_{pT} + \frac{4k}{z}(0.001d + 0.55\sqrt{d} + 0.3 m_n + 7)\sqrt{2}^{A-5}$ $F_{pz/8T} = \frac{f_{pT} + F_{pT}}{2}$
齿廓倾斜公差 $f_{H\alpha T}$	$f_{H\alpha T} = (0.4 m_n + 0.001d + 4)\sqrt{2}^{A-5}$
齿廓形状公差 $f_{f\alpha T}$	$f_{f\alpha T} = (0.55 m_n + 5)\sqrt{2}^{A-5}$
齿廓总公差 $F_{\alpha T}$	$F_{\alpha T} = \sqrt{f_{H\alpha T}^2 + f_{f\alpha T}^2}$
螺旋线倾斜公差 $f_{H\beta T}$	$f_{H\beta T} = (0.05\sqrt{d} + 0.35\sqrt{b} + 4)\sqrt{2}^{A-5}$
螺旋线形状公差 $f_{f\beta T}$	$f_{f\beta T} = (0.07\sqrt{d} + 0.45\sqrt{b} + 4)\sqrt{2}^{A-5}$
螺旋线总公差 $F_{\beta T}$	$F_{\beta T} = \sqrt{f_{H\beta T}^2 + f_{f\beta T}^2}$
径向跳动公差 F_{rT}	$F_{rT} = 0.9 F_{pT} = 0.9(0.002d + 0.55\sqrt{d} + 0.7 m_n + 12)\sqrt{2}^{A-5}$
一齿切向综合公差 f_{isT}	$f_{isT,max} = f_{is(design)} + (0.375 m_n + 5.0)\sqrt{2}^{A-5}$ $f_{isT,min} = f_{is(design)} - (0.375 m_n + 5.0)\sqrt{2}^{A-5}$ 或 $f_{isT,min} = 0$
切向综合总公差 F_{isT}	$F_{isT} = F_{pT} + f_{isT,max}$

续表

项目名称及符号	公差值计算公式
径向综合总公差 F_{idT}	$F_{idT} = \left(0.08\dfrac{z_c m_n}{\cos\beta} + 64\right) 2^{\left[\frac{R-44}{4}\right]}$
一齿径向综合公差 f_{idT}	$f_{idT} = \left(0.08\dfrac{z_c m_n}{\cos\beta} + 64\right) 2^{\left[\frac{R-R_x-44}{4}\right]} = \dfrac{F_{idT}}{2^{\left(\frac{R_x}{4}\right)}}$ $z_c = \min([z], 200)$ $R_x = 5\left\{1 - 1.12^{\left[\frac{1-z_c}{1.12}\right]}\right\}$
k 齿径向综合公差 F_{idkT}	$F_{idkT} = \left(0.08\dfrac{z_c m_n}{\cos\beta} + 64\right) 2^{[(R-44)/4]}\left[\left(1 - 1.5\dfrac{k-1}{\|z\|}\right) 2^{\left(\frac{-R_x}{4}\right)} + 1.5\dfrac{k-1}{\|z\|}\right]$ $k_{max} = \dfrac{z_c}{1.5}$,对扇形齿轮 $k_{max} = \min\left(\dfrac{\|z\|}{1.5}, \|z_k\|\right)$

表 9-3 中,m_n、d、b、β 分别表示法向模数、分度圆直径、齿宽、螺旋角。计算公式中,公差值的单位为 μm,其余参数应以 mm 为单位代入。齿轮公差符号是在齿面偏差符号的下标后再加 T。

两相邻公差等级的级间公比是 2,本公差等级数值乘以(或除以)$\sqrt{2}$ 可得到相邻较大(或较小)一级的数值。5 级精度的未圆整的计算值乘以 $\sqrt{2}^{A-5}$ 即可得任一齿面公差等级的待求值,其中 A 为指定的齿面公差等级。R 为径向综合公差的公差等级。

齿廓倾斜公差 $f_{H\alpha T}$、螺旋线倾斜公差 $f_{H\beta T}$ 应加上正负号(±)。

$f_{isT,min}$ 取 $f_{isT,min}$ 两个公式计算值的较大值,$f_{is(design)}$ 是一齿切向综合偏差的设计值,应通过分析应用设计和检测条件来确定。

9.5 渐开线圆柱齿轮精度设计

齿轮精度设计的主要任务是:①确定齿轮精度的偏差项目及其公差等级;②确定齿轮副侧隙的偏差项目及其公差;③确定齿轮副精度;④确定齿轮坯精度。

为了更好地理解和应用,表 9-4 汇总了与齿轮传动使用要求对应的齿轮精度常用评定指标及其检测方法。

表 9-4 齿轮精度常用评定指标及其检测方法

齿轮传动使用要求	项目名称及符号	检测方法及器具
单个齿轮		
传递运动准确性	齿距累积总偏差 F_P	齿距仪或测齿仪
	k 个齿距累积偏差 F_{Pk}	齿距仪或测齿仪
	切向综合总偏差 F_{is}	单啮仪
	径向综合总偏差 F_{id}	双啮仪
	径向跳动 F_r	径向跳动检查仪

续表

齿轮传动使用要求	项目名称及符号	检测方法及器具
传动平稳性	单个齿距偏差 f_p	齿距仪或测齿仪
	齿廓总偏差 F_α	渐开线检查仪
	一齿切向综合偏差 f_{is}	单啮仪
	一齿径向综合偏差 f_{id}	双啮仪
载荷分布均匀性	螺旋线总偏差 F_β	渐开线螺旋线检查仪
侧隙的合理性	齿厚偏差 f_{sn}	齿厚游标卡尺
	公法线长度偏差 E_{bn}	公法线千分尺
齿轮副		
载荷分布均匀性	齿轮副轴线平行度偏差 $f_{\Sigma\delta}$、$f_{\Sigma\beta}$	
	接触斑点 c_p	
侧隙的合理性	中心距偏差 f_a	
	齿轮副轴线平行度偏差 $f_{\Sigma\delta}$、$f_{\Sigma\beta}$	

9.5.1 齿轮精度等级的选用

1. 齿轮精度等级的选择依据

确定齿轮精度等级的主要依据是齿轮的用途、使用要求、工作条件及其他技术条件。选用精度等级时,应认真分析齿轮传动的功能要求和工作条件,如齿轮的用途、传动功率、负荷、工作速度、是否正反转、运动精度、振动、噪声、润滑条件、持续工作时间和寿命等。

2. 精度等级的选用方法

齿轮精度等级的选用方法有计算法和类比法。常用类比法确定齿轮的精度等级。

1) 计算法

根据机构最终达到的精度要求,即整个传动链末端元件传动精度的要求,应用传动链方法,计算出允许的转角误差(推算出 F_{is}),计算和分配各级齿轮副的传动精度,确定齿轮的运动精度等级;根据机械动力学和机械振动学,考虑振动、噪声及圆周速度,计算确定传动平稳性的精度等级;在强度计算或寿命计算的基础上确定承载能力的精度等级。

影响齿轮传动精度的因素不仅有齿轮自身的误差,还有安装误差,很难计算出准确的精度等级,计算结果只能作为参考,故计算法仅适用于极少数高精度的重要齿轮和特殊机构使用的齿轮。

2) 类比法(经验法)

先以现有的用途和工作条件方面相似的,并且已证实可靠的类似产品或机构的齿轮为参考对象,然后根据新设计齿轮的具体工作要求、精度要求、生产条件和工作条件等进行适当修正调整,或采用相同的精度等级,或选取稍高或稍低的精度等级。齿轮精度等级中,1~2 级为超精密等级;3~5 级为高精度等级;6~8 级为中等精度等级,使用最广泛;9级为较低精度等级;10~11 级为低精度等级。

表 9.5~表 9.7 给出了部分齿轮精度等级的应用,可供设计时参考。

3. 精度等级的选用

在设计齿轮精度时,齿轮同侧齿面各精度项目可选用同一精度等级。机械制造业中常用的齿轮,在大多数工程实践中,对除侧隙之外的其余三项使用要求的精度要求都差不多,齿轮各精度项目可要求相同的精度等级。对于给定的具体齿轮,各偏差项目也可使用不同的齿面公差等级。

对齿轮的工作齿面和非工作齿面可规定不同的精度等级,也可只给出工作齿面的精度等级,而对非工作齿面不提精度要求。径向综合公差和径向跳动公差不一定要选用与同侧齿面的精度项目相同的精度等级。机械传动中常用的齿轮精度等级见表9-5。

表9-5 机械传动中常用的齿轮精度等级

产品或机构	精度等级	产品或机构	精度等级
精密仪器、测量齿轮	2~5	通用减速器	6~9
汽轮机、透平机	3~6	拖拉机、载重汽车	6~9
金属切削机床	3~8	轧钢机	6~10
航空发动机	4~8	起重机械	7~10
轻型汽车、汽车底盘、机车	5~8	矿用绞车	8~10
内燃机车	6~7	农用机械	8~11

机械产品中的绝大多数齿轮既传递运动又传递功率,其精度等级与圆周速度密切相关,因此可按齿轮的工作圆周速度来选用精度等级,见表9-6。

表9-6 不同圆周速度下齿轮精度等级的应用

工作条件	圆周速度/(m/s)		应用情况	精度等级
	直齿	斜齿		
机床	>30	>50	高精度和精密的分度链末端的齿轮	4
	>15~30	>30~50	一般精度分度链末端齿轮、高精度和精密的分度链的中间齿轮	5
	>10~15	>15~30	V级机床主传动的齿轮、一般精度分度链的中间齿轮、Ⅲ级和Ⅲ级以上精度机床的进给齿轮、油泵齿轮	6
	>6~10	>8~15	Ⅳ级和Ⅳ级以上精度机床的进给齿轮	7
	<6	<8	一般精度机床的齿轮	8
			没有传动要求的手动齿轮	9
动力传动	>70		用于很高速度的透平传动齿轮	4
	>30		用于高速度的透平传动齿轮、重型机械进给机构、高速重载齿轮	5
	<30		高速传动齿轮、有高可靠性要求的工业机器齿轮、重型机械的功率传动齿轮、作业率很高的起重运输机械齿轮	6
	<15	<25	高速和适配功率或大功率和适配速度条件下的齿轮;冶金、矿山、林业、石油、轻工、工程机械和小型工业齿轮箱(通用减速器)有可靠性要求的齿轮	7
	<10	<15	中等速度较平稳传动的齿轮、冶金、矿山、林业、石油、轻工、工程机械和小型工业齿轮箱(通用减速器)的齿轮	8
	≤4	≤6	一般性工作和噪声要求不高的齿轮、受载低于计算载荷的齿轮、速度大于1m/s 的开式齿轮传动和转盘的齿轮	9

续表

工作条件	圆周速度/(m/s)		应用情况	精度等级
	直齿	斜齿		
航空船舶和车辆	>35	>70	需要很高的平稳性、低噪声的航空和船用齿轮	4
	>20	>35	需要高的平稳性、低噪声的航空和船用齿轮	5
	≤20	≤35	用于高速传动有平稳性低噪声要求的机车、航空、船舶和轿车的齿轮	6
	≤15	≤25	用于有平稳性和噪声要求的航空、船舶和轿车的齿轮	7
	≤10	≤15	用于中等速度较平稳传动的载重汽车和拖拉机的齿轮	8
	≤4	≤6	用于较低速和噪声要求不高的载重汽车第一挡与倒挡,拖拉机和联合收割机的齿轮	9
其他			检验7级精度齿轮的测量齿轮	4
			检验8~9级精度齿轮的测量齿轮、印刷机印刷辊子用的齿轮	5
			读数装置中特别精密传动的齿轮	6
			读数装置的传动及具有非直尺的速度传动齿轮、印刷机传动齿轮	7
			普通印刷机传动齿轮	8
单级传动效率			不低于0.99(包括轴承不低于0.985)	4~6
			不低于0.98(包括轴承不低于0.975)	7
			不低于0.97(包括轴承不低于0.965)	8
			不低于0.96(包括轴承不低于0.95)	9

表9-7列出了3~9级齿轮的应用范围、与传动平稳性精度等级相适应的齿轮圆周速度范围及切齿方法,供设计时参考。

表9-7 3~9级精度齿轮的适用范围

精度等级	圆周速度/(m/s)		齿面的终加工	工作条件
	直齿	斜齿		
3级(极精密)	到40	到75	特别精密的磨削和研齿;用精密滚刀或单边剃齿后的大多数不经淬火的齿轮	要求特别精密的或在最平稳且无噪声的特别高速下工作的齿轮传动;特别精密机构中的齿轮;特别高速传动(透平齿轮);检测5~6级齿轮用的测量齿轮
4级(特别精密)	到35	到70	精密磨齿;用精密滚刀和挤齿或单边剃齿后的大多数齿轮	特别精密分度机构中或在最平稳且无噪声的极高速下工作的齿轮传动;高速透平传动;检测7级齿轮用的测量齿轮
5级(高精密)	到20	到40	精密磨齿;大多数用精密滚刀加工,进而挤齿或剃齿的齿轮	精密分度机构中或要求极平稳且无噪声的高速工作的齿轮传动;精密机构用齿轮;透平齿轮;检测8级和9级齿轮用测量齿轮

续表

精度等级	圆周速度/(m/s)		齿面的终加工	工作条件
	直齿	斜齿		
6级（高精密）	到16	到30	精密磨齿或剃齿	要求高效率且无噪声的高速下平稳工作的齿轮传动或分度机构的齿轮传动；特别重要的航空、汽车齿轮；读数装置用特别精密传动的齿轮
7级（精密）	到10	到15	无须热处理，仅用精确刀具加工的齿轮，淬火齿轮必须精整加工（磨齿、挤齿、珩齿等）	增速和减速用齿轮传动；金属切削机床送刀机构用齿轮；高速减速器用齿轮；航空、汽车用齿轮；读数装置用齿轮
8级（中等精密）	到6	到10	不磨齿，必要时光整加工或对研	无须特别精密的一般机械制造用齿轮；包括在分度链中的机床传动齿轮；飞机、汽车制造业中的不重要齿轮；起重机构用齿轮；农业机械中的重要齿轮，通用减速器齿轮
9级（较低精度）	到2	到4	无须特殊光整工作	用于粗糙工作的齿轮

9.5.2 齿轮精度测量参数的选择

1. 齿轮精度检验项目选用时的考虑因素

齿轮精度检验项目选用时应主要考虑的因素有齿轮精度等级和用途、检查目的（工序检验或最终检验）、齿轮的切齿加工工艺、生产批量、齿轮的尺寸大小和结构形式、项目间的协调、企业现有测试设备条件和检测费用等。

精度等级较高的齿轮，应选用同侧齿面的精度项目，如齿廓偏差、齿距偏差、螺旋线偏差、切向综合偏差等。精度等级较低的齿轮，可选用径向综合偏差或径向跳动等双侧齿面的精度项目。因为同侧齿面的精度项目比较接近齿轮的实际工作状态，而双侧齿面的精度项目受非工作齿面精度的影响，反映齿轮实际工作状态的可靠性较差。

当运动精度选用切向综合总偏差F_{id}时，传动平稳性最好选用一齿切向综合偏差f_{id}；当运动精度选用齿距累积总偏差F_P时，传动平稳性最好选用单个齿距偏差，因为它们可采用同一种测量方法。当检验切向综合总偏差和一齿切向综合偏差时，可不必检验单个齿距偏差和齿距累积总偏差。当检验径向综合总偏差和一齿径向综合偏差时，可不必重复检验径向跳动。

精度项目的选用，还应考虑测量设备等实际条件，在保证满足齿轮功能要求的前提下，充分考虑测量的经济性。

2. 齿轮精度检验项目的确定

在采用某种切齿方法加工第一批齿轮时，为了评定齿轮加工后的精度是否达到设计规定的技术要求，需要按默认的（强制性、必检）检测精度指标对齿轮进行检测，以确定齿轮的精度等级。检测合格后，在工艺条件保持不变的条件下，用相同切齿方法继续生产相同要求的齿轮时，可采用备选（非强制性）的检测精度指标来评定齿轮运动精度和传动平稳性精度。

检验径向综合偏差和径向跳动能够反映双侧齿面的偏差成分，可迅速提供由于生产用机床、工具或产品齿轮装夹而导致的质量缺陷信息。

在检验中，测量全部齿轮指标的偏差既不经济也无必要，因为其中有些指标的偏差对于特定齿轮的功能无明显影响。有些测量项目可代替其他项目，如切向综合总偏差能代替齿距偏差，一齿切向综合偏差可代替单个齿距偏差，径向综合偏差能代替径向跳动等。标准中给出的其他参数一般不是必检项目，对于质量控制，测量项目的多少由供需双方协商确定。

虽然齿轮精度标准及其指导性技术文件中所给出的精度项目和评定参数很多，但是作为评价齿轮制造质量的客观标准，齿轮精度检验项目应以单项指标为主。为了评定单个齿轮的加工精度，应检验齿距偏差、齿廓总偏差、螺旋线总偏差及齿厚偏差。

GB/T 10095.1—2022 给出了不同齿面公差等级的齿轮精度检测检验应进行测量的最少参数，见表9-8。

表9-8 齿轮精度被测量参数表

直径/mm	齿面公差等级	最少可接受参数	
		默认参数表	备选参数表
$d \leq 4000$	10~11	$F_p, f_p, s, F_\alpha, F_\beta$	s, c_p, F_{id}[①]$, f_{id}$[①]
	7~9	$F_p, f_p, s, F_\alpha, F_\beta$	s, c_p[②]$, F_{is}, f_{is}$
	1~6	F_p, f_p, s $F_u, f_{f\alpha}, f_{H\alpha}$ $F_\beta, f_{f\beta}, f_{H\beta}$	s, c_p[②]$, F_{is}, f_{is}$
$d > 4000$	7~11	$F_p, f_p, s, F_\alpha, F_\beta$	$F_p, f_p, s, (f_{f\beta}$ 或 c_p[②]$)$

注：①根据 ISO 1328-2，仅限于齿轮尺寸不受限制时；
②接触斑点的验收标准和测量方法未包含在本文件中，如需采用，应经供需双方同意。

表中，s 表示齿厚，c_p 表示齿轮副接触斑点。被测量参数分为默认参数和备选参数，当供需双方同意时，可用备选参数表替代默认参数表。选择默认参数表还是备选参数表取决于可用的测量设备。

9.5.3 齿轮副侧隙

齿轮副侧隙的大小与齿轮齿厚减薄量密切相关，齿厚减薄量可以用齿厚偏差或公法线长度偏差来评定。

1. 侧隙的表示

齿轮副侧隙 j 是指两个相配齿轮的工作齿面相接触时，在两个非工作齿面之间所形成的间隙。它是在节圆上齿槽宽度超过相啮合的轮齿齿厚的量。侧隙通常以法向侧隙和圆周侧隙表示，如图9-20(a)所示。

圆周侧隙 j_{wt} 是当固定两相啮合齿轮中的一个，另一个齿轮所能转过的节圆弧长的最大值，可沿圆周方向测得。法向侧隙 j_{bn} 是当两个齿轮工作齿面互相啮合时，其非工作齿面间的最短距离，在法向平面或沿啮合线方向上测量。用塞尺直接测量法向侧隙，如图9-20(b)所示。

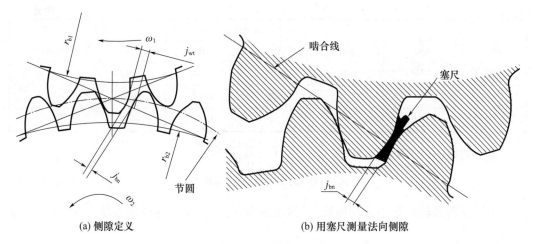

图 9-20 齿轮副侧隙

法向侧隙和圆周侧隙的关系为

$$j_{bn} = j_{wt} \cos \alpha_{wt} \cos \beta_b \tag{9-4}$$

式中：α_{wt} 为端面工作压力角；β_b 为基圆螺旋角。

所有相啮合的齿轮都应有一定的侧隙，以保证非工作齿面不会相互接触。在齿轮啮合传动中侧隙会随着速度、温度和负载等的变化而变化。在静态可测量的条件下，必须有足够的侧隙，以保证在带负载运行于最不利的工作条件下时，仍有足够的侧隙。

齿轮副的侧隙值与小齿轮实际齿厚 s_1、大齿轮实际齿厚 s_2、中心距 a 精度、安装和应用情况有关，还受齿轮的形状和位置偏差以及轴线平行度等的影响。

单个齿轮的齿厚会影响齿轮副侧隙。假定齿轮在最小中心距时与一个理想的相配齿轮啮合，所需的最小侧隙对应于最大齿厚。通常从最大齿厚开始减小齿厚来增加侧隙。

2．最小法向侧隙的确定

最小法向侧隙 j_{bnmin} 是当一个齿轮的齿以最大允许实效齿厚与一个也具有最大允许实效齿厚的相配齿在最紧的允许中心距相啮合时，在静态条件下存在的最小允许侧隙，此即设计者提供的传统"允许侧隙"，考虑因素详见 GB/Z 18620.2—2008。齿轮传动设计中，必须保证有足够的最小法向侧隙 j_{bnmin}，以确保齿轮机构正常工作。

表 9-9 列出了对工业传动装置推荐的最小侧隙，传动装置用黑色金属齿轮和黑色金属箱体制造，工作时节圆线速度小于 15m/s，箱体、轴和轴承都采用常用的商业制造公差。

表 9-9　对于大、中模数齿轮最小侧隙 j_{bnmin} 的推荐值（摘自 GB/Z 18620.2—2008）

单位：mm

m_n	最小中心距 a_i					
	50	100	200	400	800	1600
1.5	0.09	0.11	—	—	—	—
2	0.10	0.12	0.15	—	—	—
3	0.12	0.14	0.17	0.24	—	—
5	—	0.18	0.21	0.28	—	—

续表

m_n	最小中心距 a_i					
	50	100	200	400	800	1600
8	—	0.24	0.27	0.34	0.47	—
12	—	—	0.35	0.42	0.55	—
18	—	—	—	0.54	0.67	0.94

表中的数值可按下式计算：

$$j_{bnmin} = \frac{2}{3}(0.06 + 0.0005a_i + 0.03m_n) \qquad (9-5)$$

为了获得齿轮副最小法向侧隙，必须削薄齿厚，其最小削薄量即齿厚上偏差值，可通过下式求得：

$$j_{bn} = |(E_{sns1} + E_{sns2})|\cos\alpha_n \qquad (9-6)$$

式中：E_{sns1}、E_{sns2}分别为小、大齿轮的齿厚上偏差；α_n为法向压力角。

3. 齿厚极限偏差的确定

对直齿轮，齿厚偏差是指分度圆柱面上实际齿厚$s_{nactual}$与公称值s_n之差，如图9-21所示。对斜齿轮则是指法向齿厚偏差。

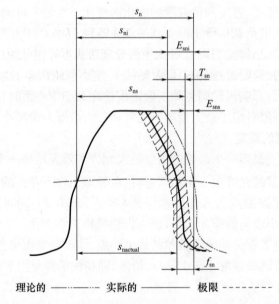

理论的 ———— 实际的 ———— 极限 --------

图9-21 齿厚偏差（在分度圆柱面上垂直于齿廓的平面）

齿厚偏差为

$$E_{sn} = s_{nactual} - s_n \qquad (9-7)$$

齿厚上偏差E_{sns}和下偏差E_{sni}统称齿厚的极限偏差：

$$E_{sns} = s_{ns} - s_n \qquad (9-8)$$

$$E_{sni} = s_{ni} - s_n \qquad (9-9)$$

式中：s_{ns}为齿厚的最大极限；s_{ni}为齿厚的最小极限。

齿厚上偏差与下偏差之差,即齿厚公差T_{sn}:

$$T_{sn} = E_{sns} - E_{sni} \qquad (9-10)$$

齿轮轮齿的配合采用"基中心距制",即在中心距一定的条件下,通过控制齿厚的方法获得必要的侧隙。

1) 齿厚上偏差E_{sns}的确定

确定齿厚上偏差时,除了要保证最小法向侧隙,还要补偿齿轮、箱体加工误差和齿轮副安装误差所引起的侧隙减小量。计算公式为

$$E_{sns1} + E_{sns2} = -2 f_a \tan \alpha_n - \frac{j_{bnmin} + J_{bn}}{\cos \alpha_n} \qquad (9-11)$$

式中:E_{sns1}、E_{sns2}分别为小齿轮、大齿轮的齿厚上偏差;f_a为中心距偏差;J_{bn}为齿轮加工误差和齿轮副安装误差对侧隙减小的补偿量。

J_{bn}计算公式为

$$J_{bn} = \sqrt{f_{Pb1}^2 + f_{Pb2}^2 + 2(F_\beta \cos \alpha_n)^2 + (F_{\Sigma\delta} \sin \alpha_n)^2 + (F_{\Sigma\beta} \cos \alpha_n)^2} \qquad (9-12)$$

式中:f_{Pb1}、f_{Pb2}分别为小、大齿轮的基圆齿距偏差,$f_{pb1} = f_{p1} \cos \alpha_n$,$f_{pb2} = f_{p2} \cos \alpha_n$($f_{p1}$、$f_{p2}$为小、大齿轮的单个齿距偏差);$F_\beta$为小、大齿轮的螺旋线总偏差;$f_{\Sigma\delta}$、$f_{\Sigma\beta}$为齿轮副轴线平行度偏差,见式(9-21)和式(9-22);α_n为法向压力角。

令$\alpha_n = 20°$,将上述参数代入式(9-12),则

$$J_{bn} = \sqrt{0.88(f_{P1}^2 + f_{P2}^2) + [2 + 0.34(L/b)^2]F_\beta^2} \qquad (9-13)$$

求得大、小齿轮的上偏差之和后,可按等值分配法或不等值分配法确定大、小齿轮的齿厚上偏差。一般使大齿轮齿厚的减薄量大一些,使小齿轮齿厚的减薄量小一些,以使大、小齿轮的强度匹配。在进行齿轮承载能力计算时,需要验算加工后的齿厚是否会变薄,如果$|E_{sni}/m_n| > 0.05$,在任何情况下都会出现变薄现象。

为了方便设计计算,通常取主动轮和从动轮的齿厚上偏差相等,则由式(9-11)可推得

$$E_{sns} = E_{sns1} = E_{sns2} = -\left(f_a \tan \alpha_n + \frac{j_{bnmin} + J_{bn}}{2\cos \alpha_n}\right) \qquad (9-14)$$

2) 法向齿厚公差T_{sn}的确定

最大侧隙不会影响齿轮传动性能和承载能力,因此在很多应用场合允许较大的齿厚公差或工作侧隙,以获得较经济的制造成本。法向齿厚公差的选择基本上与齿轮精度无关,除非十分必要,不应采用很紧的齿厚公差,这会对制造成本产生很大的影响。当出于工作运行的原因必须控制最大侧隙时,则需仔细研究各影响因素,并仔细确定有关齿轮的精度等级、中心距公差和测量方法。

法向齿厚公差建议按下式计算

$$T_{sn} = \sqrt{F_r^2 + b_r^2} \cdot 2\tan \alpha_n \qquad (9-15)$$

式中:F_r为齿轮径向跳动公差;b_r为切齿径向进刀公差,可按表9-10选用。

表9-10 切齿径向进刀公差值

齿轮精度等级	4	5	6	7	8	9
b_r值	1.26IT7	IT8	1.26IT8	IT9	1.26IT9	IT10

注:IT值按分度圆直径尺寸查标准公差数值表。

3) 齿厚下偏差的确定

法向齿厚公差T_{sn}确定后,由式(9-9)即可得到齿厚下偏差E_{sni}(齿厚的最大削薄量)。

4. 公法线长度极限偏差的确定

齿轮齿厚减薄必然引起公法线长度减小,通过测量公法线长度也可以控制侧隙。

公法线长度是在基圆柱切平面上跨k个齿(对外齿轮)或k个齿槽(对内齿轮)在接触到一个齿的右齿面和另一个齿的左齿面的两个平行平面之间测得的距离,此距离在两个齿廓间沿所有法线都是常数。

公法线长度公称值W_k计算公式为

$$W_k = m_n \cos \alpha_n [(k-0.5)\pi + zinv\, \alpha_t + 2\tan \alpha_n x] \tag{9-16}$$

或

$$W_k = (k-1)P_{bn} + s_{bn} \tag{9-17}$$

式中:k为跨齿数;m_n、z、α_n、x分别为法向模数、齿数、法向压力角和变位系数。

对于标准齿轮

$$W_k = m[1.476(2k-1) + 0.014z] \tag{9-18}$$

当$x=0$、$\alpha_n=20°$时

$$k = \frac{z}{9} + 0.5 (取相近的整数) \tag{9-19}$$

式中:m为模数;z为齿数。

实际公法线长度与公称公法线长度之差即为公法线长度偏差E_{bn},可通过公法线长度极限偏差控制。公法线长度上偏差E_{bns}和下偏差E_{bni}与齿厚极限偏差之间的换算关系为

$$E_{bn(_i^s)} = E_{sn(_i^s)} \cos \alpha_n \tag{9-20}$$

测量齿厚时通常以齿顶圆柱面为测量基准,测量精度受齿顶圆直径偏差和对齿轮基准轴线径向圆跳动的影响,而公法线长度测量简便,不以齿顶圆作为测量基准,因此,常用公法线长度偏差代替齿厚偏差。

9.5.4 齿轮副精度

1. 齿轮副中心距极限偏差f_a

齿轮副中心距偏差是齿轮副实际中心距与公称中心距之差,如图9-22所示。中心距公差是指设计者规定的允许偏差。齿轮副公称中心距是在考虑了最小侧隙及两齿轮的齿顶和其相啮合的非渐开线齿廓齿根部分的干涉后确定的。

在齿轮仅单向承载运转而不经常反转时,最大侧隙的控制不是重要的考虑因素,中心距极限偏差主要考虑重合度。对控制运动用的齿轮,必须控制其侧隙。当轮齿上的负载常常反向时,对中心距公差必须仔细考虑的因素与允许侧隙的考虑因素相同。

齿轮副中心距极限偏差参考值见表9-11。

表9-11 齿轮副中心距极限偏差$\pm f_a$(供参考)　　　　单位:μm

齿轮精度等级	1~2	3~4	5~6	7~8	9~10	11~12
f_a	$\frac{1}{2}$IT4	$\frac{1}{2}$IT6	$\frac{1}{2}$IT7	$\frac{1}{2}$IT8	$\frac{1}{2}$IT9	$\frac{1}{2}$IT11

续表

齿轮精度等级	1~2	3~4	5~6	7~8	9~10	11~12
齿轮副的中心距/mm >80~120	5	11	17.5	27	43.5	110
>120~180	6	12.5	20	31.5	50	125
>180~250	7	14.5	23	36	57.5	145
>250~315	8	16	26	40.5	65	160
>315~400	9	18	28.5	44.5	70	180

2. 齿轮副轴线平行度偏差

如果一对啮合的圆柱齿轮的两条轴线不平行,则形成空间的异面(交叉)直线,将影响齿轮的接触精度和齿轮副侧隙,必须加以控制。由于轴线平行度偏差的影响与其向量的方向有关,GB/Z 18620.3—2008 规定了轴线平面内的偏差 $f_{\Sigma\delta}$ 和垂直平面上的偏差 $f_{\Sigma\beta}$,如图 9-22 所示。

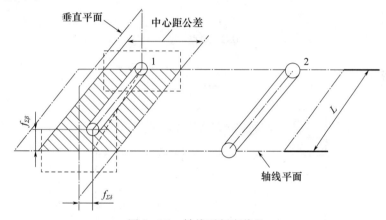

图 9-22 轴线平行度偏差

轴线平面内的平行度偏差在两轴线的公共平面上测量,此公共平面由两轴承跨距中较长的一根轴上的轴线 L 和另一根轴上的一个轴承来确定。如果两个轴承的跨距相同,则用小齿轮轴和大齿轮轴的一个轴承。在与轴线公共平面相垂直的交错轴平面上测量垂直平面上的平行度偏差。

轴线平面内的轴线平行度偏差影响螺旋线啮合偏差,其影响是工作压力角的正弦函数,而垂直平面上的轴线平行度偏差的影响则是工作压力角的余弦函数。因而在一定量的垂直平面上偏差所导致的啮合偏差要比同样大小的轴线平面内偏差所导致的啮合偏差要大 2~3 倍。故应对这两种偏差规定不同的最大推荐值。

垂直平面上偏差 $f_{\Sigma\beta}$ 的推荐最大值为

$$f_{\Sigma\beta} = 0.5\left(\frac{L}{b}\right)F_\beta \tag{9-21}$$

式中:L 为齿轮副轴承跨距;b 为齿宽。

轴线平面内偏差 $f_{\Sigma\delta}$ 的推荐最大值为

$$f_{\Sigma\delta} = 2f_{\Sigma\beta} \tag{9-22}$$

3. 轮齿接触斑点

轮齿接触斑点是特殊的非几何量检验项目,测量方法有光泽法和着色法。它是指在箱体中、齿轮副滚动试验台或单啮仪上刚安装好的齿轮副,在轻微制动下运转后在齿面上所出现的擦亮(或涂料被擦掉)痕迹。接触斑点的大小用接触痕迹占齿宽 b 和有效齿面高度 h 的百分比来表示,接触斑点分布如图 9-23 所示。

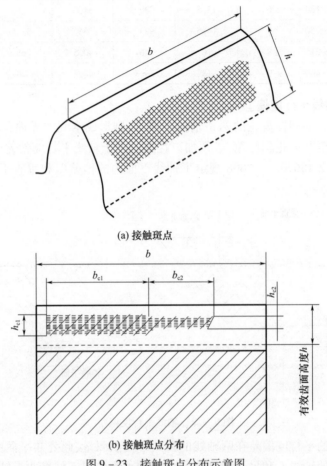

(a) 接触斑点

(b) 接触斑点分布

图 9-23 接触斑点分布示意图

检测产品齿轮副在其箱体内的接触斑点,可以帮助评估轮齿间的载荷分布。检测产品齿轮与测量齿轮在轻载下的接触斑点,可用于评估装配后的齿轮螺旋线和齿廓精度。用接触斑点可定量和定性控制齿轮的齿长方向的配合精度,常用于工作现场没有检查仪及大齿轮不能装在现有检查仪上的场合。直齿轮装配后齿轮副接触斑点的最低要求见表 9-12。

表 9-12 直齿轮装配后的接触斑点(摘自 GB/Z 18620.4—2008)

精度等级按 GB/T 10095	b_{c1} 占齿宽的百分比	h_{c1} 占有效齿面高度的百分比	b_{c2} 占齿宽的百分比	h_{c2} 占有效齿面高度的百分比
4 级及更高	50%	70%	40%	50%
5 和 6	45%	50%	35%	30%
7 和 8	35%	50%	35%	30%
9~12	25%	50%	25%	30%

9.5.5 齿轮坯精度

齿轮坯,即齿坯,是指在轮齿加工前供制造齿轮用的工件。齿坯精度直接影响齿轮的切齿加工精度、检验和安装精度,还影响齿轮副的接触条件和运行状况,必须予以控制。适当提高齿轮坯和箱体的精度,要比加工高精度的轮齿经济得多,应尽量使齿轮坯和箱体的制造公差保持最小值。

1. 齿轮的基准轴线

1) 基准轴线与工作轴线

基准轴线是制造者和检验者用来对单个零件确定轮齿几何形状的轴线。基准轴线由基准面中心确定。齿轮依此轴线来确定齿轮的细节,特别是确定齿距、齿廓和螺旋线偏差的允许值。工作轴线是齿轮在工作时绕其旋转的轴线,由工作安装面的中心确定。

通常使基准轴线与工作轴线重合,即以安装面作为基准面。一般情况下,首先需要确定一个基准轴线,然后将其他所有轴线(包括工作轴线及其他制造轴线)用适当的公差与之联系。

2) 基准轴线的确定

只有明确其特定的旋转轴线,有关齿轮轮齿精度参数数值才有意义。因此,在齿轮图纸上必须明确地标注出规定轮齿偏差允许值的基准轴线,事实上整个齿轮的几何形状均以其为准。

齿轮基准轴线是齿轮加工、检测和安装使用的基准,在确定齿坯精度时,首先要明确齿轮的基准轴线。确定基准轴线有如下三种基本方法。

(1) 用两个短的圆柱或圆锥形基准面,如图 9-24 所示。

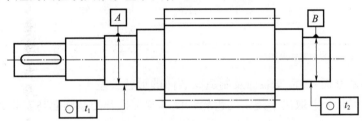

图 9-24 两个"短的"基准面确定基准轴线

(2) 用一个长的圆柱或圆锥形基准面,如图 9-25 所示。

(3) 用一个短的圆柱形基准面和一个基准端面,如图 9-26 所示。

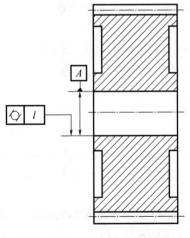

图 9-25 一个"长的"基准面确定基准轴线

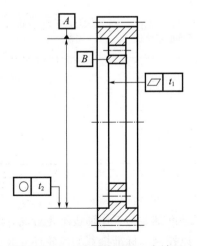

图 9-26 一个圆柱面和一个端面确定基准轴线

对与轴做成一体的小齿轮,则常用两个中心孔来确定基准轴线。

2. 齿轮坯的精度

由于齿轮的齿廓、齿距和齿向等要素的精度都是相对于公共轴线定义的。因此,对齿轮坯的精度要求主要是指明基准轴线,并给出相关要素的几何公差要求。当制造时的定位基准与工作基准不一致时,还需考虑基准转换引起的误差,适当提高有关表面的精度。

齿轮坯公差包括齿轮基准孔、齿顶圆、端面等基准面和安装面的尺寸公差、几何公差及表面粗糙度。

1) 齿轮坯尺寸公差

齿轮基准孔的尺寸精度根据与轴的配合性质要求确定。应适当选择顶圆直径的公差,以保证最小限度设计重合度的同时又有足够的顶隙。表 9-13 给出了齿轮坯的尺寸公差。

表 9-13 齿轮坯的尺寸公差(供参考)

齿轮精度等级		5	6	7	8	9	10	11	12
孔	尺寸公差	IT5	IT6	IT7		IT8		IT9	
轴	尺寸公差	IT5		IT6		IT7		IT8	
顶圆直径偏差		\pm 0.05m_n							

注:孔、轴的几何公差按包容要求即 Ⓔ。

2) 齿轮坯基准面、工作安装面及制造安装面的形状公差

基准面的形状公差取决于规定的齿轮精度。国标推荐的基准面与安装面的形状公差数值见表 9-14。

表 9-14 基准面与安装面的形状公差(摘自 GB/Z 18620.3—2008)

确定轴线的基准面	公差项目		
	圆度	圆柱度	平面度
两个"短的"圆柱或圆锥形基准面	$0.04(L/b)F_\beta$ 或 $0.1F_p$ 取两者中之小值		
一个"长的"圆柱或圆锥形基准面		$0.04(L/b)F_\beta$ 或 $0.1F_p$ 取两者中之小值	
一个短的圆柱面和一个端面	$0.06F_p$		$0.06(D_d/b)F_\beta$

注:齿轮坯的公差应减至能经济地制造的最小值。

3) 工作安装面的跳动公差

当基准轴线与工作轴线不重合时,工作安装面相对于基准轴线的跳动公差必须在图样上予以控制。标准推荐的齿轮坯安装面的跳动公差见表 9-15。

表 9-15　安装面的跳动公差（摘自 GB/Z 18620.3—2008）

确定轴线的基准面	跳动量（总的指示幅度）	
	径向	轴向
仅指圆柱或圆锥形基准面	$0.15(L/b)F_\beta$ 或 $0.3F_p$ 取两者中之大值	—
一个圆柱基准面和一个端面基准面	$0.3F_p$	$0.2(D_d/b)F_\beta$

注：齿轮坯的公差应减至能经济地制造的最小值。

9.5.6　齿轮齿面和基准面的表面粗糙度

齿轮齿面表面结构的两个主要特征为表面粗糙度和表面波纹度（齿面波度），它们影响齿轮的传动精度（产生噪声和振动）、表面承载能力（如磨损、胶合或擦伤和点蚀等）和弯曲强度（齿根过渡曲面状况）。

齿轮齿面 Ra 推荐值见表 9-16，齿轮各基准面 Ra 参考值见表 9-17。根据齿面粗糙度影响齿轮传动精度、承载能力和弯曲强度的实际情况，参照表 9-16 选取表面粗糙度数值。

其他尺寸公差、几何公差和表面粗糙度的选用参照本书有关章节的内容。

表 9-16　齿轮齿面 Ra 推荐值（摘自 GB/Z 18620.4—2008）　单位：μm

等级	Ra			等级	Ra		
	模数 m/mm				模数 m/mm		
	$m<6$	$6<m<25$	$m>25$		$m<6$	$6<m<25$	$m>25$
1		0.04		7	1.25	1.6	2.0
2		0.08		8	2.0	2.5	3.2
3		0.16		9	3.2	4.0	5.0
4		0.32		10	5.0	6.3	8.0
5	0.5	0.63	0.80	11	10.0	12.5	16
6	0.8	1.00	1.25	12	20	25	32

表 9-17　齿轮各基准面 Ra 推荐值（供参考）　单位：μm

齿面的粗糙度 Ra	齿轮的精度等级				
	5	6	7	8	9
齿面加工方法	磨齿	磨或珩齿	剃或珩齿	精插精铣	插齿或滚齿	滚齿	铣齿
齿轮基准孔	0.32~0.63	1.25	1.25~2.5		5
齿轮轴基准轴颈	0.32	0.63	1.25		2.5
齿轮基准端面	2.5~1.25	2.5~5		3.2~5	
齿轮顶圆	1.25~2.5	3.2~5			

9.6 齿轮精度设计实例

例9－1 某机床主轴箱传动轴上的一对直齿圆柱齿轮，$m_n=2.75$，$\alpha_n=20°$，$z_1=26$，$z_2=56$，齿宽 $b_1=28$，$b_2=24$，小齿轮基准孔径 $\phi30\text{mm}$，箱体上两轴承孔跨距 $L=90\text{mm}$，$n_1=1650\text{r/min}$，齿轮材料为钢，箱体材料为铸铁，单件小批量生产。试进行小齿轮精度设计，并绘制齿轮工作图。

解：(1) 确定齿轮的精度等级。

采用类比法。该齿轮用于机床主轴箱，由表9－5查得，齿轮精度等级在3～8级之间。该齿轮既传递运动又传递动力，因此可根据圆周线速度确定其精度等级。

$$V = \frac{\pi d\, n_1}{60 \times 1000} = \frac{\pi m z_1 n_1}{60 \times 1000} = \frac{3.14 \times 2.75 \times 26 \times 1650}{60 \times 1000} = 6.17\text{m/s}$$

查表9－6、表9－7，确定该齿轮传动平稳性的精度等级为7级。由于该齿轮的运动精度要求不高，传递动力也不大，故传递运动准确性、载荷分布均匀性的精度等级也取7级。则该齿轮精度表示为 GB/T 10095.1—2022,7。

(2) 确定齿轮精度检验项目及其公差。

该齿轮属于中等精度、小批量生产，没有严格的噪声、振动要求。因此，参考表9－8，齿轮精度检验项目选齿距累积总偏差 F_P、单个齿距偏差 f_P、齿廓总偏差 F_α、螺旋线总偏差 F_β、径向跳动公差 F_r 和齿厚偏差 E_{sn}。按表9－3中的齿轮公差计算公式，求齿轮公差值：

$$F_{PT}=37\mu m, f_{PT}=12\mu m, F_{\alpha T}=16\mu m, F_{\beta T}=19\mu m, F_{rT}=33\mu m。$$

(3) 确定齿轮副侧隙、齿厚极限偏差和公法线长度极限偏差。

齿轮副中心距为

$$a = \frac{m}{2}(z_1+z_2) = \frac{2.75}{2}(26+56) = 112.75\text{mm}$$

按式(9－5)求最小法向侧隙(也可查表9－9通过插值法计算)

$$j_{bnmin} = \frac{2}{3}(0.06 + 0.0005 a_i + 0.03 m_n)$$

$$= \frac{2}{3}(0.06 + 0.0005 \times 112.75 + 0.03 \times 2.75) = 0.133\text{mm}$$

已知小齿轮 $b=28\text{mm}$，$L=90\text{mm}$，按表9－3计算公式求得 $f_{PT2}=13\mu m$（大齿轮 $z_2=56$），代入式(9－13)：

$$J_{bn} = \sqrt{0.88(f_{P1}^2+f_{P2}^2) + [2+0.34(L/b)^2]F_\beta^2}$$

$$= \sqrt{0.88(12^2+13^2) + [2+0.34(90/28)^2] \times 19^2} = 47.6\mu m$$

查表9－11得，$f_a=27\mu m$，按式(9－14)求小齿轮齿厚上偏差：

$$E_{sns} = -\left(f_a\tan\alpha_n + \frac{j_{bnmin}+J_{bn}}{2\cos\alpha_n}\right) = -\left(0.027\times\tan20° + \frac{0.133+0.047}{2\cos20°}\right) = -0.106\text{mm}$$

由表9－10和标准公差数值表(表2－2)查得，$b_r=\text{IT9}=0.074\text{mm}$。

按式(9－15)求齿厚公差

$$T_{sn} = \sqrt{F_r^2 + b_r^2} \cdot 2\tan\alpha_n = \sqrt{0.074^2 + 0.033^2} \times 2\tan 20° = 0.059\text{mm}$$

按式(9-9)求齿厚下偏差

$$E_{sni} = E_{sns} - T_{sn} = (-0.106) - 0.059 = -0.165\text{mm}$$

通常用公法线长度偏差来代替齿厚偏差,按式(9-20)求公法线长度极限偏差

$$E_{bns} = E_{sns}\cos\alpha_n = -0.106 \times \cos 20° = -0.099\text{mm}$$

$$E_{bni} = E_{sni}\cos\alpha_n = -0.165 \times \cos 20° = -0.155\text{mm}$$

由式(9-19)得跨齿数 $k = \dfrac{z}{9} + 0.5 = \dfrac{26}{9} + 0.5 = 3.4$,取 $k = 3$。

按式(9-18)求公法线长度的公称值

$$W_k = m[1.476(2k-1) + 0.014z] = 2.75 \times [1.476 \times (2 \times 6 - 1) + 0.014 \times 26] = 21.297\text{mm}$$

则公法线长度及其极限偏差为 $21.297_{-0.155}^{-0.099}$。

(4)确定齿坯精度。

①齿轮基准孔尺寸公差。

由表9-13查得,齿轮基准孔尺寸公差等级为IT7,并采用包容要求,即 $\phi30H7$ ($_{0}^{+0.021}$) Ⓔ。

基准孔键槽精度按照平键连接精度设计确定(见7.2)。

②齿顶圆尺寸公差。

齿顶圆直径为

$$d_a = m_n(z + 2) = 2.75 \times (26 + 2) = 77\text{mm}$$

按表9-13中推荐的公式,求得齿顶圆直径偏差为

$$\pm T_{d_a} = \pm 0.05 m_n = \pm 0.05 \times 2.75 = \pm 0.14\text{mm}$$

则齿顶圆直径及其偏差为 $\phi77 \pm 0.14$。

③基准面几何公差。

按表9-14推荐的计算公式求基准孔圆柱度公差

$$0.04(L/b)F_{\beta T} = 0.04 \times (90/28) \times 0.019 \approx 0.002\text{mm}$$

$$0.1 F_{PT} = 0.1 \times 0.037 \approx 0.004\text{mm}$$

取以上两值的较小者,则基准孔圆柱度公差值为 0.002mm。

齿顶圆的圆柱度公差取 0.002mm(同基准孔)。

查表9-15,齿顶圆的径向圆跳动公差为

$$0.3 F_{pT} = 0.3 \times 0.037 = 0.011\text{mm}$$

查表9-15,轴向圆跳动公差为

$$0.2(D_d/b)F_{\beta T} = 0.2 \times \left(2.75 \times \dfrac{26}{28}\right) \times 0.019 = 0.009\text{mm}$$

④齿坯及齿面表面粗糙度。

由表9-16、表9-17查得齿坯及齿面表面粗糙度允许值。

齿轮工作图如图9-27所示。

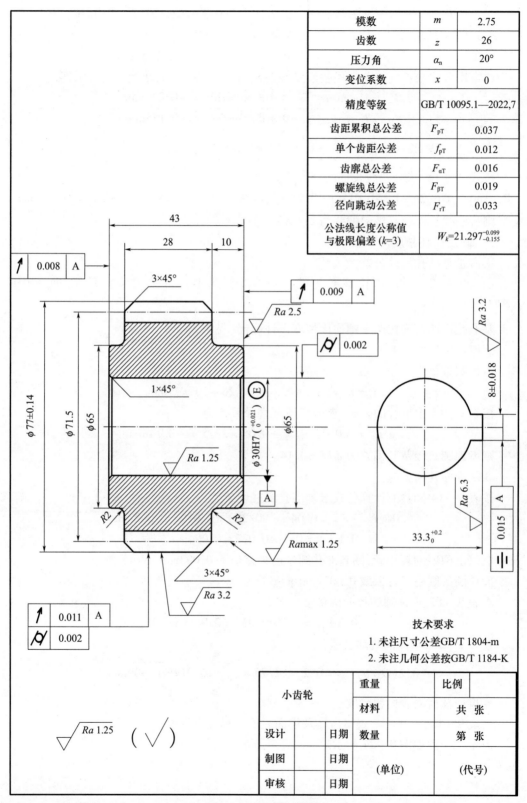

图 9-27 齿轮工作图

9.7 齿轮精度检测

齿轮精度的典型测量方法及最少测量齿数见表 9-18。

表 9-18 齿轮精度的典型测量方法及最少测量齿数（摘自 GB/T 10095.1—2022）

检查项目	典型测量方法	最少测量齿数
要素： F_P：齿距累积总偏差	双测头 单测头	全齿 全齿
f_P：单个齿距偏差	双测头 单测头	全齿 全齿
F_α：齿廓总偏差 $f_{f\alpha}$：齿廓形状偏差 $f_{H\alpha}$：齿廓倾斜偏差	齿廓测量	3齿
F_β：螺旋线总偏差 $f_{f\beta}$：螺旋线形状偏差 $f_{H\beta}$：螺旋线倾斜偏差	螺旋线测量	3齿
综合： F'_{is}：切向综合总偏差	—	全齿
f'_{is}：一齿切向综合偏差	—	全齿
c_P：接触斑点评价		3处
尺寸： s：齿厚	齿厚卡尺 跨棒距或棒间距 跨齿测量距 综合测量	3齿 2处 2处 全齿

齿轮精度的具体测量方法取决于公差等级、相关的测量不确定度、齿轮的尺寸、生产数量、可用设备、齿坯精度和测量成本。

9.7.1 单项检验和综合检验

齿轮的检验可分为单项检验和综合检验。

1. 单项检验

单项检验（分析性检测）是对被测齿轮的单个被测项目分别进行测量的方法，它主要用于测量齿轮的单项误差。单项检验项目有单个齿距偏差、齿距累积偏差、齿距累积总偏差、齿廓总偏差、螺旋线总偏差、径向跳动和齿厚偏差等。

2. 综合检验

综合检验（功能性检测）是指被测齿轮与理想精确的测量齿轮在啮合状态下进行测量，通过测得的读数或记录的曲线，来综合判断被测齿轮精度的测量方法。综合检验分为单面啮合法和双面啮合法。单面啮合综合检验项目有切向综合总偏差和一齿切向综合偏差。双面啮合综合检验项目有径向综合总偏差和一齿径向综合偏差。综合测量还可用于检查齿轮副接触斑点和噪声等。综合测量多用于批量生产齿轮的检验，以提高检测效率，减少测量费用。

9.7.2 齿轮精度检测方法

1. 齿距偏差及齿距累积总偏差检测

齿距偏差检测分为绝对法和相对法，绝对法是测量齿距的实际值（或齿距角度值），相对法是沿齿轮圆周上同侧齿面间距离做比较测量，应用广泛。常用的齿距偏差测量仪器有齿距比较仪（齿距仪）、万能测齿仪、光学分度头等。

用双测头式齿距仪测量齿距偏差属于相对测量法，如图9-28所示。

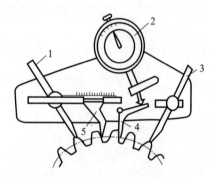

图9-28 用齿距仪测量齿距偏差
1、3—定位支脚；2—指示表；4—活动量爪；5—固定量爪。

测量时，先将固定量爪5调整为固定于仪器刻线上的一个齿距值上，然后通过调整定位支脚1和3，使固定量爪5和活动量爪4同时与相邻两侧的齿面接触于分度圆上。以任一齿距作为基准齿距，并将指示表2调零，然后逐个测量所有齿距，得到各个齿距相对于基准齿距的偏差，齿距偏差值可从指示表2读出，还可求出齿距累积偏差及齿距累积总偏差。齿距仪所使用的测量基准不是被测齿轮的基准轴线，被测齿轮齿顶圆柱面对基准轴线的径向圆跳动会影响测量精度。

利用分度装置测量齿距偏差属于绝对测量法，如图9-29所示。

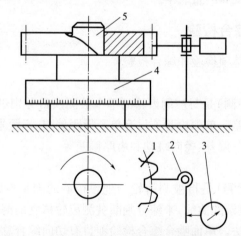

图9-29 用分度装置测量齿距
1—被测齿轮；2—测量杠杆；3—指示表；4—分度装置；5—心轴。

测量时,把被测齿轮1安装在分度装置4的心轴5上,把被测齿轮的一个齿面调整到起始角0°的位置,测量杠杆2的测头与此齿面接触,并将指示表3调零。然后每转一个公称齿距角(360°/z),测出实际齿距角对公称齿距角的差值,经数据处理即可求得齿距偏差及齿距累积总偏差。

2. 齿廓偏差检测

齿廓偏差的测量方法有坐标法和展成法。坐标法的测量仪器有万能齿轮测量仪、齿轮测量中心及三坐标测量机等。展成法的测量仪器有单圆盘式及万能式渐开线检查仪、渐开线螺旋线检查仪等。

齿廓总偏差通常用渐开线检查仪测量。渐开线检查仪的基本原理是利用精密机构产生理论的渐开线轨迹,与实际渐开线轨迹进行比较来测量齿廓偏差。对小模数齿轮的齿廓总偏差可在万能工具显微镜或投影仪上测量。

用单圆盘式渐开线检查仪测量齿廓偏差的工作原理如图9-30所示。

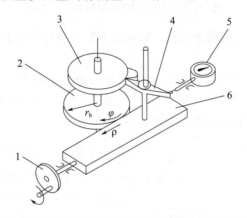

图9-30 单圆盘式渐开线检查仪测量齿廓偏差的工作原理
1—手轮;2—基圆盘;3—被测齿轮;4—杠杆;5—指示表;6—直尺。

渐开线检查仪通过直尺6与基圆盘2作纯滚动来产生精确的渐开线,被测齿轮3与基圆盘2同轴安装,指示表(传感器)5和杠杆4安装在直尺6上,并随直尺移动。测量时,按基圆半径r_b调整杠杆4的测头位置,使测头位于渐开线的发生线上。然后,将测头与被测齿面接触,转动手轮1使直尺移动,由直尺带动基圆盘转动。由于被测齿廓有偏差,在测量过程中,测头相对直尺产生相对移动。齿廓偏差值由指示表读出或由传感器探测,由记录器画出齿廓偏差曲线。

3. 螺旋线偏差检测

螺旋线偏差的测量方法有坐标法和展成法。坐标法的测量仪器有齿轮测量中心、齿轮螺旋线测量装置及三坐标测量机等。展成法的测量仪器有单盘式、分级圆盘式及杠杆圆盘式万能渐开线螺旋线检查仪和导程仪等。

直齿轮的齿向偏差测量比较简单,用小圆柱测量螺旋线总偏差的原理如图9-31所示,被测齿轮连同心轴装在两顶尖座或等高的V形块上,将小圆柱依次放入间隔90°的两齿槽(位置1、2),以检验平板作为基准面,用指示表分别测量小圆柱两端A、B处的读数差为a,则该齿轮的螺旋线总偏差$F_\beta = \dfrac{b}{l}a$(b为齿宽,l为A、B两点的距离)。对非变位齿轮,小圆柱直径 $d = 1.68\,m_n$,m_n 为被测齿轮模数,以保证在分度圆附近接触。

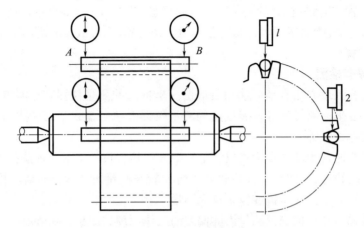

图 9-31　用小圆柱测量螺旋线总偏差

斜齿圆柱齿轮的螺旋线偏差可在导程仪或渐开线螺旋线检查仪上测量。

4. 单面啮合测量

切向综合总偏差和一齿切向综合偏差通常用齿轮单面啮合检查仪(单啮仪)测量。单啮仪主要由角度传感器(旋转编码器)、读数装置、传动误差计算装置、滤波器及傅里叶变换等组成。光栅式单啮仪的工作原理如图 9-32 所示。

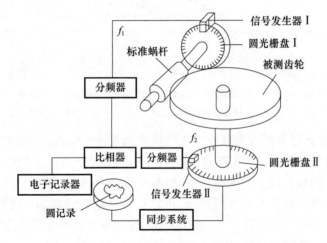

图 9-32　光栅式单啮仪的工作原理

单啮仪由两圆光栅盘建立标准传动,被测齿轮与标准蜗杆单面啮合组成实际传动。电机通过传动系统带动标准蜗杆和圆光栅盘 I 旋转,标准蜗杆带动被测齿轮及其同轴上的圆光栅盘 II 旋转。圆光栅盘 I 和 II 分别通过信号发生器 I 和 II 将标准蜗杆和被测齿轮的角位移转换成电信号,并根据标准蜗杆的头数 K 及被测齿轮的齿数 Z,通过分频器将高频电信号 f_1 作 Z 分频,低频电信号 f_2 作 K 分频,将圆光栅盘 I 和 II 发出的脉冲信号变为同频信号。被测齿轮的误差以回转角误差形式反映,此回转角的微小角位移误差转换为两路电信号的相位差,两路电信号输入比相器进行比相后,输入电子记录器记录,即可得出被测齿轮误差曲线,最后根据定标值读出误差值。

单面啮合测量比较接近齿轮传动的实际工作情况,但其结构复杂,价格昂贵,故单啮仪适用于较重要齿轮的检测。

5. 双面啮合测量

径向综合总偏差和一齿径向综合偏差采用齿轮双面啮合检查仪(双啮仪)进行测量,如图 9-33 所示。

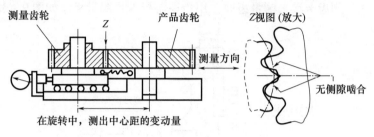

图 9-33 用双啮仪测量径向综合偏差

测量时,测量齿轮装在固定的轴上,产品齿轮装在带有滑道的轴上,该滑道的弹簧装置使两个齿轮在径向无侧隙双面啮合。在齿轮旋转一周过程中测出中心距的变动量,还可记录中心距变动曲线。由于双面啮合综合测量时的啮合情况与切齿时的啮合情况相似,因而能够反映齿轮坯和刀具安装调整误差,双啮仪远比单啮仪结构简单,操作方便,测量效率高,故在中等精度齿轮的大批量生产中应用比较普遍。双面啮合综合测量的缺点是,与齿轮工作状态不符,其测量结果是轮齿两齿面误差的综合反映,只能反映齿轮的径向综合误差,而且测量值还受测量齿轮的精度以及产品齿轮与测量齿轮的总重合度的影响。

6. 齿轮径向跳动测量

径向跳动通常用径向跳动检查仪和万能测齿仪来测量,也可以用普通顶尖座和千分表、圆棒、表架组合测量。用径向跳动检查仪测量齿轮径向跳动如图 9-34 所示。

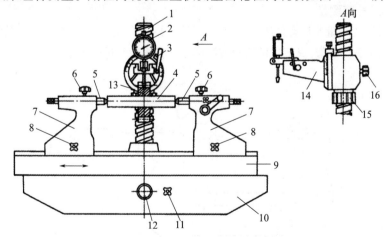

图 9-34 用径向跳动检查仪测量齿轮径向跳动

1—立柱;2—指示表;3—指示表抬升器;4—心轴;5—顶尖;6—顶尖锁紧螺钉;7—顶尖座;
8—顶尖座锁紧螺钉;9—顶尖座支承滑台;10—底座;11—滑台锁紧螺钉;12—滑台移动手轮;
13—被测齿轮;14—指示表摇臂支架(可偏转 ±90°);15—指示表支架升降螺母;16—指示表支架锁紧螺钉。

测量时,将被测齿轮装在心轴上,心轴支承在仪器的两顶尖之间,用心轴轴线模拟体现齿轮的基准轴线,使指示表测杆上的专用测头(见图9-16)放入齿槽中,尽可能在齿槽中部双面接触,逐齿测量测头相对于基准轴线的变动量,其中最大与最小示值之差即为径向跳动。

7. 齿厚测量

齿厚以分度圆弧长计值(弧齿厚),不便于测量,因此,通常都是测量弦齿厚。常用齿厚游标卡尺、光学测齿卡尺来测量齿厚。用齿厚游标卡尺测量齿厚如图9-35所示。

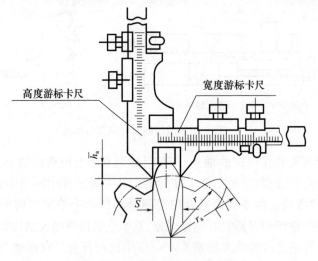

图9-35 用齿厚游标卡尺测量齿厚

测量时,先将齿厚游标卡尺垂直的齿高卡尺调整到被测齿轮分度圆上的弦齿高$\overline{h}_a$处,以齿顶圆定位,然后用齿厚游标卡尺水平的齿宽卡尺测出分度圆上实际弦齿厚$\overline{S}$,实际弦齿厚减去其公称值,即为分度圆弦齿厚的实际偏差。齿厚游标卡尺使用简便,但不适用于测量内齿轮。

8. 公法线长度测量

公法线长度的测量器具有公法线千分尺、公法线指示卡规、万能测齿仪等。公法线千分尺的结构与普通千分尺类似,只不过量爪制成蝶形以便伸进齿间进行测量,如图9-36所示。

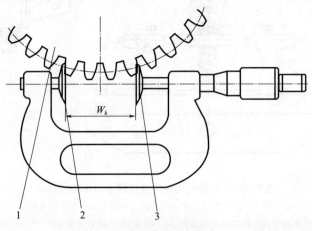

图9-36 公法线千分尺
1—被测齿轮;2、3—量爪。

测量时,按照事先计算好的跨齿数,使公法线千分尺的两个平行测量面的量爪大约在被测齿轮的齿高中部与两异侧齿面相切,两平行测量面之间的距离就是公法线长度。沿齿轮一周逐齿测量,即可测得各齿的公法线长度值。实际公法线长度与公称值之差,即为公法线长度偏差。沿齿轮圆周均匀分布的四个位置上进行测量,各齿实测公法线长度的平均值与公称值之差为公法线平均长度偏差E_{wm}。

习题与思考题

1. 对齿轮传动有哪些使用要求?侧隙对齿轮传动有何意义?
2. 单个齿轮精度的评定指标包括哪些偏差项目(列出名称、符号及其公差符号)?
3. 齿轮运动精度的评定指标有哪些偏差?
4. 齿轮传动平稳性的评定指标有哪些偏差?齿面接触精度主要受到哪些偏差影响?
5. 齿轮切向综合总偏差和齿轮径向综合总偏差有什么区别?
6. 是否所有的齿轮公差都取一样的精度等级?设计时如何选择精度等级?
7. 某8级精度的齿轮,其所有的偏差项目都达到了8级精度,这种说法对吗?
8. 是否需要检验齿轮所有要素的偏差?选择齿轮精度检验项目时应考虑哪些因素?
9. 评定齿轮副精度的偏差项目有哪些?
10. 如何保证齿轮侧隙?对单个齿轮,应控制哪些偏差?对齿轮副呢?
11. 为什么要规定齿坯精度?对齿坯通常提哪些公差项目?
12. 某机器中有一直齿圆柱齿轮,已知模数 $m=3\text{mm}$,齿数 $z=32$,压力角 $\alpha=20°$,齿宽 $b=60\text{mm}$,传递功率为6kW,工作转速为960r/min,中小批量生产。试确定该齿轮的精度等级和精度检验项目,并确定检验项目的公差(或极限偏差)数值。
13. 某减速器中一对相互啮合的直齿圆柱齿轮,$m=3\text{mm}$,$\alpha=20°$,$z_1=20$,$z_2=79$,$b=60\text{mm}$,传递功率为5kW;主动轮转速 $n_1=750\text{r/min}$;箱体材料为铸铁,线胀系数 $\alpha_1=10.5\times10^{-6}/℃$,齿轮材料为钢,线胀系数 $\alpha_2=11.5\times10^{-6}/℃$,工作时齿轮最大温升至60℃,箱体最大温升至40℃;小齿轮基准孔径为40mm,两轴承跨距为95mm。小批量生产。试进行小齿轮精度设计,并绘制齿轮工作图。

第 10 章
尺寸链的精度设计

10.1 概　　述

在机械零件的设计、制造、装配过程中,除了需要进行运动、结构的分析与必要的强度、刚度等设计与计算外,还要进行几何量的精度分析计算。几何量的精度分析计算,是指精度设计过程中机器零部件尺寸公差和几何公差的分配,以及加工过程中工序尺寸公差的计算,以便顺利地加工并正确地进行机器零件的装配,并保证在工作时满足精度要求。

复杂的机器结构中,零件的尺寸和精度往往相互影响,如设计尺寸与工序尺寸之间、各零件的尺寸及精度与部件或整机装配精度要求之间,都会存在一种内在的联系。所以,在精度设计时,不能孤立地对待某个零件的某个尺寸,而应分析该尺寸变化对整个零件、部件乃至整机的影响,进行综合的分析计算,确定合理的公差。

尺寸链原理是在保证整机、部件工作性能和技术经济效益的前提下,分析研究整机、部件与零件精度间的关系所应用的基本理论。运用尺寸链计算方法,可以合理地确定零件的尺寸公差与几何公差,以确保产品精度及质量。

本章根据《尺寸链 计算方法》(GB/T 5847—2004),集中讨论尺寸链的精度设计计算。

10.2 尺寸链的基本概念

10.2.1 尺寸链的定义

在机器装配或零件加工过程中,由相互连接的尺寸形成封闭的尺寸组,称为尺寸链。如图 10-1(a)所示,当零件加工得到 A_1 及 A_2 后,零件加工时并未予以直接保证的尺寸 A_0 也就随之而确定了。A_0、A_1 和 A_2 这三个相互连接的尺寸就形成了封闭的尺寸组,即尺寸链。A_0、A_1 和 A_2 是同一个零件的设计尺寸,该尺寸链为零件尺寸链。

如图 10-1(b)所示,将直径为 A_2 的轴装入直径为 A_1 的孔中,装配后得到间隙 A_0。它的大小取决于孔径 A_1 和轴径 A_2 的大小。A_0、A_1 和 A_2 这三个相互连接的尺寸就形成了封闭的尺寸组,即尺寸链。A_1 和 A_2 属于不同零件的设计尺寸,该尺寸链为装配尺寸链。

如图 10-1(c) 所示,内孔需要镀铬。镀铬前按工序尺寸 A_1 加工孔,孔壁镀铬厚度为 A_2、A_3,为了保证镀铬厚度均匀性,通常 $A_2 = A_3$,镀铬后孔径 A_0 的大小取决于 A_1 和 A_2、A_3 的大小。A_0、A_1、A_2 和 A_3 这四个相互连接的尺寸就形成了封闭的尺寸组,即尺寸链。A_1 和 A_2、A_3 皆为同一零件的工艺尺寸,该尺寸链为工艺尺寸链。

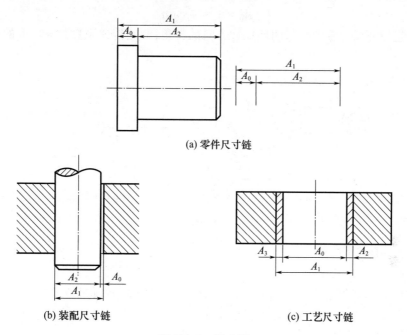

图 10-1 尺寸链

10.2.2 尺寸链的组成及特征

尺寸链由环组成,列入尺寸链中的每一个尺寸称为环,其中尺寸是指包括长度、角度和几何公差等的广义尺寸。尺寸链的环可分为封闭环和组成环。

(1)封闭环。尺寸链中在装配过程或加工过程最后自然形成的一环。零件尺寸链的封闭环一般是图上未标注的尺寸。在机器装配过程中,凡是在装配后才形成的尺寸,就是装配尺寸链的封闭环,如装配间隙或过盈、相关要素的位置精度和距离精度等,如图 10-1(b) 中的 A_0。工艺尺寸链的封闭环是在加工顺序确定后才形成的。

(2)组成环。尺寸链中对封闭环有影响的全部环。这些环中任一环的变动必然引起封闭环的变动。在零件加工过程或机器装配时,直接获得(直接保证)并直接影响封闭环精度的环就是组成环,如图 10-1(c) 中的 A_1 和 A_2、A_3。

根据其对封闭环的影响性质,组成环可分为增环和减环。

①增环。尺寸链中的组成环,由于该环的变动引起封闭环同向变动。同向变动指该环增大时封闭环也增大,该环减小时封闭环也减小,如图 10-1 中的 A_1。

②减环。尺寸链中的组成环,由于该环的变动引起封闭环反向变动。反向变动指该环增大时封闭环减小,该环减小时封闭环增大,如图 10-1 中的 A_2。

(3)补偿环。尺寸链中预先选定的某一组成环,可以通过改变其大小或位置,使封闭环达到规定的要求。

(4) 传递系数。表示各组成环对封闭环影响大小的系数,用 ξ_i 表示(下标 i 为组成环的序号)。对于增环,ξ_i 为正值;对于减环,ξ_i 为负值。

如图 10-2 所示,尺寸链由组成环 A_1、A_2 和封闭环 A_0 组成,A_1 的尺寸方向与封闭环尺寸方向一致,而 A_2 的尺寸方向与封闭环 A_0 的尺寸方向不一致,因此封闭环的尺寸表示为

$$A_0 = A_1 + A_2 \cos\alpha \tag{10-1}$$

式中:α 为组成环尺寸方向与封闭环尺寸方向的夹角;A_1 的传递系数 $\xi_1 = 1$;A_2 的传递系数 $\xi_2 = \cos\alpha$。

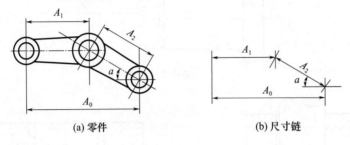

图 10-2 平面尺寸链

尺寸链具有如下特征。
① 封闭性。尺寸链必须是一组有关尺寸首尾相连构成封闭的链环。
② 相关性。尺寸链中任一组成环发生改变,都会使封闭环随之改变。
③ 唯一性。一个尺寸链只能有一个封闭环。
④ 最少三环。一个尺寸链最少由三个环组成。

10.2.3 尺寸链的分类

1. 按应用场合分

(1) 零件尺寸链。全部组成环为同一零件设计尺寸所形成的尺寸链,如图 10-1(a) 所示。

(2) 装配尺寸链。全部组成环为不同零件设计尺寸所形成的尺寸链,如图 10-1(b) 所示。

(3) 工艺尺寸链。全部组成环为同一零件工艺尺寸所形成的尺寸链,如图 10-1(c)。

装配尺寸链与零件尺寸链统称为设计尺寸链。设计尺寸是指零件图上标注的尺寸,工艺尺寸指工序尺寸、定位尺寸与测量尺寸等。

2. 按各环所在空间位置分

(1) 直线尺寸链。全部组成环平行于封闭环的尺寸链。如图 10-1 所示的尺寸链均为直线尺寸链。直线尺寸链中增环的传递系数 $\xi_i = +1$,减环的传递系数 $\xi_i = -1$。

(2) 平面尺寸链。全部组成环位于一个或几个平行平面内,但某些组成环不平行于封闭环的尺寸链。如图 10-2 所示。

(3) 空间尺寸链。全部组成环位于几个不平行平面内的尺寸链。

3. 按几何特征分

(1) 长度尺寸链。全部环为长度尺寸的尺寸链,如图 10-1、图 10-2 所示。

(2) 角度尺寸链。全部环为角度尺寸的尺寸链,如图 10-3 所示。角度尺寸链常用于

分析和计算机械结构中有关零件要素的方向精度、位置精度,如平行度、垂直度和同轴度等。

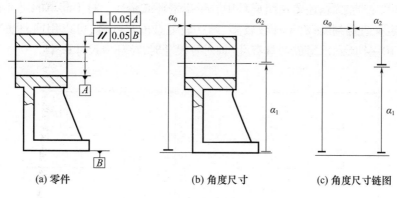

(a) 零件　　　　　　(b) 角度尺寸　　　(c) 角度尺寸链图

图 10 – 3　角度尺寸链

最常见的尺寸链是直线尺寸链。平面尺寸链和空间尺寸链都可用坐标投影方法转换为直线尺寸链,然后按直线尺寸链的计算方法来计算。本章只阐述直线尺寸链的计算方法。

10.2.4　尺寸链的建立

正确建立尺寸链是进行尺寸链计算的基础。

1. 确定封闭环

建立装配尺寸链时,首先应清楚产品有哪些技术规范或装配精度要求,因为这些技术规范或装配精度要求是分析和建立装配尺寸链的依据。通常每一项技术规范或装配精度要求都可以建立一个尺寸链。装配尺寸链的封闭环是在装配过程中最后自然形成的,是机器上有装配精度要求的尺寸,如图 10 – 1(b)中的 A_0。

零件尺寸链的封闭环应为公差等级要求最低、最不重要的环。一般在零件图上不标注,以免引起加工混乱,如图 10 – 1(a)中的 A_0。

工艺尺寸链的封闭环是在加工中最后自然形成的环,一般为被加工零件要求达到的设计尺寸或工艺过程中需要的尺寸。加工顺序不同,封闭环也不同。所以工艺尺寸链的封闭环必须在加工顺序确定之后才能判断,如图 10 – 1(c)中的 A_0。

2. 查找组成环

组成环是对封闭环有直接影响的尺寸,与此无关的尺寸要排除在外。在确定封闭环之后,先从封闭环的任意一端开始,依次找出影响封闭环变动的相互连接的各个尺寸,直到最后一个尺寸与封闭环的另一端连接为止。其中每一个尺寸都是一个组成环,它们与封闭环连接形成一个封闭的尺寸组即尺寸链。

在建立尺寸链时应遵循最短尺寸链原则。对于某一封闭环,若存在多个尺寸链,则应选取组成环最少的那一个尺寸链。这是因为在封闭环精度要求一定的条件下,尺寸链中组成环的环数越少,则对组成环的要求就越低,从而可以降低产品的加工难度。

3. 画尺寸链图、判断增减环

按确定的封闭环找出组成环后,用符号将它们标注在示意装配图上或示意零件图上,或者将封闭环和各组成环相互连接的关系,单独用简图表示出来。这样的简图称为尺寸链图。

在建立尺寸链之后,还要从组成环中分辨出增环或减环。对于简单的尺寸链,可根据增、减环的定义直接判断;对于环数较多、结构较复杂的尺寸链,可以用回路法判断增环、减环,如图 10-4 所示。组成环具有孔、轴对称尺寸时,该环应尺寸取半。

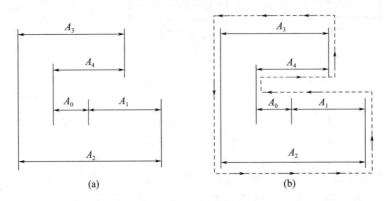

图 10-4 判断尺寸链的增、减环

按尺寸链图做一个封闭回路,如图 10-4(b)虚线所示,由任意位置开始沿一定指向画一单向箭头,再沿已定箭头方向对应于 $A_0,A_1,A_2,\cdots,A_n$ 分别画一箭头,使所画各箭头依次彼此首尾相连,组成环中箭头与封闭环箭头方向相同者为减环,相反者为增环。按此方法可以判定,如图 10-4 所示的尺寸链中,A_1 和 A_3 为减环,A_2 和 A_4 为增环。

例 10-1 某齿轮机构部件如图 10-5(a)所示,试画出该尺寸链图,并确定封闭环和增、减环。

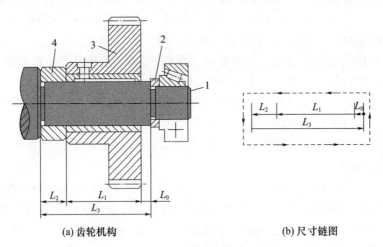

(a) 齿轮机构　　　　　　　　　　(b) 尺寸链图

图 10-5 齿轮机构的尺寸链
1—轴;2—挡圈;3—齿轮;4—轴套。

解:由于齿轮 3 与轴 1 一起回转,因此齿轮左、右端面分别与轴套 4、挡圈 2 之间应该有间隙,并且该间隙应该控制在一定范围内。由于该间隙是在零件装配过程中最后形成的,所以它就是封闭环。为计算方便,可将间隙集中在齿轮与挡圈之间,用 L_0 表示。

从封闭环 L_0 的左端开始,按照图上虚线封闭线箭头方向,对每个尺寸用单向箭头线依次画出齿轮轮毂的宽度 L_1、轴套厚度 L_2 和轴上两台肩之间的长度 L_3,最后到封闭环 L_0 的右端,就得到如图 10-5(b)所示的尺寸链图。单向尺寸箭头与封闭环尺寸 L_0 箭头相反的尺寸 L_3 为增环,单向尺寸箭头与封闭环尺寸 L_0 方向相同的尺寸 L_1、L_2 为减环。

10.2.5 尺寸链计算的类型和方法

尺寸链计算是为了在设计过程中能够正确合理地确定尺寸链中各环的公称尺寸、公差和极限偏差,以便采用最经济的方法达到一定的技术要求。根据不同的需要,尺寸链的计算一般分为以下三类。

(1)校核计算(正计算)。已知各组成环的公称尺寸和极限偏差,求封闭环的公称尺寸和极限偏差。常用于设计审核,验证设计的正确性,审核图纸上标注的各组成环公称尺寸和极限偏差能否满足设计技术要求,校核零件规定的公差是否合理。

(2)设计计算(反计算)。已知封闭环的公称尺寸和极限偏差及各组成环的公称尺寸,求各组成环的极限偏差。常用于零件尺寸精度设计,即根据机器或部件的总体精度要求,合理分配各组成环的公差。

(3)工艺尺寸计算(中间计算)。已知封闭环和部分组成环的公称尺寸和极限偏差,求某一组成环的公称尺寸和极限偏差。常用于零件工艺过程设计,如工序尺寸计算、零件尺寸的基准面换算等。

尺寸链的计算方法主要有完全互换法和概率法两种。

10.3 完全互换法计算尺寸链

完全互换法(极值法)是尺寸链计算的基本方法。它是从尺寸链各环的极限值出发来进行计算。应用此方法不考虑各环实际尺寸的分布情况,装配时,全部产品各组成环都不需要挑选或调整,装配后即能达到精度要求,实现完全互换。

10.3.1 尺寸链计算的基本公式

1. 封闭环的公称尺寸

封闭环的公称尺寸等于所有增环公称尺寸之和减去所有减环公称尺寸之和,即

$$A_0 = \sum_{i=1}^{m} \vec{A_i} - \sum_{j=m+1}^{n} \overleftarrow{A_j} \quad (10-2)$$

式中:A_0 为封闭环的公称尺寸;A_i 为增环的公称尺寸;A_j 为减环的公称尺寸;m 为增环数;n 为组成环的环数。

尺寸链中封闭环的公称尺寸有可能为零,如孔、轴配合的间隙等。

2. 封闭环的极限偏差

封闭环的上极限偏差等于所有增环上极限偏差之和减去所有减环下极限偏差之和;封闭环的下极限偏差等于所有增环下极限偏差之和减去所有减环上极限偏差之和,即

$$ES_0 = \sum_{i=1}^{m} ES_i - \sum_{j=m+1}^{n} EI_j \quad (10-3)$$

$$EI_0 = \sum_{i=1}^{m} EI_i - \sum_{j=m+1}^{n} ES_j \qquad (10-4)$$

则封闭环的上极限尺寸 $A_{0\max}$、下极限尺寸 $A_{0\min}$ 分别为

$$A_{0\max} = A_0 + ES_0 \qquad (10-5)$$

$$A_{0\min} = A_0 + EI_0 \qquad (10-6)$$

3. 封闭环的公差

封闭环公差 T_0 等于各组成环公差 T_i 之和，即

$$T_0 = \sum_{i=1}^{n} T_i \qquad (10-7)$$

4. 封闭环的中间偏差

封闭环的中间偏差 Δ_0 等于所有增环中间偏差 Δ_i 之和减去所有减环中间偏差 Δ_j 之和，即

$$\Delta_0 = \sum_{i=1}^{m} \Delta_i - \sum_{j=m+1}^{n} \Delta_j \qquad (10-8)$$

中间偏差 Δ 为上、下极限偏差的平均值：

$$\Delta = \frac{1}{2}(ES + EI) \qquad (10-9)$$

由式(10-7)可知：

(1) 封闭环的公差最大，因此在零件尺寸链中一般选择最不重要的环作为封闭环。在装配尺寸链中，封闭环是装配后的最终技术要求，一般没有选择的余地。

(2) 组成环越多则每一环的公差越小，为了减小封闭环公差，或在封闭环公差确定后使组成环的公差大一些，尺寸链的组成环数量应尽量减少，此即最短尺寸链原则。在设计中应尽量遵守此原则。

入体公差原则：当组成环为包容面时，基本偏差代号为 H，下偏差为零；当组成环为被包容面时，基本偏差代号为 h，上偏差为零。当组成环既不是包容面，也不是被包容面时（如中心距），基本偏差为 JS 或 js，按对称偏差原则，即其上偏差为 $\frac{T_i}{2}$，下偏差为 $-\frac{T_i}{2}$。

10.3.2 尺寸链计算实例

1. 校核计算

例 10-2 如图 10-6(a) 所示零件，尺寸 $A_1 = 30_{\ 0}^{+0.05}$ mm，$A_2 = 60_{-0.05}^{+0.05}$ mm，$A_3 = 40_{+0.05}^{+0.10}$ mm，求 B 面和 C 面的距离 A_0 及其偏差。

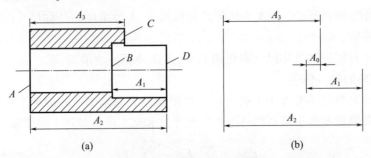

图 10-6 轴套加工尺寸链

解:画出尺寸链图,如图 10-6(b)所示,根据加工顺序,A_0 为最后获得的尺寸,是封闭环,A_1、A_3 为增环,A_2 为减环。

(1)计算封闭环的公称尺寸。

由式(10-2)得

$$A_0 = (A_1 + A_3) - A_2 = 30 + 40 - 60 = 10 \text{mm}$$

(2)计算封闭环的极限偏差。

由式(10-3)得

$$ES_0 = (ES_1 + ES_3) - EI_2 = (0.05 + 0.10) - (-0.05) = +0.20 \text{mm}$$

由式(10-4)得

$$EI_0 = (EI_1 + EI_3) - ES_2 = (0 + 0.05) - 0.05 = 0 \text{mm}$$

因此封闭环的尺寸与极限偏差为 $A_0 = 10_0^{+0.20}$ mm。

2. 工艺尺寸计算

例 10-3 一齿轮安装孔如图 10-7(a)所示,加工工序为:粗镗和精镗孔至 $\phi 39.4_0^{+0.10}$,然后插轮毂键槽得尺寸 A_3,热处理,磨孔至 $\phi 40_0^{+0.04}$。要求磨削后保证 $A_0 = 43.3_0^{+0.20}$ mm。求工序尺寸 A_3 的公称尺寸及极限偏差。

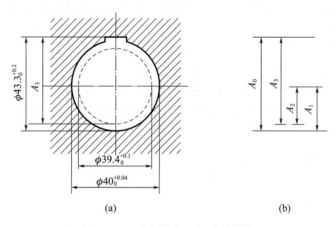

图 10-7 孔键槽加工尺寸链计算

解:首先确定封闭环。在工艺尺寸链中,封闭环随加工顺序不同而改变,因此工艺尺寸链的封闭环要根据工艺路线去查找。本题加工顺序已经确定,加工最后形成的尺寸就是封闭环,即 $A_0 = 43.3_0^{+0.20}$ mm。

其次查找组成环。根据本题零件特点,组成环为 $A_1 = 20_0^{+0.02}$、$A_2 = 19.7_0^{+0.05}$、A_3。

再次画出尺寸链图,判断增环和减环。经分析,A_1、A_3 为增环,A_2 为减环。

(1)计算工序尺寸 A_3 的公称尺寸。

由式(10-2)得

$$A_0 = (A_1 + A_3) - A_2 = (20 + A_3) - 19.7 = 43.3 \text{mm}$$

$$A_3 = 43.3 + 19.7 - 20 = 43.0 \text{mm}$$

(2)计算工序尺寸 A_3 的极限偏差。

由式(10-3)得

$$ES_0 = (ES_1 + ES_3) - EI_2 = (0.02 + ES_3) - 0 = +0.20 \text{mm}$$

$$ES_3 = 0.2 - 0.02 = +0.18\text{mm}$$

由式(10-4)得
$$EI_0 = (EI_1 + EI_3) - ES_2 = (0 + EI_3) - 0.05 = 0\text{mm}$$
$$EI_3 = +0.05\text{mm}$$

因此,$A_3 = 43^{+0.18}_{+0.05}\text{mm}$。

用式(10-7)验算:$T_0 = 0.20\text{mm}$,
$$T_1 + T_2 + T_3 = 0.02 + 0.05 + (0.18 - 0.05) = 0.20\text{mm}$$

故极限偏差的计算正确。

3. 设计计算

设计计算多用于装配尺寸链,根据给出的封闭环公差和极限偏差,通过设计计算确定每个组成环的公差和极限偏差,即进行公差分配。公差分配方法有等公差法和等精度法两种。

(1)等公差法。各组成环平均分配封闭环的公差,各组成环的平均公差为

$$T_i = \frac{T_0}{m} \tag{10-10}$$

求出平均公差后,再根据各组成环的公称尺寸大小、加工难易程度和功能要求等因素做适当调整,加大或缩小某些环的公差,从表2-2中选取标准公差值,但各环公差之和应小于等于封闭环公差,即

$$\sum_{i=1}^{m} T_i \leqslant T_0 \tag{10-11}$$

(2)等精度法。令各组成环按相同的公差等级进行制造,公差等级相同,即公差等级系数相等,计算出各组成环共同的公差等级系数 a,然后确定各组成环的公差。

由式(10-7)得
$$T_0 = a\,i_1 + a\,i_2 + \cdots + a\,i_m$$

所以
$$a = \frac{T_0}{\sum_{j=1}^{m} i_j} \tag{10-12}$$

式中:i 为标准公差因子,当公称尺寸不大于500mm 时,$i = 0.45\sqrt[3]{D} + 0.001D$($D$ 为组成环公称尺寸所在尺寸段的几何平均值)。

求出 a 后,与各组成环的标准公差因子 i 的乘积,便可计算出每个组成环的公差。查表2-2选取标准公差数值。确定了各组成环的公差之后,先留一个组成环作为调整环,其余各组成环的极限偏差按入体公差原则确定。

例10-4 对开式齿轮箱的一部分如图10-8(a)所示,按使用要求,轴系在齿轮箱装配后间隙 A_0 应控制在 1~1.75mm,已知各零件的公称尺寸为 $A_1 = 101\text{mm}$、$A_2 = 50\text{mm}$、$A_3 = A_5 = 5\text{mm}$、$A_4 = 140\text{mm}$,试求各组成环的极限偏差。

解: 通过画尺寸链图确定增环、减环和封闭环。尺寸链如图10-8(b)所示,其中 A_0 在装配后自然形成,为封闭环,A_1、A_2 为增环,A_3、A_4、A_5 为减环。

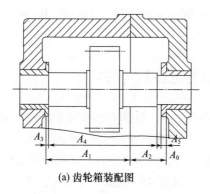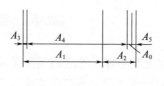

(a) 齿轮箱装配图　　　　　　　　(b) 尺寸链图

图 10-8　开式齿轮箱装配尺寸链计算

(1) 计算封闭环公称尺寸及极限偏差

$$A_0 = (A_1 + A_2) - (A_3 + A_4 + A_5) = (101 + 50) - (5 + 140 + 5) = 1$$

由题意可知,封闭环要求在 1~1.75mm,所以封闭环尺寸为

$$A_0 = 1_0^{+0.75}$$

即封闭环公差为 $T_0 = 0.75$mm。

(2) 用等公差法计算各组成环的平均公差

$$T_{av} = \frac{0.75}{5} = 0.15 \text{mm}$$

然后根据各组成环的公称尺寸的大小、加工难易和功能要求,以平均公差值为基础调整各组成环公差。A_1、A_2 尺寸大,箱体件难加工,所以其公差给大一些;轴套的 A_3、A_5 尺寸小且为铜件,加工和测量比较容易,所以其公差可减小,A_4 作为调整环。最后经过对照标准公差数值表(表 2-2)给出除调整环之外其他各组成环的公差为

$$T_1 = 0.22 \text{mm}, T_2 = 0.16 \text{mm}, T_3 = T_5 = 0.075 \text{mm}$$

按式(10-11)的要求,$T_1 + T_2 + T_3 + T_4 + T_5 \leq T_0$

所以 $T_4 \leq T_0 - (T_1 + T_2 + T_3 + T_5) = 0.75 - (0.22 + 0.16 + 0.075 + 0.075) = 0.22$

对照标准公差数值表(表 2-2),选调整环 A_4 的标准公差为 0.16mm,即

$$T_4 = 0.16 \text{mm}$$

(3) 确定各组成环的极限偏差。

按入体公差原则给出调整环以外其他各组成环的极限偏差为

$$A_1 = 101_0^{+0.22} \text{mm}, A_2 = 50_0^{+0.16} \text{mm}, A_3 = A_5 = 5_{-0.075}^{0} \text{mm}$$

由式(10-4)可知

$$EI_0 = (EI_1 + EI_2) - (ES_3 + ES_4 + ES_5)$$

因此　　$ES_4 = (EI_1 + EI_2) - EI_0 - ES_3 - ES_5 = 0 + 0 - 0 - 0 - 0 = 0$

$$EI_4 = ES_4 - T_4 = 0 - 0.16 = -0.16$$

所以调整环尺寸为 $A_4 = 140_{-0.16}^{0}$。

(4) 核验封闭环的极限尺寸。

由式(10-3)可得

$$ES_0 = (ES_1 + ES_2) - (EI_3 + EI_4 + EI_5) = (0.22 + 0.16) - (-0.075 - 0.16 - 0.075) = 0.69$$

由式(10-4)可得

$$EI_0 = (EI_1 + EI_2) - (ES_3 + ES_4 + ES_5) = (0+0) - (0+0+0) = 0$$

封闭环的尺寸为 $A_0 = 1_0^{+0.69}$，满足要求。

10.4 概率法计算尺寸链

用完全互换法解尺寸链的实质是保证完全互换，即便各零件尺寸都等于极限尺寸，也能保证装配精度要求。而在大批量生产且工艺过程稳定的情况下，零件加工尺寸获得极限尺寸的可能性极小，多数尺寸呈正态分布且趋于公差带中心。在装配时，各零件的误差同时为极大、极小组合的可能性更小。因此，当装配精度较高（封闭环公差很小），且尺寸链环数较多时，各组成环公差要很小才能保证封闭环的精度要求，这时用完全互换法计算尺寸链就不合适了。

概率法（大数互换法）是按照零件在加工中实际尺寸的分布规律，保证大多数尺寸分布在公差带中心区域的零件装配后满足装配精度的要求，把组成环尺寸公差适当放大，来处理装配精度较高时的尺寸链计算问题。

完全互换法和概率法的比较见表 10-1。

表 10-1 完全互换法和概率法的比较

项目	完全互换法	概率法
出发点	从各环的极值出发	各环为独立的随机变量，按一定的规律分布
优点	保险可靠，计算简单	放宽组成环公差，加工成本低
缺点	要求较高，加工不经济	不合格率不等于零，要求工艺较为稳定
适用场合	环数少（≤4），或者环数虽多但精度低；在设计中常用	环数较多，精度较高；常用于批量生产

10.4.1 基本计算公式

1. 封闭环的公称尺寸

封闭环的公称尺寸计算与完全互换法相同，仍用式(10-2)计算。

2. 封闭环的公差

假设各组成环的尺寸获得无相互联系，是各自独立的随机变量。根据独立随机变量的合成规律，各组成环的标准偏差 σ_i 与封闭环的标准偏差 σ_0 之间的关系为

$$\sigma_0 = \sqrt{\sum_{i=1}^{m} \sigma_i^2} \qquad (10-13)$$

若各组成环实际尺寸都按正态分布，则封闭环也必然按正态分布。假定各组成环尺寸分布中心与公差带中心重合，且分布范围与公差带一致，各组成环取相同的置信概率 $P = 99.73\%$（即保证 99.73% 零件的互换），则封闭环和各组成环的公差分别为

$$T_0 = 6\sigma_0, \quad T_i = 6\sigma_i \qquad (10-14)$$

于是，封闭环公差等于各组成环公差的均方根，即

$$T_0 = \sqrt{\sum_{i=1}^{m} T_i^2} \qquad (10-15)$$

3. 封闭环的中间偏差

封闭环的中间偏差计算与完全互换法相同,仍用式(10-9)计算。

4. 封闭环的极限偏差

各环的上极限偏差等于其中间偏差加上该环公差的一半;各环的下极限偏差等于其中间偏差减去该环公差的一半。用中间偏差计算封闭环极限偏差的方法,同样适用于完全互换法。

$$ES_i = \Delta_i + \frac{T_i}{2}, EI_i = \Delta_i - \frac{T_i}{2} \tag{10-16}$$

$$ES_0 = \Delta_0 + \frac{T_0}{2}, EI_0 = \Delta_0 - \frac{T_0}{2} \tag{10-17}$$

10.4.2 尺寸链计算实例

1. 校核计算

例 10-5 使用大数互换法求解例 10-2。

解:(1)计算封闭环公差

$$T_0 = \sqrt{T_1^2 + T_2^2 + T_3^2} = \sqrt{0.05^2 + 0.1^2 + 0.05^2} = 0.12\text{mm}$$

(2)计算封闭环中间偏差

$$\Delta_0 = (\Delta_1 + \Delta_3 - \Delta_2) = [+0.025 + (+0.075)] - 0 = +0.10\text{mm}$$

(3)计算封闭环极限偏差

$$ES_0 = \Delta_0 + \frac{T_0}{2} = +0.10 + \frac{0.12}{2} = +0.16\text{mm}$$

$$EI_0 = \Delta_0 - \frac{T_0}{2} = +0.10 - \frac{0.12}{2} = +0.04\text{mm}$$

封闭环的尺寸为 $A_0 = 10^{+0.16}_{+0.04}\text{mm}$。

对照例 10-2 可以看出,采用概率法计算出的封闭环尺寸精度高于完全互换法。所以概率法不适合于校核计算。

2. 工艺尺寸计算

例 10-6 使用概率法计算例 10-3。

解:(1)公称尺寸的计算同例 10-3。

(2)计算公差

$$T_3 = \sqrt{T_0^2 - T_1^2 - T_2^2} = \sqrt{0.2^2 - 0.02^2 - 0.05^2} = 0.193\text{mm}$$

(3)计算中间偏差

$$\Delta_3 = \Delta_0 + \Delta_2 - \Delta_1 = (0.10 + 0.025) - 0.01 = +0.115\text{mm}$$

(4)计算极限偏差

$$ES_3 = \Delta_3 + \frac{T_3}{2} = +0.115 + \frac{0.193}{2} = +0.212\text{mm}$$

$$EI_3 = \Delta_3 - \frac{T_3}{2} = +0.115 - \frac{0.193}{2} = +0.019\text{mm}$$

组成环 A_3 的尺寸为 $A_3 = 43^{+0.212}_{+0.019}$。

对照例 10 – 3 可以看出,采用概率法计算出的某一组成环尺寸精度低于完全互换法。

3. 设计计算

例 10 – 7 使用大数互换法计算例 10 – 4。

解:(1)封闭环公称尺寸的计算同例 10 – 4。

(2)计算各组成环的公差。

利用等精度法分配公差,各组成环的公差等级系数相同,计算如下:

$$a = \frac{T_0}{\sqrt{\sum_{i=1}^{m}(0.45\sqrt[3]{A_i}+0.001A_i)^2}} = \frac{750}{\sqrt{2.2^2+1.71^2+0.77^2+2.48^2+0.77^2}} = 193$$

查表 2 – 2,正好在 IT12 ~ IT13 级之间,$T_1 = 0.35$mm,$T_2 = 0.25$mm,$T_3 = T_5 = 0.12$mm,A_4 为轴段长度,容易加工测量,以它为调整环,则

$$T'_4 = \sqrt{T_0^2 - T_1^2 - T_2^2 - T_3^2 - T_5^2} = \sqrt{0.75^2 - 0.35^2 - 0.25^2 - 0.12^2 - 0.12^2} = 0.591\text{mm}$$

(3)按入体公差原则给出各组成环极限偏差

$$A_1 = 101_0^{+0.35}\text{mm}, A_2 = 50_0^{+0.25}\text{mm}, A_3 = A_5 = 5_{-0.12}^{0}\text{mm}。$$

(4)确定调整环 A_4 的极限偏差

$$\Delta_4 = \Delta_1 + \Delta_2 - \Delta_3 - \Delta_5 - \Delta_0$$
$$= (+0.175) + (+0.125) - (+0.06) - (+0.06) - (+0.375) = +0.045\text{mm}$$

$$es'_4 = \Delta_4 + \frac{T'_4}{2} = +0.045 + \frac{0.591}{2} = +0.34\text{mm}$$

$$ei'_4 = \Delta_4 - \frac{T'_4}{2} = +0.045 - \frac{0.591}{2} = -0.25\text{mm}$$

(5)标准化调整环 A_4 极限偏差。

根据 es'_4、ei'_4 查轴的基本偏差数值表(表 2 – 3),代号为 x($es = +0.248 < +0.34$mm),标准公差 IT12 = 0.4mm < T'_4 = 0.591mm,所以公差代号为 $x12$,$ei = es - IT12 = -0.152$mm。

调整环 A_4 的尺寸为 $A_4 = 140x12\left(_{-0.152}^{+0.248}\right)$。

对照例 10 – 4 可以看出,采用概率法计算出的组成环尺寸精度低于完全互换法,零件的加工难度降低,但存在 0.27% 的废品率。

通过上面三道例题可以看出,用概率法解尺寸链所得各组成环公差比完全互换法的公差大,经济效益较好。

因此,概率法通常用于计算组成环环数较多,而封闭环精度较高的尺寸链。但概率法解尺寸链只能保证大量同批零件中绝大多数(99.73%)具有互换性,存在 0.27% 的废品率。对达不到要求的产品必须采取必要的工艺措施,如分组法、修配法和调整法等,以保证质量。

10.5 解装配尺寸链的其他方法

对于装配尺寸链,除了用完全互换法和概率法外,还可采用分组装配法、修配法和调整法来达到封闭环公差要求,以保证装配精度。

10.5.1 分组装配法

当封闭环的精度要求高且生产批量较大时,为了降低零件的制造成本,可以采用分组装配法(分组法)。分组装配法是先将组成环的公差相对于互换装配法所求之值放大若干倍,使其能经济地加工出来。然后将产品各配合零件按实际尺寸分组,按对应组进行装配,同组内零件具有互换性,以达到装配精度。

分组法的优点是组成环能获得经济可行的制造公差。缺点是增加了分组工序,增加了检测费用,存在一定失配零件。

分组法一般适用于精度要求很高、生产批量很大的少环尺寸链,一般相关零件只有两三个。例如,汽车、拖拉机上发动机的活塞销孔与活塞销的配合、活塞销与连杆小头孔的配合,油泵、油嘴的配合,滚动轴承的内圈、外圈和滚动体间的配合,某些精密机床上轴与孔的精密配合等,就是用分组法达到配合要求。由于分组后零件的几何误差不会减小,分组不宜太多,一般为 2~4 组。分组法由于生产组织复杂,应用受到限制。

10.5.2 修配装配法

采用修配法时,尺寸链中各组成环尺寸均按经济加工精度制造。在装配时,累积在封闭环上的总误差必然超出其公差。为了达到规定的装配精度,必须把尺寸链中指定零件加以修配,才能予以补偿。要进行修配的组成环,俗称修配环,它属于补偿环的一种。采用修配法装配时,首先应正确选定补偿环,预留修配量,装配时去除补偿环的部分材料以改变其实际尺寸,来满足封闭环公差要求。

在成批生产中,若封闭环公差要求较严,组成环又较多时,用互换装配法势必要求组成环的公差很小,增加了加工难度,并影响加工经济性。用分组装配法,又因环数多会使测量、分组和装配工作变得非常困难和复杂,甚至造成生产上的混乱。在单件小批量生产时,当封闭环公差要求较严,即使组成环数很少,也会因零件生产数量少而不能采用分组装配法。此时,常采用修配装配法达到封闭环公差要求。

修配法的优点是可以扩大各组成环的制造公差,能达到较高的装配精度;缺点是增加了修配工序,而且零件不能互换。修配法适用于单件或小批生产中装配精度要求高、组成环数较多的部件。实际生产中,修配的方式有很多,一般有单件修配法、合并加工修配装配法和自身加工修配装配法三种。

10.5.3 调整装配法

调整装配法与修配装配法的实质相同,即各有关零件仍可按经济加工精度确定其公差,并且仍选定一个组成环为补偿环(也称调整件),但是在改变补偿环尺寸的方法上有所不同。修配法采用补充机械加工方法去除补偿件上的材料层,而调整法则采用调整方法改变补偿件的实际尺寸和位置来满足封闭环精度要求,补偿由于各组成环公差放大后所产生的累积误差,以保证装配精度。常用的补偿环有固定补偿环和可动补偿环两种。

(1) 固定补偿环。在尺寸链中选一个或加一个合适的零件作为补偿环,准备一组不同尺寸的调整件,装配时从中选择一个合适的装入尺寸链的预定位置,以达到装配精度。常用的调整件有垫片、垫圈、挡环或轴套等。

(2) 可动补偿环。装配时通过调整可动补偿环的位置以达到装配精度,这种补偿环在机构设计中应用很广,结构形式很多,如调整螺钉、斜面、压板、镶条等。如图 10-9 所示为调整轴承端盖与滚动轴承之间间隙的结构,既保证轴承有确定的位置,又保证给轴承提供足够的热胀间隙。

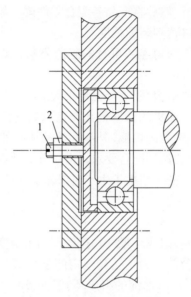

图 10-9 调整轴承轴向间隙
1—调节螺钉;2—螺母。

调整法的优点是,使组成环的公差充分放宽,不需要辅助加工,装配效率高,调整时不需要拆卸零件,比较方便。缺点是在结构上要有补偿件。

调整法是机械产品保证装配精度普遍采用的方法,常用于装配精度要求高、组成环数多的尺寸链。尤其是对使用过程中,组成环的尺寸因磨损、热变形或受力变形等而发生较大变化的尺寸链,通过更换补偿环或调整补偿环的位置可恢复机器原有精度。

⬇ 习题与思考题

1. 计算尺寸链的目的是什么?
2. 尺寸链的封闭环有什么特点? 如何确定封闭环?
3. 在尺寸链中,如何判断增环、减环?
4. 求解尺寸链的基本方法有哪些? 各用于什么场合?
5. 某套筒零件如图 10-10 所示,已知工序为:先车外圆 $\phi 70_{-0.12}^{-0.04}$,其次镗内孔至 $\phi 60_{0}^{+0.06}$,要求内孔对外圆的同轴度公差为 $\phi 0.02\text{mm}$。试计算壁厚。
6. 如图 10-11 所示零件,由于 A_3 不易测量,现改为按 A_1、A_2 测量。为了保证原设计要求,试计算 A_2 的公称尺寸与极限偏差。
7. 如图 10-12(a)所为一压气机铝盘的零件简图,图 10-12(b)和图 10-12(c)所示为端面 E 的最后两道加工工序。现在要求按图 10-12(b)所示工序加工端面 F 时,E

和 F 的距离 L 的尺寸和公差为多少才能使在图 10-12(c) 所示工序加工端面 E 中，车一刀直接获得尺寸 $60_{-0.05}^{0}$，同时间接保证图纸尺寸 22 ± 0.1。

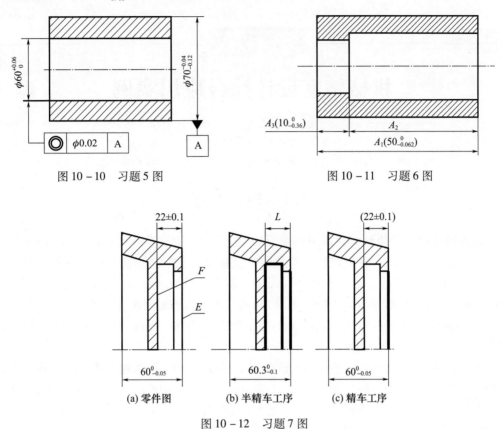

图 10-10　习题 5 图　　　　　　　　图 10-11　习题 6 图

图 10-12　习题 7 图

第 11 章 机械精度设计综合应用实例

11.1 概 述

机械精度设计是机械设计制造的重要环节,无论是复杂精密的飞机、火箭,还是比较简单的减速器,都要进行精度设计。产品的精度越高,则加工、制造及检测过程中要求越高,加工与检测的难度越大,成本越高。现实中制造的机械不可能百分之百精确,精度设计时,既要考虑如何实现机械的功能需求,又要考虑能否按设计要求制造出来,即制造的经济性。精度设计合理与否,直接影响产品的精度、质量、互换性、可制造性和制造成本等。

机械精度设计的任务是,根据机电产品的功能和性能要求,按照企业当前实际加工制造能力,依据有关公差与配合国家标准,正确合理地设计确定产品及其零部件几何要素的尺寸精度、几何精度和表面精度(在零件图上)以及机械零部件相互结合时的配合精度和装配精度(在装配图上),并按照 GB 规定的方法,正确标注在装配图、零件图上。

精度设计是一项系统性、综合性、复杂性的工程,一定要认真对待。精度设计的方法有类比法、计算法和试验法。对于复杂的机械设计,如飞机、精密制造设备等,特别是重要部分的关键尺寸,新品研发中无可比性的重要部件,均要进行理论计算,必要时还应进行试验验证。在实际设计时,大部分部件或结构都可找到类比对象,因此,类比法仍是精度设计的首选方法。在精度设计时,要理论联系实际,多进行实际调研对比。

精度设计中,除了遵循 5 个基本原则(见 1.5 节)外,为了完整、准确、恰当地满足精度设计要求,还应体现以下原则。

1. 重点性原则

精度分配要根据设计时的性能指标和工作精度,突出重点部分、重要尺寸,主次分明,优先保证决定机械性能及工作精度的主要部件尺寸的精度,这有利于精度表示的清晰性,确保实现设计的机械性能指标。制造时,技术人员要抓住重点,集中精力解决制造技术问题。如案例 11-1 减速器精度设计,首先应考虑齿轮的正确啮合及工作精度要求。

2. 协调性原则

精度设计中,机械各部件及其尺寸、精度等级不可忽高忽低,或者相差过大。若使用要求相差不大,各处的精度等级一般相差 1~2 级即可,这样分配精度有利于控制制造成本,易保证制造精度。如案例 11-1 中两种滚动轴承的选用,精度等级和配合性质基本相同。

3. 完整性原则

精度设计中,对机械性能及工作精度影响不大的部件及尺寸,可按未注公差,在图纸技术要求中给予约定。但对那些影响机械性能及工作精度的部件及尺寸,一定不能遗漏,否则会造成设计缺陷。

在机电产品及其零部件精度设计实践中,需要综合运用本课程的知识,此乃本课程的最重要教学目标和最终目的。本章将根据机械的工作精度及功能性能要求,通过装配图精度设计及零件图精度设计的综合应用案例,探讨精度设计的方法。

11.2　装配图精度设计

11.2.1　装配精度设计的任务

1. 机械装配精度

装配精度是指机器装配后,各工作面间的相对位置和相对运动等参数与规定指标的符合程度。装配精度不仅影响机器或部件的工作性能,而且影响其使用寿命。机器的装配精度最终影响机器实际工作时的精度,即工作精度。例如,机床的装配精度将直接影响在机床上加工的工件的精度。

机器的装配精度主要包括以下几个方面。

(1) 尺寸精度。包括相关零部件之间的配合精度和距离精度。如孔轴配合、滚动轴承配合、键连接配合等;卧式车床主轴中心高、主轴轴线与尾座孔轴线不等高的精度,齿轮副的中心距及侧隙等。

(2) 方向及位置精度。包括相关零部件间的平行度、垂直度、同轴度、跳动等。如卧式铣床刀杆轴线对工作台面的平行度,立式铣床主轴轴线对工作台面的垂直度,车床主轴前后轴承的同轴度,车床主轴轴线对床身导轨面的平行度,机床主轴莫氏锥孔的径向圆跳动等。

(3) 相对运动精度。产品中有相对运动的零部件间,在相对运动的方向、位置和速度方面的精度。相对运动方向精度表现为零部件间相对运动的平行度和垂直度,如车床溜板移动时相对主轴轴心线的平行度,铣床工作台移动时对主轴轴线的平行度或垂直度,滚齿机滚刀垂直进给运动时对工作台旋转轴心线的平行度等;相对运动位置精度表现为运动系统的定位精度;相对运动速度精度,即传动精度,如滚齿机主轴与工作台的相对运动速度等。

(4) 接触精度。相互接触、相互配合的表面间接触面积大小及接触点的分布情况。零部件间的接触精度通常以接触面积的大小、接触点的多少及分布的均匀性来衡量。如主轴与轴承的接触,机床工作台与床身导轨的接触,齿轮轮齿侧面接触精度要控制沿齿高和齿长两个方向上的接触面积大小及接触斑点。接触精度取决于接触表面本身的加工精度和有关表面的相互位置精度,影响接触刚度和配合质量的稳定性。

接触精度和配合精度是距离精度的基础,方向及位置精度又是相对运动精度的基础。装配精度是制定装配工艺规程的主要依据,也是确定零件加工精度的重要依据。

2. 装配精度设计

机器的装配精度是按照机器的使用性能要求而提出的,应当根据有关技术标准或技术资料予以确定。正确处理好机器或部件的装配精度问题,是产品精度设计的一项重要任务。

装配图用来表达机器或部件的工作原理及零部件间的装配及连接关系,是机械设计制造的重要技术文件之一。装配图精度设计的要求是对零部件组装过程提出的,机械装配精度设计主要体现在装配图中的精度设计。装配图精度设计包括主要配合零件之间的配合精度设计、相邻零件之间的安装精度设计以及其他有关精度设计。装配尺寸链是保证装配精度的依据,装配图精度设计时通常需要建立和计算装配尺寸链。

装配图设计中不仅要表达部件的结构和位置关系,还要确定各零部件之间的配合关系。装配图中的配合关系在装配图设计中具有重要作用,决定了机械工作精度及性能方面的尺寸,只有合理选择,才能保证机械的性能和价格优势。因此,配合精度设计是装配图精度设计的重点任务。

3. 装配图上的尺寸

在装配图上通常应标注出反映部件性能要求及装配、调整、试验时要用到的尺寸,按其作用不同,大致可分为特征尺寸(规格性能尺寸)、装配尺寸、安装尺寸、外形尺寸及其他重要尺寸。其中,与装配精度设计密切相关的是装配尺寸。装配尺寸是表示机器或部件内部相关零件间的装配要求和工作精度的尺寸,具体包括以下几种。

(1) 配合尺寸。表示零件之间配合性质的尺寸,一般在尺寸数字后面注出配合代号。配合尺寸是装配和拆画零件图时确定零件尺寸及其公差的重要依据。

(2) 相对位置尺寸。表示相关联的零件或部件之间较重要的相对位置尺寸。即设计和装配机器时,必须保证的相关零件间距离、间隙等相对位置的尺寸,是装配、调整和校图时所需要的尺寸。

(3) 连接尺寸。在装配图上表示机器上有关标准零部件的规格尺寸(结合尺寸)。如普通螺纹连接、滚动轴承结合、键连接、销连接等。

11.2.2 装配图精度确定的方法及原则

装配图精度设计时,重点关注零部件的配合性质及装配质量,进行主要配合零部件之间的配合设计,具体包括 ISO 配合制的选择、配合种类及配合性质的确定,最终确定配合代号,并标注在装配图上。

1. 精度设计中极限配合的选用方法

在装配图精度设计时,确定公差与配合的方法有类比法、计算法和试验法。计算法和试验法是通过计算或者样机试验确定配合关系,具有科学、精确、可靠的特点,但要花费大量的费用和时间,不经济。

类比法是根据零部件的使用情况,参照同类机械已有配合的经验和资料确定配合的方法,先调查同类型相同结构或类似结构零部件的配合及使用情况,再进行分析类比,进而确定其配合。类比法简单易行,所选配合注重继承过去设计制造的实际经验,而且大都经过工程实际验证,可靠性高,工艺性好,便于产品系列化、标准化生产。因此,类比法是精度设计常用且行之有效的方法。装配图精度设计一般都用类比法。本章仅讨论如何采用类比法进行精度设计。

2. 精度设计中极限配合的选用原则

在装配图精度设计中,公差配合与机械的工作精度及使用性能要求密切相关。公差配合选用时需要综合考虑设计制造的技术可行性和制造的经济性,选用原则上要求保证机械产品性能优良,制造上经济可行,即配合与精度等级的选用应使机械的使用价值与制造成本综合效果达到最佳。因此,选择的好坏将直接影响机械性能、使用寿命及制造成本。

例如,仅就加工成本而言,对某一零件,当公差为 0.08 时,用车削即可满足要求;若公差减小到 0.018 时,则车削后还需增加磨削工序,相应成本将增加 25%;当公差减小到只有 0.005 时,则需按车→磨→研磨工序加工,其成本是车削的 5~8 倍。由此可见,在满足使用性能要求前提下,不可盲目提高机械精度。

选用公差配合时,应遵守有关的国家标准,极限配合、几何公差及表面粗糙度国标是一种先进科学的机械精度规范,有利于设计和制造,一般都能满足精度设计选用的要求。在精度设计中,经过分析类比后,应按国家标准选择各精度数值。

11.2.3 装配图精度设计过程

1. 确定装配图的主要尺寸

在分析确定各结合部分的公差配合时,应从如何保证机械性能要求开始,反向推出各结合部分的极限配合要求。具体方法是,找出影响机械性能的误差传递路线,寻找起重要作用或关键部分的尺寸及配合,即寻找机器或零部件的主要尺寸。主要尺寸通常是装配图上的配合尺寸。

主要配合尺寸是影响机械性能及工作精度的尺寸,是首先需要保证的尺寸。在精度设计中,公差配合的选择应根据机械性能及工作精度要求,区分配合的主要部分和次要部分,区别哪些是主要尺寸,哪些是非主要尺寸。只有抓住主要尺寸中的关键尺寸,确定出孔、轴的精度等级和极限偏差,才能保证整个机械的设计要求。而对非关键件,则应适当降低精度要求,以提高制造的经济性。

配合设计的选取顺序十分重要,应按精度设计分析的思路进行。配合设计的顺序:工作部分及主要配合件→定位部分的定位件、基准→非关键件。要逐一分析设计,按规定设计标注,不可遗漏。

2. 装配图精度设计的工作步骤

步骤 1:分析设计所给精度、性能指标、工作环境等因素,类比同类零部件,通过查阅有关手册,计算各项性能参数,确定零部件的装配精度。对于关键件部分,还要进行尺寸链计算验证。

步骤 2:根据步骤 1 所确定的整机性能设计要求(仅几何量精度),计算装配图中运动件装配后要达到的工作精度、定位件配合要达到的定位精度。

步骤 3:根据步骤 1、2 的结果,确定主要尺寸的配合类型及配合性质、公差等级、装配要求,以及定位是否可行。查极限配合及公差表和设计手册,确定间隙或过盈允许范围。

步骤 4:查极限配合及公差表,确定非关键尺寸各零件部位的配合类型及公差等级。如静连接件、紧固件、连接的结合面等。

步骤 5:用装配尺寸链对主要尺寸进行验算,复验各部分配合类型及精度是否合适,公差分配是否合理;检查是否有关键件定位精度过低或非关键件精度过高,是否存在定位间隙过大及过盈配合的装配问题等,并对配合及公差做适当调整。

步骤6:综合分析影响配合的其他误差因素(见11.2.4节),对配合进行修正。

步骤7:配合精度标注。在装配图上不必标注所有的配合,只需标出影响机械性能的配合,而对那些基本不影响性能的自由尺寸的配合,可以不标。

极限配合与公差设计标注完成后,验证装配尺寸链是否满足要求也是非常重要的一环,如不符合机械的使用性能要求,或不符合公差分配和工艺要求,则还需调整其配合、精度等级等,使所选配合既满足设计性能的要求,又易于制造。

11.2.4 精度设计中的影响因素

实际精度设计中,往往难于定量确定影响配合的所有因素,只能作定性分析,一般要综合考虑以下影响因素。

1. 热变形

极限与配合标准中的数值均为标准温度 +20℃ 时的值。当工作温度偏离 +20℃,特别是孔、轴温度相差较大或采用不同线胀系数的材料时,须考虑热变形对配合性质的影响。这对于在高温或低温下工作的机械尤为重要。

由于偏离标准温度 20℃ 而引起的孔、轴配合尺寸变化量为

$$\delta = D[\alpha_2(t_2 - 20) - \alpha_1(t_1 - 20)] \quad (11-1)$$

式中:D 为配合尺寸;α_1、α_2 为孔、轴材料的线胀系数;t_1、t_2 为孔、轴温度。

例 11-1 铝制活塞与钢制缸体的配合,公称尺寸为 $\phi150$。工作温度:缸体 $t_1 = 120℃$,活塞 $t_2 = 185℃$;线胀系数:缸体 $\alpha_1 = 12 \times 10^{-6}(1/℃)$,活塞 $\alpha_2 = 24 \times 10^{-6}(1/℃)$。要求工作间隙保持在 0.1~0.3 内。试选择配合。

解:按式(11-1)计算工作时由热变形引起的间隙量变化为

$$\delta = 150 \times [12 \times 10^{-6} \times (120 - 20) - 24 \times 10^{-6} \times (185 - 20)] = -0.414 \text{mm}$$

为保证工作间隙,装配时间隙量应为

$$X_{\min} = 0.1 + 0.414 = 0.514 \text{mm}, X_{\max} = 0.3 + 0.414 = 0.714 \text{mm}$$

$$T_f = |X_{\max} - X_{\min}| = |0.3 - 0.1| = 0.2 \text{mm}$$

由 $T_f = T_h + T_s$ 分配公差:$T_h = T_s = 100 \mu m$

查表 2-2,取公差等级为 IT9。

选用基孔制配合,按要求的最小间隙查表 2-3,选择活塞的基本偏差代号为 a,$es = -520 \mu m$。

选择配合为 $\phi150 H9/a9$,$X_{\max} = +0.720 \text{mm}$,$X_{\min} = +0.520 \text{mm}$。

2. 装配变形

在机械结构装配中,常遇到套筒等薄壁零件变形问题。一般装配图上规定的配合应是装配之后的要求,因此,对有装配变形的套筒类零件,在加工时,应对公差带做必要的修正,将内孔公差带上移,使孔的尺寸加大,或用工艺措施保证;若装配图上规定的配合是装配之前的,则应将装配变形的影响考虑在内,以保证装配后达到设计要求。

例 11-2 如图 11-1 所示,某套筒外表面与机座孔的配合为过渡配合 $\phi70H7/m6$,套筒内表面与轴的配合为间隙配合 $\phi60H7/f7$。由于套筒外表面与机座孔的配合有过盈。

当套筒压入机座孔后,套筒内孔收缩使直径变小。当过盈量为 -0.03 时,套筒内孔实际收缩 0.045,若套筒内孔与轴之间原有最小间隙为 0.03。则由于装配变形,此时将有 -0.015 的过盈量,不仅不能保证配合间隙要求,甚至无法自由装配。

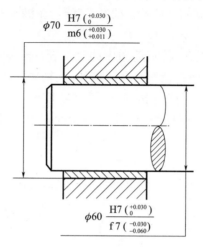

图 11-1　有装配变形的配合

解: 将套筒内孔 $\phi 60 H7(^{+0.030}_{0})$ 的公差带上移 +0.045,变为 $\phi 60(^{+0.075}_{+0.045})$,即可满足配合要求。

3. 生产批量

生产批量不同,孔、轴实际尺寸分布特性不同,特别是过渡配合和小间隙间隙配合尤为敏感。大批量生产或用数控机床自动加工时多用调整法,实际尺寸通常服从正态分布,一般在公差带的平均位置上,如图 11-2(a)所示;单件小批量生产时采用试切法,孔、轴实际尺寸多为偏态分布,且尺寸分布中心多偏向最大实体尺寸,如图 11-2(b)所示。对同一种配合,单件小批量生产形成的配合显然要比大批量生产形成的配合偏紧。因此,为了满足使用要求,单件小批量生产时采用的配合应比大批量生产时松一些。

例 11-3　某单位按国外图纸生产铣床,原设计规定齿轮孔与轴的配合为 $\phi 50 H7/js6$,如图 11-2 所示,生产中装配工反映,配合过紧,装配困难,而国外样机此处配合并不过紧,装配时也不困难。从理论上说,这种配合平均间隙为 +0.0135,获得过盈的概率只有千分之几,应该不难装配。分析后发现,由于用试切法加工,加工出的尺寸分布偏向最大实体尺寸,配合平均间隙要小得多,甚至基本都是过盈。将配合调整为 $\phi 50 H7/h6$ 后,则配合得很好,装配也较容易。

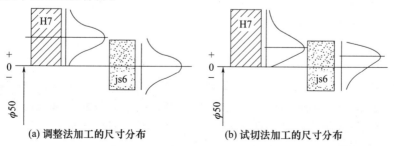

图 11-2　生产批量对配合性质的影响

4. 精度储备

机器零件强度计算中,通常引入安全系数,以增加机器零件的强度储备,提高机器工作的可靠性和寿命。为了保持机器良好的工作性能和工作精度,延长机器的使用寿命,提高其使用价值,同样需要建立精度储备。精度设计时,在机器重要配合部分留有一定的允差储备,即精度储备。

精度储备可用于孔轴配合,特别适用于间隙配合的运动副。此时的精度储备主要为精度磨损储备,以保证机械的使用寿命。例如,某精密机床的主轴,经过试验,间隙小于 0.015 时都能正常工作而不降低精度,则可在精度设计时,将间隙确定为 0.008,这样可以保证在正常使用一定时间后,间隙仍不会超过 0.015,从而保证了机床的使用寿命。

5. 配合确定性系数 η

可用配合确定性系数 η 来比较各种配合的稳定性,确定性系数定义为

$$\eta = \frac{Z_{av}}{T_f/2} \qquad (11-2)$$

式中:Z_{av} 为平均间隙或过盈;T_f 为配合公差。

对间隙配合,$\eta \geqslant 1$,当最小间隙为零时,$\eta = +1$,而对所有其他间隙配合,$\eta > +1$;对过渡配合,$-1 < \eta < +1$;对过盈配合,$\eta \leqslant -1$。因此,按 η 的取值可以比较配合性质及其确定性。

例 11-4 比较 $\phi 50 H7/g6$ 与 $\phi 50 H8/d6$ 配合的稳定性。

解:对 $\phi 50 H7/g6$,$\eta_1 = \dfrac{29.5}{\frac{41}{2}} \approx 1.44$;对 $\phi 50 H8/d6$,$\eta_2 = \dfrac{119}{\frac{78}{2}} \approx 3.05$。

虽然前者的公差等级比后者高,但就配合的稳定性来说,后者比前者高。在精度设计中,应根据实际情况,找出对公差配合影响最大的因素,不必面面俱到、不分主次,陷入烦琐而费时的公式推导或计算中。

11.2.5 装配图精度设计实例

案例 11-1 某圆锥齿轮减速器如图 11-3 所示,输入功率 $P = 4 \text{kW}$,输入转速 $n = 1800 \text{r/min}$,减速比 $i = 1.9$,工作温度 $t = 65 \text{℃}$。试进行精度设计。

解:圆锥齿轮减速器要求工作时运转平稳,耐冲击,动力传递可靠。该装配图的配合关系简单,无特殊的精度及配合要求,可以经过设计计算,查阅设计手册得出相关设计参数。根据减速器使用要求及设计基本参数,首先确定锥齿轮精度等级,再以此作基本参照,类比各部配合要求。

从误差传递路线着手寻找主要尺寸。本例中,主要尺寸为:主动轴、单键→$\phi 40$ 配合面→两个滚动轴承 7310→齿轮孔与主动轴 $\phi 45$、单键连接→主动锥齿轮→从动锥齿轮→齿轮孔 $\phi 65$ 与从动轴、单键连接→从动轴→从动轴支承两个轴承 7312→连接尺寸 $\phi 50$ 及单键连接。由此形成的作用链主要影响减速器的性能及精度,由此形成的尺寸即主要配合尺寸。具体分析如下:

第11章 机械精度设计综合应用实例

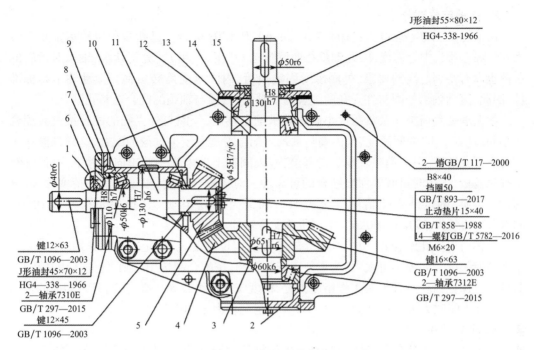

图 11-3 圆锥齿轮减速器

1—机座；2,7,14—轴承透盖；3—垫圈；4—大齿轮；5—小齿轮；6,15—密封盖；
8,13—调整垫片；9—套杯；10,12—轴；11—垫片。

1. 工作部分配合及精度

锥齿轮的啮合部位直接决定了齿轮能否正常平稳工作。根据性能要求，类比同类减速器的精度要求及配合，选择齿轮精度为8级。考虑制造经济性，减速器精度不宜定得过高，选配合时公差等级取中等经济精度IT7～IT9中的IT8即可。

滚动轴承选用单列角接触球轴承7310、7312，可根据负荷类型、负荷大小及运转时的径向圆跳动等项目，查阅手册，两种轴承均选6X级精度。

齿轮孔与传动轴的配合 $\phi 65H7/r6$、$\phi 45H7/r6$。影响齿轮传动的重要配合。根据配合制选用原则，优先选用基孔制。该配合用于传递载荷，为保证齿轮传动精度和啮合性能，要求对中性且便于装拆，一般不允许出现间隙，因此宜采用稍紧的过渡配合（过盈概率较大的过渡配合）加单键连接。按齿轮的精度等级查齿轮坯公差表，齿轮孔的精度等级选IT7，按工艺等价原则，相配轴公差等级选IT6。

所选配合 $\phi 65H7/r6$、$\phi 45H7/r6$ 可行，过盈配合偏紧，安装拆卸较困难，但配合稳定性好。也可选小过盈配合 $\phi 50H7/p6$ 或选偏于过盈的过渡配合 $\phi 50H7/n6$。

齿轮孔与轴配合的单键连接。工作时起传递扭矩及运动的功能，为一常用多件配合。其轮毂（齿轮孔部件）、轴与单键侧面共同形成同一公称尺寸的配合，按多件配合的选用原则，采用基轴制配合，键宽为配合尺寸，查设计手册，键与轴槽、毂槽配合均选 P9/h8。

主动轴 $\phi 40r6$、从动轴 $\phi 50r6$。用于传递有冲击的载荷，是与外部的配合连接尺寸，有单键附加传递扭矩，安装拆卸要方便，因此一般不允许有间隙，可选用偏于过盈的过渡配合或小过盈的过盈配合，选择理由及方法同 $\phi 65H7/r6$，也可选 $\phi 40n6$、$\phi 50n6$。

2. 支承定位部分

滚动轴承 7310（$d:50,D:110$）、7312（$d:60,D:130$）配合。已初步确定轴承精度等级为 6X，减速器为中等精度，因此轴承径向游隙选 C0 组（N 组）。分析认为，轴承对承受的负荷也没有特别过高的要求，外圈承受固定负荷，内圈承受旋转负荷。滚动轴承是标准件，因此，滚动轴承外圈与外壳孔的配合选基轴制，内圈与轴颈的配合选基孔制。

根据承受负荷类型及负荷大小确定轴承配合性质，外圈与外壳孔的配合按过渡配合或小间隙（如 g、h）的间隙配合，内圈与轴颈的配合需选有较小过盈的配合，这样外圈在工作时有部分游隙，可以消除轴承的局部磨损，内圈在上偏差为零的单向布置下，可保证有少许过盈量，工作时可有效保证结合的可靠性。对于配合精度，根据轴承的精度等级，查阅设计手册，确定外壳孔精度等级为 IT7，轴颈为 IT6。因此，选择外壳孔为 $\phi110H7$、$\phi130H7$，轴颈为 $\phi50k6$、$\phi60k6$。本例所选配合较佳。

套杯与机座孔配合 $\phi130H7/h6$，是较重要的定位件配合，起定位支承作用，此处支承轴承、轴等，配合间隙不可太大；为了便于安装拆卸，按配合制选用原则，优先选用基孔制，其精度以保证齿轮及轴承的工作精度为宜，精度应选同级或高一级，孔选 IT7，相应的轴为 IT6，选最小间隙为零，基本偏差为 h。最终确定配合为 $\phi130H7/h6$。

3. 非关键件

非关键件并非没有精度要求，同样影响机械的性能，只不过其重要性不如工作部分、定位部分而已。对于非关键件的各处配合，宜在满足性能的基础上，优先考虑加工的经济性。

两处非关键件配合 $\phi130H8/h7$、$\phi110H8/h7$。两个透盖与外壳孔处于同一尺寸孔，为多件配合。透盖用于轴向定位和防尘密封，可以有较大允许误差。按多件配合的选用原则，应以它们的共同尺寸部件——孔为配合基准，选基孔制配合。从经济性考虑，透盖可降低精度等级为 IT8～IT9。还要考虑装拆方便，选 h 或 g 形成小间隙的间隙配合均可。最终确定配合为 $\phi130H8/h7$、$\phi110H8/h7$。

案例 11 – 2 C616 车床尾座部件装配图如图 11 – 4 所示，试选用公差配合。

解：车床尾座的作用是以顶尖顶持工件或安装钻头、铰刀等，车削工件时承受切削力，尾座顶尖与主轴顶尖有严格的同轴度要求。为了适应不同长度的工件，尾座要能沿车床导轨移动，既能精确定位，又能灵活伸缩。使用时，先沿床身导轨移动尾座，到位后，扳动手柄 11，转动偏心轴 12，使拉紧螺钉 13 上提，再由连接在螺钉 18 上的丝杆 15，通过小压块 16、压块 22 使压板 17 紧压床身，从而固定尾座位置。转动手轮 9，通过丝杆 5，推动螺母 6 连带顶尖套筒 3 和顶尖 1 沿轴向移动（由定位块 4 导向），以顶住工件。扳动小扳手 21，通过螺杆 20 拉夹紧套 19，抱紧夹住顶尖套筒 3（转动手轮 9 前要先松开小扳手 21），使顶尖位置固定。

根据各零件的作用及特点，尾座部件有关部位配合的具体分析选用如下。

（1）尾座体 2 上 $\phi60$ 孔与套筒 3 外圆的配合。

尾座上直接影响使用功能和车床装夹精度的最重要配合，根据尾座体孔的作用及结构特点，应选用基孔制。应选用精密配合中的高公差等级，尾座体孔取 IT6，公差带为 H6。按工艺等价原则，套筒外圆取 IT5。要求套筒能在孔中沿轴向移动，只能选间隙配合。移动时套筒连带顶尖不能晃动，否则影响工作精度。此外，移动速度很慢，又无转动，配合间隙不能太大，故选用无相对转动、最小间隙为 0 的间隙配合 $\phi60H6/h5$。

第11章 机械精度设计综合应用实例

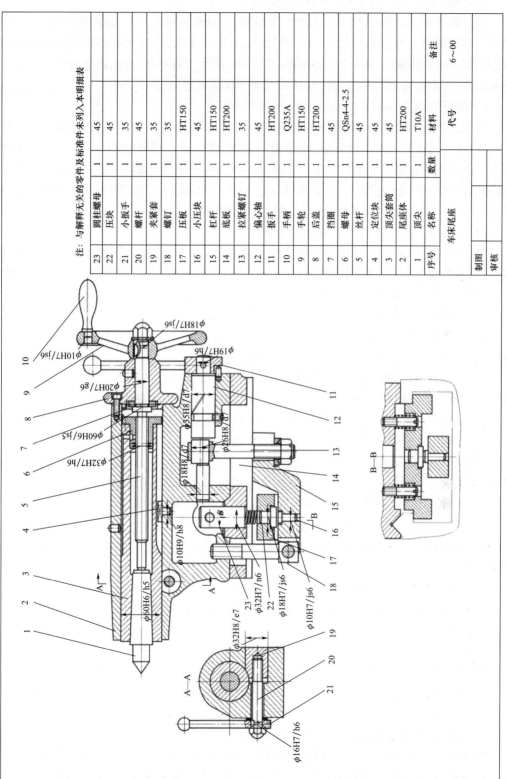

图11-4 C616车床尾座装配图

(2) 套筒 3 上 ϕ32 孔与螺母 6 外圆的配合。

车床的主要配合部位和影响性能的重要配合,因螺母装入套筒,靠圆柱面径向定位,然后用螺钉固定。为装配方便,不能出现过盈,应采用间隙配合,但间隙不能过大,以免螺母在套筒中的安装偏心,影响丝杆转动的灵活性。故精度可稍低,选用精密配合中较高的公差等级,套筒孔取 IT7,轴取 IT6,选用基孔制小间隙配合 ϕ32 H7/h6。

(3) 尾座体 2 上 ϕ60 孔与后盖 8 凸肩 ϕ60 的配合。

影响性能的重要配合,应选用精密配合中的高公差等级,后盖 8 要求有间隙,可沿径向移动,以补偿其与丝杆 5 装配后可能产生的偏心误差,从而保证丝杆 5 转动灵活。尾座体 2 上 ϕ60 孔与套筒 3 外圆的配合已选用 ϕ60H6/h5,故孔仍用 ϕ60H6。此配合本应也选 ϕ60H6/h5,但因配合长度很短,而尾座体 2 上 ϕ60 孔加工时孔口常为喇叭口,实际孔径靠近上极限尺寸,可选紧一些的轴公差带,故选用 ϕ60H6/js5。

(4) 后盖 8 内孔与丝杆 5 上 ϕ20 轴颈的配合。

根据丝杆在传动中的作用,属影响性能的重要配合,应选用精密配合中较高的公差等级,孔取 IT7,轴取 IT6。要求丝杆能在后盖孔中低速转动,间隙应当比只有轴向移动时稍大,故选用基孔制间隙配合 ϕ20 H7/g6。

(5) 手轮 9 上 ϕ18 孔与丝杆 5 右端 ϕ18 轴颈的配合。

比影响性能的配合要求低。手轮 9 通过半圆键连接带动丝杆 5 一起转动,要求装拆方便,又不应有相对晃动,故选用基孔制过渡配合 ϕ18H7/js6。

(6) 手轮 9 上 ϕ10 孔与手柄 10 的配合。

比影响性能的配合要求低。安装后无拆卸要求,但手轮为铸铁件,配合过盈不宜过大,且要求配合一致性较好,故采用 ϕ10H7/js6 或 ϕ10H7/k6。

(7) 尾座体 2 上 ϕ10 孔与定位块 4 上 ϕ10 轴的配合。

次要部位的配合,为使定位块 4 在套筒 3 的长槽内装配方便,其 ϕ10 轴能在孔内稍微转动,应保证有一定的配合间隙,该尺寸精度要求不高,故选 ϕ10H9/h8。

(8) 尾座体 2 上两支承孔 ϕ18、ϕ35 与偏心轴 12 两轴颈的配合。

比影响性能的配合要求低。偏心轴应能在支承孔中顺利转动,同时为了补偿偏心轴两轴颈间和两支承孔间的同轴度误差,故分别选用间隙较大的间隙配合 ϕ18H8/d7、ϕ35H8/d7。

(9) 拉紧螺钉 13 上 ϕ26 孔与偏心轴 12 偏心圆柱的配合。

比影响性能的配合要求低,与(8)相似。有相对摆动,无其他要求,考虑装配方便,选用间隙较大的间隙配合 ϕ26H8/d7。

(10) 扳手 11 上 ϕ19 孔与偏心轴 12 的配合。

扳手通过销转动偏心轴,销与偏心轴在装配时配作,配作前要调整扳手处于固紧位置,同时偏心轴也处于偏心向上的位置,此处配合既有定位要求又要便于调整,在装配时要能作相对回转,不能过盈,应当有间隙但无须过大,故选用 ϕ19 H7/h6。

(11) 丝杆 15 上 ϕ10 孔与小压块 16 的配合。

影响性能的重要配合,应选用精密配合中较高的公差等级,孔取 IT7,轴取 IT6。仅要求装配方便,且在装配后不易掉出,一般无相对运动,配合要稍紧些,故选用间隙很小的间隙配合 ϕ10H7/js6。

(12) 压板 17 上 φ18 孔与压块 22 的配合。要求同(11),选用 φ18H7/js6。

(13) 底板 14 上 φ32 孔与圆柱螺母 23 的配合。

装配时锤击装入,要求在有横向推力时不松动,但必要时可以转位,应选用偏紧的过渡配合 φ32 H7/n6。

(14) 尾座体 2 上 φ32 孔与夹紧套 19 的 φ32 外圆的配合。

当小扳手 21 松开后,夹紧套应容易退出,便于套筒移动,不与套筒 3 接触,故选用间隙较大的间隙配合 φ32 H8/e7。

(15) 小扳手 21 上 φ16 孔与螺杆 20 的配合。

两者用半圆键连接,功能与(5)相近,但只要求能在较小范围内一起回转,间隙可比(5)稍大,故选用 φ16H7/h6。

(16) 套筒 3 上长槽与定位块 4 侧面的配合(图中未标注)。

次要部分的配合,起导向作用,但不影响车床的加工精度。长槽的公差等级取 IT9 或 IT10,定位块宽度参考平键标准,采用基轴制,公差带取 h9。对套筒起防转动作用,考虑长槽与套筒轴线可能有歪斜,选较松连接,长槽公差带取 D10,配合为 12D10/h9。

公差配合的选用结果已标注在图 11 - 4 上。

以上案例仅对装配图中的配合性质和配合精度进行分析设计,而对设计性能参数与配合间关系的分析,则需要通过性能设计计算,综合各项性能指标,参考有关设计手册得到。

11.3 零件图精度设计

11.3.1 零件图精度设计的任务

在机械产品设计过程中,一般是从产品总装配图或部件装配图来拆画零件图。精度是机械零件的一项重要质量特性,零件图上与精度有关的技术要求主要有尺寸公差、几何公差、表面粗糙度及其他公差(如齿轮零件的公差项目)。在零件图上注出的精度要求是制造和检验零件的依据。

根据在机器中的重要性不同,零件图上的尺寸可分为以下两类。

(1) 主要尺寸(功能尺寸)。主要尺寸是指影响产品性能、工作精度和配合的尺寸。保证零件在机器中的正确位置和装配精度的尺寸,都属于主要尺寸。零件图上的这些尺寸通常是零件在加工完成后应当保证的尺寸,而且是有精度要求的尺寸。在产品精度设计中,主要尺寸一般均参与装配尺寸链,通常要求较高的精度等级,按较高的精度加工。零件图中,尺寸精度以尺寸公差形式表示。在标注时,主要尺寸直接从尺寸设计基准注起,并在尺寸数字后注出公差带代号和极限偏差。

(2) 自由尺寸。自由尺寸一般不影响机器的工作性能,也不影响相互配合零件之间的配合性质、装配精度,不参与装配尺寸链。

零件图精度设计时,应首先区分主要尺寸和次要尺寸,并尽量做到尺寸的设计基准、工艺基准及测量基准重合。

零件图精度设计的顺序:零件在机电产品中的功能作用及性能要求→尺寸公差→设

计基准、工艺基准的尺寸公差→一般尺寸公差→工作部分几何公差→基准不重合之间的方向、位置公差→一般部分的几何公差→表面粗糙度。

11.3.2 零件图精度确定的方法及原则

零件图中设计基准、公差项目、公差数值的确定,同样需要根据零件各部分尺寸在机械中的作用来确定,主要采用类比法,必要时还需要尺寸链的计算验证。

1. 尺寸公差的确定

零件图上每一个尺寸都应标注公差,但这样做会使零件图的尺寸标注失去了清晰性,不利于突出那些重要尺寸的公差。因此,通常的做法是只对重要尺寸、精度要求比较高的主要尺寸标注公差数值,这样可使制造人员把主要精力集中于主要尺寸上。对于非主要尺寸,或者精度要求较低的尺寸,可不标出公差值,而是按一般公差对待。

零件图上的主要尺寸参与装配尺寸链,其精度对机械性能影响比较大,一般都有较高的精度要求。还有一类尺寸属于工作尺寸,尽管不参与装配尺寸链,但其精度对机械性能有直接影响,也要严格控制。例如,水下推进系统的螺旋桨叶片尺寸,虽不参与配合,但直接影响推进系统的效率和螺旋桨的噪声水平。

确定零件尺寸精度的顺序应当是,先主要尺寸部分,后非主要尺寸部分。分析时区分出主要尺寸与次要尺寸,这样可以优先保证主要尺寸中的关键部分。

零件的公称尺寸设计确定以后,就要进行尺寸精度设计选用,即选择适当的尺寸公差值。应从以下几个方面考虑。

(1) 装配图中已标出配合关系及精度要求,一般直接从装配图中的配合及公差中得出。例如,案例11-1中透盖零件,直接从 $\phi 130 H8/h7$ 分解出 $\phi 130 h7$,查表得到尺寸公差。

(2) 装配图中未直接要求,但仍是主要配合尺寸,在零件图中影响设计基准、定位基准及机械的工作精度,需按尺寸链计算,求出尺寸公差值。如基准的不重合误差等,就要进行尺寸链计算。

(3) 为了方便加工、测量的工艺基准,与配合相关的尺寸公差,通过尺寸链计算出的公差,可按具体要求给出公差值。如轴两端的中心孔,有的仅用于磨削或测量用,可按磨削或测量的精度要求给出。

2. 几何公差的确定

几何误差对机械的使用性能有很大影响。在精度设计时,既要考虑尺寸误差的影响,还要考虑几何误差的影响。通过尺寸公差控制零件的局部尺寸误差,通过几何公差控制零件的几何误差,共同保证零件的精度。正确选择几何公差项目,合理确定公差数值,以保证零件的使用要求并兼顾经济性。确定零件图中几何公差时,可从以下几个方面考虑。

(1) 为了保证尺寸精度,对零件图中有较高尺寸公差要求的部分,应根据尺寸精度等级,给予相应的几何公差等级。例如,与轴承内圈配合的轴颈,为保证接触良好,需给出该轴颈的圆度和素线直线度或圆柱度公差,可参照尺寸精度等级确定几何精度等级。

(2) 机械的配合面有运动要求,或装配图中有特殊性能要求的,应根据性能要求给出几何公差。例如,机床导轨面支承滑动工作台运动,从运动及承载要求考虑,其平面度误差对性能影响较大,故应提平面度公差。

(3) 主要尺寸之间及主要尺寸与基准之间(设计基准、工艺基准、测量基准)需控制位置的,以及基准不重合可能引起的误差,则应根据它们之间相对位置的要求,通过尺寸链计算得出所需几何公差。

一般情况下,可参照尺寸公差等级确定几何公差等级,直接查表得到几何公差数值。对于工作部分尺寸,必须根据机械的工作精度要求和尺寸链计算确定。

没必要对零件图中每一个尺寸要素都给出几何公差,只需要给出并标注制造时需要保证的有关尺寸。对于有些需要采取一定工艺措施才能达到或者对机器工作精度影响较大的尺寸要素,最好标出几何公差,其余部分可按未注几何公差处理。

3. 表面粗糙度的确定

完成零件图中尺寸公差及几何公差的设计、标注之后,还需确定控制表面精度的指标——表面粗糙度参数值。主要从以下几方面考虑选取。

(1) 零件图中与尺寸公差、几何公差等级所对应的表面粗糙度,可用查表法直接给出。

(2) 对机械性能有专门要求,需根据使用要求专门给出。如滑动轴承配合面用 Ra、R_z 来保证工作时油膜厚度的均匀性。

11.3.3 典型零件图精度设计实例

1. 轴类零件精度设计

轴类零件是机电产品,特别是旋转机械中最常用的主要零件之一,是非常重要的非标准件,通常用于支承旋转的传动零件(如齿轮、带轮、链轮等),以传递运动、扭矩,承受载荷,并保证安装在轴上零件的回转精度。

轴类零件精度设计时,应针对轴类回转体的主要几何特征,根据相配件对轴的精度要求,合理确定轴各部位的尺寸公差、几何公差和表面粗糙度参数值。需注意以下问题。

① 外圆直径通常为主要尺寸,应优先保证。轴向尺寸精度较低。
② 设计基准一般为轴线,工作面往往为外圆柱面。
③ 外圆柱表面轴线之间一般有同轴度要求。
④ 若设计基准与加工基准不重合,则可采用同轴度、径向跳动等项目,控制基准轴线的不重合度。

1) 确定尺寸公差

轴类零件的主要工作表面是轴颈等配合表面,它直接影响轴的回转精度、旋转精度和工作状况。应根据轴的使用要求和配合性质来确定轴的直径精度,通常取 IT6~IT9,精密主轴高达 IT5。

2) 确定几何公差

轴类零件的几何精度设计主要针对与支承件的结合部位和与传动件的结合部位。

(1) 与支承件结合部位的几何公差项目选择

以最常用的滚动轴承为例,与滚动轴承配合的轴颈的形状误差主要影响轴承与轴颈配合的松紧程度及对中性,从而影响轴承的工作性能和寿命,应采用包容要求,并选用圆度或圆柱度公差控制;轴颈对其(公共)轴线的同轴度误差主要影响旋转精度,应选用同轴度或径向圆跳动公差控制;轴肩是轴承的轴向定位面,对其轴线的垂直度误差会影响轴承的轴向定位精度,可能造成轴承套圈歪斜,改变轴承滚道形状,恶化轴承工作条件,应选用垂直度或轴向圆跳动公差控制。

（2）与传动件结合部位的几何公差项目选择

与传动件配合的轴表面的形状误差会影响配合的松紧程度及对中性，可采用圆度或圆柱度公差控制；与传动件配合的轴段的轴线对其公共轴线不同轴会直接影响传动件的传动精度，可选用同轴度或径向圆跳动公差控制；轴肩对轴线的歪斜会影响传动件的定位及载荷分布的均匀性，应选用垂直度或轴向圆跳动公差控制；轴键槽对其轴线的偏斜会影响承载的均匀性及装拆是否方便，应选用对称度公差控制。

案例 11-3 某球面蜗杆轴零件图，如图 11-5 所示，分析并给出精度要求。

解：球面蜗杆是分度曲面为圆环面的蜗杆。工作尺寸为环面螺旋部分；定位基准为两端 $\phi140$ 轴颈，用于蜗杆轴的安装支承定位；工艺基准为两端中心孔，用于车削和磨削加工；连接部分为两端 $\phi90$ 及单键，用于动力的输入/输出。

（1）主要尺寸公差。

①工作尺寸。$\phi350$、$R274$、$\phi151.75$ 等，按蜗杆蜗轮啮合计算，为设计理论尺寸，若偏离理论尺寸，则将直接造成机械工作精度降低甚至无法工作。工作尺寸误差是原理性误差，应从机械的工作原理分析其误差的允许值。因此，工作尺寸精度应优先确定。

②起基准作用的尺寸。两端 $\phi140n6$、装配设计基准 $\phi470_{-0.2}^{\ 0}$，总体设计时已经确定，可直接从装配图中得到；左端轴向尺寸 $65_{+0.025}^{+0.052}$，为轴向加工、装配调整时的基准，可通过尺寸链计算求得；工艺测量基准为两端中心孔。

③其他主要尺寸。连接尺寸，两端 $\phi90_{+0.013}^{+0.035}$、单键 $25_{-0.052}^{\ 0}$，标注尺寸时可直接从装配图上及有关标准中选择；$\phi125$ 为一般精度尺寸，直接查手册及装配图。

④一般公差。按未注尺寸公差标注即可，但要注意尺寸的完整性。

（2）几何公差。

①工作部位。加工蜗杆工作面时，需轴向对刀，可根据蜗杆工作精度要求，查阅设计手册并计算得出，取对称度公差值 0.02。

②基准。两端 $\phi140$ 公共轴线是蜗杆轴的设计基准，两处 $\phi140$ 应同时加工，用同轴度公差 $\phi0.03$ 控制；轴向基准，即左端尺寸 65 的右端面限制轴向尺寸 470，确保蜗杆轴向对刀精度，用轴向圆跳动公差 0.03 控制。

③其他主要部位。连接处 $\phi90$ 圆柱面及单键用于传递动力和运动，考虑传动精度及配合，用对 $\phi140$ 公共轴线的径向圆跳动公差值 0.025 保证运动传递精度，配合面用圆柱度公差值 0.01 保证配合质量，也可用圆度和直线度公差共同限制圆柱面的形状误差；键槽宽 25 应当与 $\phi90$ 轴线对称，根据配合精度要求查表，取对称度公差值 0.025。

考虑蜗杆径向尺寸精度为 IT6，除轴向尺寸 65 为基准尺寸外，没有过高要求。工作部分尺寸用计算法，根据蜗杆工作精度、装配等要求，给出对称度公差 0.02；其余按查表法得到。

采用查表法确定几何公差精度等级：整个轴径向尺寸公差为 IT6，以尺寸公差等级为参考，可确定各处几何公差值。因 $\phi140$ 两处相距较远，以其轴线为设计基准，宜降 1~2 级，故同轴度选 7 级；$\phi90$ 圆柱面的圆柱度、径向跳动公差同样因为基准为轴线，需降 1 级为 7 级；两处轴向圆跳动在轴向不易保证，降 1 级为 7 级；单键槽尺寸公差为 IT8，对称度公差选 8 级即可。

最后，按所选几何公差等级，查表确定几何公差数值，必要时还需用尺寸链验算。

第11章 机械精度设计综合应用实例

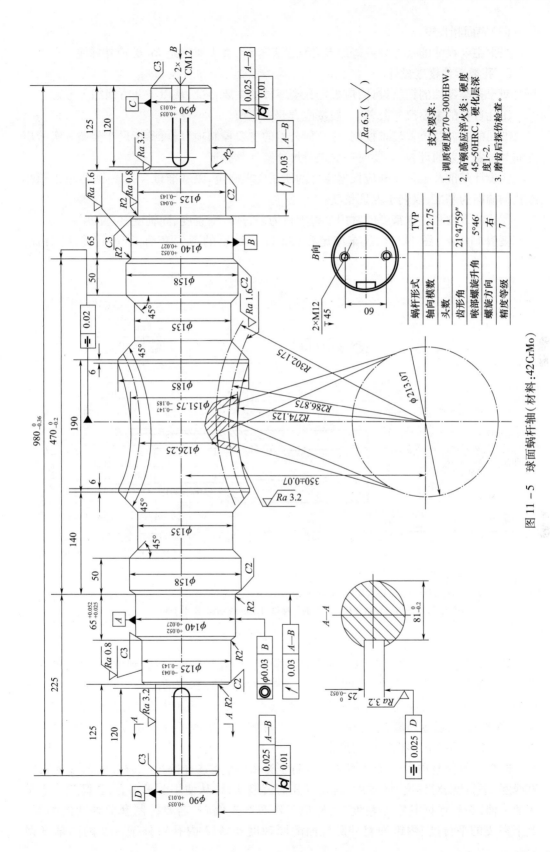

图 11-5 球面蜗杆轴（材料：42CrMo）

(3)表面粗糙度。

根据主要尺寸的尺寸公差等级及几何公差等级,查手册确定 Ra 数值并标注。

2. 孔类零件精度设计

对于孔类零件的精度设计,应根据孔类零件的主要特征,从以下几方面综合考虑。

①孔自身的主要尺寸公差,一般按配合要求取值。

②孔的方向及位置较难控制,是几何公差的主要控制项目,可参考尺寸公差等级给出方向和位置公差的等级,必要时还要进行尺寸链计算验证。

③设计基准及工艺基准应根据零件的使用要求确定,以基准重合为原则,尽量以箱体或孔的端面为基准,以利于保证精度。

④孔的方向和位置精度的常用公差项目为平行度、垂直度、同轴度、位置度等。

案例 11-4 图 11-6 是车床尾座(图 11-4)上的顶尖套筒,试进行零件图精度设计。

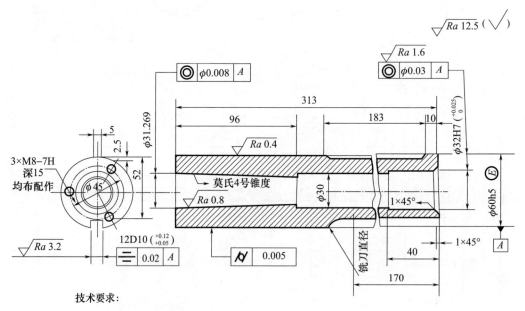

技术要求:

1. φ60h5及莫氏4号锥面淬火HRC48~53;
2. 莫氏4号锥孔用锥度量规检验,端面位移量±1.5mm,接触面积小于80%。

图 11-6 顶尖套筒

解:车床尾座的顶尖套筒用于使顶尖沿尾座体内孔做轴向移动,到位锁紧后,顶住工件进行切削加工。为保证顶尖轴线与车床主轴轴线同轴,套筒的配合间隙不宜太大。案例 11-2 已介绍了套筒在车床尾座部件中的装配关系,对套筒以及与套筒相配合的尾座体孔、螺母外圆、后盖凸肩、定位块的尺寸公差和配合性质做了分析和设计。本例将主要进行几何精度和表面粗糙度的精度设计。

选择几何公差项目。从套筒的结构特征来看,可能选择圆度、圆柱度、轴线和素线直线度、平行度、对称度、同轴度、跳动等几何公差项目;从使用要求来看,套筒相当于车床的主轴,必须保证其定心精度,为避免工作时产生偏心,需要控制套筒外圆的圆度、上下素线的平行度、内锥面对外圆柱面的同轴度及 φ32 内孔对外圆柱面的同轴度误差。套筒长槽起导向作用,应当控制其对称度误差。轴线直线度误差可以用外圆柱面的尺寸公差综合控制。因此,套筒选用圆柱度、对称度、同轴度及径向圆跳动 4 项几何公差。

选择基准。套筒在安装使用时均以 $\phi60$ 外圆柱面作为支承工作面,故对称度、同轴度及径向圆跳动均以此外圆柱面轴线作为基准要素。

几何公差值及表面粗糙度参数值的具体设计选用如下。

$\phi60h5\ (_{-0.013}^{0})$ 外圆:与尾座体 2 上 $\phi60$ 孔配合要求很严,如有晃动,将直接影响车床的加工精度,为了严格保证配合性质,应遵守包容要求;此外,使用时套筒带动顶尖前后移动,还应当对此外圆形状精度有进一步要求,通过圆柱度公差控制,公差等级取 6 级,公差值 0.005;属配合表面,表面粗糙度 R_a 取 $0.4\mu m$。

$\phi32H7\ (_{0}^{+0.025})$ 孔:为丝杆螺母 6 的安装定位孔,丝杆通过后盖 8 连接在尾座体 2 上,故 $\phi32H7$ 孔对其与尾座体孔配合的 $\phi60h5$ 外圆柱面应有同轴度要求,以保证丝杆螺母转动的灵活性和平衡性,以驱动套筒作轴向移动,同轴度公差取 8 级,公差值 0.030;表面粗糙度 Ra 取 $1.6\mu m$。

莫氏锥度孔:用于安装顶尖,按莫氏 4 号锥度,用锥度量规检验,端面位移量 ± 1.5mm,接触面积不小于 80%;莫氏锥度孔应与 $\phi60h5$ 轴线同轴,同轴度公差取 5 级,公差值 0.008,可用莫氏 4 号内锥面的斜向圆跳动代替同轴度。为了便于检测,用锥度芯轴检查径向圆跳动来代替斜向圆跳动,规定靠近端部处的径向圆跳动公差,取 5 级,公差值 0.008,锥孔轴线有可能歪斜,还要规定距离端部 300mm 处径向圆跳动公差,取 7 级,公差值 0.020;莫氏锥度孔表面粗糙度要求高,Ra 取 $0.8\mu m$。

定位长键槽 12D10 ($_{+0.05}^{+0.12}$):选用较松连接,公差带为 12D10。导向精度由长槽与定位块的配合保证,且仅用于调整,不影响车床加工精度,故其对 $\phi60h5$ 轴线的对称度公差取 8 级,公差值 0.020,键槽侧面的表面粗糙度 Ra 取 $3.2\mu m$。

$\phi45$ 均布圆上 $3\times M8-7H$ 螺孔:与丝杆螺母 6 配作,按一般公差。

套筒上其余要素的几何公差按未注几何公差处理,其余表面 Ra 取 $12.5\mu m$。

3. 壳体、箱体类零件精度设计

壳体、箱体类零件主要起支撑作用。箱体上的轴承座孔用于安装传动轴,应当根据齿轮传动的精度要求,确定轴承座孔的中心距极限偏差,轴承座孔的尺寸精度主要根据与滚动轴承外圈的配合性质确定。

箱体类零件的几何精度主要是孔系(轴承座孔)的方向和位置精度,其次是箱体结合面(分箱面)的形状精度,通常选用以下几何公差项目。

轴承座孔的圆度或圆柱度公差,主要保证滚动轴承与箱体孔的配合性质及对中性,防止轴承安装中的较大变形。轴承座孔轴线之间的平行度公差,主要保证传动件的接触精度和传动平稳性。左、右两轴承座孔轴线的同轴度公差,主要保证传动件的传动精度及载荷分布的均匀性。轴承座孔端面对其轴线的垂直度公差,主要保证轴承安装定位及轴向承载的均匀性。剖分式箱体分箱面的平面度公差,主要保证箱体分箱面的贴合性和密封性。

案例 11-5 某铣床主轴箱减速器壳体,毛坯为铸件,零件图如图 11-7 所示,试进行精度设计。

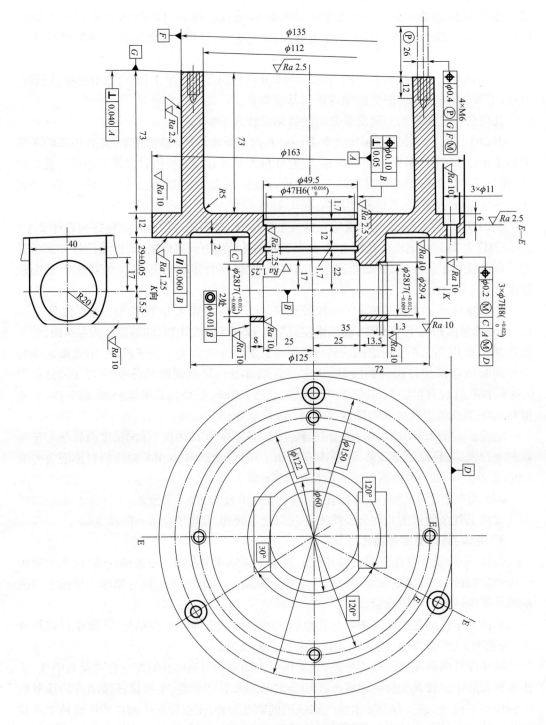

图 11-7 铣床主轴箱减速器壳体

解：本零件需优先保证的尺寸为孔 $\phi47H6$、$2-\phi28J7$，位置尺寸 29 以及其轴线间的位置关系，它们对铣床主轴的精度影响较大，因此以其为基准容易满足设计要求；右端面 C、左端面 G 为重要的定位基准，也应作为重要的部位。

(1) 尺寸公差。

孔 $\phi 47$、$2-\phi 28$、$3-\phi 7$ 等为重要的尺寸,可从装配图中直接查得;位置尺寸 29 直接从设计时的精度计算求得,或者根据精度要求查手册得到。

一般尺寸公差可按未注公差。

(2) 几何公差。

①工作部位。$\phi 47H6$、$2-\phi 28J7$ 孔的轴线间的几何精度在整个零件中精度要求最高,应优先保证。首先,根据零件在铣床中的使用特点及使用要求,选 $2-\phi 28J7$ 孔公共轴线 B 为基准,对孔 $\phi 47H6$ 提出轴线须交叉并垂直的要求,按与尺寸精度等级对应的几何精度等级计算并查设计手册,选取垂直度公差值 0.05,位置度公差值 $\phi 0.10$;另外,$2-\phi 28J7$ 孔须同轴,取同轴度公差值 $\phi 0.01$。

工作部位中,$2-\phi 28J7$ 为设计基准,其几何误差对铣床主轴的工作精度影响比较大,应从严控制,参照尺寸精度等级 IT7 和设计的工作精度要求,其同轴度可比尺寸精度高 1 级,为 6 级,查表取同轴度公差值 0.010;$\phi 47H6$ 对基准轴线 B 的垂直度为线对线要求,保证比较困难,与孔尺寸精度 IT6 级比,宜降低 1~2 级,选 8 级,取垂直度公差值 0.050,其位置度公差可根据工作精度要求计算,也可用类比的方法,比较同类的精度取值,定为 0.10;两端面垂直度和平行度较易加工保证,选对应的垂直度和平行度为 7 级,其公差值分别取 0.040、0.060 即可。

②定位部分。分为右端面 C 和左端面 G,它们是连接其他部件的基准,对铣床主轴的运动精度也有较大影响。因此,还需以工作部位 $\phi 47H6$、$2-\phi 28J7$ 孔的轴线为基准,对 C、G 两处应给出方向公差。

③其他部分。包括安装部分 $4-M6$、$3-\phi 7H8$,需要保证连接可靠,达到精度要求,用位置度保证其要求,位置度公差值可直接查手册计算得出,最后再验算。

其余螺孔和光孔的位置度公差值的确定,可根据装配精度要求,采用最大实体要求,保证可装配性即可。

(3) 表面粗糙度。

根据尺寸公差等级及几何公差等级,查手册直接选取;基准的粗糙度要求可参考几何公差的等级要求,也可从手册查到。

习题与思考题

1. 零件图精度设计中为什么要按尺寸公差→几何公差→表面粗糙度的顺序进行? 有什么好处?

2. 如图 11-3 所示的减速器,若考虑采用试切法加工,公差与配合的标注应如何修改? 试标出用"试切法"加工时的极限配合与公差。

3. 某蜗杆零件图如图 11-8 所示,试分析其尺寸关系,哪些是主要尺寸?

4. 查阅参考文献、网上资源,选一种机械产品,对其进行装配图及主要零件图的精度分析与设计,并正确标注。

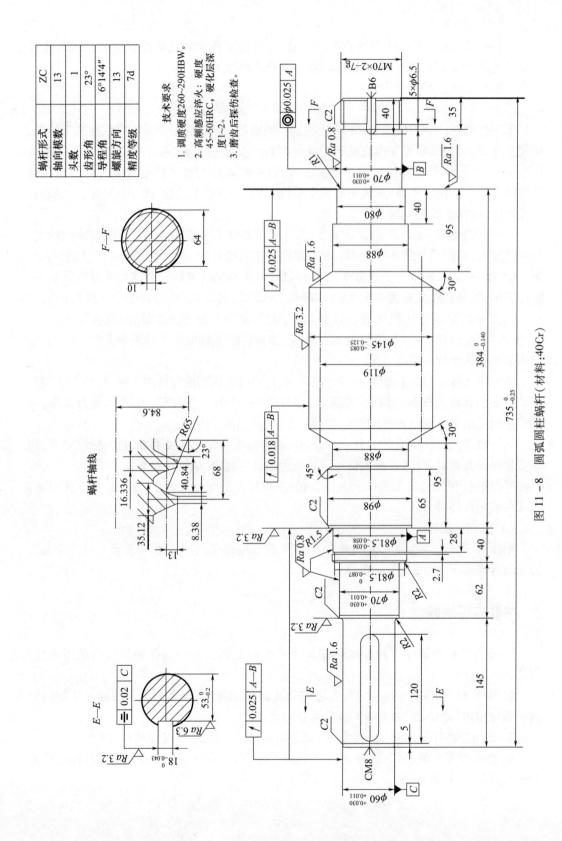

图 11-8 圆弧圆柱蜗杆（材料：40Cr）

第12章 检测技术基础

12.1 测量的基本概念

1. 测量过程四要素

根据《通用计量术语及定义》(JJF 1001—2011),测量是指通过实验获得并可合理赋予某量一个或多个量值的过程。测量是以确定被测对象属性量值为目的的全部操作。

任何一个测量过程都包括被测对象及其被测量、计量单位、测量方法和测量精度四个要素。

1) 被测对象及其被测量

本课程仅限于机电产品及其零部件的几何量,包括长度、角度及其在机械零部件上的各种表现形式,如尺寸、几何误差、表面粗糙度以及螺纹、齿轮等的几何参数偏差。

2) 计量单位

计量单位(测量单位),简称单位,是指用来度量同类量的量值的标准量。长度的基本单位为米(m),常用单位有毫米(mm)、微米(μm)和纳米(nm)。角度的常用单位有弧度(rad)、微弧度(μrad)及度(°)、分(′)、秒(″)。

3) 测量方法

测量方法是对测量过程中使用的操作所给出的逻辑性安排的一般性描述,是在测量时所采用的测量原理、测量器具及测量条件的总和。

测量时应根据被测对象的特点及测量精度要求来选择正确的测量方法,拟定测量方案,选择计量器具和规定测量条件。

4) 测量精度

测量精度(准确度)是指被测量的测得值与其真值相一致的程度。没有测量精度的测量结果没有任何意义。测量误差的大小反映测量精度的高低,应将测量误差控制在允许的范围内。测量精度常用测量极限误差或测量不确定度表示。

2. 检测、检验、测试及计量检定

1) 检测

JJF 1001—2011 定义:检测是对给定产品,按照规定程序确定某一种或多种特性、进行处理或提供服务所组成的技术操作。《合格评定 词汇和通用原则》(GB/T 27000—2023)定义:检测是按照程序确定合格评定对象的一个或多个特性的活动。

检测就是利用各种物理、化学效应,采用合适的方法与装置,对被测对象的技术特性赋予定性或定量评价结果的过程。检测是测量与检验的总称。

2）检验

《质量管理体系 基础和术语》(GB/T 19000—2016)定义:检验是通过观察和判断,适当时结合测量和试验或者估量所进行的符合性评价。

检验用于判定产品或工件是否满足设计要求,确定被测参数是否在规定的极限范围内,并做出合格性判断,而不一定要得到被测量的具体数值。检验强调符合性,不仅要提供结果,还要判定合格性。在没有明确要求时,检测一般只需提供结果,不必判定合格与否。

3）测试

测试是指具有试验研究性质的测量,即测量和试验的综合。由于测试和测量密切相关,在实际使用中往往并不严格区分。

4）计量、检定

计量是指实现单位统一、量值准确可靠的活动,也是关于测量及其应用的科学。计量是为了保证测量结果的准确可靠而开展的技术和管理活动的统称。计量与测量密不可分,没有计量,就不可能有准确可靠一致的测量,计量工作也应当紧密围绕测量需求而展开。检定是指查明和确认测量仪器符合法定要求的活动,包括检查、加标记和/或出具检定证书。通过检定,评定测量装置的量值误差范围是否在计量检定规程规定的误差范围之内。

3. 检测技术的作用

机械制造中最基本、最常用的是几何量检测,主要作用如下。

(1)产品符合性检验。产品及其零部件完工后验收时,通过测量进行合格性判断。

(2)制造过程检测及工艺质量控制。通过制造过程测量,实现工序质量控制和工艺分析,及时调节加工参数,以保证制造质量。加工误差测量是自动化制造系统的关键环节。

(3)产品设计测绘。在产品及其零部件设计过程中,通过测绘获得设计所需的参数。如逆向工程、数字孪生制造等现代制造技术就是通过测绘得到产品数字化模型。

(4)测量仪器计量检定。为确保量值准确可靠,在计量器具检定时,需更高精度的测量。

12.2 长度计量基准与量值传递

12.2.1 长度计量基准

测量需要统一的标准量,而标准量由测量标准来体现,测量标准分为计量基准和计量标准。计量基准器具(简称计量基准)是在特定计量领域内复现和保存计量单位并且具有最高计量学特性,经国家鉴定、批准用作为统一全国量值最高依据的计量器具。

计量标准是指准确度低于计量基准,用于检定或校准其他计量标准或工作计量器具的测量标准,其目的是通过比较把该计量单位或量值传递到其他测量器具。计量标准在量值传递和量值溯源中起着承上启下的作用,它将计量基准所复现的量值,通过检定或校准的方式传递到工作计量器具,确保工作计量器具量值的准确、可靠和统一,使工作计量器具测量得到的数据可以溯源到计量基准。

在几何量计量领域内,计量基准可分为长度基准和角度基准。

长度计量基准是指以现代科学技术所能达到的最高准确度,保存和复现米的整套装备。国际通用的米定义是:1m 是光在真空中 1/299792458s 时间间隔内所经路径的长度。我国用 0.633μm 稳频的氦氖激光辐射波长作为国家长度基准,其测量不确定度达到 2.5×10^{-11} m。

1 个圆周角等于 360°,常用角度单位(°)是由圆周角定义的,而弧度与度、分、秒有确定的换算关系,因此无须建立角度的自然基准。

12.2.2 量值传递系统

以激光波长作为长度基准不便于在工程实践和科学研究中直接使用,因此,为了保证量值的准确和统一,必须建立一个统一的量值传递系统,把长度基准的量值逐级准确地传递到生产中所使用的测量器具上去,再用它来测量工件。量值传递是将国家计量基准所复现的计量单位的量值,通过标准器具依次逐级准确传递到所应用的工作测量器具和被测对象,以保证测量所得的量值准确一致。长度量值传递系统如图 12-1 所示。

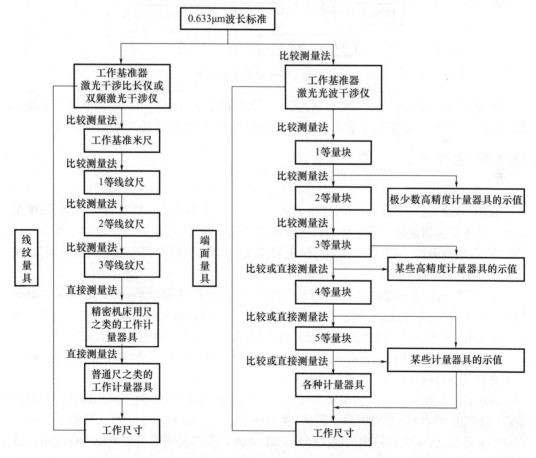

图 12-1 长度量值传递系统

我国长度量值传递系统通过端面量具(量块)和线纹量具(线纹尺)系统两个平行的实体基准系统从最高基准谱线向下传递。长度量值传递路线为光波基准→标准测量器具→计量器具(量具、量仪)→工作尺寸。量值传递中以各种标准测量器具为主要媒介,尤以量块传递系统应用最广。

尽管角度量值可以通过等分圆周获得任意大小的角度,无须再建立一个角度自然基准,但在实际应用中为了方便特定角度的测量和对测角量具量仪进行检定,仍需建立角度量值基准。最常用的角度基准是用特殊合金钢或石英玻璃精密加工制成的多面棱体,以此建立角度量值传递系统,如图12-2所示。

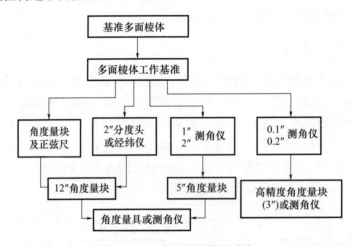

图12-2 角度量值传递系统

机械制造中的角度标准一般有测角仪、分度头和角度量块。与长度基准中的量块相似,在实际工作中也常用角度量块来检定一般精度的角度测量器具或直接测量零件。

12.2.3 量块

1. 量块简介

量块(块规)是一种平行平面端面量具,是长度尺寸传递的实物基准,是保证长度量值统一的重要实物量具。除了作为长度基准的传递媒介外,量块还广泛应用于测量器具的检定、校准和调整,用于相对测量时校正量仪或量具零位,以及精密机床设备的调整、精密划线和精密工件测量等。

量块用特殊合金钢制成,具有线膨胀系数小、性能稳定、不易变形、硬度高、耐磨性好等特点。量块的基本特性是稳定性、准确性和研合性,研合性是指量块的一个测量面与另一测量面或与另一经精加工的类似量块测量面的表面,通过分子力的作用而相互黏合的性能。

量块通常为正六面体,它有一对相互平行的测量面(工作面)和四个非测量面,两测量面之间具有精确的尺寸,如图12-3所示。

量块长度是指量块一个测量面上任意点到与其相对的另一个测量面相研合的辅助体表面(如平晶、平台等)之间的垂直距离;量块中心长度是指对应于量块未研合测量面中心点的量块长度;量块的标称长度是指标记在量块上用以表明其与主单位(m)之间关系的量值,也称为量块长度的示值。

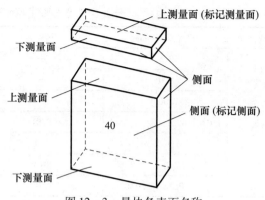

图 12 - 3 量块各表面名称

2. 量块的精度

为了满足不同应用场合的需要,国家标准按等和按级对量块的精度做了规定。

1)量块的分等

《量块》(JJG 146—2011)按检定精度将量块分为 1、2、3、4、5 共五等,其中 1 等精度最高,5 等最低。低一等的量块尺寸是由高一等的量块传递而来。量块分等的主要依据是量块长度的测量不确定度和量块长度变动量的最大允许值。

量块按"等"使用时,以量块检定后所给出的实际中心长度作为工作尺寸,该尺寸消除了量块的制造误差,只包含检定时较小的测量误差和检定后的磨损误差,测量精度较高。

2)量块的分级

《几何量技术规范(GPS) 长度标准 量块》(GB/T 6093—2001)按制造精度将量块分 K、0、1、2、3 共五级,其中 K 级精度最高,3 级最低,K 级为校准级。量块分级的主要依据是量块长度相对于量块标称长度的极限偏差和量块长度变动量最大允许值。

量块按"级"使用时,以量块的标称长度作为工作尺寸,量块在使用一段时间后由于磨损而导致尺寸减小,量块的制造误差和磨损误差必然被引入测量结果,因而精度不高,但不需加修正值,故使用方便。

量块按"等"使用比按"级"使用的测量精度高,但增加了检定费用,且以实际检定结果作为工作尺寸,也给实际使用带来不便。

量块在量值传递及精密测量中按"等"使用,除此之外按"级"使用。

3. 量块的使用

量块是成套生产的,每套包括一定数量不同尺寸的量块,GB/T 6093—2001 规定了 17 种规格的成套量块系列,每套数量分别为 91、83、46、38、12、10、8、6、5 等。表 12 - 1 列出了 83 块一套量块的尺寸组成系列。

量块属于无刻度定尺寸量具,每个量块只代表一个尺寸。为了满足一定尺寸范围不同尺寸的测量要求,常常利用量块的研合性,将不同尺寸的多个量块研合在一起组合使用,以组成所需的工作尺寸。

组合使用量块时,为减少量块组合的累积误差、获得较高尺寸精度,应尽量减少量块的组合块数,一般不超过 4 块。组合量块时,应从所需组合尺寸的最后一位数字开始选第一块量块尺寸的尾数,每选一块至少应减去所需尺寸的一位尾数。例如,从 83 块一套的量块中组成所需要的尺寸 37.465mm,可选用 1.005、1.46、5、30 四个量块组成量块组使用。

表 12-1　83 块一套量块的尺寸组成（摘自 GB/T 6093—2001）

总块数	级别	尺寸系列/mm	间隔/mm	块数
83 块	0,1,2	0.5	—	1
		1.0	—	1
		1.005	—	1
		1.01,1.02,1.03,…,1.49	0.01	49
		1.5,1.6,1.7,…,1.9	0.1	5
		2.0,2.5,3.0,…,9.5	0.5	16
		10,20,30,…,100	10	10

12.3　测量方法及基本测量原则

12.3.1　测量方法

测量方法是测量过程四要素之一。根据不同的测量目的，测量方法有不同的分类，在实际应用中，往往按照获得测量结果的具体方式来划分测量方法。

1. 按实测量是否为被测量分

（1）直接测量。直接从测量器具获得被测量值。如用游标卡尺、千分尺测轴径。

（2）间接测量。测量与被测量有函数关系的其他量，再通过函数关系式求出被测量值。如图 12-4 所示，要测量孔心距 L，可分别测出两孔之间的尺寸 A 和 B，然后通过函数关系 $L=(A-B)/2$ 计算得到 L。

直接测量简单直观，间接测量比较烦琐。直接测量比间接测量的精度高。为了减少测量误差，一般都采用直接测量。但某些被测量（如孔心距、局部圆弧半径等）不易采用直接测量或直接测量达不到要求的精度（如某些小角度的测量），则应采用间接测量。

2. 按示值是否为被测量的量值分

（1）绝对测量。能从测量器具的示值上得到被测量的整个量值。如用测长仪测量零件轴径。

（2）相对测量（比较测量）。测量器具的示值仅表示被测量相对于已知标准量的偏差，而被测量的量值为测量器具的示值与标准量的代数和。如图 12-5 所示，先用量块调整指示表零位，然后读出轴径相对量块的偏差。

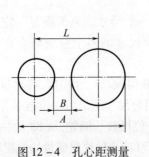

图 12-4　孔心距测量

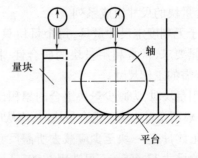

图 12-5　相对测量

相对测量一般比绝对测量的测量精度高,在精密测量中广泛应用。

3. 按测量时计量器具的测头是否与被测表面接触分

(1)接触测量。测量时测量器具的测头与被测表面直接接触,伴有测量力。如用电动轮廓仪测量表面粗糙度。

(2)非接触测量。测量时测量器具的测头不与被测表面接触。如用气动量仪、投影仪测量。

接触测量中有机械作用的测量力,会引起被测表面和计量器具有关部分的弹性变形,因而影响测量精度;而非接触测量则无测量力引起的测量误差,也避免了测头的磨损和划伤被测表面,故适宜于软质表面或薄壁易变形工件的测量,但不适合测量表面有油污和切削液的零件。

4. 按一次同时测量参数的数目分

(1)单项测量。对被测零件的每个参数分别单独测量。如用工具显微镜分别测量螺纹的螺距、中径和牙侧角。

(2)综合测量。一次同时测量工件上的某些相关几何参数的综合指标。如用单啮仪测量齿轮的切向综合偏差。

综合测量效率比单项测量高,常用于完工零件的检验。单项测量能分别确定每一参数的误差,一般用于工艺分析、工序检验及被指定参数的测量。

5. 按测量在加工过程中所起的作用分

(1)主动测量(在线测量)。在加工过程中对工件进行测量。主动测量的结果能及时反映加工过程是否正常,可用于控制加工过程,以决定是否继续加工或调整机床,能及时防止废品的产生,一般用于数控机床和自动化生产线。主动测量使检测与加工过程紧密结合,能够充分发挥检测的作用,保证产品加工质量。

(2)被动测量(离线测量)。在加工完毕后对工件进行测量,只能判别工件合格性,仅用于发现并剔除废品。

6. 按被测零件在测量过程中所处的状态分

(1)静态测量。测量时被测表面与测量器具的测头处于相对静止状态。如用比较仪测量工件直径。

(2)动态测量。测量时被测表面与测量器具的测头处于相对运动状态。它能反映被测参数的变化过程,可求得被测量的瞬时值及其随时间变化的规律。如用圆度仪测量工件圆度误差。动态测量能反映出零件接近使用状态下的情况,是检测技术的重要发展方向。

7. 按测量过程自动化程度分

(1)自动测量。测量过程按测量者所规定的程序自动或半自动完成。

(2)非自动测量(手工测量)。由测量者人工操作完成测量。

8. 按测量过程中决定测量精度的因素或条件是否改变分

(1)等精度测量。在测量过程中决定测量精度的全部因素或条件保持不变。例如,在相同测量条件下,由同一个操作者在同一台仪器上,用同一种测量方法,对同一被测量进行多次重复测量,就是等精度测量。

(2)不等精度测量。在测量过程中决定测量精度的全部因素或条件全部或部分改变。

为了简化对测量数据的处理,一般都采用等精度测量,不等精度测量则用于重要科学实验中的测量及重要精密测量。

可从不同的角度对测量方法进行分类,但某一具体的测量过程可能同时属于几种测量方法。如用三坐标测量机测量工件的轮廓,就同时属于直接测量、接触测量、在线测量、动态测量等。

选择测量方法时一般应综合考虑被测对象的结构特点、精度要求、生产批量、技术条件和测量成本等因素,保证检测测量的可行性、便捷性和先进性。

12.3.2 基本测量原则

在测量实践中,对于同一被测量往往可以采用多种测量方法。为了减小测量误差,获得正确可靠的测量结果,应当尽量遵守以下基本测量原则。

1. 阿贝原则

阿贝原则又称共线原则、串联原则,是长度测量的最基本原则。在测量中被测长度量(被测线)只有与标准长度量(标准线)重合或安放在其延长线上,测量才能得到精确的结果。若为并联排列,则该计量器具的设计、测量方法原理不符合阿贝原则。凡违背阿贝原则所产生的误差叫阿贝误差。

按阿贝原则设计的最典型的仪器有阿贝比长仪、立式光学计、测长仪等,千分尺是符合阿贝原则的典型量具代表。基于实用性,许多测量工具和仪器并未遵守阿贝原则,例如游标卡尺。

2. 基准统一原则

基准统一原则是指产品设计基准、工艺基准、装配基准应当与测量基准统一,以避免基准转换误差的影响。工序测量应以工艺基准作为测量基准,终检测量应以设计基准作为测量基准。

3. 最短测量链原则

为保证一定的测量准确度,测量链的环节应该最少,即测量链最短。

在间接测量中,与被测量具有函数关系的其他量与被测量形成测量链。形成测量链的环节越多,测量链越长,测量误差越大。因此,应尽可能减少测量链的环节数以减小各环节的误差。例如,应以最少数目的量块组合成所需尺寸的量块组。按此原则最好不采用间接测量,而采用直接测量。因此,只有在不可能采用直接测量或直接测量的精度不能保证时,才采用间接测量。

4. 最小变形原则

最小变形原则是指,为保证测量结果的准确度,在测量过程中应使被测工件与测量器具之间的相对变形最小。长度测量中,测量器具与被测零件都会因实际温度偏离标准温度而产生热变形,测量力引起接触变形,受重力影响而产生弹性变形,都会产生测量误差。

在测量过程中,控制测量温度及其变动,保证测量器具与被测零件有足够的等温时间,选用与被测零件线胀系数相近的测量器具,选用适当的测量力并保持其稳定,选择适当的支承点等,都是实现最小变形原则的有效措施。

5. 圆周封闭原则

封闭原则(闭合原则)是角度测量的基本原则。圆周被分割成若干等分,每等分实际上都不会是理想的等分值,都存在误差,但圆周分度首尾相接的夹角误差的总和为零,0°和360°总是重合的。

圆分度的自然封闭特性决定了在圆分度测量中,如果能满足封闭条件,则其相邻偏差的总和为零。角度测量中,圆分度盘、多面棱体、多齿分度台和方箱等都具有封闭特性,运用封闭原则,可不需更高精度圆分度标准器就能实现自检或互检。凡能形成圆周封闭条件的场合,封闭原则均可适用。

6. 随机原则

随机原则是指,在测量实践中,对那些影响较大的误差因素进行分析计算,若属系统误差,则可设法消除其对测量结果的影响,而对其他的大多数因素造成的测量误差,包括不予修正的微小系统误差,按随机误差处理。对于随机误差,可用概率与数理统计方法处理,减小其对测量结果的影响。

7. 重复原则

重复原则是指,对同一被测参数重复进行测量。若测量结果相同或变化不大,则一般表明测量结果的可靠性较高。若用精度相近的不同方法测量同一参数而能获得相同或相近测量结果,则表明测量结果的可靠性更高。

重复原则是测量实践中判断测量结果可靠性的常用准则,按此原则还可判断测量条件是否稳定。

8. 测量误差补偿原则

在测量过程中或测量过程完成后,针对测量误差的变化规律,利用修正值进行测量误差的补偿,可以提高测量结果的准确度。

12.4 计量器具及其主要技术指标

12.4.1 计量器具的分类

测量仪器与计量器具为同义术语,又称测量器具,是单独或与一个或多个辅助设备组合,用于测量的装置。计量器具既能单独使用,也能连同其他辅助工具设备使用。

1. 按用途分

(1) 标准计量器具。测量时体现标准量的测量器具。通常用来校对和调整其他计量器具,或作为标准与被测几何量进行比较,如线纹尺、量块、多面棱体等。

(2) 通用计量器具。通用性大、可用来测量一定范围内各种尺寸或其他几何量,并能获得具体读数值的计量器具。我国习惯上将结构比较简单的测量仪器称为通用量具,如游标卡尺、千分尺、指示表等。

(3) 专用计量器具。用于专门测量检验某种或某个特定参数的计量器具,如光滑极限量规、功能量规、圆度仪、丝杠检查仪、齿轮基节仪等。

(4) 检验夹具。由量具、量仪、定位元件和夹紧元件等组成的专用检验装置。

2. 按结构和测量原理分

(1) 固定刻线式量具。如直尺、卷尺等。

(2) 游标式量仪。如游标卡尺、游标高度尺、游标量角器等。

(3) 微动螺旋式量具。如螺旋千分尺等。

(4) 机械式量仪。通过机械结构实现对被测量的感受、传递和放大的计量器具,如机械式比较仪、指示表和扭簧比较仪等。

(5) 光学式量仪。用光学方法实现对被测量的转换和放大的计量器具,如光学比较仪、投影仪、自准直仪和工具显微镜等。

(6) 气动式量仪。靠压缩空气通过气动系统时的状态(流量或压力)变化来实现对被测量的转换的计量器具,如水柱式、压力式和浮标式气动量仪等。

(7) 电动式量仪。将被测量通过传感器转换为电量,再经变换而获得读数的计量器具,如电动轮廓仪、电感测微仪、电容式量仪等。

(8) 光电式量仪。利用光学方法放大或瞄准,通过光电元件再转换为电量进行检测的计量器具,如光电显微镜、光电测长仪、激光准直仪、激光干涉仪、激光扫描仪等。

3. 按结构特点分

(1) 量具。以固定形式复现一个或多个已知量值的计量器具。量具的主要特性是能复现或提供某全量的已知量值。量具又可分为单值量具和多值量具,单值量具,如砝码、量块、标准电阻、固定电容器等;多值量具,如线纹尺;成套量具,如砝码组、量块组。

(2) 计量仪器仪表。将被测量转换成可直接观测的指示值或等效信息的计量器具。计量仪器仪表按其结构又可分为指示式仪器、记录式仪器、积分式仪器、比较式仪器、调节式仪器及自动测量仪器等,如压力表、温度表等。

(3) 计量装置。为了确定被测量值所必需的计量器具和辅助设备的总体组合。它能够测量同一工件上较多的几何量和形状比较复杂的工件,实现检测自动化或半自动化,如齿轮综合精度检查仪、发动机缸体孔的几何精度综合测量仪等。

12.4.2 计量器具的技术性能指标

技术性能指标是表征计量器具功能和技术性能的重要指标,是选择、使用计量器具和研究测量方法的重要依据。计量器具的主要技术性能指标如下。

1. 标尺间距

标尺间距(刻度间距)是指计量器具标尺或刻度盘上相邻两刻线中心之间的距离或圆弧长度,如图 12-6 所示。为便于人眼观察和读数,标尺间距一般为 0.75~2.5mm。

2. 分度值

分度值是指计量器具标尺或分度盘上每一标尺间距所代表的量值。分度值就是测量仪器的最小刻度值,是所能准确读出的被测量的最小值。长度计量器具常用的分度值有 0.1mm、0.05mm、0.02mm、0.01mm、0.005mm、0.002mm、0.001mm 等。如千分表的分度值是 0.001mm,百分表的分度值是 0.01mm。

3. 分辨力

分辨力是指引起相应示值产生可觉察到变化的被测量的最小变化,是计量器具所能显示的最末一位数字所代表的量值。数字式量仪采用非标尺或非分度盘显示被测量值,就不能使用分度值,而称作分辨力。

分度值是机械类量具最小读数值的表述,而分辨力是数显量具量仪的最小读数值。一般而言,分度值或分辨力越小,则计量器具的测量精度越高。

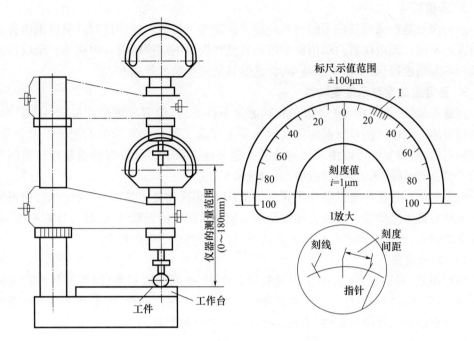

图 12-6　计量器具的度量指标

4. 示值范围

示值范围是指计量器具所能显示或指示的被测量起始值到终止值的范围。图12-6所示计量器具的示值范围是±100μm。

5. 测量范围

测量范围是指计量器具在允许的误差限内,所能测出的被测量值的下限值到上限值的范围。测量范围上、下限值之差称为量程。有的计量器具的测量范围等于其示值范围,如某些千分尺和卡尺。图12-6所示的计量器具,悬臂的升降可使测量范围增大到0～180mm,量程为180mm。

6. 灵敏度

灵敏度是指计量器具对被测量微小变化的响应能力。灵敏度是测量系统的示值变化除以相应的被测量值变化所得的商。设被测量的变化为Δx,所引起的计量器具相应的变化为Δy,则灵敏度S为

$$S = \Delta y / \Delta x \tag{12-1}$$

当Δy与Δx是同一类量时,灵敏度又称放大比或放大倍数,其值为常数。对于具有等分刻度标尺或分度盘的量仪,放大倍数等于标尺间距与分度值之比。标尺间距一定时,分度值越小,则计量器具的灵敏度越高。

7. 测量力

测量力是在接触式测量过程中,测量器具的测头与被测零件表面之间的接触压力。测量力的大小应适当,否则会引起测量误差。测量力太大会引起零件弹性变形,测量力太小会影响接触的稳定性。测量力波动会使示值不稳定,大多数采用接触测量法的计量器具,都有测量力稳定机构。

8. 示值误差

示值误差是指测量仪器示值与对应输入量的参考量值之差。仪器示值范围内各点的示值误差不同。测量仪器的示值误差可从其使用说明书或检定报告中获得。示值误差是计量器具的精度指标，示值误差越小，计量器具的测量精度就越高。

9. 测量重复性与示值变动性

测量重复性（重复精度）是指在相同测量条件下，连续多次重复测量同一个被测量，测量结果的一致性。测量仪器的重复性实质上反映了测量仪器示值的随机误差分量，即测量精密度，故重复性可以用示值的分散性定量地表示。测量仪器的重复性针对测量仪器的示值，而测量结果的重复性则针对测量结果。

示值变动性是指测量设备在相同测量条件下，多次重复测量同一个被测量，所得测量结果示值的最大变动量。示值变动性是对示值分散程度的近似评估，具有计算简便、测量不确定度较大、测量结果可靠性较差的特点，常用于要求不高的场合。

10. 回程误差

回程误差（滞后误差）是指在相同测量条件下，被测量值不变，测量器具行程方向不同时，两示值之差的绝对值。它是由测量器具中测量系统的间隙、变形和摩擦等原因引起的。当要求往返或连续测量时，应选回程误差小的计量器具。

11. 修正值

修正值是指为了消除或减少系统误差，用代数法加到未修正测量结果上的数值，修正值等于负的示值误差值。修正值一般通过检定获得。

12. 测量不确定度（详见 12.7 节）

12.5 测量误差

12.5.1 测量误差及其表示方法

一切测量都有误差，误差自始至终存在于所有科学试验和测量过程中，这就是误差公理。误差公理已为实践所证实，并被一切从事科学实验的人所公认。

JJF 1001—2011 定义：测量误差是测量的量值（测得值）减去参考量值。参考量值可以是被测量的真值，也可以是约定量值。

根据误差公理，任何测量过程都存在测量误差，被测量的真值不可能确切获知，即参考量值是未知的，测量误差只是一个理想概念，只能得到测量误差的估计值；以约定量值作为参考量值时，参考量值是已知的，测量误差也是已知的。

测量误差通常用绝对误差和相对误差表示。

1. 绝对误差

绝对误差 δ 是指被测量的测得值 X 与其真值 A 之差，即

$$\delta = X - A \tag{12-2}$$

绝对误差 δ 可为正值、负值或零。

在实际工作中一般用相对真值或约定量值来代替。计量器具按精度不同分为若干等级，上一等级的指示值即为下一等级的真值，此真值称为相对真值。通常可用高一级测量

仪器的测得值作为相对真值。实际测量中,以无系统误差的足够多次重复测量值之平均值作为约定量值。

测量精度可以用测量误差来衡量,误差越小,则精度越高;反之,则测量精度越低。绝对误差可用来评定公称值相同的被测量的测量精度,绝对误差的数值越小,则测量精度越高。

测量误差的大小往往在一定范围内变化,测量绝对误差的变化范围称为测量极限误差。

2. 相对误差

对于被测量公称值大小不同的被测量,即使绝对误差相同,其测量精度并不同,为了更加符合习惯地衡量测量值的精度,便引入了相对误差的概念。相对误差 ε 是指绝对误差的绝对值与被测量真值之比,实际应用中无法得到被测量的真值,常用测得值 X 来代替,即

$$\varepsilon = \frac{|\delta|}{A} \times 100\% \approx \frac{|\delta|}{X} \times 100\% \tag{12-3}$$

相对误差是无量纲的数值,通常用百分比表示。

3. 引用误差

引用误差是相对误差的一种特殊形式,是仪器仪表中常用的一种误差表示方法。引用误差是相对于仪表满量程的一种误差,常以百分数表示。常用绝对误差与仪表的满量程值(或测量范围)之比来表示相对误差,称为引用误差,即

$$引用误差 = \frac{|\delta|}{量程} \times 100\% \tag{12-4}$$

最大引用误差常用来表示仪器仪表的准确度,它反映了测量仪器综合误差的大小。

研究测量误差的目的是寻找产生误差的原因,认识误差的规律、性质,进而寻求减小、消除和避免误差的途径与方法,以求获得尽可能接近真值的测量结果。

12.5.2 测量误差的来源

测量误差主要来源于以下几个方面。

1. 计量器具误差

计量器具误差是指计量器具本身及其附件引入的误差,主要包括原理性误差以及设计、制造、装配调整和使用过程中的各项误差。在仪器设计中,为了简化结构,采用近似的机构实现理论要求的运动,用均匀刻度的标尺代替非均匀刻度的标尺,采用了违背阿贝测长原则的设计等,都会引起原理性误差;仪器基准件的制造误差,如螺旋千分尺测微螺杆的制造误差等;装配间隙调整不当、分度盘安装偏心、标尺刻度不准确、光学元器件及光学元器件装配调整不当等会产生制造和装配调整误差。计量器具误差可用计量器具的示值误差、示值变动性或不确定度来表征。

2. 测量方法误差

测量方法误差是指由于测量方法不合理、不完善而造成的误差。如测量时采用了近似的,甚至不合理的测量方法,加工、测量基准不统一;相对测量中的标准件误差,如量块误差等;测量操作中的测头对准误差和读数对准误差;接触式测量中测头形状选择不当、测量力引起的计量器具和被测工件表面的弹性变形;间接测量中计算公式的不准确;测量过程中工件安装定位不正确等。

3. 测量环境误差

测量环境误差是指测量时的环境条件不符合标准测量条件而引起的误差,主要有温度、湿度、振动、灰尘、气压、电源电压、照明及电磁场等,其中温度影响最大。

4. 测量人员误差

测量人员误差是指测量人员人为引起的误差,如测量人员使用测量器具不正确、视觉偏差、读数或估读错误等引起的误差。

5. 测量对象变化误差

测量对象变化误差是指测量过程中由于测量对象本身不断变化而引起的误差。

测量误差的来源有很多,在测量中,应当分析主要的测量误差源,并采取有效的技术措施,尽量避免、消除或减小测量误差对测量结果的影响,以保证测量精度。

12.5.3 测量误差的种类及其特性

按测量误差的特点和性质,它可分为系统误差、随机误差和粗大误差。系统误差属于有规律性的误差,随机误差属于无规律性的误差,而粗大误差属于明显失误造成的误差。

1. 系统误差

系统误差是指在重复测量中保持不变或按可预见方式变化的测量误差的分量。前者称为定值系统误差,后者称为变值系统误差。

定值系统误差实例:在相对测量中,按量块的标称尺寸调整指示表或比较仪的零点时,由量块制造误差所引起的测量误差;千分尺零点不正确引起的误差;计量器具的刻度盘分度不准确引起的测量误差。变值系统误差实例:指示表指针的回转中心与刻度盘上各条刻线中心的偏心所产生的按正弦规律周期性变化的示值误差;环境温度变化、气压变化等环境条件改变引起的测量误差。

按照对系统误差掌握的程度可分为已定系统误差和未定系统误差。已定系统误差的大小、符号或变化规律已经确定,对于已知的系统测量误差可采用修正予以补偿;未定系统误差的大小和符号未能确定,但通常可估计出系统误差范围。

系统误差对测量结果影响较大,应设法发现并尽量减小或消除系统误差,以提高测量精度。

2. 随机误差

随机误差是指在重复测量中按不可预见方式变化的测量误差的分量。随机误差主要是由于检测仪器或测量过程中某些未知或无法控制的偶然性因素或不确定因素(如仪器的某些性能不稳定、振动、电磁波扰动、电网的畸变与波动等)综合作用的结果,如量仪示值变动、计量器具传动机构的间隙及测量力的不稳定和环境温度、湿度的波动等产生的误差。随机误差是不可避免的,它导致重复测量中数据的分散性,但可以减少并控制其对测量结果的影响。

系统误差和随机误差的划分并不是绝对的,两者在一定的条件下可以相互转化。

3. 粗大误差

粗大误差(过失误差)是指超出了在规定条件下预期的误差,即明显歪曲测量结果的误差。粗大误差是由某些非正常原因引起的,如测量者的疏忽大意、读数错误、记录错误、计量器具使用不正确,环境条件的突变(冲击、振动、电磁干扰等)等。

在测量误差分析和数据处理时,应根据粗大误差的判断准则予以判断和剔除。

12.5.4 测量精度

测量精度与测量误差是从两个相对角度说明同一概念的术语。测量误差越大,则测量精度越低;反之,则测量精度越高。

为了反映测量系统误差和随机误差对测量结果的不同影响,将测量精度分为正确度、精密度和准确度。

1. 正确度

正确度是指无穷多次重复测量所得量值的平均值与一个参考量值(一般为真值)间的一致程度。测量正确度与系统测量误差有关,与随机测量误差无关。系统误差小,则正确度高。

2. 精密度

精密度是指在规定条件下,对同一或类似被测对象多次重复测量所得示值或测得值之间的一致程度。精密度反映测量结果中随机误差的影响程度。随机误差小,则精密度高。

3. 准确度

测量准确度是指被测量的测得值与其真值的一致程度,是精密度和正确度的综合概念。准确度是测得值中随机误差和系统误差的综合反映。

通常所谓测量精度或计量器具的精度,一般是指准确度,而非精密度。实际上精度已成为准确度习惯上的简称。精密度、正确度与准确度的关系如图 12-7 所示。

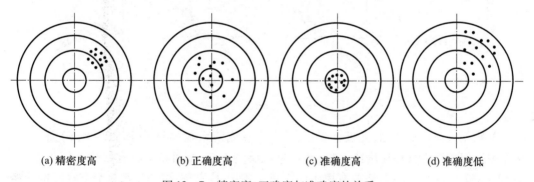

(a) 精密度高　　(b) 正确度高　　(c) 准确度高　　(d) 准确度低

图 12-7　精密度、正确度与准确度的关系

实际测量中,正确度高,不一定精密度高,亦即测得值的系统误差小,不一定其随机误差小;精密度高,不一定正确度高,亦即测得值的随机误差小,不一定其系统误差小;系统误差和随机误差都小,则精密度和正确度都高,准确度高。

12.6　测量数据处理

12.6.1　测量列中测量误差处理

测量列是指在相同的测量条件下,对同一被测量进行连续多次重复测量得到的测量数据列,其中可能同时存在系统误差、随机误差和粗大误差,对测量列的测量数据进行数据处理,以消除或减少测量误差的影响,提高测量精度。

1. 测量列系统误差处理

揭示系统误差出现的规律性,消除其对测量结果的影响,是提高测量精度的有效措施。

1) 系统误差的发现

消除和减小系统误差的关键是找出误差产生的根源和规律。目前常用的系统误差发现方法主要有实验对比法和残差观察法。

①实验对比法。实验对比法是指通过改变产生系统误差的测量条件进行不等精度测量,来发现系统误差。

由于定值系统误差的大小和方向不变,它对重复测量的每一结果的影响相同,不影响测得值的残余误差,故从测量列的原始数据本身看不出有无定值系统误差存在,但可用实验对比法来发现。例如,在相对测量中,以量块作为标准件并按其标称尺寸使用时,由于量块尺寸偏差引起的系统误差可通过高精度的仪器对量块实际尺寸进行检定来发现它,或用更高精度的量块进行对比测量来发现。

②残差观察法。残余误差(简称为残差)是指各测得值与测得值的算术平均值之差。残差观察法是根据测得列的各残差大小和符号的变化规律,直接由残差数据或残差曲线图形来判断有无系统误差。该方法主要适用于发现变值系统误差。根据测量先后次序,将测量列的残差作图,观察残差的变化规律,如图 12-8 所示。

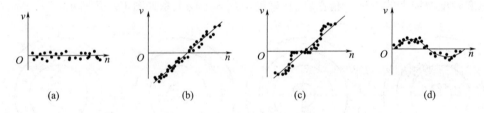

图 12-8 变值系统误差的发现

若残差大体正负相同,无显著变化,则不存在变值系统误差,如图 12-8(a)所示;若残差按近似的线性规律递增或递减,且其趋势始终不变,则可认为存在线性系统误差,如图 12-8(b)、(c)所示;若残差有规律地增减交替,形成循环重复时,则认为存在周期性系统误差,如图 12-8(d)所示。在应用残差观察法时,必须有足够多的重复测量次数,并要按各测得值的先后顺序作图,以提高判断的准确性。

2) 系统误差的减小和消除

系统误差对测量结果的影响不容忽视,在发现后就应予以减小和消除。

(1) 从误差产生根源上消除。

用排除测量误差源的办法来消除系统误差是比较理想的办法。这就要求测量者对所用标准装置、测量方法、测量环境条件、计算方法等进行仔细分析、研究,采取有效的技术措施,尽可能从产生根源上消除系统误差。

(2) 误差修正。

测量前先检定或计算出系统误差的性质和大小,做出误差曲线或误差表,测量时从测量结果中予以修正,从而避免或消除系统误差。对已知的定值系统误差,可以用修正值对测量结果进行修正;对变值系统误差,设法找出误差的变化规律,用修正公式或修正曲线对测量结果进行修正;对未知系统误差,则按随机误差进行处理。实时反馈修正法是消除变值系统误差(包括部分随机误差)的有效手段,常用于高精度自动化测量仪器和自动检测系统。

(3)定值系统误差的消除。

①抵消法。根据系统误差的性质,选择适当的测量方法,使系统误差相互抵消而不带入测量结果。根据具体情况拟定测量方案,在对称位置上分别测量一次,使前后两次测量所得数据出现的系统误差大小相等、方向相反,取两次测得值的平均值作为测量结果,即可消除定值系统误差。如测量螺纹螺距时,分别测出左、右牙面螺距,然后计算平均值,则可抵消测量时安装不正确所引起的系统误差。

②交换法。在测量中将某些条件,如被测物的位置相互交换,使产生系统误差的原因对测量结果起相反作用,从而达到抵消系统误差的目的。

③替代法。进行两次测量,第一次对被测量进行测量,达到平衡后,在不改变测量条件的情况下,立即用一个已知标准值替代被测量,如果测量装置达到平衡,则被测量就等于已知标准值。如果未达到平衡,调整使之平衡,此时可得到被测量与标准值的差值,即:被测量 = 标准值 - 差值。

④两次测量法。进行两次测量,改变测量中的某些条件,使两次测量结果得到的误差值大小相等、符号相反,取两次测量的平均值作为测量结果,即可消除系统误差。

(4)变值系统误差的消除。

①对称测量法。对线性变化的系统误差,可在对被测量进行测量的前后,分别对称地对同一已知量进行测量,将对已知量两次测得的平均值与被测量的测得值进行比较,便可得到消除线性系统误差的测量结果。

②半周期测量法。对周期性系统误差,可每隔半个周期测量一次,以相邻两次测量数据的平均值作为测得值,即可有效消除周期性系统误差。

③组合测量法。由于按复杂规律变化的系统误差,不易分析,采用组合测量法可使系统误差以尽可能多的方式出现在测得值中,从而将系统误差变为随机误差处理。

系统误差不可能完全消除,将其影响减小到相当于随机误差的程度,则可认为系统误差已经被消除。

2. 测量列随机误差处理

随机误差不能用实验方法修正或消除,但可应用概率论与数理统计方法,通过对测量列的数据处理,评估和减小其对测量结果的影响。

1)随机误差的分布规律及其特性

就某一次具体测量而言,随机误差的变化没有规律性,但对同一被测量进行连续多次重复测量,随机误差总体上服从一定的统计规律。通常大多数随机误差都符合正态分布,如图12-9所示。

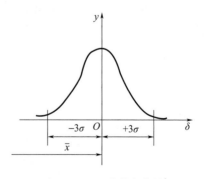

图12-9 正态分布曲线

符合正态分布的随机误差具有以下四个基本特性。

(1)单峰性。绝对值越小的随机误差出现的概率越大,曲线有最高点。

(2)对称性。绝对值相等的正、负误差出现的概率相等。

(3) 有界性。在一定测量条件下,随机误差的绝对值不会超过一定界限。

(4) 抵偿性。随着测量次数的增加,随机误差的算术平均值趋于零,即随机误差的代数和趋于零。抵偿性是随机误差最本质的统计特性。

随机误差正态分布曲线的数学表达式为

$$y = \frac{1}{\sigma\sqrt{2\pi}} e^{-\frac{\delta^2}{2\sigma^2}} \qquad (12-5)$$

式中:y 为概率密度,表示随机误差的概率分布密度;δ 为随机误差,即消除系统误差后测得值与真值之差;σ 为标准偏差。

因此,可以用概率论和数理统计方法来分析随机误差的分布特性,估算误差范围,估计随机误差对测量结果的影响,对测量结果进行数据处理。

2) 随机误差的评定指标

算术平均值和标准偏差是随机误差的主要评定指标。根据误差理论,正态分布曲线的对称中心位置代表被测量的真值 x_0,标准偏差 σ 表征随机误差的分散程度,反映测得值的精密度。

(1) 算术平均值 $\bar{x}$。

由于存在随机误差,多次重复测量的测得值并不相等。在具有随机误差的测量列中,常以算术平均值来表征最终测量结果,即

$$\bar{x} = \frac{1}{n}\sum_{i=1}^{n} x_i \qquad (12-6)$$

式中:x_i 为测得值;n 为测量次数。

由随机误差的抵偿性可知,当测量次数 n 无限增加,$\bar{x}$ 将趋近于真值。因此,以测量列算术平均值作为最终测量结果比用任一测得值作为测量结果更可靠、更合理。

(2) 标准偏差 σ。

由式(12-5)可知,概率密度 y 与随机误差 δ 及标准偏差 σ 有关。当 $\delta = 0$ 时,概率密度最大:

$$y_{\max} = \frac{1}{\sigma\sqrt{2\pi}} \qquad (12-7)$$

概率密度最大值随标准偏差 σ 大小的不同而不同,如图 12-10 所示。

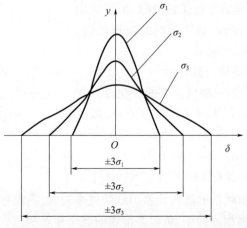

图 12-10 三种精密度的随机误差分布曲线

图中,$\sigma_1 < \sigma_2 < \sigma_3$,则 $y_{1max} > y_{2max} > y_{3max}$。由此可见,$\sigma$ 越小,y_{max} 值越大,曲线越陡峭,即测得值的分布越集中,测量的精密度越高;反之,σ 越大,y_{max} 值越小,曲线越平坦,随机误差分布越分散,测量的精密度越低。

随机误差的标准偏差的计算公式为

$$\sigma = \sqrt{\frac{\delta_1^2 + \delta_2^2 + \cdots + \delta_n^2}{n}} = \sqrt{\frac{\sum_1^n \delta_i^2}{n}} \qquad (12-8)$$

式中:$\delta_1,\delta_2,\cdots,\delta_n$ 为测量列中各测得值对应的随机误差;n 为测量次数。

3)测量列随机误差处理步骤

实际测量中,当测量次数充分大时,随机误差的算术平均值趋于零,因此,可以用测量列中各测得值的算术平均值代替真值,并估算出随机误差的分布规律和标准偏差,确定测量结果。

在假定测量列中不存在系统误差和粗大误差的前提下,可按下列步骤对随机误差进行处理。

(1)计算测量列的算术平均值 $\bar{x}$。

在同一条件下,对同一被测量进行 n 次重复测量,得到一系列测得值 $x_1,x_2,\cdots,x_n$,这是一组等精度的测量数据,按式(12-6)可求得这些测得值的算术平均值 $\bar{x}$。

设 x_0 为真值,δ_i 为随机误差,可得

$$\delta_1 = x_1 - x_0, \delta_2 = x_2 - x_0, \cdots, \delta_n = x_n - x_0$$

对以上各式求和,得

$$\sum_{i=1}^n \delta_i = \sum_{i=1}^n x_i - n x_0 \qquad (12-9)$$

由随机误差的抵偿性可知,当 $n \to \infty$ 时,$\sum_{i=1}^n x_i = n x_0$,即 $x_0 = \sum_{i=1}^n \frac{x_i}{n} = \bar{x}$。可见,对某一量进行无数次测量时,所有测得值的算术平均值趋于真值。

事实上,无限次测量是不可能的。在进行有限次测量时,测量次数越多,算术平均值 $\bar{x}$ 越接近真值 x_0。因此,当测量列中无系统误差和粗大误差时,一般取全部测得值的算术平均值 $\bar{x}$ 作为最终的测量结果。

(2)计算残差 ν_i。

以残差 ν_i 代替随机误差 δ_i,一个测量列对应一个残差列

$$\nu_i = x_i - \bar{x} \qquad (12-10)$$

残差具有两个基本特性:①一个测量列中全部残差的代数和为零,即 $\sum_{i=1}^n \nu_i = 0$,可用来校验数据处理中求得的 $\bar{x}$ 和 ν_i 是否正确;②残差的平方和最小,即 $\sum_{i=1}^n \nu_i^2 = \min$,说明以算术平均值作为测量结果最可靠、最合理。

(3)计算标准偏差 σ。

实际应用中,由于被测量的真值 x_0 未知,δ_i 也未知,因此不能直接用式(12-8)求得 σ,常以算术平均值 $\bar{x}$ 代替被测量的真值,用 ν_i 代替 δ_i 来计算 σ,即用实验标准偏差 S 表征测

量结果的分散性,它是有限次测量时标准偏差的最佳估计值。可按贝塞尔(Bessel)公式计算测量列中某单个测得值的实验标准偏差:

$$\sigma = S = \sqrt{\frac{\sum_{i=1}^{n} \nu_i^2}{n-1}} = \sqrt{\frac{\sum_{i=1}^{n}(x_i - \bar{x})^2}{n-1}} \quad (12-11)$$

随机误差具有有界性,其误差大小不会超过一定范围。随机误差的极限值就是测量极限误差。随机误差在 $\pm 3\sigma$ 范围内出现的置信概率为 99.73%,超出 $\pm 3\sigma$ 范围的概率只有 0.27%。因此,通常以 $\pm 3\sigma$ 作为测量列的单次测量极限误差,即

$$\delta_{\lim} = \pm 3\sigma \quad (12-12)$$

单次测得值的测量结果 x_e 为

$$x_e = x_i \pm 3\sigma \quad (12-13)$$

(4)计算测量列算术平均值的标准偏差 $\sigma_{\bar{x}}$。

在相同的测量条件下,对同一被测量进行多组(每组 n 次)等精度测量,则每组 n 次测量结果的算术平均值 $\bar{x}_i$ 也不会完全相同,但围绕真值 x_0 波动,波动范围比单次测量值的分散程度小。可以用算术平均值的标准偏差 $\sigma_{\bar{x}}$ 来描述其分散程度,如图 12-11 所示。

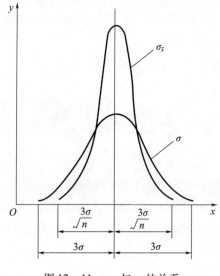

图 12-11 $\sigma_{\bar{x}}$ 与 σ 的关系

根据误差理论,测量列算术平均值的标准偏差 $\sigma_{\bar{x}}$ 与测量列单次测得值的标准偏差 σ 的关系为

$$\sigma_{\bar{x}} = \frac{\sigma}{\sqrt{n}} = \sqrt{\frac{\sum_{i=1}^{n} \nu_i^2}{n(n-1)}} \quad (12-14)$$

显然,多组测量的算术平均值的标准偏差 $\sigma_{\bar{x}}$ 是单次测得值的标准偏差 σ 的 $1/\sqrt{n}$,说明增加测量次数 n 可提高测量的精密度,如图 12-12 所示,σ 一定时,当 $n>10$ 后,再增加测量次数,$\sigma_{\bar{x}}$ 减小已很缓慢,对提高测量精密度效果不大,故一般取 $n=10\sim15$。

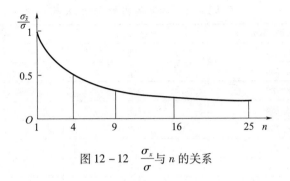

图 12 – 12　$\dfrac{\sigma_{\bar{x}}}{\sigma}$ 与 n 的关系

(5) 计算测量列算术平均值的极限误差 $\delta_{\lim(\bar{x})}$。

$$\delta_{\lim(\bar{x})} = \pm 3\sigma_{\bar{x}} \qquad (12-15)$$

多组测量所得算术平均值的测量结果 x_e 为

$$x_e = \bar{x} \pm \delta_{\lim(\bar{x})} = \bar{x} \pm 3\sigma_{\bar{x}} = \bar{x} \pm 3\dfrac{\sigma}{\sqrt{n}} \qquad (12-16)$$

3. 测量列粗大误差处理

粗大误差会使测量结果严重失真,必须从测量数据中将其剔除。如果测量列中粗大误差已经产生,则应根据粗大误差的判别准则予以判断并剔除。粗大误差的判别准则有拉依达准则(3σ 准则)、格拉布斯准则、肖维勒准则和狄克逊准则等,实际测量中通常采用 3σ 准则。

当测量列服从正态分布、置信概率为 99.73% 时,残差落在 $\pm 3\sigma$ 外的概率仅有 0.27%,即在连续 370 次测量中只有一次测量的残差超出 $\pm 3\sigma$,而实际上连续测量的次数绝不会超过 370 次,测量列中就不应该有超出 $\pm 3\sigma$ 的残差。因此,当测量列中出现绝对值大于 3σ 的残差时,即

$$|v_i| > 3\sigma \qquad (12-17)$$

则认为该残差对应的测得值含有粗大误差,应予以剔除。

3σ 准则适用于大量重复测量,测量次数小于或等于 10 时,不能使用 3σ 准则。

12.6.2　直接测量列的数据处理

等精度测量时直接测量列数据处理的步骤如下。

(1) 计算测量列的算术平均值 $\bar{x}$ 和残差 v_i,判断测量列中是否存在系统误差。如果存在系统误差,则应采取措施加以减小或消除。

(2) 计算测量列单次测得值的标准偏差 σ,判断测量列中是否存在粗大误差。若有粗大误差,则应剔除含粗大误差的测得值,并重新组成测量列,重复上述计算,直到将粗大误差都剔除完。

(3) 计算消除系统误差和剔除粗大误差后的测量列的算术平均值 $\bar{x}$、算术平均值的标准偏差 $\sigma_{\bar{x}}$ 和测量极限误差 $\delta_{\lim(\bar{x})}$。

(4) 给出测量结果 x_e,并说明置信概率。

例 12 – 1　用立式光学计对某轴同一部位直径等精度测量 12 次,测得值见表 12 – 2,试求测量结果。

表 12-2 测量数据处理计算表

序号	测得值 x_i/mm	残差 v_i/μm	残差的平方 v_i^2/μm
1	28.784	−3	9
2	28.789	+2	4
3	28.789	+2	4
4	28.784	−3	9
5	28.788	+1	1
6	28.789	+2	4
7	28.786	−1	1
8	28.788	+1	1
9	28.788	+1	1
10	28.785	−2	4
11	28.788	+1	1
12	28.786	−1	1
	$\bar{x}=28.787$	$\sum_{i=1}^{12} v_i = 0$	$\sum_{i=1}^{12} v_i^2 = 40$

解：（1）判断定值系统误差。

假设立式光学计已经检定，测量环境得到有效控制，则可认为测量列中不存在定值系统误差。

（2）求测量列各测得值的算术平均值 $\bar{x}$

$$\bar{x} = \frac{1}{n}\sum_{i=1}^{n} x_i = \frac{1}{12}\sum_{i=1}^{12} x_i = 28.787 \text{mm}$$

（3）求残差 $v_i = x_i - \bar{x}$，并求 v_i^2，$\sum_{i=1}^{12} v_i$，$\sum_{i=1}^{12} v_i^2$，见表 12-2。

（4）判断变值系统误差。

按残差观察法，测量列中残差的符号大体上正、负相间，无明显规律变化，故可认为测量列中不存在变值系统误差。

（5）求测量列单次测得值的标准偏差 σ

$$\sigma = \sqrt{\frac{\sum_{i=1}^{n} v_i^2}{n-1}} = \sqrt{\frac{\sum_{i=1}^{12} v_i^2}{12-1}} = 1.9 \text{μm}$$

（6）判断粗大误差。

求得粗大误差的界限，$|v_i| > 3\sigma = 5.7 \text{μm}$。

按 3σ 准则，测量列中没有出现绝对值大于 5.7μm 的残差，则测量列中不存在粗大误差。

（7）求测量列算术平均值的标准偏差 $\sigma_{\bar{x}}$

$$\sigma_{\bar{x}} = \frac{\sigma}{\sqrt{n}} = \frac{1.9}{\sqrt{12}} = 0.55 \text{μm}$$

（8）求测量列算术平均值的测量极限误差 $\delta_{\lim(\bar{x})}$

$$\delta_{\lim(\bar{x})} = \pm 3\sigma_{\bar{x}} = \pm 0.0016 \text{mm}$$

(9) 得到测量结果,即
$$x_e = \bar{x} \pm \delta_{\lim(\bar{x})} = (28.787 \pm 0.0016)\,\text{mm}$$
此时置信概率为 99.73%。

12.6.3 间接测量列的数据处理

间接测量的被测量是直接测量所得到的各个测得量的函数,而间接测量的误差则是各个直接测得量误差的函数,故称这种误差为函数误差。函数误差问题实质上是误差传递问题,对于这种具有确定函数关系的误差计算又称为误差合成。

(1) 函数误差基本计算公式。

间接测量中,被测量 y(即间接求得的被测量值)通常是实测量 $x_1, x_2, \cdots, x_m$ 的多元函数,可表示为

$$y = f(x_1, x_2, \cdots, x_m) \tag{12-18}$$

该函数的增量可用函数的全微分表示,即函数误差的基本计算公式为

$$dy = \frac{\partial f}{\partial x_1} dx_1 + \frac{\partial f}{\partial x_2} dx_2 + \cdots + \frac{\partial f}{\partial x_m} dx_m = \sum_{i=1}^{m} \frac{\partial f}{\partial x_i} dx_i \tag{12-19}$$

式中:dy 为被测量的测量误差;dx_i 为各实测量的测量误差;$\frac{\partial f}{\partial x_i}$ 为各个实测量测量误差的传递系数。

(2) 函数系统误差的计算。

由各实测量测得值 x_i 的系统误差 Δx_i,可近似得到被测量 y 的函数系统误差 Δy:

$$\Delta y = \frac{\partial f}{\partial x_1} \Delta x_1 + \frac{\partial f}{\partial x_2} \Delta x_2 + \cdots + \frac{\partial f}{\partial x_m} \Delta x_m = \sum_{i=1}^{m} \frac{\partial f}{\partial x_i} \Delta x_i \tag{12-20}$$

此即间接测量中系统误差的计算公式。函数系统误差等于各实测量系统误差之和。

(3) 函数随机误差的计算。

各实测量的测得值 x_i 中存在随机误差,则被测量 y 也存在随机误差。函数 y 的随机误差 δ_y 可以用函数 y 的标准偏差 σ_y 来评定,根据误差理论,函数的标准偏差 σ_y 与各实测量的标准偏差 σ_{xi} 的关系为

$$\sigma_y = \sqrt{\left(\frac{\partial f}{\partial x_1}\right)^2 \sigma_{x1}^2 + \left(\frac{\partial f}{\partial x_2}\right)^2 \sigma_{x2}^2 + \cdots + \left(\frac{\partial f}{\partial x_m}\right)^2 \sigma_{xm}^2} = \sqrt{\sum_{i=1}^{m}\left(\frac{\partial f}{\partial x_i}\right)^2 \sigma_{x_i}^2} \tag{12-21}$$

若各实测量的随机误差均服从正态分布,则由式(12-21)可推导出函数的测量极限误差的计算公式:

$$\delta_{\lim(y)} = \pm \sqrt{\left(\frac{\partial f}{\partial x_1}\right)^2 \delta_{\lim}^2(x_1) + \left(\frac{\partial f}{\partial x_2}\right)^2 \delta_{\lim}^2(x_2) + \cdots + \left(\frac{\partial f}{\partial x_m}\right)^2 \delta_{\lim}^2(x_m)}$$

$$= \pm \sqrt{\left(\frac{\partial f}{\partial x_i}\right)^2 \delta_{\lim(x_i)}^2} \tag{12-22}$$

式中:$\delta_{\lim(y)}$ 为函数的测量极限误差;$\delta_{\lim(x_i)}$ 为各实测量的测量极限误差。

(4) 确定被测量(函数)的测量结果 y_e,说明置信概率为 99.73%。

$$y_e = (y - \Delta y) \pm \delta_{\lim(y)} \tag{12-23}$$

12.7 测量不确定度

12.7.1 测量不确定度的基本概念

1. 测量不确定度的定义

《测量不确定度评定与表示》(GB/T 27418—2017)定义:测量不确定度是指利用可获得的信息,表征赋予被测量量值分散性的非负参数。

测量不确定度意味着由于测量误差的存在,对被测量值不能肯定的程度。测量不确定度是评价测量结果质量的指标,用于确定测量结果可被信赖的程度。测量不确定度越小,测量结果的可疑程度越小,可信度越大,测量的质量就越高,测量数据的使用价值越高。

2. 测量不确定度的来源

(1)被测量的定义不完整。
(2)被测量定义的复现不完善。
(3)取样的代表性不足,即所测量的样本可能不能代表所定义的被测量。
(4)对测量受环境条件的影响认识不足或对环境条件的测量不完善。
(5)模拟式仪器的人员读数偏移。
(6)仪器分辨力或识别阈值的限制。
(7)测量标准或标准物质的量值不准确。
(8)从外部得到并在数据简约算法中使用的常数或其他参数的值不准确。
(9)测量方法和程序中的近似和假设。
(10)在看似相同条件下,被测量重复观测中的变异性。

12.7.2 测量不确定度的评定与表示

1. 测量不确定度的分类

(1)标准不确定度。以标准偏差表示的测量不确定度。
(2)合成标准不确定度 $u_c(y)$ 度。由在一个测量模型中各输入量的标准测量不确定度获得的输出量的标准测量不确定度。当测量结果是由若干个其他量值得到时,测量结果的标准不确定度称为合成标准不确定度。
(3)扩展不确定度 U。用合成标准不确定度的倍数表示的测量不确定度,通常用于表达测量结果的精度。

2. 测量不确定度的评定

对测量过程中的各不确定度分量进行评定,给出测量结果的合成标准不确定度和扩展不确定度,可以使测量结果表达更加客观、真实,为正确评价和使用检测数据提供更为合理的科学依据。评定测量不确定度的一般流程如图 12-13 所示。

1)评定标准不确定度

测量不确定度一般包含若干个分量,其中一些分量按不确定度的 A 类评定来评定,而另一些则按 B 类评定来评定,并用标准偏差表征。

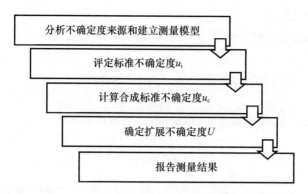

图 12-13 评定测量不确定度的一般流程

(1)标准不确定度的 A 类评定。

A 类评定是对在规定测量条件下测得的量值用统计分析的方法进行的测量不确定度分量的评定。规定测量条件是指重复性测量条件、期间精密度测量条件或复现性测量条件。不确定度 A 类评定所得到的相应标准不确定度称为 A 类不确定度分量 u_A。

以测量列中任一测得值作为测量结果时,$u_A = \sigma$;以测量列 n 次测得值的算术平均值 $\bar{x}$ 作为测量结果时,$u_A = \sigma_{\bar{x}} = \sigma/\sqrt{n}$。

(2)标准不确定度的 B 类评定。

B 类评定是指用不同于 A 类评定的方法对测量不确定度分量进行的评定。不确定度 B 类评定所得到的相应标准不确定度称为 B 类不确定度分量 u_B。在多数实际测量工作中,不能或不需进行多次重复测量,则其不确定度只能用非统计分析的方法进行 B 类评定。

B 类评定基于以下信息来源:以前的测量数据;对有关材料和仪器特性的经验或了解;生产厂提供的技术说明书;校准证书或其他证书提供的数据;手册给出的参考数据的不确定度。

符合正态分布时,标准不确定度 B 类分量的计算公式为

$$u_B = \frac{a}{k} \tag{12-24}$$

式中:a 为被测量可能值区间 $[-a, +a]$ 的半宽度;k 为包含因子。

正态分布时具有包含概率 p 的区间的包含因子 k,见表 12-3。

表 12-3 正态分布时具有包含概率 p 的区间的包含因子 k_p

包含概率 p/%	包含因子 k_p
68.27	1
90	1.645
95	1.960
95.45	2
99	2.576
99.73	3

2) 计算合成不确定度

合成标准不确定度是由影响测量结果的各标准不确定度分量合成得到的标准不确定度。

对于间接测量,被测量 y 与各测得量 x_i 的函数关系式为

$$y = f(x_1, x_2, \cdots, x_N)$$

各输入量不相关时,被测量 y 的合成标准不确定度计算公式为

$$u_c^2(y) = \sum_{i=1}^{N} \left[\frac{\partial f}{\partial x_i}\right]^2 u^2(x_i) \qquad (12-25)$$

式中: $c_i = \dfrac{\partial f}{\partial x_i}$ 为灵敏系数; $u(x_i)$ 为各测得量 x_i 的不确定度; N 为测得量的个数。

对于直接测量,各输入量不相关时,被测量 y 的合成标准不确定度计算公式为

$$u_c(y) = \sqrt{\sum_{i=1}^{N} u_i^2(y)} \qquad (12-26)$$

式中: $u_i(y)$ 为不确定度分量; N 为不确定度分量个数。

例如,图 12-5 中用指示表测轴径,测量结果的不确定度是指示表的示值误差对应的不确定度以及按级使用量块时的不确定度的合成;例如,图 12-4 中,孔心距间接测量的不确定度为尺寸 A、B 测量不确定度的合成。

3) 确定扩展不确定度

扩展不确定度 U 是合成标准不确定度 $u_c(y)$ 与一个大于 1 的数字因子(包含因子 k)的乘积,即

$$U = k u_c(y) \qquad (12-27)$$

由扩展不确定度确定了测量结果值的一个区间,该区间以较大的包含概率 p 包含了测量结果及其合成标准不确定度表征的能合理赋予被测量值分布的大部分,该区间可表示为 $y - U \leqslant Y \leqslant y + U$。$k$ 值一般在 2~3 范围内,根据区间要求的包含概率 p(如 95% 或 99%)选取。

12.7.3　测量结果的报告

从计量学观点看,一切测量结果不但要附有计量单位,而且还必须附有测量不确定度,才算是完整的测量报告,没有单位的数据不能表征被测量的大小,没有不确定度的测量结果不能判定测量结果的质量和测量技术的水平。

因测量误差的存在,经过测量和数据处理后得到的测量结果,实质上是对被测量真值的估计。一个完整的测量结果应报告被测量的估计值及其测量不确定度以及有关的信息。

(1) 被测量的最佳估计值。通常是以多次测量的算术平均值或由函数式计算得到的输出量的估计值。

(2) 测量不确定度。说明该测量结果的分散性或测量结果所在的具有包含概率的包含区间。

在报告测量结果的测量不确定度时,应对测量不确定度有充分详细的说明,以便人们可以正确利用该测量结果。

可以用合成标准不确定度报告测量结果的不确定度,但通常用扩展不确定度报告测量结果的不确定度。用扩展不确定度表示的测量结果为

$$Y = y \pm U = y \pm k\, u_c(y) \tag{12-28}$$

式中:Y 为被测量的测量结果;y 为被测量的最佳估计值;U 为测量结果的扩展不确定度。

包含因子 k 根据 $y \pm U$ 区间所要求的包含概率来选择。$k = 2$ 说明测量结果在 $y \pm U$ 区间内的包含概率约为 95%;$k = 3$,则测量结果在 $y \pm U$ 区间内的包含概率约为 99%。扩展不确定度分别用 U_{95}、U_{99} 表示。

例 12-2 试计算例 12-1 测量结果的不确定度。

解:(1)以 12 次测得值的任一个作为测量结果,则标准不确定度为

$$u_A = \sigma = 1.9\,\mu m$$

(2)以 12 次测得值的算术平均值 28.787mm 作为测量结果,则标准不确定度为

$$u_A = \sigma_{\bar{x}} = 0.55\,\mu m$$

故以测量列的算术平均值作为测量结果,可减小测量不确定度,可提高测量精度。

习题与思考题

1. 举例说明测量过程四要素。
2. 量块分级与分等的依据是什么?按等和按级使用时有何不同?
3. 试从 83 块一套的量块中,组合以下尺寸:36.53mm,67.385mm。
4. 试举例说明绝对测量与相对测量、直接测量与间接测量的区别和应用。
5. 设某尺寸测量仪器在示值 20mm 处的示值误差为 0.002mm。用它测量零件时,测量读数恰好为 20mm,请问该工件的实际尺寸是多少?
6. 采用两种方法分别测量两个尺寸,假设其真值分别为 $L_1 = 30.002$mm,$L_2 = 89.997$mm,测得值分别为 30.004、90.002,请说明哪种测量方法的测量精度高。
7. 通过对工件的多次重复测量求得测量结果,可减少哪类误差?为什么?
8. 在相同条件下对某轴径在同一部位重复测量 15 次,测得值(mm)为 20.492、20.435、20.432、20.429、20.427、20.428、20.430、20.434、20.428、20.431、20.430、20.429、20.432、20.429、20.429。若测量中的定值系统误差为 +0.01mm,试进行测量数据处理,给出测量结果。
9. 等精度测量某一尺寸 5 次,各次测得值(mm)为 25.002、24.999、24.998、24.999、25.000。设测得值与计量器具的不确定度($U = 0.004$mm,$k = 2$)无关,给出测量结果不确定度报告。

第 13 章
现代机械精度检测技术简介

现代制造中,检测测量是保证提高机电产品制造质量的关键环节,是实现互换性生产的重要技术保障。几何量及其精度检测技术的发展日新月异,应用广泛。本章简要介绍若干典型常用的现代几何量检测技术。

13.1 尺寸检测

尺寸是生产过程中最基本最重要的控制要素之一,尺寸测量也称长度测量,是最基本的测量。尺寸检测中,除了大量使用传统的机械、光学式测量器具外,现代自动检测技术及仪器设备的应用已经相当广泛。本节仅简介电动量仪、气动量仪及激光检测。

13.1.1 电动量仪

电动量仪是指把被测信号转变为电量,实现长度尺寸测量的仪器。电动量仪是基于位移变化量会引起测量电路的电学参数变化来实现精密尺寸测量,电学参数包括电路参数(电感、电阻、电容)和电量参数(电压、电流)。按传感器原理,电动量仪可分为电感式、电涡流式、感应同步器、电容式、压电式和磁栅式等。按用途电动量仪可分为测微仪、轮廓仪、圆度仪、电子水平仪和渐开线测量仪等。电感测微仪、电阻测微计和电容测微计是长度测量中最典型的三种电动量仪。

1. LVDT 位移传感器

电感传感器是在电动量仪中最常用的位移传感器,线性可变差动变压器式(LVDT)传感器是目前位移测量当中广泛应用的一种高精度电感式位移传感器。

LVDT 传感器由与测杆连接的铁芯、一个中央线圈(初级线圈)和两个侧线圈(次级线圈)组成,一次线圈与二次线圈弱电磁耦合,使得铁芯的位移变化量与输出电压或电流信号变化量呈精密线性关系,通过测量两个侧线圈的电压差来检测铁芯的位移变化量。差动变压器原理对电源电压、频率波动及温度变化等外界因素对测量的影响可以相互抵消,能有效提高测量精度及灵敏度。

LVDT 传感器往往与信号调理设备(励磁电源、信号放大、调制解调器等)及数据采集器配合使用,把 LVDT 的位移电压量转换为位移数字量,直观显示处理。还可通过数据通信接口,如 RS–232、RS–485、USB、以太网或 Wi–Fi 等,将测量数据传送至上位计算机,然后用 SPC 软件进行数据分析处理。

与大多数位移传感器相比,LVDT 传感器的优点是:①稳定性好,坚固耐用,抗干扰能力强;②精度高,重复性好,测量精度可达 1μm;③使用寿命长;④体积小,安装使用非常方便。因此,LVDT 位移传感器广泛用于微位移的精密测量及机械自动化相关领域,是少数几种能在强磁场、大电流、潮湿、粉尘等多种恶劣环境中工作的传感器之一,还可用于制作电子测微仪和磨加工主动测量装置。LVDT 传感器常用于测量长度位移量,如位移、尺寸、内外径、孔深、厚度、距离、形变、振动、膨胀等。

2. 电感测微仪

电感测微仪是一种应用广泛的电动量仪,是能够检测微小尺寸变化的精密测量仪器。电感测微仪由量仪主体和电感传感器测头两部分组成,配上相应的测量装置(如测量台架等),能够完成各种精密测量。电感测微仪的测头采用电感传感器,电感传感器的工作原理如图 13-1 所示。工件的微小位移经电感式传感器的测头带动两线圈内衔铁移动,使两线圈内的电感量发生相对的变化,将被测尺寸变化量转换成电信号来进行测量。电感测微仪如图 13-2 所示。

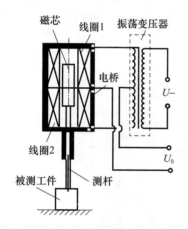

图 13-1 电感传感器的工作原理

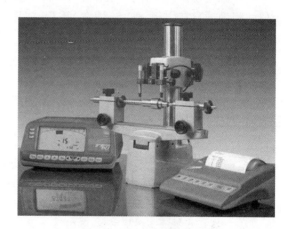

图 13-2 电感测微仪

电感测微仪广泛应用于精密机械制造、晶体管和集成电路制造以及国防、科研、计量部门的精密长度测量。它既可用于实验室内高精度对比测量又适用于自动化测量,能够完成各种精密测量,可用于检查工件的厚度、内径、外径、直线度、平面度、圆度、平行度、垂直度和跳动等。它既可像机械式和光学式测微仪一样单独使用,也可安装在其他仪器设备上作为测微装置使用。

13.1.2 气动量仪

气动量仪是根据流体力学原理,以压缩空气为介质的长度尺寸测量仪器。按工作原理,气动量仪可分为流量式、压力式、流速式和真空式等。气动量仪本体主要分为浮标式气动量仪、指针式气动量仪和电子式气动量仪三种。

气电量仪又称电子柱式气动测量仪,是气动测量技术与气电转换技术的有机结合。气电量仪系统由稳定气源、气动量仪本体、气动测量头、气电转换器、测量标准件和机械结构部件等构成。它基于比较测量和气压式工作原理,将工件尺寸变化量转换成压缩空气流量或压力的变化,再通过气电转换器将气流信号转换为电信号,由 LED 组成的光柱显示示值。

气动量仪具有以下突出优点。

(1)测量项目多,特别是对某些用机械量具和量仪难以解决的测量,例如,用气动量仪较易实现深孔内径、小孔内径、窄槽宽度等的测量。

(2)量仪的放大倍数较高,人为误差较小,工作时无机械摩擦,不存在回程误差,故测量精度高。

(3)气动测量头与被测表面不直接接触,减少了测量力对测量结果的影响,避免划伤被测工件表面,尤其适合测量薄软零件;由于非接触测量,可减少测量头的磨损,延长了使用寿命。不受灰尘、油污影响,可在恶劣环境下工作。

(4)气动量仪主体和测量头之间采用软管连接,可实现远距离测量。

(5)能实现在线连续测量,易于判断尺寸合格性。

(6)结构简单,工作可靠,调整、使用和维修都十分方便。

同一台气动量仪本体,只要配上不同的气动测量头,就能测量工件的各种参数。气动量仪的测量项目有内径、外径、槽宽、孔距、深度、厚度、圆度、锥度、同轴度、直线度、平面度、平行度、垂直度、通气度和密封性等。

气电量仪如图13-3所示。

图13-3 气电量仪

气动量仪在精密机械加工中广泛应用,尤其适用于在大批量生产中测量内、外径尺寸,也可用于测量孔距和孔轴配合间隙。

13.1.3 激光位移传感器

1. 激光位移传感器的原理

激光位移传感器是利用激光技术测量位移(距离)的传感器。激光位移传感器原理分为激光三角测量法和激光回波分析法,激光三角测量法一般适用于高精度、短距离的测量,而激光回波分析法则用于远距离测量。

高精度激光位移传感器基于激光三角测量法,如图13-4所示。

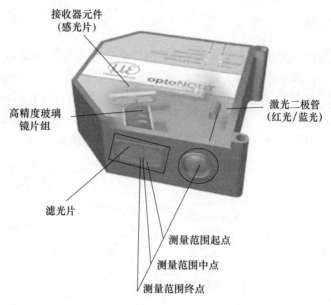

图 13-4　激光三角反射法测量原理

激光三角反射式测量原理基于简单的几何关系。激光二极管发出的激光束被照射到被测物体表面，在被测物体表面上投射出一个可见光斑，从光斑反射（漫反射）的光通过光接收系统在传感器内的感光片上成像。从光斑反射回来的光线通过一组透镜，投射到感光元件矩阵上，感光元件采用 CCD、CMOS 或 PSD 元件。当被测物体与传感器之间的距离发生变化时，激光反射角度随之发生相应的变化，使传感器内感光元件上的成像位置变化，传感器会重新对光斑和反射角进行测量。传感器探头到被测物体的距离可由三角计算法则精确得到。

2. 激光位移传感器的应用

与传统测量方法相比，激光位移传感器因其高精度、非接触、快速测量、环境适应性强等优势在工业领域广泛应用。激光位移传感器可精确测量非透明物体的位置、位移等变化，精度可达微米甚至纳米级，主要用于测量物体的尺寸、位移、厚度、振动、距离、直径等几何量。德国米铱公司生产的 optoNCDT2300 高精度、高动态激光位移传感器如图 13-5 所示。

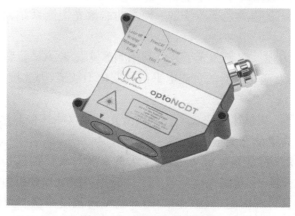

图 13-5　激光位移传感器

13.1.4 激光干涉仪

激光干涉仪是以激光波长为已知长度,利用迈克尔逊干涉原理测量位移的通用长度测量仪器。激光干涉仪主要运用了光波干涉原理,在大多数激光干涉测长系统中,都以稳频 He - Ne 激光器为光源,并采用了迈克尔逊干涉仪或类似的光路结构。目前应用的激光干涉仪有单频和双频两种。双频激光干涉仪是在单频激光干涉仪基础上发展而来的一种外差式干涉仪。双频激光干涉仪的工作原理如图 13 - 6 所示。

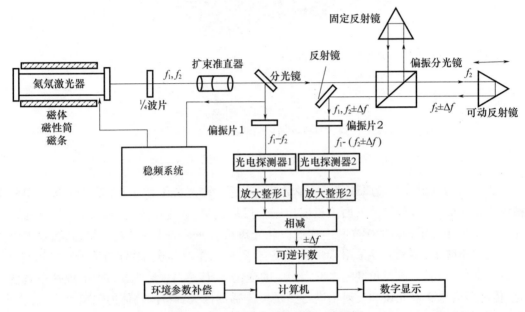

图 13 - 6　双频激光干涉仪的工作原理

双频激光干涉仪具有以下优点。

(1) 精度高。双频激光干涉仪以激光波长作为标准对被测长度进行度量,即使不做细分测量精度也可达到微米级,细分后更可达到纳米级。双频激光干涉仪利用放大倍数较大的前置交流放大器对干涉信号进行放大,即使光强衰减 90%,依然可以得到有效的干涉信号,避免了直流放大器存在的直流电平信号漂移问题。

(2) 应用范围广。双频激光干涉仪是一种多功能激光检测系统,容易安装和对准,易于消除阿贝误差。

(3) 环境适应能力强。双频激光干涉仪利用频率变化来测量位移。它将位移信息载于频差 Δf 上,对由光强变化引起的直流电平信号变化不敏感,因此抗干扰能力强,环境适应性强。

(4) 实时动态测量,测量速度快。现代双频激光干涉仪测速普遍达到 1m/s,有的甚至于十几米每秒,适于高速动态测量。

双频激光干涉仪是目前精度最高、量程最大的长度计量仪器,以其优异的性能,在许多场合,特别是在大长度、大位移精密测量中广泛应用。配合各种折射镜和反射镜等相应附件,双频激光干涉仪可在恒温、恒湿、防震的计量室内检定量块、量杆、刻尺和坐标测量机等,也可在普通车间标定大型机床的刻度;既可对几十米的大量程进行精密测量,也可对仪表零件等微小运动进行精密测量;既可对如位移、角度、直线度、平面度、平行度、垂直度和小角度等多种几何量进行精密测量,也可用于特殊场合,诸如半导体光刻技术的微定位和计算机存储器上记录槽间距的测量等。

双频激光干涉仪是可溯源至国家标准的计量型仪器,常用于检定数控机床、数控加工中心、三坐标测量机、测长机和光刻机等的坐标精度及其他线性指标,还可作为测长机、高精度三坐标测量机等的测量系统。激光干涉仪的应用如图13-7所示。

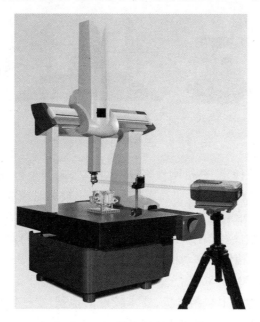

图13-7 激光干涉仪的应用

13.2 3D测量技术

3D测量就是对被测物体进行全方位测量,采集被测物体的3D坐标数据,获取3D数字模型。3D测量可分为接触式和非接触式。接触式三维测量是通过3D测头物理接触来探测物体,典型代表是三坐标测量机;非接触式3D测量无须接触被测物体即可采集3D数据,主要采用光学非接触式测量方法,包括3D激光扫描仪、激光跟踪仪等。

13.2.1 三坐标测量机

三坐标测量机(CMM)是坐标测量技术的常用设备,是一种能在x、y、z三个或三个以上坐标(圆转台的一个转轴习惯上也视为一个坐标)上进行测量的通用长度测量仪器,是一种高效率的通用精密测量设备。三坐标测量机一般由主机机械系统(包括光栅尺)、电气控制硬件系统、测头系统和数据处理软件系统(测量软件)等部分组成。坐标测量机的每个坐标各自有独立的测量系统。大、中型坐标测量机常采用气浮导轨和花岗石工作台。

1. 三坐标测量机的分类

按照机械结构,三坐标测量机主要分为以下四种,如图13-8所示。

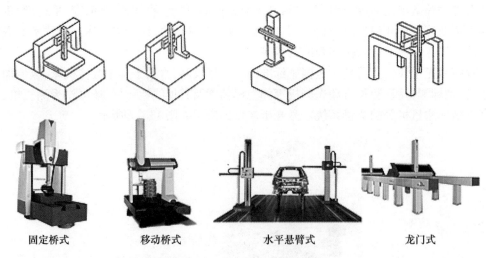

| 固定桥式 | 移动桥式 | 水平悬臂式 | 龙门式 |

图 13-8　三坐标测量机的种类

(1)固定桥式。结构稳定,整机刚性好,中央驱动,偏摆小,光栅在工作台的中央,阿贝误差小,X、Y 方向运动相互独立,相互影响小。由于被测对象放置在移动工作台上,降低了机器运动的加速度,承载能力较小。高精度坐标测量机通常都采用固定桥式结构。

(2)移动桥式。开敞性好,结构刚性好,承载能力较大,本身具有台面,受地基影响相对较小,精度比固定桥式稍低。移动桥式是目前中小型坐标测量机的主流结构形式,占中小型坐标测量机总量的 70%~80%。

(3)龙门式。一般为大中型测量机,要求较好的地基,立柱影响操作的开阔性,但减少了移动部分质量,有利于提高精度及动态性能。也有带工作台的小型龙门式坐标机。龙门式(高架桥式)坐标测量机最长可达数十米,由于其刚性较水平臂坐标测量机要好得多,是大尺寸工件高精度测量机的首选。

(4)水平悬臂式。可再细分为水平悬臂移动式、固定工作台式和移动工作台式。水平臂式坐标测量机在 X 方向很长,Z 向较高,整机开敞性比较好,因而在汽车工业领域广泛使用,是测量汽车各种分总成、白车身时最常用的坐标测量机。

按应用场合,三坐标测量机可分为生产型和计量型;按测量范围,三坐标测量机分为小型、中型和大型;按测量精度,三坐标测量机分为高精度、中精度和低精度。

2. 三坐标测量机的测头系统

测头是坐标测量机的关键部件,主要用来触测工件表面,实现触发瞄准与测微功能,是测量机触测被测零件的发讯开关。三坐标测量机的功能、工作效率、精度与测头密切相关,测头的精度很大程度上决定了测量机的测量重复性及精度。

按触发方式,测头可分为触发测头与扫描测头。在测量机上使用最多的是触发式测头,当测头触测工件的一瞬间发出触测信号,实时地记录、锁存被测表面触测点的三维坐标值。在机械工业中大量的几何量测量仅关注零件的尺寸及位置,所以目前大部分测量机,特别是中等精度测量机,仍然使用接触式触发测头。由于取点时没有测量机的机械往复运动,因此扫描测头采点率大大提高,能高速采集数据。扫描测头用于离散点测量时,由于探针的 3D 运动可以确定该点所在表面的法矢方向,因此,扫描测头常用于有形状要求的零件和轮廓的测量,更适用于需大量采点的曲面测量。

按测量方法,测头可分为接触式和非接触式。扫描测头和触发测头均属于接触式测头。在三坐标测量机上常用的非接触式测头是按照激光三角法原理设计的光学式测头及影像测头。非接触测头可与接触式测头一同配置,成为复合式三坐标测量机。一种雷尼绍测头如图 13-9 所示。

3. 三坐标测量机的应用

三坐标测量机的主要优点:①通用性强,测量范围大,测量精度高,速度快,可实现空间坐标点的测量,能方便地测量零件的 3D 轮廓尺寸和几何精度;②测量结果的重复性好;③既可用于检测计量中心,也可用于生产现场;④可与数控机床、加工中心等数控加工设备无缝连接,进行数据交换,实现加工控制,成为现代制造系统的一个重要组成部分;⑤为实施逆向工程采集数据,实现基于测量数据的逆向工程。

图 13-9 雷尼绍测头

三坐标测量机符合新一代 GPS 的测量要求,能够严格按照 GPS 的定义来测量零件局部尺寸和几何误差,能够实现几何要素的分离、提取、滤波、拟合、集成及改造等操作。

三坐标测量机广泛应用于机械制造、航空航天、汽车、电子等领域,成为现代工业检测和质量控制不可缺少的通用测量设备。三坐标测量机是目前企业零件检测测量采用的主要手段,利用它能对生产中几乎所有 3D 复杂零件的尺寸、形状和相互位置进行快速高准确度测量,测量精度达到微米级。

13.2.2 关节臂测量机

关节臂测量机是一种非正交系坐标测量机。它仿照人体关节结构,以角度基准取代长度基准,由几根固定长度的臂通过绕互相垂直轴线转动的关节互相连接,在最后的转轴上装有探测系统的坐标测量装置。关节臂测量机的结构原理及实物照片如图 13-10 所示。

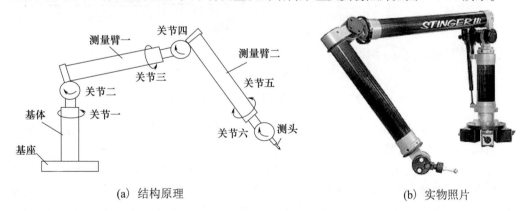

(a) 结构原理   (b) 实物照片

图 13-10 关节臂测量机

与直角坐标系测量机完全不同,关节臂测量机由 6 个活动关节(肩、肘和腕)和 1 个测头连接组成(其中测头可随意切换),加上手柄后就升级为 7 轴关节臂,每个活动关节内装有相互垂直的传感器。关节和关节臂可灵活旋转,能模拟人手臂的运动方式。测头与被测工件在空间不同的部位接触,可测量各关节臂和测头在三维空间中的位置,再结合数模比对,由计算机给出被测工件的实际值。有的关节臂测量机在测头上附加小型结构光扫描仪,可实现对工件的快速扫描。关节臂测量机是一种手动操作的便携式测量仪器,关节数一般小于7,拥有6~7个自由度。关节臂测量机的测量精度比传统的正交三坐标测量机低,一般为0.02~0.05mm。

关节臂测量机广泛应用于汽车制造、航空航天、船舶、铁路、能源、重机、石化等领域大型零件和机械的精确测量,完成尺寸检测、点云扫描等任务,能够满足生产及装配现场高精度的测试需求。

13.2.3 3D激光扫描仪

1. 3D激光扫描仪的分类及工作原理

3D激光扫描仪是非接触式3D测量技术的典型代表,主要用于对物体空间的外形和结构进行扫描,从而快速、无接触、高精度地获得物体表面的空间坐标。

3D激光扫描仪通常分为(线)激光扫描仪和(面)结构光扫描仪两种,结构光3D扫描仪(又称光栅投影式、拍照式扫描仪)主要有白光扫描和蓝光扫描,蓝光扫描仪是一种全新的高精度三维扫描仪。

3D激光扫描仪是通过发射激光来扫描被测物体,获取被测物体表面的3D坐标数据。激光扫描仪通过激光发射器发射出激光线,光电传感器接收激光反射信号,发射器和接收传感器相对位置固定,因此,可以通过激光三角法获得被测点的位置。

结构光扫描仪的工作原理如图13-11所示。

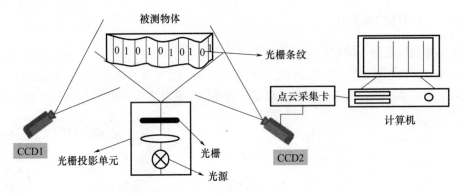

图13-11 结构光扫描仪的工作原理

结构光扫描仪通过结构光发射器向工件表面投影光栅,由两个CCD相机接收,根据三角测距原理,获得光栅各点的位置信息。

蓝光三维扫描仪主要包括光源系统、投影仪(光栅投影单元)、光学成像系统、控制系统及数据处理系统。光源系统用于产生蓝光(波长为380~450nm)光束,使用投影仪将蓝光照射到待测物体表面;光学成像系统用于对物体上反射回来的光进行采集和成像;控制系统对扫描仪进行控制,以实现高效率、高精度和稳定的数据采集;数据处理系统则对采集到的数据进行提取、分割、配准、重建和剖析等进一步分析。

蓝光三维扫描仪是利用激光三角测量和结构光原理实现高精度三维重建,将实体模型快速转化为数字模型。它通过发射蓝色激光束对被测物体进行扫描,然后通过接收器接收反射回来的光线信号,转换成数字化的图像数据。其工作原理类似于普通的激光扫描仪,但由于蓝光具有更短的波长和更高的能量,因此,能够提供更高的扫描精度和更清晰的图像质量。

2. 3D 激光扫描仪的应用

相对于传统的单点测量,3D 激光扫描仪可以大量密集地获取目标对象的数据点,是从单点测量进化到面测量的革命性技术突破。相比于三坐标测量机,3D 激光扫描仪可以快速扫描被测物体,快速获取物体的 3D 点云数据,利用 3D 建模软件的数据合并、特征提取和曲面拟合等功能进行数据处理,重建物体的三维模型。

蓝光 3D 扫描仪通常是固定拍照式 3D 扫描仪,测量精度较高,针对中小零件,手持式 3D 激光扫描仪适用于中大零件。蓝光 3D 扫描仪的测量精度高于激光扫描仪,一般为 0.025mm,可高达 0.010mm。

3D 测量和快速扫描是 3D 激光扫描仪的基本功能。在工业制造领域,3D 激光扫描仪主要用于 3D 检测、逆向工程(如逆向扫描、逆向设计)及产品研发设计(如快速成型、增材制造、3D 数字化、3D 设计、3D 立体扫描等),是质量检测和新产品开发的必备设备。

1) 3D 检测

3D 扫描检测是一种全尺寸检测技术,CAV(computer aided verification)全尺寸检测(简称 CAV 检测)就是利用高精度工业级 3D 扫描仪与专业 3D 检测软件,对被测工件进行局部或全方位整体 3D 扫描测量,得到的测量数据不仅包含 X、Y、Z 坐标点的信息,还有 R、G、B 颜色信息及物体反射率的信息。把测得的 3D 点云数据与原始 CAD 模型数据比对分析,色阶比对分析,生成颜色误差图和直观的 CAV 检测报告。CAV 检测特别适合自由曲面多、产品结构复杂的零部件的 3D 检测。

2) 逆向工程应用

逆向工程就是将产品样机原型转换为 CAD 模型的过程,基于测量数据的产品几何模型重建技术是逆向工程的基础。3D 扫描仪是逆向工程的关键测量设备。通过 3D 激光扫描仪对现有的产品实物原型进行扫描,获得点云数据,经过逆向工程重构实物原型的 CAD 模型,然后传输到 CAM 系统完成产品的制造。

在工业机器人上搭载 3D 激光扫描仪,可实现自动化 3D 扫描,避免了人为因素对测量结果的影响,提高了检测扫描效率,能实现批量化、自动化检测,如图 13 - 12 所示。

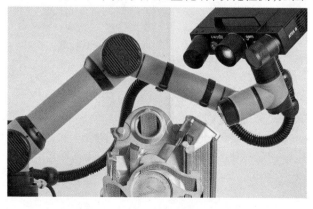

图 13 - 12 机器人搭载激光扫描仪

13.2.4 影像测量仪

影像测量仪(简称影像仪)是一种高精度光学非接触式图像测量仪器,由光学显微镜对被测物体进行高倍率光学放大成像,经过彩色 CCD 摄像系统将放大后的物体影像送入计算机后,高效地检测各种复杂工件的轮廓和表面形状。它是在传统投影仪基础上发展而来的,是投影测量仪质的飞跃。

1. 结构组成及原理

影像测量仪主要由高分辨率 CCD 彩色摄像机、光源系统、镜头模组、连续变倍物镜、彩色显示器、影像十字线显示器、精密光栅尺、伺服驱动模组、多功能数据处理器、数据测量软件和高精度工作台组成。按结构类型,影像测量仪分为悬臂式和龙门式。悬臂式影像测量仪的结构及实物照片如图 13-13、图 13-14 所示。

影像测量仪是利用表面光、轮廓光或同轴光照明后,经过连续变倍物镜、彩色 CCD 将被测工件放大后成像并传送到电脑屏幕上,然后以十字线发生器在显示器上产生的视频十字线为基准,对被测物进行瞄准测量,并通过工作台带动光栅尺在 X、Y 方向上移动,由多功能数据处理器进行数据处理,通过测量软件进行计算完成测量。测量软件是利用数字图像处理技术提取工件表面的坐标点,再利用坐标变换和数据处理技术转换成坐标测量空间中的各种几何要素,从而得到被测工件的几何尺寸和轮廓形状等参数。

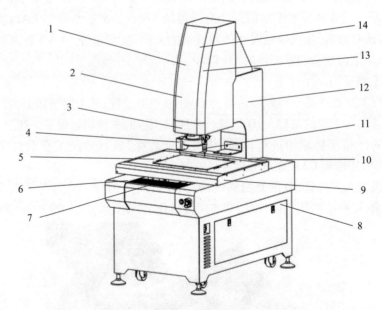

图 13-13 悬臂式影像测量仪结构

1—CCD(外罩内);2—变倍镜头(外罩内);3—激光测头(外罩内,选配);4—表面光源;
5—工作台;6—Y 轴光栅尺;7—Y 轴驱动组;8—底座;9—X 轴驱动组;10—X 轴光栅尺;11—探针(选配);
12—大理石立柱;13—Z 轴驱动组;14—Z 轴光栅尺。

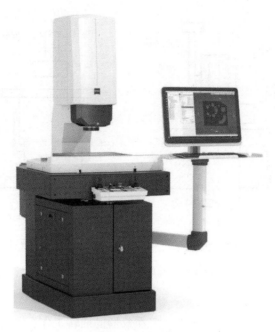

图 13-14 蔡司 O-DETECT 全自动影像测量仪

2. 分类及应用

按仪器测量特点,影像测量仪分为二次元影像测量仪和 2.5 次元影像测量仪。二次元是只有 X、Y 轴的 2D 测量,三次元是通过 X、Y、Z 轴的 3D 测量,2.5 次元介于二次元和三次元之间。二次元影像仪通过工业摄像头和图像测量软件来获取被测物体的二维图像,并对图像进行分析和处理来获取物体的尺寸、形状等信息。2.5 次元影像测量仪是在二次元上增加精密测量探针(Z 轴),可测高度及深度,也可以增加共聚焦白光传感器,以光学对焦测高,完成简易的 3D 测量。

按操作方式,影像测量仪可分为手动影像测量仪和全自动影像测量仪(CNC 影像仪)。全自动影像测量仪基于机器视觉,自动提取被测工件图像边缘,然后进行自动匹配、自动对焦、测量合成和影像合成。在机器视觉和测量系统的精确控制下,实现自动对焦、运动控制及精准测量,可以清晰地显示测量图像,实现高精度测量。

影像测量仪的测量元素有长度、宽度、高度、孔距、间距、Pin 间距、厚度、圆弧、直径、半径、槽、角度、R 角等。影像测量仪的分辨率通常为 0.001mm,测量精度一般为 $(3 + L/200)\mu m$,可实现微米级的高精度测量。影像测量仪是一种多功能 2D 平面尺寸测量仪器,广泛用于各种零部件的非接触式精密测量,尤其适用于卡尺、角度尺很难测量到或根本测量不到,但在装配中起着重要作用的零部件尺寸、角度等的测量。

13.3 几何公差检测

圆度仪是目前技术最成熟、应用最广泛的一种几何公差测量仪器。目前,圆度仪仍然是圆度误差测量的最有效手段。圆度仪是一种利用回转轴法测量工件圆度误差的测量仪器。按照结构的不同,圆度仪可分为工作台回转式和主轴旋转式,如图 13-15 所示。

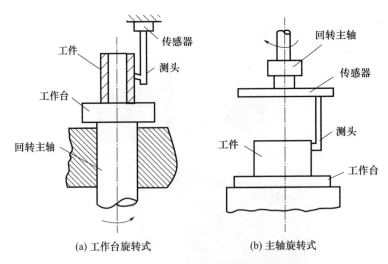

图 13-15 圆度仪工作原理示意图

1. 工作台旋转式

传感器和测头固定不动，被测零件放置在仪器的回转工作台上，随工作台主轴一起回转，记录被测零件回转一周过程中测量截面上各点的半径差。这种仪器常制成紧凑的台式仪器，易于测量小型零件的圆度误差。

2. 主轴旋转式

被测零件放置在工作台上固定不动，仪器的主轴带着传感器和测头一起回转。测头随主轴回转，测量时应调整工件位置使其和转轴同轴。

与两种工作原理对应的圆度/圆柱度仪如图 13-16 所示。

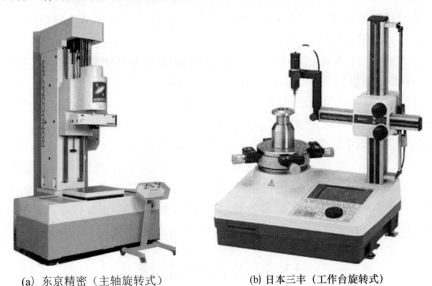

(a) 东京精密（主轴旋转式）　　(b) 日本三丰（工作台旋转式）

图 13-16 圆度/圆柱度仪

圆度仪是一种精密计量仪器，对环境条件有较高的要求，通常被计量部门用来抽检或仲裁产品的圆度和圆柱度误差。垂直导轨精度不高的圆度仪不适用于测量圆柱度误差，而具有高精度垂直导轨的圆度仪则可用于测量圆柱度误差。圆度仪/圆柱度测量仪可用于圆环、圆柱等回转体工件外圆或内孔的圆度、圆柱度、波纹度、同轴度、同心度、垂直度、平行度等参数的测量。

13.4 表面粗糙度检测

13.4.1 表面粗糙度的检测方法

表面结构测量方法分为线轮廓法、区域形貌法和区域整体法,如图 13-17 所示。

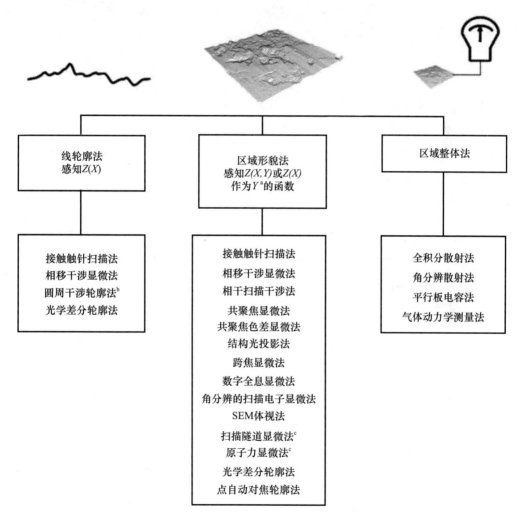

图 13-17 表面结构测量方法的分类

产品表面粗糙度轮廓测量是精密加工中最常遇到的测量需求之一,测量精密机械零件表面粗糙度的仪器称为表面轮廓仪或表面粗糙度测量仪。它是测量表面结构轮廓(原始轮廓、粗糙度轮廓、波纹度轮廓)特征参数的重要仪器。除了测量表面粗糙度之外,表面轮廓仪还可用于测量评定各种精密零件的表面轮廓形状参数。

按测量时测头触针是否与被测工件表面接触,表面粗糙度的测量方法分为接触式和非接触式。

1. 接触式

以触针法(针描法)为代表,它是最基本、应用最广泛的表面轮廓测量方法。常用的接触法表面粗糙度测量仪器有电动轮廓仪、迈克尔逊干涉式触针测量仪、光栅干涉式触针测量仪等。目前,最主流的是电感触针扫描方法。

2. 非接触式

以光学法为主,主要应用了光学干涉原理和光学探针原理。非接触式测量具有非接触、无损伤、分辨率高、测量精度高、快速、操作简单、适用范围广等优点。

光学探针法是用光学触针代替机械式触针,采用透镜聚焦光束的微小光斑取代金刚石针尖,通过检测焦点误差来获得表面轮廓峰谷变化。目前采用的有激光三角法探针、光学临界角法探针、像散法探针、共焦扫描探针、基于光纤的光学针扫描法、激光外差干涉法等。

13.4.2 电动轮廓仪

电动轮廓仪属于触针式轮廓仪,采用针描法测量工件的表面轮廓。按传感器的工作原理,电动轮廓仪分为电感式、压电式、光电式、激光式和光栅式等,电感式电动轮廓仪的工作原理如图 13-18 所示。

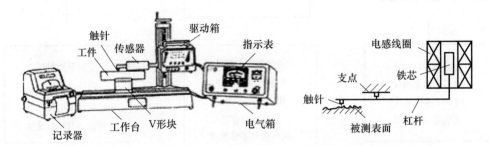

图 13-18 电动轮廓仪工作原理

电动轮廓仪由传感器、驱动箱和电气箱三个基本部件组成。电感传感器是轮廓仪的主要部件之一,传感器测杆以铰链形式和驱动箱连接,能自由下落,从而保证触针始终与被测表面接触。在传感器测杆的一端装有金刚石触针,按照 ISO 标准推荐值,触针针尖圆弧半径通常仅为 $2\mu m$、$5\mu m$ 或 $10\mu m$。

测量过程中,触针与被测表面垂直接触,利用驱动机构以一定的速度拖动传感器在被测表面上做横向移动。由于被测表面粗糙不平,因而触针在被测工件表面滑行时将随着被测表面轮廓峰谷起伏做垂直起伏运动。此运动经支点使电感传感器磁芯同步地上下运动,从而使包围在磁芯外面的两个差动电感线圈的电感量发生变化,将此微小位移通过电路转换成电信号,经过放大、相敏检波、电平转换后进入数据采集系统,进行数据处理,即可得到表面粗糙度参数值。

按工作地点是否经常改变,电动轮廓仪分为台式及可在生产现场使用的便携式,如图 13-19、图 13-20 所示。

第13章 现代机械精度检测技术简介

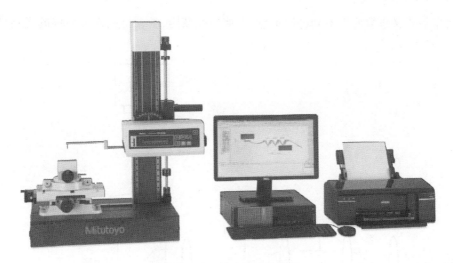

图13-19 日本三丰轮廓仪

图13-20 便携式表面粗糙度测量仪

电动轮廓仪的测量范围通常为 Ra 0.025~12.5μm，测量准确度高，速度快，测量结果稳定可靠，操作方便，能直接测量某些难以测量到的零件表面，如孔、槽等的表面粗糙度，能直接按某种评定标准读数或是描绘出表面轮廓曲线。应在保证可靠接触的前提下，尽量减少测量力，以免被测表面被触针划伤或变形。

13.4.3 光学轮廓仪

1. 光学轮廓仪的工作原理

光学轮廓仪，又称光学3D表面轮廓仪，是用于精确测量表面轮廓的非接触式光学仪器。按工作原理，光学轮廓仪可分为光强法轮廓仪、基于偏振光干涉聚焦原理的光学轮廓仪、外差式光学轮廓仪、光学显微干涉法轮廓仪、基于白光干涉仪的光学轮廓仪和基于共焦显微原理的光学轮廓仪等类型，最常见的是采用白光干涉仪的光学3D表面轮廓仪。

白光干涉仪利用光学显微技术、白光干涉扫描技术、计算机软件控制技术和PZT垂直扫描技术，结合3D建模算法等，对工件表面进行非接触式扫描，建立表面形貌3D图像，通过系统软件对工件表面3D图像进行数据处理与分析，获取反映工件表面质量的2D、3D功能参数，从而实现对工件表面形貌的3D微纳米测量和分析评定。

白光干涉仪通常使用米勒(Mirau)型干涉显微结构,米勒型白光干涉仪的光路结构如图 13-21 所示。

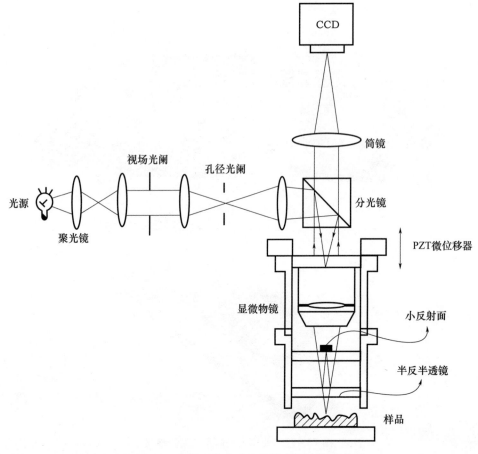

图 13-21 米勒型白光干涉仪的光路结构示意图

白光光源发出的光经过扩束准直后经半反半透分光棱镜后分成两束,分别投射到样品表面和参考镜表面。从两个表面反射回来的两束光再次通过分光镜后合成一束光,并由成像系统在 CCD 相机感光面形成两个叠加的图像,由于两束光相互干涉,在 CCD 相机感光面会观察到明暗相间的干涉条纹,干涉条纹的亮度取决于两束光的光程差,根据白光干涉条纹的明暗度及出现位置解析出被测样品的相对高度,从而测量表面 3D 微观形貌。

白光干涉仪的光学系统基于无限远显微镜系统。通过干涉物镜产生干涉条纹,使基本的光学显微镜系统变为白光干涉轮廓仪。在测量过程中,光学轮廓仪在垂直光轴方向做纵向扫描;在扫描过程中,摄像头和计算机系统对干涉条纹变化进行采样和分析,从而以埃级纵向分辨率,构建出视场范围内,包括几百万像素的数据 3D 形貌地图。白光干涉仪的纵向分辨率与放大倍率无关,在低倍率大视场范围内,也能实现埃级分辨率。

2. 光学轮廓仪的应用

白光干涉仪是目前 3D 形貌测量领域精度最高的测量仪器之一,能对各种精密器件及材料表面进行亚纳米级测量,主要用于超精密 3D 表面粗糙度及 3D 微观形貌测量,如精密零部件之重点部位表面粗糙度、微小形貌轮廓及尺寸的非接触式快速测量。白光干涉轮廓仪以非接触、无损伤及亚纳米分辨率,自动测量分析样品表面形貌,测量精度可达亚纳米级。

美国 ZYGO 公司生产的采用白光干涉原理的 NewView 9000 型 3D 光学表面轮廓仪如图 13-22 所示。

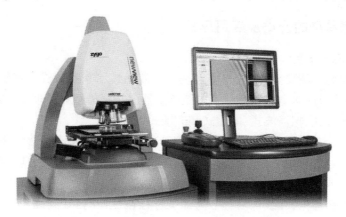

图 13-22　NewView 9000 系列 3D 光学表面轮廓仪

三维表面轮廓仪已经发展成为表面粗糙度仪、轮廓测量仪一体机,既能测量零件表面的宏观轮廓和微观轮廓,也能测量表面粗糙度。

13.5　制造过程在线检测

13.5.1　在线检测的含义

在线检测与离线检测是目前生产线的主要检测测量方式。传统制造中的质量检测大多数是离线检测,属于事后检测和被动检测,难以防止不合格品的发生。

在线检测也称在线测量、实时检测,是指在生产线中,在加工制造过程中对工件、刀具、机床等进行实时检测,并依据检测结果做出相应的处理。在线检测是一种基于计算机自动控制的检测技术,整个检测过程由数控程序自动控制。在线检测已经成为现代制造系统在线质量控制系统的主要组成部分。

在线测量是完全集成于生产线中的测量方式,具有快速性、自动化、可靠性和非破坏性等特点,实现对生产过程的全面控制。闭环在线检测的优点是能够保证数控机床精度,扩大数控机床功能,改善数控机床性能,提高数控机床效率。将自动检测技术融于数控加工之中,采用在线检测方式,能使操作者及时发现工件加工中存在的问题,并反馈给数控系统。在线检测提供了加工过程中的工序测量能力,在线检测既节省工时,又能提高测量精度。由于利用了机床数控系统的功能,又使得数控系统能及时得到检测系统的反馈信息,从而及时修正系统误差和随机误差,以改变机床的运动参数,更好地保证加工质量,促进加工测量一体化。

在线测量系统与加工系统构成闭环,加工过程中测量系统将测得的几何特征信息反馈给加工系统,实现加工自动化。在某一工序完成后,对工件实施在线测量,并根据获取的几何特征评价工艺能力，从而修正加工过程。

有文献统计表明，采用智能化的在线测量系统替代人工定位、测量等工作，可以提高工作效率，使在生产加工中的零件质量处于被监控的状态，提高了加工过程的自动化、智能化程度，使废品的发生率接近于零。

13.5.2 在线检测的分类及应用形式

1. 在线检测的分类

按照是否接触被测要素，在线测量方法分为接触式和非接触式。接触式采用触针式传感器，非接触式采用光电式传感器及图像传感器。按照传感器原理，在线测量方法有机械式、光学式、光电式、超声波式、电磁式和气动式等。

激光在线检测是采用激光、图像传感（CCD、CMOS）、图像处理以及计算机控制等实现物体空间尺寸及位置精密测量的新技术，具有非接触、速度快、环境适应性好等特点，能很好地满足现代工业在线测量的要求，已成为先进制造领域最先进的在线测量技术之一。

按检测时是否停机，在线检测可分为加工过程在线检测和停机后不卸下工件进行检测的在机检测。

在机测量就是加工测量一体化，是将三维测头安装于数控机床主轴上，在工件的数控加工工序中插入自动化精密找正和自动化检测环节。自动化精密找正替代了手工找正，提高了加工的定位精度。工件的自动化检测为及时修正不良加工趋势提供可视化的数据支持，在提升加工质量的同时，节省了修正时间和因不合格而带来的成本损失。在机测量的对象可以是工件、夹具或刀具，在数控机床、加工中心上的应用日益广泛。在机测量过程是，工件加工完成后，测量程序驱动测头对工件进行检测，合格后进入下一道工序，如此往复，直至工件加工完成。而传统的测量方式是离线脱机测量，工件加工后需要取下来放到三坐标/轮廓仪/影像仪等设备上进行测量。

2. 在线检测的典型应用形式

根据测量位置和方式的不同，在线检测有两种具体应用形式：一种是在加工生产线的不同工位布置不同测量设备和检测站，主要是对相关工序的工件的加工精度进行检测；另一种是在机床加工过程中的主动测量，即在工件加工过程中，通过安装在机床系统的主动测量设备，直接测量工件的加工精度，然后将测量结果与设计要求的精度作比较，如果精度达不到要求就让机床继续工作，如果达到要求就让机床停止工作。主动测量把测量装置加入工艺系统之中，即机床、刀具、夹具和工件组成的统一体，成为其中的第五个要素。这两种应用形式都能保证用最短的工艺时间生产出质量最好的产品，及时发现加工不合格的产品，减少后续加工工序的浪费。

迄今为止，对机械加工过程中工件尺寸直接在线测量技术研究最多的是车削过程和磨削过程，而且主要是对工件直径的在线测量。对工件尺寸在线检测更多的是采用在机检测。

13.5.3 在线检测系统应用实例

1. 数控机床在线测量

数控机床在线测量是指将三维测头系统加装在机床主轴上，利用测头系统实现对零件的检测和在线质量监控等功能,并且可以经过误差补偿来修正测量误差。数控机床在线检测系统的基本构成如图 13-23 所示。

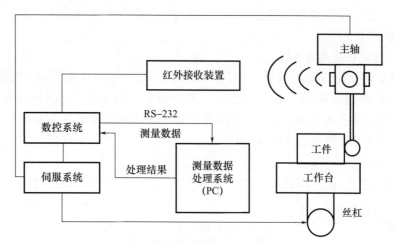

图 13-23 数控机床在线检测系统的基本构成

数控机床在线检测系统的基本构成如下。

(1)机床本体。机床本体是实现加工、检测的基础,其工作部件实现所需基本运动,其传动部件的精度直接影响着加工和检测的精度。

(2)CNC 数控系统。

(3)伺服系统。伺服系统是数控机床的重要组成部分,用以实现数控机床的进给位置伺服控制和主轴转速(或位置)伺服控制。伺服系统的性能是决定机床加工精度、测量精度、表面质量和加工效率的主要因素。

(4)自动测量系统。自动测量系统由接触触发式测头、信号传输系统和数据采集系统组成,是数控机床在线检测系统的关键部分,直接影响在线检测的精度。

数控机床在线检测系统的关键部件为测头,使用测头可在加工过程中进行尺寸及几何特征测量,根据测量结果自动修改加工程序,改善加工精度。测头按功能可分为工件检测测头和刀具测头,按信号传输方式可分为硬线连接式、感应式、光学式和无线式,按接触方式可分为接触式和非接触式。应用时可根据数控机床的具体型号选择合适的配置。

使用三维测头的航空发动机叶轮及机匣的在机检测,如图 13-24 所示。

图 13-24 航空发动机叶轮及机匣在机检测

在线检测系统可用于数控车床、加工中心、数控磨床、专机等大多数数控机床上,此时,数控机床既是加工设备,又兼具坐标测量机的某些测量功能。数控加工中心在线检测是在加工中心的刀库里装上三维测头,当需要检测时,从刀库里切换测头即可。根据检测结果,进一步加工工件。

2. 磨削加工在线测量系统

在线测量、主动测量在磨削加工中应用最多。磨削加工尺寸及圆度在线测量系统主要由信号测量单元(传感器)、信号处理单元和控制单元构成。信号测量单元包括测头、测量装置本体和测头进退油缸,信号处理单元和控制单元功能由主动测量控制器实现。磨削加工在线测量系统如图 13-25 所示。

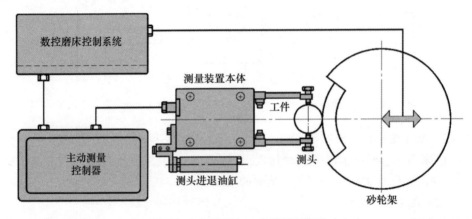

图 13-25 磨削加工在线测量系统

测量装置采用电感式位移传感器,其结构采用单臂式或双臂式。在磨削加工中,当温度在 20~40℃ 内变化时,测量值的变化量不应大于 3.0μm。驱动装置驱动测头进入或退出测量工位,通过对前后微调机构的调整,可使测头对准工件中心或合适位置。

在线测量系统在磨削加工过程中直接实时测量工件尺寸,加工过程和测量过程同时进行,测量系统将工件尺寸变化量传递给控制器,再由控制器计算圆度误差,并将结果随时反馈给数控磨床控制系统。

13.6 微纳米检测

13.6.1 微纳米检测及其特点

科学技术向微小领域发展,已从毫米级、微米级跨入纳米级,微纳米技术的发展离不开微纳米级的测量技术与设备。

精密测量的精度范围是 1~0.1μm,而超精密测量则进一步将测量精度推进至 100nm 以内,乃至 1nm 甚至皮米量级。与精密超精密测量不同,微纳米测量是指微米和纳米尺度和精度的测量技术。由于纳米制造的对象处于微观尺度,因此纳米测量主要是指纳米尺度(尤其包括 0.1~100nm 尺寸范围)和精度的测量技术。纳米测量的对象是具有纳米尺度特征的纳米结构或纳米材料。一个硅原子的直径大约为 0.25nm,纳米尺度已接近原子量级,因此对纳米量级物体高精度测量的难度远大于传统测量。

与精密测量相比,纳米测量具有以下特点:①以非接触测量手段为主;②须提供纳米乃至亚纳米量级测量精度(0.10~0.01nm);③须保证在纳米尺度上有稳定可靠的重复性;④涉及多学科知识,如光学干涉与衍射、电子散射、晶格衍射、电子隧穿效应等。

纳米测量对实现纳米制造的可预测性、可操控性和可重复性,对保证基于纳米制造技术的产品或实现的功能满足可靠性、安全性和一致性等要求具有非常重要的意义。纳米测量是保证纳米制造产品性能的关键,也是探索微观世界的利器,为探索微观世界、发现全新的知识提供了重要的技术手段。以集成电路制造为例,IC 制造的永恒追求是做出特征尺寸更小、集成度更高的 IC 芯片,因制造的不可控因素导致芯片内纳米结构特征尺寸偏离设计值10%~15%,抑或出现结构缺陷,将对芯片性能产生极大影响,甚至导致芯片功能失效。因此,在芯片制造过程中纳米结构检测是提升 IC 制造性能的重要手段。

13.6.2 微纳米测量技术概述

微纳米检测技术发展迅速,测量方法多种多样,如扫描电子显微镜(SEM)、透射电子显微镜(TEM)、共焦激光扫描显微镜、扫描探针显微镜、光干涉测量仪、激光干涉仪、图像干涉测量技术、X 射线干涉仪、频率跟踪式 F-P(Febry-Perot)标准量具、激光多普勒测量技术、激光散斑测量技术、频闪图像测量处理技术、光流场测量技术、量子干涉仪、分子测量机等。

1. 扫描探针显微镜

以扫描隧道显微镜(STM)和原子力显微镜(AFM)为基础发展的显微镜,统称为扫描探针显微镜(SPM)。自 STM 诞生以来,基于 STM 相似的原理与结构,相继出现了一系列利用探针与样品的不同相互作用来探测表面或界面纳米尺度上所表现出的性质的扫描探针显微镜,用于获取通过 STM 无法获取的有关表面结构和性质的各种信息,成为人类认识微观世界的有力工具。SPM 利用探针和被测样品表面的相互作用,来探测到其表面形状纳米尺度上的导电特性、静电力、表面电荷分布、物理特性、化学特性以及不同环境下的特性。扫描探针显微镜是纳米技术研究的重要仪器,用于直接观测原子尺度结构,使得原子级的操作、装配和改形等加工处理成为可能。

基于 STM 的基本原理(电子隧道效应),随后又发展了一系列扫描探针显微镜,如扫描力显微镜(SFM)、弹道电子发射显微镜(BEEM)和扫描近场光学显微镜(SNOM)等,这些新型显微技术都是利用探针与样品之间的不同相互作用来探测表面或界面在纳米尺度上表现出的物理性质和化学性质。光子扫描隧道显微镜(PSTM)的原理和工作方式与 STM 相似。它利用光子隧道效应探测样品表面附近被全内反射所激起的瞬衰场,其强度随距界面的距离成函数关系,以获得表面结构信息。

利用类似于 AFM 的工作原理,检测被测表面特性对受迫振动力敏元件产生的影响,在探针与表面 10~100nm 距离范围,可以探测到样品表面存在的静电力、磁力、范德华力等作用力,相继开发了磁力显微镜(MFM)、静电力显微镜(EFM)、摩擦力显微镜(LFM)等多种原理的扫描力显微镜。

其他扫描显微镜,如扫描隧道电位仪(STP)可用来探测纳米尺度的电位变化;扫描离子电导显微镜(SICM)适用于进行生物学和电生理学研究;扫描热显微镜已获得血红细胞的表面结构;弹道电子发射显微镜(BEEM)则是目前唯一能够在纳米尺度上无损检测表面和界面结构的先进分析仪器。

2. 光学干涉显微测量技术

光学干涉测量技术主要有激光干涉测量技术、光学干涉显微镜测量技术、X射线干涉测量技术和白光干涉测量技术等。

光学干涉显微镜测量技术包括外差干涉测量、显微相移干涉测量、超短波长干涉测量、基于F-P(Febry-Perot)标准的测量技术等,也达到了纳米级测量精度。外差干涉测量技术具有高的位相分辨率和空间分辨率,如光外差干涉轮廓仪具有0.1nm的分辨率;基于频率跟踪的F-P标准量具测量技术具有极高的灵敏度和准确度,其精度可达0.001nm,但受激光器调频范围的限制,测量范围仅有0.1μm。美国ZYGO公司开发的位移测量干涉仪系统,位移分辨率高于0.6nm,可在1.1m/s高速测量,适于纳米技术在半导体生产、数据存储硬盘和精密机械中的应用。

3. 扫描X射线干涉技术

以STM为基础的扫描探针显微只能给出纳米级分辨率,但不能给出表面结构准确的纳米尺寸。扫描X射线干涉测量技术利用单晶硅的晶面间距作为亚纳米精度的基本测量单位,加上X射线波长比可见光波波长小2个数量级,有可能实现0.01nm的分辨率。与其他方法相比,该方法对环境要求低,测量稳定性好,结构简单,是一种很有潜力且使用方便的纳米测量技术。

4. 微纳米坐标测量技术

微纳米坐标测量机,即分子测量机(molecular measuring machine,M3)。分子测量机采用可溯源的超高分辨率外差激光干涉仪作为测量系统,分辨率达到0.075nm。分子测量机的探针有两种,低分辨率测量时采用共焦光学显微镜,高分辨率测量时采用隧道显微镜或原子力显微镜。微纳米坐标测量机是利用运动平台带动被测样品产生与测头之间的相对运动,通过测头瞄准定位来获得被测样品表面的坐标信息,以实现表面形貌、表面结构参数等的测量。

分子测量机可以实现纳米量级的一维、二维和三维空间测量,一般测量范围为1~5000μm,分辨率为0.1~1000nm。分子测量机不但解决了计量溯源问题,实现了真正意义的纳米测量,而且能够操作一簇分子和原子甚至单个原子,可应用于微型机械、纳米管、纳米材料处理等领域,是纳米科技研究和应用必不可少的重要手段。

13.6.3 常用微纳米测量仪器

本节仅介绍纳米技术的两大主体仪器,即扫描隧道显微镜和原子力显微镜。

1. 扫描隧道显微镜

扫描隧道显微镜(STM)是一种利用量子力学中的电子隧道效应探测物质表面结构的仪器。STM于1981年由G. Binning和H. Rohrer在IBM公司苏黎世实验室发明,两位科学家因此与透射电子显微镜的发明者Ernst Ruska分享了1986年诺贝尔物理学奖。STM的工作原理如图13-26所示。

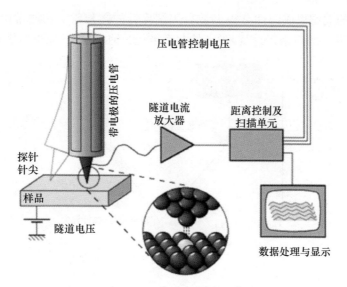

图 13-26　STM 的工作原理

STM 的基本构成包括隧道针尖、使用压电陶瓷材料的三维扫描控制器、控制系统、在线扫描控制和离线数据分析软件以及隔震系统等。一根携带小小电荷的探针通过材料,一股电流从探针流出,通过整个材料到达底层表面。当探针通过单个的原子,流过探针的电流量便有所不同。电流在流过一个原子的时候有涨有落,如此便极其细致地探测出其轮廓。在许多的流通后,通过绘制电流量的波动,可得到组成一个网格结构的单个原子的图片。

STM 具有极高的空间分辨率,其平行和垂直于表面的分辨率分别可达 0.1nm 和 0.01nm,可广泛应用于物理学、表面科学、材料科学和生物科学等领域。扫描隧道显微镜最常见的应用就是利用高分辨成像来研究样品表面的结构。

STM 比原子力显微镜的分辨率更高,可以观察和定位单个原子。在低温下(4K)可以利用 STM 探针尖端精确操纵原子,因此,在纳米科技领域,它既是重要的测量工具,又是重要的加工操作工具。

STM 基于量子的隧道效应,在工作时要监测探针和样品之间的隧道电流,因此它仅限于直接观测导体和部分半导体的表面结构。对于非导电材料,必须在其表面覆盖一层导电膜,导电膜的存在往往掩盖了表面结构的细节。此外,STM 对测量环境要求极高,由于仪器工作时针尖与样品的间距一般小于 1nm,同时隧道电流与隧道间隙成指数关系,因此任何微小的振动或微量尘埃都会对仪器的稳定性产生影响。必须隔绝振动和冲击两种类型的扰动,特别是隔绝振动。

2. 原子力显微镜

原子力显微镜(Atomic Force Microscope,AFM)是一种纳米级分辨率的扫描探针显微镜。与扫描隧道显微镜不同,原子力显微镜不是利用电子隧道效应,而是利用原子之间的接触、原子键合、范德华力作用等来观测样品的表面特性。AFM 的工作原理如图 13-27 所示。

AFM 主要由作用力检测系统(微悬臂)、探针弯曲量(位移)检测系统、压电陶瓷三维微动扫描装置、反馈控制系统、数字图像采集处理系统、粗动扫描定位系统及振动隔离系统构成。AFM 的关键组成部件是头上带有尖细探针的微悬臂。它通常由硅或者氮化硅制成,大小为十几至数百微米,探针尖端的曲率半径为纳米量级,用于扫描样品表面。

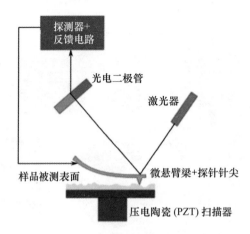

图 13-27　AFM 工作原理

AFM 的基本原理是,将一个对微弱力极其敏感的微悬臂一端固定,另一端为一微细的针尖,针尖轻轻接触样品表面。微细探针在样品表面划过时,针尖尖端原子与样品表面原子间存在极微弱的相互作用力,使得高敏感性的微悬臂随样品表面的起伏而在垂直于样品表面方向上做起伏运动,产生形变或运动状态变化。利用光学检测法或隧道电流检测法测得微悬臂的位移,来检测探针尖端原子与表面原子间作用力分布,从而以纳米级分辨率获得样品的三维表面形貌结构信息。

AFM 可在大气和液体环境下对各种材料和样品进行纳米区域的物理性质包括形貌进行探测,可直接进行纳米操纵。AFM 弥补了 STM 的不足,既可观察导体,也可观察非导体,测量时对样品无特殊要求,可测量固体表面、吸附体系等。

扫描电子显微镜只能提供二维图像或二维投影,而 AFM 提供真正的三维表面轮廓;AFM 不需要对样品做任何特殊处理,如镀铜或碳,这种处理对样品会造成不可逆转的伤害;电子显微镜需要在高真空条件下运行,而大多数 AFM 在常压下,甚至在液体环境下都可以良好工作,因此可以用来研究生物有机体。与扫描电子显微镜相比,AFM 的扫描图像尺寸单一,成像范围太小,扫描速度慢,受探头的影响太大。

与 STM 相比,AFM 能够观测非导电样品,因而具有更广泛的适用性。STM 主要用于自然科学研究,而相当数量的 AFM 已经用于工业技术领域。AFM 广泛应用于半导体、纳米功能材料、生物、化工、食品、医药研究和科研院所各种纳米相关学科的研究实验等领域中,成为纳米科学研究的基本工具。

习题与思考题

1. 简要总结归纳常用 3D 测量仪器的主要功能和性能指标。
2. 举例说明双频激光干涉仪的典型应用。
3. 试比较三维扫描仪、3D 表面轮廓仪、影像仪的应用特点。
4. 试举例说明在线检测技术的应用特点。

参考文献

[1] 张也晗,刘永猛,刘品. 机械精度设计与检测基础[M]. 11版. 哈尔滨:哈尔滨工业大学出版社,2021.

[2] 王恒迪. 机械精度设计与检测技术[M]. 北京:化学工业出版社,2020.

[3] 蒋庄德,苑国英. 机械精度设计基础[M]. 西安:西安交通大学出版社,2017.

[4] 张卫,方峻. 互换性与测量技术[M]. 北京:机械工业出版社,2021.

[5] 王伯平. 互换性与测量技术基础[M]. 5版. 北京:机械工业出版社,2019.

[6] 薛岩,于明,等. 机械加工精度测量及质量控制[M]. 2版. 北京:化学工业出版社,2020.

[7] 马惠萍. 互换性与测量技术基础案例教程[M]. 3版. 北京:机械工业出版社,2023.

[8] 王成宾,梁群龙. 互换性与技术测量[M]. 北京:北京理工大学出版社,2022.

[9] 应琴,金玉萍. 机械精度设计与检测[M]. 2版. 成都:西南交通大学出版社,2021.

[10] 王世刚,曹丽娟. 机械精度设计与检测[M]. 北京:电子工业出版社,2013.

[11] 何贡,顾励生,陈桂贤. 机械精度设计图例及解说[M]. 北京:中国计量出版社,2005.

[12] 彭全,何聪,寇晓培. 互换性与测量技术基础[M]. 成都:西南交通大学出版社,2019.

[13] 陈顺华,吴仲伟. 互换性与测量技术[M]. 合肥:合肥工业大学出版社,2022.

[14] 潘雪涛,葛为民. 互换性与测量技术[M]. 北京:机械工业出版社,2022.

[15] 胡业发,张宏. 互换性与测量技术[M]. 北京:机械工业出版社,2022.

[16] 薛岩. 互换性与测量技术[M]. 北京:化学工业出版社,2021.

[17] 甘永立. 几何量公差与检测[M]. 10版. 上海:上海科学技术出版社,2013.

[18] 刘巽尔. 形状和位置公差[M]. 北京:中国标准出版社,2004.

[19] 钱政,王中宇. 误差理论与数据处理[M]. 2版. 北京:科学出版社,2022.

[20] 成大先. 机械设计手册(第1卷)[M]. 6版. 北京:化学工业出版社,2017.

[21] 郑鹏,方东阳. 现代机械设计手册:机械制图及精度设计[M]. 2版. 北京:化学工业出版社,2020.

[22] 李晓沛,张琳娜,赵凤霞. 简明公差标准应用手册[M]. 上海:上海科学技术出版社,2005.

[23] 张清珠,高吭. 互换性与测量技术基础[M]. 北京:电子工业出版社,2023.

[24] 陈晓华. 机械精度设计与检测[M]. 3版. 北京:中国质检出版社,2019.

[25] 韩进宏. 互换性与技术测量[M]. 2版. 北京:机械工业出版社,2016.